湖南省气候业务手册

主　编：吴贤云　谢益军

气象出版社
China Meteorological Press

内 容 简 介

本书围绕湖南省气候特点和气候监测、预测与服务等方面展开，内容主要涉及省、市、县气象及相关部门业务人员开展气候监测评价、气候预测和服务必备的知识和技能。全书分四篇共12章，重点介绍了最新的湖南省气候特征、气象灾害及其监测与影响评估、气候预测、气候应用服务等业务技术、流程和实际应用案例。

本书可供各级决策部门、气象、水文、农业、交通、能源、环境、规划等部门及相关行业的业务科研人员，相关专业的院校师生参考使用。

图书在版编目（CIP）数据

湖南省气候业务手册 / 吴贤云，谢益军主编. 北京 ：气象出版社，2024. 12. -- ISBN 978-7-5029-8348-2

Ⅰ. P468.264-62

中国国家版本馆 CIP 数据核字第 2024J57A41 号

湖南省气候业务手册

Hunan Sheng Qihou Yewu Shouce

出版发行：气象出版社

地　　址：北京市海淀区中关村南大街 46 号　　**邮政编码**：100081

电　　话：010-68407112（总编室）　010-68408042（发行部）

网　　址：http://www.qxcbs.com　　**E-mail**：qxcbs@cma.gov.cn

责任编辑：陈　红　　**终　　审**：张　斌

责任校对：张硕杰　　**责任技编**：赵相宁

封面设计：楠竹文化

印　　刷：北京建宏印刷有限公司

开　　本：787 mm×1092 mm　1/16　　**印　　张**：17.25

字　　数：442 千字　　**彩　　插**：3

版　　次：2024 年 12 月第 1 版　　**印　　次**：2024 年 12 月第 1 次印刷

定　　价：98.00 元

《湖南省气候业务手册》
编委会

主　编：吴贤云　谢益军

副主编：彭艳青　蒋元华　曾宇星　张剑明

　　栗志纲

编　委（按姓氏拼音排序）：

杜东升　段丽洁　付　炜　郭凌曜

黄　超　黎燚隆　刘瑧婧　罗　菁

欧阳也能　彭嘉栋　汤亦豪　吴　浩

曾向红　张成成　赵　辉

前　言

气候是人类赖以生存的自然环境，也是经济社会可持续发展的重要基础资源。认识气候、适应气候、利用气候、保护气候，走人与自然和谐发展的道路，已经成为广泛的共识。受自然和人类活动的共同影响，地球气候系统正在经历以变暖为主要特征的全球气候变化，已严重影响到人类赖以生存的环境，并对经济社会发展产生显著影响。在全球变暖的背景下，近年来国内外暴雨、台风、高温、干旱、风雹等极端天气气候事件广发、频发、强发、并发，气候反常性、极端天气突发性和难以预见性日益凸显。由于地处亚热带季风气候区，湖南省是全国受气象灾害影响最为严重的省份之一。发挥气象防灾减灾第一道防线作用，在气候变化背景下具有特殊战略意义。

更早更准确的气象预警预测能极大减轻灾害损失，最大程度保障人们生命财产安全。近10年来，湖南省气象局深化气候业务改革，气候业务取得快速发展，构建了省—市—县一体精细化、智能化气候业务体系，预测质量跻身全国前列，在努力做到监测精密、预报精准、服务精细等方面有了较大进展。《湖南省气候业务手册》是近10年来湖南省气候监测评估、预测和应用方面业务能力建设的总结。其重点突出了以下特点：①采用新30年（1991—2020年）气候平均值作为常年值，采纳吸收了最新技术方法和研究成果，确保本书数据结论客观准确；②系统全面地描述了自然环境、气候特征、气象灾害、气候资源与应用等状况；③详细介绍了气候监测评价、预测和服务的最新规范、流程和方法；④针对经济社会发展需求，结合实际应用案例，论述了城市暴雨强度公式编制和设计暴雨雨型、重大工程气候可行性论证等技术方法，提供了水平分辨率达500 m×500 m的主要农作物种植适宜性气候区划。全书资料翔实，内容丰富，理论性、针对性和实用性强，具有较高的学术价值和实践指导作用，可作为相关业务科研人员的工具书，也可作为政府部门和社会公众的科普读物，能够为各级党委、政府指挥部署防灾减灾工作提供科学决策依据和参考。

《湖南省气候业务手册》分为四篇。第一篇为湖南自然环境与气候概况，第二篇为湖南气候监测及影响评价业务，第三篇为湖南气候预测业务，第四篇为湖南气候服务。第一篇由谢益军、吴贤云、彭嘉栋、彭艳青、付炜、黄超、张剑明、段丽洁、欧阳也能编写，第二篇由彭艳青、黄超、张成成、谢益军、彭嘉栋、郭凌曜、吴贤云、黎燚隆、刘瑧婧编写，第三篇由吴贤云、曾宇星、张剑明、杜东升、赵辉、谢益军、黄超、彭艳青、罗菁编写，第四篇由蒋元华、粟志钢、段丽洁、吴浩、汤亦豪、刘瑧婧、谢益军、曾向红编写。

中国气象局预报与网络司、国家气候中心、相关省（区、市）气候中心和湖南省气象局各职能处室与兄弟单位在本手册的编制过程中给予了技术指导和大力支持，在此谨表示衷心感谢。

在本手册编写过程中，参考了许多专家、学者的研究成果，在此致以诚挚的谢意。参考文献中所列成果可能没有覆盖全部，请有关作者谅解，谨表示歉意。

由于气候业务涉及面广，本手册编写人员水平有限，故错、漏之处在所难免，恳请读者批评指正。

作者
2023 年 12 月

目 录

第三篇　湖南气候预测业务

第四篇　湖南气候服务

第一篇 湖南自然环境与气候概况

湖南地处长江中游，地理环境复杂多样，自然资源丰富，东、南、西三面环山，中部丘岗起伏，北部平原、湖泊展布，呈西高东低、南高北低，朝东北开口的不对称马蹄形盆地。省内河网密布，水系发达，拥有湘江、资江、沅江、澧水四条河流和全国第二大淡水湖洞庭湖。湖南受东亚季风影响大，是典型的大陆性亚热带季风湿润气候，气候温暖，四季分明，热量充足，雨水集中，春温多变，夏秋多旱，严寒期短，暑热期长。

第 1 章　自然环境

1.1　地理地貌

湖南省位于长江中游，省境绝大部分在洞庭湖以南，故称湖南，省内最大河流湘江贯穿省境南北，故简称湘。地处东经 108°47′—114°15′，北纬 24°38′—30°08′，东以幕阜、武功诸山系与江西交界，西以云贵高原东缘连贵州，西北以武陵山脉毗邻重庆，南枕南岭与广东、广西相邻，北以滨湖平原与湖北接壤。省界极端位置，东为桂东县黄连坪，西至新晃侗族自治县韭菜塘，南起江华瑶族自治县姑婆山，北达石门县壶瓶山。东西宽 667 km，南北长 774 km。

湖南省地形地貌的基本轮廓如图 1.1 所示，东、南、西三面以及西北方均是山地围绕，中部丘岗起伏，北偏东为湖泊平原，呈朝东北开口的不对称马蹄形盆地。

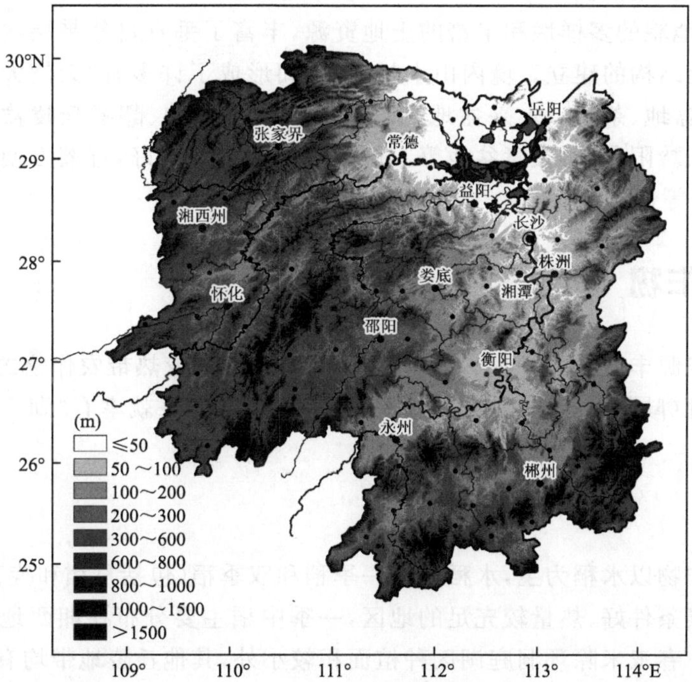

图 1.1　湖南省地形地势分布

东面是与江西交界的诸山，有幕阜、连云、九岭、武功、万洋和诸广等山脉，大都是东北—西南走向，呈雁行排列，是湘江水系与赣江水系的分水岭，山峰海拔大多超过 1000 m，最高的大围山七星岭，海拔 1607.9 m。

南面是五岭山脉（即大庾岭、骑田岭、萌诸岭、都庞岭和越城岭），也称南岭山脉，呈东北—西南走向，而山体大致是东西向，它是长江水系和珠江水系的分水岭，峰顶海拔都在 1000 m 以上，湘、粤边界莽山的石坑崆，海拔 1902 m；湘、桂边界是位于城步苗族自治县的大南山二宝顶，海拔 2021 m；桂东县与资兴县交界的八面山，海拔达 2042.1 m。

西面有雪峰山脉，呈北东北—南西南走向。雪峰山脉南起城步县，向东北延伸至安化县转为东西向，至益阳市境而没于洞庭湖平原。雪峰山脉南段海拔 1500 m，最高峰苏宝顶海拔达 1934.3 m；北段较低为 500～1000 m。雪峰山脉跨地之广，山势之雄，堪称湖南之冠。

西北为武陵山脉，呈东北—西南走向，海拔大多在 1000 m 以上，湘、鄂交界的壶瓶山高达 2099 m，是湖南省境内最高的山峰。

湘中大多为丘陵、岗地和河谷两岸的冲积平原，地势为南高北低，海拔大多在 500 m 以下，仅衡山屹立其中，祝融峰高达 1289.2 m。

北部则是洞庭湖及湘、资、沅、澧“四水”尾闾的河湖冲积平原，是湖南省地势最低、最平坦的地区，海拔多在 50 m 以下，临湘市的黄盖湖西岸，海拔只有 24 m，是全省的最低点。

湖南省土地资源丰富，全省土地总面积为 21.18 万 km^2，约占全国土地总面积的 2.2%。湖南省山地总面积 10.84 万 km^2，占全省总面积的 51.2%；丘陵总面积为 3.26 万 km^2，占全省总面积的 15.4%；平原地带总面积为 2.28 万 km^2，占全省总面积的 10.8%；盆地总面积为 2.9 万 km^2，占全省总面积的 13.7%；水域为 1.35 万 km^2，占全省总面积的 6.4%。全省耕地面积为 414.88 万 hm^2，林地面积 1221.03 万 hm^2，牧草地面积 47.48 万 hm^2。

湖南省地形、地貌的多样性和丰富的土地资源，丰富了垂直自然带层次，有利于多种经营的开展和立体农业结构的建立。境内山水相间，其间形成了许多有“天然大棚”之称的山间盆地，如零陵—祁阳盆地、茶陵—永兴盆地、衡阳盆地、长沙盆地、醴陵丘陵盆地、邵阳—隆回盆地、溆浦丘陵盆地、黔阳盆地、大庸盆地等。这些盆地生态条件好，排灌方便，对发展农业生产非常有利（陆魁东 等，2015）。

1.2　主要农作物

湖南省气候资源丰富，雨热同季，无霜期长，适宜于各种亚热带农作物的生长，具有比较优越的农业生产条件（陆魁东 等，2015；唐海明，2016），自古以来就享有“湖广熟，天下足”和“鱼米之乡”的美誉。

1.2.1　粮食作物

湖南省粮食作物以水稻为主，水稻分为一季稻和双季稻（包括早稻和晚稻），双季稻主要分布在湘西以东气候条件好、热量较充足的地区，一季中稻主要分布在湘西地区，其他地区也有一定的种植规模。春玉米除环洞庭湖区种植面积较小外，其他丘陵地带均有一定的种植规模。此外，大豆和红薯全省各地均有种植，其中，大豆主要种植于田埂和旱地，红薯是旱土作物。水稻、玉米、大豆等农作物大部分都在春季播种，夏季旺盛生长，秋季成熟收获，它们的生长发育和产量形成主要受当年的春季、夏季和秋季三个季节气象条件影响。其中，水稻的生育期包括播种育秧、移栽返青、分蘖、孕穗抽穗、乳熟、成熟这几个阶段。湖南省早稻一般在 3 月中下旬播种，4 月中下旬移栽，在 7 月中下旬收获；一季稻（中稻）播种时间在 4 月中下旬，5 月中下旬移栽，9 月中下旬成熟；晚稻一般在 6 月中下旬播种，7 月中下旬移栽，10 月中下旬完成收割。因受地形地势的影响，各地春玉米的播种期至成熟期存在一定的差异，从南到北、从东向西大致在 3 月中旬至 4 月上旬播种，7 月中旬至 8 月上旬成熟。

1.2.2　经济作物

（1）油菜

经济作物中，油菜是湖南省的一大农作物，也是仅次于水稻种植的第二大作物。全省油菜一般在 9 月中下旬播种，出苗后经冬前生长、越冬，次年 1 月下旬至 2 月初现蕾，5 月收获。3—5 月是油菜的开花结荚期，也是产量形成的重要时期，长时间的阴雨寡照天气会引起植株早衰，花蕾大量脱落等现象。油菜全省各县（市）均有栽培种植，主要种植区域分布于华容县、南县、沅江市、常德市鼎城区、安乡县、汉寿县、澧县桃源县、浏阳市、衡阳县、衡南县等。

（2）棉花

湖南省是我国重要的商品棉生产基地，全国八大产棉省（区）之一。全省各市（州）均有种植，主产区分布于湘北地区和衡阳县。全省棉花于 4 月中旬开始播种，5 月中旬移栽，6 月中旬现蕾，7 月上旬开花，8 月中旬裂铃，8 月下旬至 10 月采摘。

（3）烤烟

湖南省是全国原烟重要的生产基地。烤烟主要分布于湘西北山地、湘东南稻作区等。湘西烟区以旱土种植为主，所产烟叶气香、质感较好，配伍性强，是高档卷烟的主要原料基地。湘东南烟区是中南烟区的典型代表，以烟稻轮作为主。浏阳市是全省种植面积最大的基地县，桂阳县为第二大产烟基地。12 月至次年 4 月为烤烟播种育苗期，5—8 月为成熟收晒期。

（4）茶叶

茶叶是湖南省优势经济作物，长期雄居全国产茶先进省（区）行列，种植面积约 10 万 hm^2，年产量 10 万 t 以上，安化县是全省最大的茶叶生产基地，年茶叶产量高达约 8 万 t。优质名茶多位于山地半山腰，多偏南坡向，云雾日数多，漫射光多，温度相对较低，空气湿度大，这些气候条件有利于茶芽生长缓慢，氨基酸及香气物质形成。湖南全省茶叶生产以海拔高度为 300～800 m 山地的效益最好。

（5）柑橘

柑橘是湖南省的第一大水果，产量居全国首位，分为湘南脐橙、湘西椪柑、雪峰蜜橘和湖南冰糖橙四大主导鲜果产品。全省各县均有种植，其中，种植面积超过 1 万 hm^2 以上的基地县有石门、桃源、慈利、麻阳、溆浦、泸溪、洪江、芷江、新宁和永兴等。适宜柑橘栽培的年平均气温为 16～22 ℃，冬季低温冻害是柑橘的不利影响因子。

1.3　气象地理区划

根据湘气办发〔2022〕7 号文件《湖南省气象地理区划规范》，湖南省气象地理区划分为地区区划、特定区域区划和流域区划三类。本规范主要适用于省级决策气象服务和公众气象服务中地理位置的描述。

1.3.1 地区区划

地区区划是以政府、相关部门和社会公众所通识的行政区划为依据，并按照区域范围由大到小、位置由粗到细划分为三级。

(1)一级地区区划

一级地区区划是依据国家级气象地理三级地区区划，结合湖南省天气气候规律，自北向南依次将湖南省划分为湖南北部地区、湖南中部地区、湖南南部地区，上述 3 个地区所辖范围如图 1.2 和表 1.1 所示。

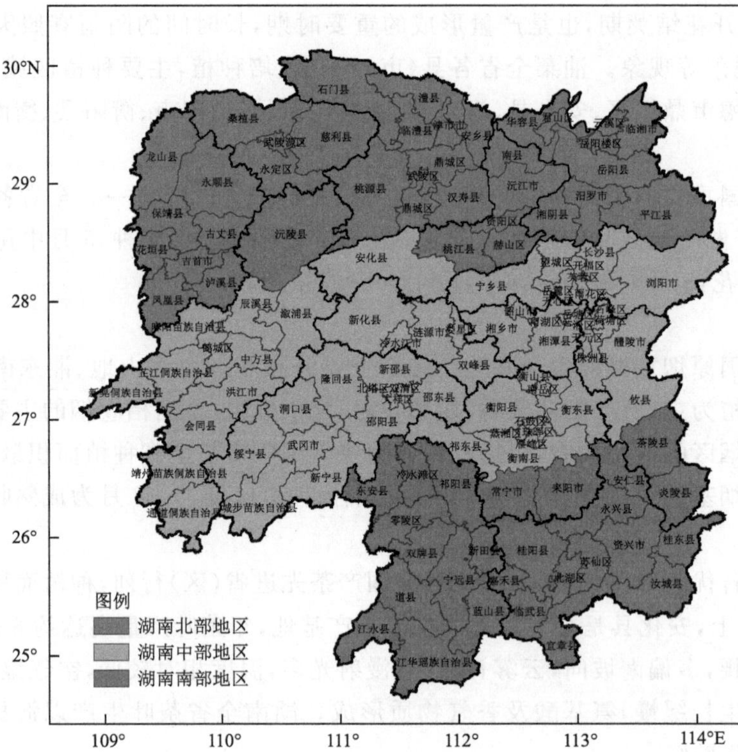

图 1.2　湖南省气象地理一级地区区划(另见彩图)

表 1.1　湖南省气象地理一级地区区划及所辖范围

一级地区	所辖范围
湖南北部地区	岳阳、常德、张家界、益阳北部(资阳区、赫山区、南县、桃江县、沅江市)、怀化北部(沅陵县)、湘西州
湖南中部地区	长沙、株洲北部(荷塘区、芦淞区、石峰区、天元区、渌口区、攸县、醴陵市)、湘潭、衡阳北部(珠晖区、雁峰区、石鼓区、蒸湘区、南岳区、衡阳县、衡南县、衡山县、衡东县、祁东县)、邵阳、益阳南部(安化县)、怀化中南部(鹤城区、中方县、辰溪县、溆浦县、会同县、麻阳苗族自治县、新晃侗族自治县、芷江侗族自治县、靖州苗族侗族自治县、通道侗族自治县、洪江市)、娄底
湖南南部地区	株洲南部(茶陵县、炎陵县)、衡阳南部(耒阳市、常宁市)、郴州、永州

(2)二级地区区划

二级地区区划是直接采用各市(州)行政区。湖南省辖 14 个市级行政区划单位,分别为 13 个地级市、1 个自治州,上述地区所辖范围如图 1.3 和表 1.2 所示。

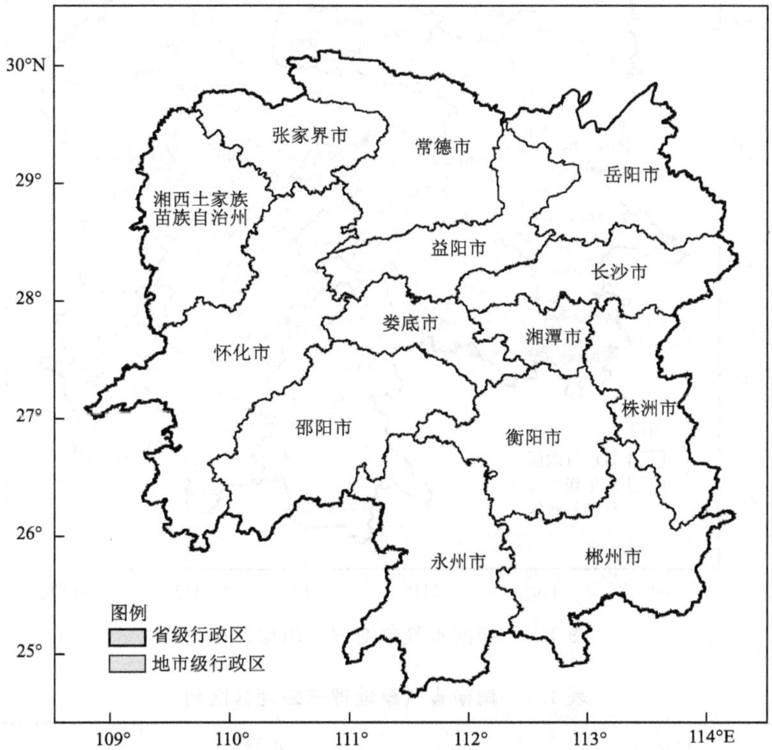

图 1.3 湖南省气象地理二级地区区划

表 1.2 湖南省气象地理二级地区区划

序号	名称	简称	序号	名称	简称
1	长沙市	长	8	张家界市	张
2	株洲市	株	9	益阳市	益
3	湘潭市	潭	10	郴州市	郴
4	衡阳市	衡	11	永州市	永
5	邵阳市	邵	12	怀化市	怀
6	岳阳市	岳	13	娄底市	娄
7	常德市	常	14	湘西土家族苗族自治州	湘西州或吉

(3)三级地区区划

三级地区区划是直接采用各县(市、区)行政区。湖南省辖 122 个县级行政区划单位,分别为 36 个市辖区、19 个县级市、60 个县、7 个自治县,上述地区所辖范围如图 1.4 和表 1.3 所示。

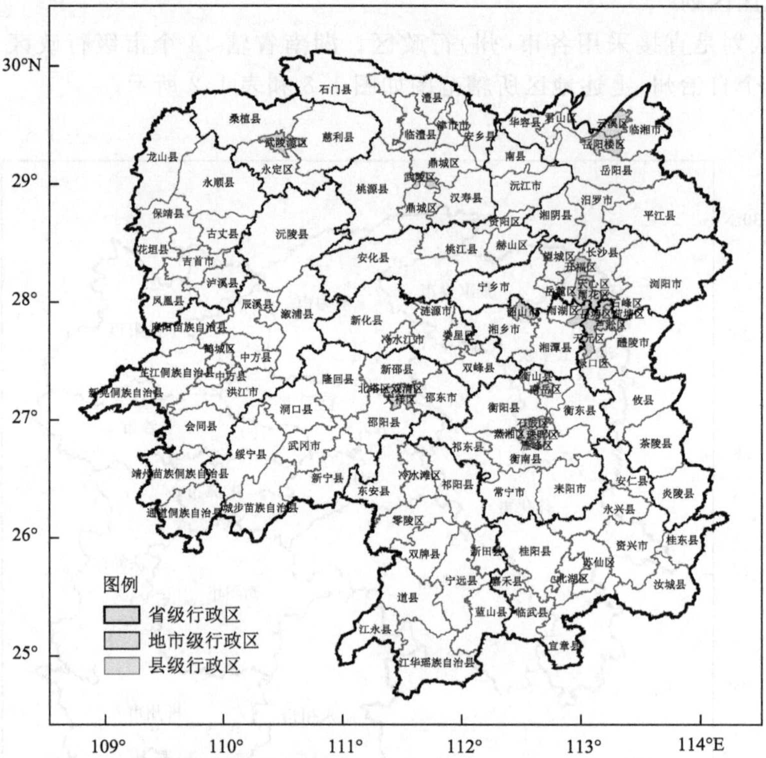

图 1.4　湖南省气象地理三级地区区划

表 1.3　湖南省气象地理三级地区区划

地区	市辖区	市辖县	市辖县级市
长沙市	芙蓉区、天心区、岳麓区、开福区、雨花区、望城区	长沙县	浏阳市、宁乡市
株洲市	荷塘区、芦淞区、石峰区、天元区、渌口区	攸县、茶陵县、炎陵县	醴陵市
湘潭市	雨湖区、岳塘区	湘潭县	湘乡市、韶山市
衡阳市	珠晖区、雁峰区、石鼓区、蒸湘区、南岳区	衡阳县、衡南县、衡山县、衡东县、祁东县	耒阳市、常宁市
邵阳市	双清区、大祥区、北塔区	新邵县、邵阳县、隆回县、洞口县、绥宁县、新宁县、城步苗族自治县	武冈市、邵东市
岳阳市	岳阳楼区、云溪区、君山区	岳阳县、华容县、湘阴县、平江县	汨罗市、临湘市
常德市	武陵区、鼎城区	安乡县、汉寿县、澧县、临澧县、桃源县、石门县	津市市
张家界市	永定区、武陵源区	慈利县、桑植县	
益阳市	资阳区、赫山区	南县、桃江县、安化县	沅江市
郴州市	北湖区、苏仙区	桂阳县、宜章县、永兴县、嘉禾县、临武县、汝城县、桂东县、安仁县	资兴市

续表

地区	市辖区	市辖县	市辖县级市
永州市	零陵区、冷水滩区	东安县、双牌县、道县、江永县、宁远县、蓝山县、新田县、江华瑶族自治县	祁阳市
怀化市	鹤城区	中方县、沅陵县、辰溪县、溆浦县、会同县、麻阳苗族自治县、新晃侗族自治县、芷江侗族自治县、靖州苗族侗族自治县、通道侗族自治县	洪江市
娄底市	娄星区	双峰县、新化县	冷水江市、涟源市
湘西州		泸溪县、凤凰县、花垣县、保靖县、古丈县、永顺县、龙山县	吉首市

1.3.2　特定区域区划

特定区域区划是指气象服务中长期使用并广为接受的常用地理区划，总计 3 个地区，分别为“湘西”“湘西北”“湘西南”，上述地区各自所辖范围如图 1.5 至图 1.7 和表 1.4 所示。

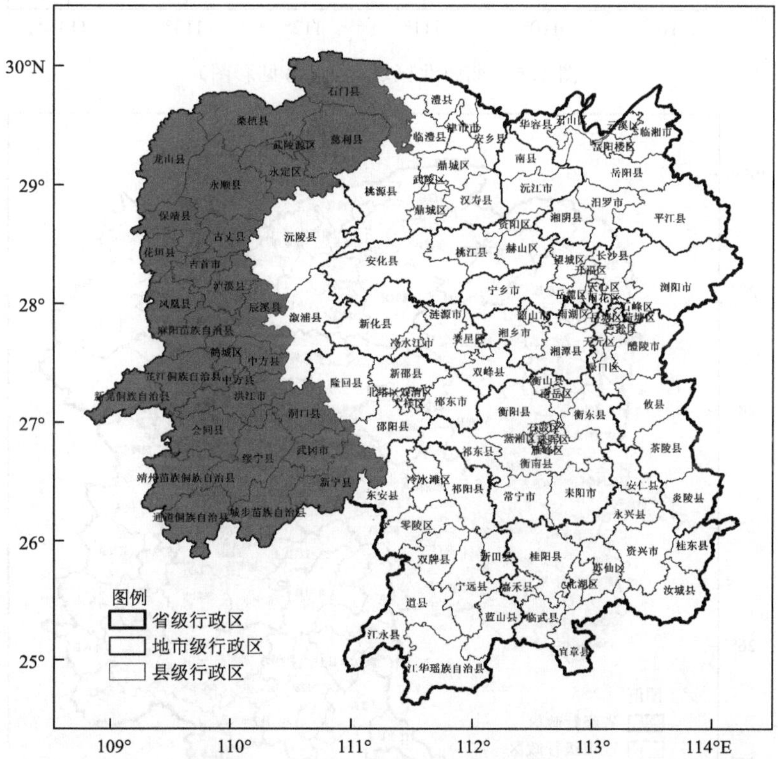

图 1.5　湘西区域区划(另见彩图)

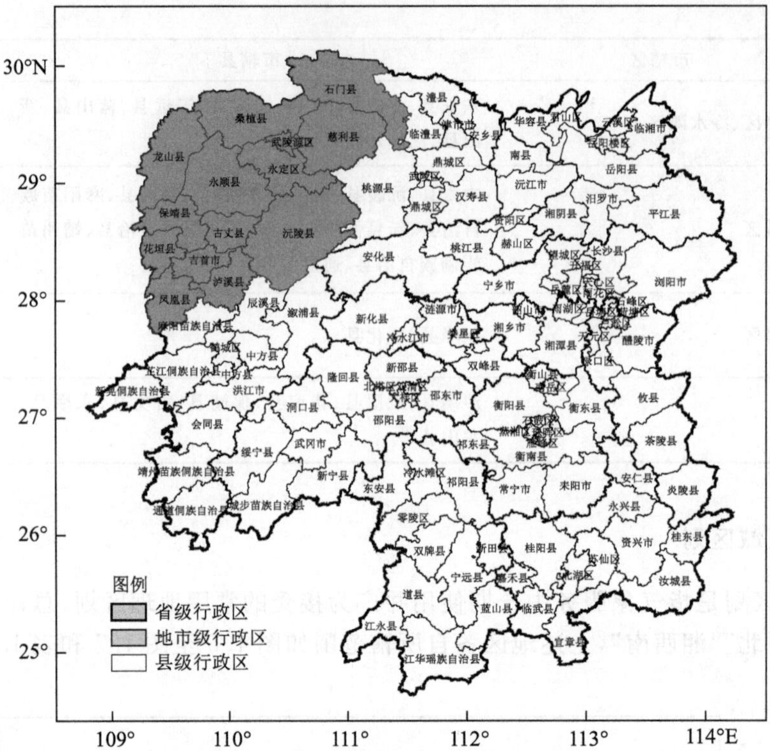

图 1.6　湘西北区域区划(另见彩图)

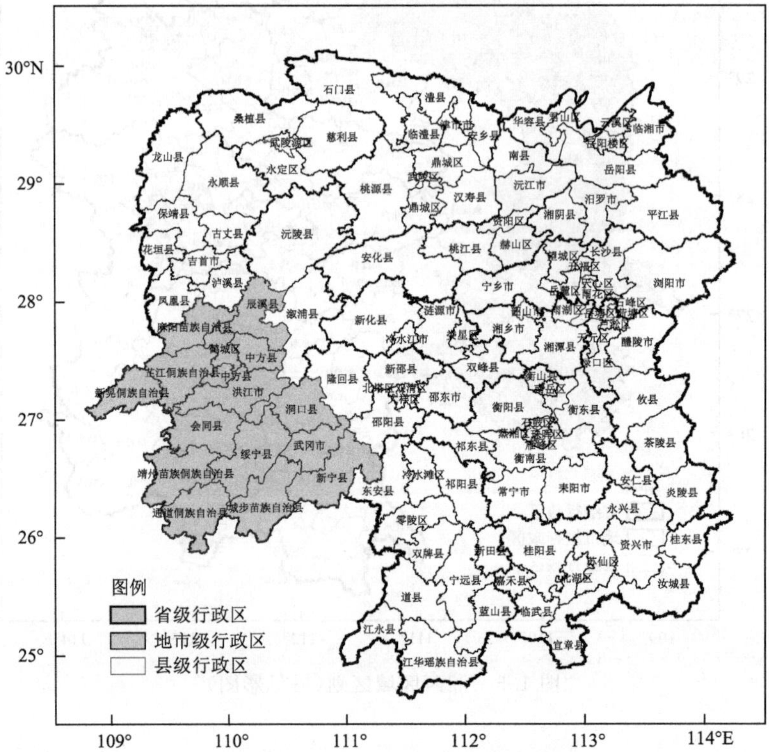

图 1.7　湘西南区域区划(另见彩图)

表 1.4　湖南省气象地理特定区域区划及所辖范围

区域名	所辖范围
湘西	邵阳(洞口县、绥宁县、新宁县、城步苗族自治县、武冈市)、常德(石门县)、张家界、怀化(鹤城区、中方县、沅陵县、辰溪县、会同县、麻阳苗族自治县、新晃侗族自治县、芷江侗族自治县、靖州苗族侗族自治县、通道侗族自治县、洪江市)、湘西州
湘西北	常德(石门县)、张家界、怀化(沅陵县)、湘西州
湘西南	邵阳(洞口县、绥宁县、新宁县、城步苗族自治县、武冈市)、怀化(鹤城区、中方县、辰溪县、会同县、麻阳苗族自治县、新晃侗族自治县、芷江侗族自治县、靖州苗族侗族自治县、通道侗族自治县、洪江市)

1.3.3　流域区划

依据《全国七大江河流域面雨量监测和预报业务规范(修订)》(气预函〔2021〕47 号)和《气象地理区划规范》(气办发〔2021〕48 号),湖南省地跨长江流域和珠江流域(图 1.8、表 1.5 和表 1.6)。

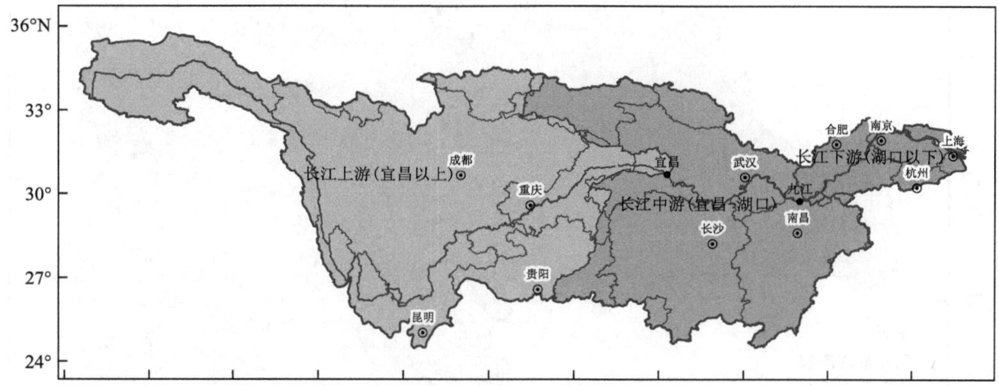

图 1.8　长江流域分布(另见彩图)

表 1.5　长江流域流经湖南省的市和州

流域名	流经市和州
长江流域	湘西州、张家界、常德、益阳、岳阳、怀化、长沙、湘潭、株洲、娄底、邵阳、衡阳、永州、郴州

表 1.6　珠江流域流经湖南省的市和州

珠江流域支流	流经市和州
北江水系	郴州
西江水系	永州、邵阳、怀化

湖南省河网密布,全省河流总长约 4.3 万 km,长度大于 5 km 的河流有 5341 条,50 km 以上的有 185 条。除少数属珠江水系和长江流域的赣江水系外,主要属长江流域洞庭湖水系。

洞庭湖水系面积 26.28 万 km^2,省内面积 20.48 万 km^2,占湖南省内总流域面积的 96.7%。其主要河流受地形地貌的制约,多源于东、南、西面的山地。其中,湘、资、沅大体由南向北或西南向东北，澧水自西向东，连接着流域面积在 500 km² 以上的 115 条较大河流及其分支，其中，流域面积大于 10000 km² 的有 9 条，包括湘、资、沅、澧“四水”干流及湘水支流潇水、耒水、洣水，沅水支流㵲水、酉水。此外，长江的松滋、太平、藕池三口分流之水则自北向南注入洞庭湖。洞庭湖接纳“四水”“三口”来水，然后通过岳阳城陵矶汇入长江，形成以洞庭湖为中心的多输入、单输出的辐射状水系（湖南省水利厅，1989）。

湖南省内洞庭湖水系主要包括“四水一湖”（图 1.9），其子流域覆盖的市州及“四水”上下游划分见表 1.7，洞庭湖和湘、资、沅、澧“四水”上中下游覆盖的地区见表 1.8。

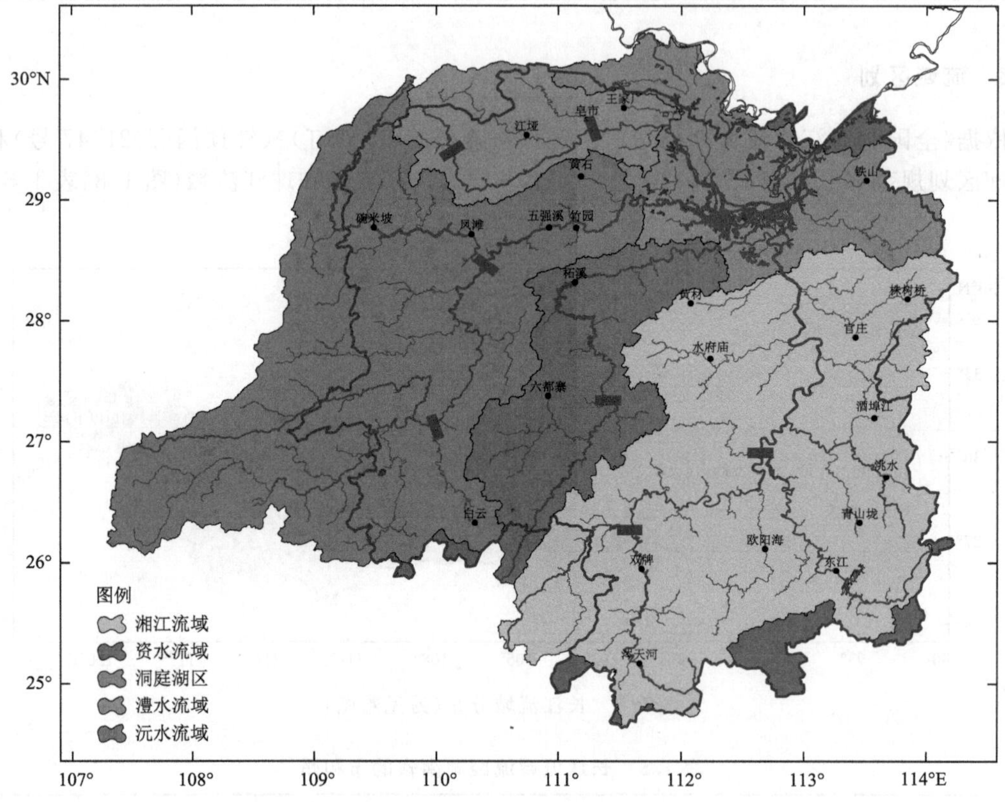

图 1.9　湖南省“四水一湖”分布（红色长方块代表上中下游分界点）（另见彩图）

表 1.7　湖南省内主要流域区划

流域名	流经市和州	上中下游划分
洞庭湖区	岳阳、长沙、益阳、常德	
湘江流域	长沙、湘潭、株洲、娄底、衡阳、郴州、永州	湘江上游：零陵以上 湘江中游：零陵至衡阳市区 湘江下游：衡阳市区以下
资水流域	邵阳、娄底、益阳	资水上游：新邵小庙头以上 资水中游：新邵小庙头至桃江马迹塘 资水下游：桃江马迹塘以下

续表

流域名	流经市和州	上中下游划分
沅水流域	怀化、邵阳、湘西州、张家界、益阳	沅水上游：洪江市黔城以上 沅水中游：洪江市黔城至沅陵 沅水下游：沅陵以下
澧水流域	张家界、常德、湘西州	澧水上游：桑植县城以上 澧水中游：桑植县城至石门县城 澧水下游：石门县城以下

表 1.8　湖南省内主要流域覆盖范围

流域名		覆盖范围
洞庭湖区		岳阳（岳阳楼区、君山区、华容县、临湘市、岳阳县、汨罗市、湘阴县、平江县）、长沙（长沙县）、益阳（南县、沅江市、资阳区）、常德（汉寿县、鼎城区、武陵区、安乡县、津市市、临澧县、澧县、石门县）
湘江流域	湘江上游	邵阳（新宁县）、永州（东安县、冷水滩区、零陵区、双牌县、道县、宁远县、新田县、蓝山县、江永县、江华瑶族自治县）
	湘江中游	衡阳（衡阳县、石鼓区、雁峰区、蒸湘区、珠晖区、石鼓区、衡南县、祁东县、常宁市、耒阳市）、邵阳（邵东市、邵阳县、新宁县）、永州（东安县、冷水滩区、祁阳市、零陵区、宁远县、新田县、蓝山县）、郴州（永兴县、桂阳县、嘉禾县、临武县、苏仙区、北湖区、资兴市、桂东县、汝城县、宜章县）
	湘江下游	岳阳（湘阴县、汨罗市）、益阳（沅江市、资阳区、赫山区、安化县）、长沙（岳麓区、开福区、芙蓉区、望城区、天心区、雨花区、长沙县、浏阳市、宁乡市）、株洲（天元区、石峰区、荷塘区、芦淞区、渌口区、醴陵市、攸县、茶陵县、炎陵县）、湘潭（岳塘区、雨湖区、湘潭县、韶山市、湘乡市）、娄底（娄星区、双峰县、涟源市、冷水江市）、衡阳（衡山县、南岳区、衡东县、石鼓区、衡阳县、衡南县、耒阳市）、邵阳（新邵县、邵东市）、郴州（安仁县、永兴县、资兴市、桂东县）
资水流域	资水上游	娄底（冷水江市）、邵阳（隆回县、新邵县、邵东市、双清区、大祥区、洞口县、邵阳县、武冈市、绥宁县、城步苗族自治县、新宁县）、怀化（溆浦县）、永州（东安县）
	资水中游	益阳（桃江县、安化县）、长沙（宁乡市）、怀化（溆浦县）、娄底（新化县、冷水江市、涟源市）、邵阳（隆回县）
	资水下游	常德（汉寿县）、益阳（资阳区、赫山区、桃江县）、长沙（宁乡市）
沅水流域	沅水上游	怀化（沅陵县）、张家界（永定区、慈利县）、常德（桃源县、鼎城区、武陵区、临澧县、石门县）
	沅水中游	怀化（麻阳苗族自治县、鹤城区、辰溪县、中方县、洪江市、溆浦县、沅陵县）、邵阳（隆回县）、湘西州（龙山县、永顺县、保靖县、古丈县、花垣县、吉首市、泸溪县、凤凰县）、张家界（永定区）
	沅水下游	怀化（新晃侗族自治县、芷江侗族自治县、鹤城区、中方县、洪江市、会同县、靖州苗族自治县、通道侗族自治县）、邵阳（洞口县、绥宁县、城步苗族自治县）
澧水流域	澧水上游	张家界（慈利县）、常德（石门县、澧县、临澧县、鼎城区、津市市）
	澧水中游	张家界（桑植县、武陵源区、永定区、慈利县）、湘西州（永顺县）、常德（石门县）
	澧水下游	湘西州（龙山县、永顺县）、张家界（桑植县）

(1)湘江流域

湘江是长江流域七大支流之一,是湖南省的最大河流。湘江干流全长 856 km,湖南境内 670 km,流域面积约 9.47 万 km^2,湖南境内 8.54 万 km^2,流经湖南省永州市、衡阳市、株洲市、湘潭市、长沙市,于岳阳市的湘阴县注入长江水系的洞庭湖。湘江以永州以上为上游,永州至衡阳之间为中游,衡阳以下为下游,乔口以下称尾闾。上游水流湍急,河水穿切岩层而过,形成峡谷,流域内石灰岩分布广,岩洞较多,地下水对河水补给量大,中游沿岸丘陵起伏,盆地错落,亦有峡谷,下游地势平坦,河水平稳,沿河沙洲断续可见。

湘江主要一级支流有 13 条(表 1.9),其中,以右岸汇入的支流居多,其流域面积也大,全流域呈不对称树枝状分布。右岸支流多发源于湘南和湘东山区,具有明显的山溪性河流特征。主要支流潇水、舂陵水、耒水、洣水、渌水和浏阳河由右岸汇入干流,支流祁水、蒸水、涓水、涟水、沩水从左岸汇入。

湘江流域一般每年 4 月进入汛期,9 月底结束。年最大洪水多发生在 4—8 月,尤以 5 月和 6 月为甚。

表 1.9 湘江流域主要支流情况

支流名		流域面积/km^2	河长/km	河源地点	河口地点	平均坡降/%
右岸	潇水	12099	354	兰山野猪山南	永州苹岛	0.076
	白水	1810	117	桂阳大土岭	祁阳白水镇	—
	舂陵水	6623	223	兰山人形	常宁茭河口	0.076
	耒水	11783	453	桂阳烟竹堡	衡阳耒河口	0.077
	洣水	10305	296	炎陵天障冲	衡山洣河口	0.101
	渌水	5675	166	江西萍乡千柱岭	株洲渌口镇	0.049
	浏阳河	4665	222	浏阳横山坳	长沙陈家屋场	0.0573
	捞刀河	2543	141	浏阳石柱峰	长沙泽油地	0.078
左岸	祁水	1085	114	祁阳九塘坳	祁阳城关	—
	蒸水	3470	194	邵东雁鹅圳	衡阳草桥	0.054
	涓水	1764	103	衡山南岳峰	湘潭小对河	0.082
	涟水	7155	224	新邵观音山	湘潭湘河口	0.046
	沩水	2430	144	宁乡扶王山	望城新康	0.116

(2)资水流域

资水,又称资江,是湖南省第三大河流,左支赧水源起城步县青界山黄马界,右支发源于广西资源县越城岭,两水于邵阳市双江口汇合称资江,流经邵阳、新化、安化、桃江、益阳等市(县),于益阳市甘溪港注入洞庭湖。全长 653 km,流域总面积约 2.8 万 km^2,其中,湖南省内面积约 2.7 万 km^2。资水以武冈以上为河源段,武冈至小庙头为上游、小庙头至马迹塘为中游、马迹塘以下为下游,益阳以下称尾闾。资水河源段坡降陡急,水流浅窄;中游多为峡谷;下游河谷开阔,河中多洲滩,两岸平缓。资水流域植被较好,河水多数时间清澈,水质一般为良好。

资水流域主要一级支流有 13 条(表 1.10),常出现洪中有枯、枯中有洪的现象,秋、冬季也偶有较大洪水发生。但年最大洪水均发生在 4—8 月,干流上下游又有不同,筱溪以上各站多发生于 4—6 月,润溪以下各站 7 月和 8 月也出现洪峰。一般 4—6 月常有连阴雨及暴雨,上下游洪水往往同时发生，峰高量大，形状肥胖，历时较长。7月和8月多为局部暴雨，常在下游产生洪水，峰高量小，形状陡峭，成一孤峰，历时较短，上游则洪峰较小。

表1.10　资水流域主要支流情况表

支流名		流域面积/km²	河长/km	河源地点	河口地点	平均坡降/%
左岸	蓼水	1141	97	绥宁七坡山	洞口双江口	0.232
	平溪	2269	97	黔阳大湾	洞口龙潭铺	0.259
	辰水	849	88	隆回望云山	洞口铜盆江	0.221
	石马江	840	76	隆回首望亭	新邵大禹庙	0.204
	大洋江	1285	91	隆回红岩山	新化大洋江	0.514
	渠江	851	99	新化分水界茶亭	安化渠江口	0.605
右岸	夫夷水	4554	248	广东资源越城岭	邵阳双江口	0.082
	邵水	2068	112	邵东南冲	邵东沿江桥	0.079
	敷溪	719	67	新化盖头山	新化油溪	0.420
	伊溪	1120	83.8	安化山溪界	安化敷溪	0.197
	沂溪	571	79.3	安化桂岩山	桃江马迹塘	0.276
	桃花江	407	57.2	桃江柘石塘	桃江桃江镇	0.243
	志溪河	626	65	宁乡新塘湾	益阳市	0.106

(3)沅水流域

沅水，又称沅江，洞庭湖水系中的第二大河流，流经芷江、中方、会同、黔阳、溆浦、辰溪、泸溪，至沅陵折向东北，经桃源、常德注入洞庭湖。

沅水发源于贵州省东南部，南源龙头江、北源重安江。全长1033 km，湖南省境内流长568 km，全流域面积约8.92万km²，湖南省内面积约5.11万km²。沅水以河源至洪江为上游、洪江至凌津滩为中游、凌津滩以下为下游、常德德山为沅水河口，德山以下及汉寿境内为流入洞庭湖的尾闾。沅水上游多高山林立，山谷纵横，河谷深切；中游为峡谷和丘陵地区，多灌木和乔木，植被良好；下游为低矮丘陵，地势平坦，河流较大。

沅水流域南北较长，东西较窄，右岸支流较多，主要有㵲水、辰水、武水、酉水，左岸主要有渠水、巫水、溆水(表1.11)。

表1.11　沅水流域主要支流情况表

支流名		流域面积/km²	河长/km	河源地点	河口地点	平均坡降/%
右岸	㵲水	10334	444	贵州福泉罗柳塘	黔阳黔城	0.0966
	辰水	7536	145	贵州铜仁漾头	辰溪小路口	0.0555
	武水	3574	145	花垣老人山	泸溪县泸溪	0.214
	酉水	18530	477	湖北宣恩西源山	沅陵张飞庙	0.105
	深溪	398	84	张家界梳坪垭	沅陵深溪口	0.357
	珠红溪	625	77	沅陵堡子界	沅陵珠溪口	0.254
	洞庭溪	714	66	慈利垭上	桃源洞庭溪	0.416
	大伏溪	590	83	慈利五里垭	桃源大伏溪	0.298
	白洋河	1719	105	慈利黄家棚	桃源蒋家嘴	0.0838

续表

	支流名	流域面积/km²	河长/km	河源地点	河口地点	平均坡降/%
左岸	渠水	6772	285	贵州黎平地转坡	黔阳托口镇	0.0919
	巫水	4205	244	广西北石坳	黔阳洪江镇	0.101
	公溪	488	64	绥宁张家冲	会同塘冲	0.735
	溆水	3290	143	溆浦架枕田	溆浦大江口	0.0191
	兰溪	596	68	沅陵羊皮帽	沅陵兰溪口	0.358
	怡溪	874	91	桃源芦茅山	桃源怡溪口	0.312
	夷望溪	732	94	桃源胡家岭	桃源夷望溪口	0.201

沅水流贯于雪峰山与武陵山地之间，河床比降大，由于受流域地势的影响，局部暴雨较多，强度大，历时长，加之坡度陡，流时短，洪水发生频繁。同时干支流降雨先后不尽相同，导致中下游洪水呈多峰状态，历时可达 10 余天，一般峰高量大，多复峰。8 月以后的洪水一般峰高量小，历时短，多呈单峰形。

(4)澧水流域

澧水，位于湖南省西北部，流经龙山县、桑植县、永顺县、张家界市永定区、慈利县、石门县、临澧县、澧县、津市市，沿途接纳溇水、渫水、道水和涔水等支流，至津市小渡口注入洞庭湖。径流模数居全省之冠，并以洪水涨落迅速而闻名。澧水是湖南四大河流中最小的河流。

澧水源头分北、中、南三源，以北源桑植县杉木界为主。河流全长 388 km，流域面积约 1.85 万 km²，湖南省内约 1.55 万 km²。桑植县以上为上游、桑植县到石门县为中游、石门县至津市为下游，津市小渡口以下称尾间(表 1.12)。澧水上游处高山峻岭，中游为丘陵地区，下游地势开阔平坦。

表 1.12　澧水流域主要支流情况表

	支流名	流域面积/km²	河长/km	河源地点	河口地点	平均坡降/%
支流	中源	710	80	桑植八大公山	桑植赶塔	0.430
	南源	553	59	永顺爹塔	永顺两河口	0.447
	溇水	5048	250	湖北鹤峰七垭	慈利对岸	0.211
	渫水	3201	165	石门泉坪门坎岩	石门三江口	0.148
	道水	1364	101	慈利五雷山	澧县道河口	0.0965
	涔水	1188	114	石门黑天坑	津市小渡口	0.0774

澧水流域降水分布特点是，上游多于下游，丘陵区多于平原。澧水上游平均年降水量在 1600～1800 mm。澧水下游地势低平，降水云团一扫而过，降水量较小。澧水流域一般从 4 月起雨量才有较明显增大，4—8 月最多，又以夏季最为集中，冬季雨量最少。在雨季或暴雨出现时期，易引起山洪暴发。个别年份 9 月和 10 月雨水仍较多，水位仍有上涨现象，但从全年来看，已是落水趋势。一般从 9 月以后至次年 3 月进入低水位时期，个别年份出现河水干枯。

(5)洞庭湖

洞庭湖位于湖南省的东北部，长江中游南岸，为中国第二大淡水湖。跨湘鄂两省，它北连长江、南接湘、资、沅、鄷“四水”，号称“八百里洞庭”。现水面被分割为西洞庭湖、南洞庭湖、东洞庭湖三部分。

西洞庭湖：在益阳市、常德市境内，指赤山湖以西的诸湖泊，到 20 世纪仅存七里湖和目平湖，湖泊面积443.9 km^2。有沅江、澧水、松滋河、虎渡河和藕池河由西北流入。

南洞庭湖：是东洞庭湖和西洞庭湖的连接通道，跨岳阳与益阳之间，指赤山以东与磊石山以南的诸湖泊，主要有东南湖、万子湖和横岭湖。横岭湖位于湖南湘阴县北部，由大小24个常年性湖泊和3大片季节性洲土组成。湖泊面积920 km^2。南接湘江和资水尾闾，北与大通湖相接，东有汨罗江入汇。

东洞庭湖：位于华容县墨山铺、注滋口，汨罗市磊山，益阳市大通湖农场之间。滨湖的有岳阳市区（岳阳楼区、君山区）、华容县、钱粮湖农场、君山农场、建新农场、岳阳县，湖泊面积1327.8 km^2，是洞庭湖水面最大的一部分。"四水"和"三口"等入湖水量在东洞庭湖汇合后，由岳阳城陵矶流入长江。1988年，东洞庭湖被列入国家重点风景名胜区——"洞庭湖－岳阳楼风景名胜区"。

直接进入洞庭湖河长在5 km以上的河流还有403条，其中，水量较大的有：汨罗江，全长253 km，流域面积5548万 km^2；新墙河，全长108 km，流域面积2370 km^2。

长江进洞庭湖入口：松滋、太平、藕池、调弦（1958年已堵塞）。

（6）各流域主要大型水库

大型水库（总库容在1.0亿 m^3以上）是湖南的防洪重器（潘志祥 等，2005）。水库对洪水拦蓄调节起着至关重要的作用，特别是大型水库在抗击特大灾害中的作用十分明显。水库防洪调度的主要措施为：第一，汛前预留调洪库容。以气象部门的预报为依据，在主汛期开始之前加大水库的泄水量和发电，将水位消落到汛限水位，预留出足够的防洪库容，为防御洪水争得先机和主动。第二，在暴雨洪水过程中，采用拦洪、滞洪、削峰、错峰策略调蓄洪水。根据气象部门和上游水文站的预报，充分考虑下游及洞庭湖区的利益，限制出库洪水流量，削减洪峰，减轻下游和洞庭湖区的防洪压力；与此同时，根据降雨和洪水下泄资料，联合调度，使各水库下泄洪峰不叠加，"不碰头"。第三，汛末及时调度水库科学拦蓄尾洪，充分发挥雨洪资源的综合效益。在雨季最后一场雨之前，根据气象部门的预报，拦蓄洪尾，以应对后期旱情、缓解下游取用水压力、保证农业生产和地区生态安全。

以防洪为主要目的，湖南省现在已有总库容在10亿 m^3以上的大型水库8座（表1.13），其中，总库容超过30亿 m^3的3座（东江、五强溪、柘溪），东江最大，是湖南省最大的水库，约为洞庭湖湖容的一半。"四水"流域的大型水库分布情况如下。

位于湘江的有东江、涔天河、双牌、欧阳海4座大型水库，但已建的大型水库多在支流上，干流无大型水库。

柘溪水库是资水流域唯一的大型防洪水库，拥有7亿 m^3 防洪库容和21.8亿 m^3 调节库容，且位于资水干流上，控制着80%的流域面积，具有很强的调控作用，是资水下游真正的"防洪重器"，为益阳市和洞庭湖的防洪安全发挥了巨大作用。

沅水是湖南省境内水量最大的河流，沅水流域上的大型水电站最多，不仅有湖南境内的五强溪、洪江和托口水电站，还有上游贵州省境内的三板溪和白市水电站等，形成了完整的流域梯级电站群，总调节库容达79亿 m^3，具有很强的流域梯级综合调节防洪能力，对拦蓄洪水、削减洪峰、调节水量、减轻下游灾害发挥了重要作用。其中，五强溪水电站装机容量120 MW、总库容43.5亿 m^3、调节库容20.2亿 m^3、防洪库容13.6亿 m^3，控制流域面积8.38万 km^2，占全流域的93%，可直接调节保障下游桃源、常德和洞庭湖尾闾的防洪安全，是湖南省最重要的防洪控制性工程。

澧水流域在20世纪还没有大型水库，1998年特大洪涝造成了北民湖蓄洪和多处堤院溃堤等重大损失。21世纪建成江垭和皂市两座大型水库，防洪库容分别达到7.4亿 m^3 和7.8亿 m^3，显著提高了澧水下游的防洪调节能力。

表1.13　库容超10亿 m^3 的大型水库基本情况

水库名称	水系	地理位置	最大库容量/亿 m^3	防洪库容量/亿 m^3
东江水库	湘江支流耒水上游	资兴市	92.7	1.58
涔天河水库	湘江上游支流潇水	江华县	15.1	3.75
柘溪水库	资水中上游，控制资水流域面积的80%	安化县	38.81	1.6～7.0
托口水库	沅水干流上游	洪江市	13.84	3.63～1.98
凤滩水库	沅水最大支流酉水下游，控制酉水面积的94.4%	沅陵县	17.3	2.77
五强溪水库	沅水下游，控制沅水面积的93%	沅陵县	43.5	13.5
江垭水库	澧水最大支流溇水中游，控制溇水全流域面积的73.5%	慈利县	17.41	7.38～6.28
皂市水库	澧水第二大支流渫水下游，占渫水流域面积的93.7%	石门县	14.39	7.83

第 2 章　气候概况

湖南省在全球五大气候带中处于亚热带气候带内，属大陆性亚热带季风湿润气候（程庚福 等，1987；湖南省气象局，2018）。基于特殊的地形地貌和季风气候特点，湖南是全国气象灾害比较严重的省份之一（赵珊珊 等，2017），主要气象灾害有暴雨、台风、干旱、高温、低温雨雪冰冻、冷害、风雹、雷电、雾、霾等，还有滑坡、泥石流、洪水、城市内涝、农田渍涝、道路结冰、森林火灾、空气污染、生态环境恶化等次生灾害。据不完全统计，每年的气象灾害或由气象灾害引发的次生灾害发生比例占自然灾害的 80%以上（吴吉东 等，2014）。

2.1　气候特点

2.1.1　气候温暖，四季分明

湖南省多年平均气温为 17.7 ℃，湘东南与湘西北相差约 3 ℃，山区低于平原和丘陵，全年有 9 个月平均气温超过 10 ℃。2 月底开始入春，春季一般为 2～3 个月，入春后气温逐渐回升，但常有阴雨连绵、低温寡照天气；4 月底起至 5 月下旬由南至北先后入夏，夏季最长（超过 4 个月），温高暑热；9 月下旬开始全省各地相继进入秋季，秋季最短（只有 2 个月左右），经常是初秋秋高气爽，深秋秋风秋雨；冬季一般自 11 月底至 12 月上旬开始，通常 3 个月左右，全省冬季湿冷，多雨雪冰冻天气。

2.1.2　热量充足，雨水集中

湖南平均无霜期长达 285 d，各县（市）无霜期在 243（桂东）～316（江华） d。多年平均降水量 1435.6 mm，各县（市）降水量在 1209.1（新晃）～1764.0（桂东） mm。降水时空分布不均：时间上，主要集中在 4—7 月，4 个月占全年总雨量的 52.1%，汛期（4—9 月）占 66.8%；空间上，雪峰山、幕埠山、罗霄山、南岭山区降雨多（超过 1600 mm），衡（阳）—邵（阳）盆地和洞庭湖平原降水相对较少（1200～1400 mm）。

2.1.3　春温多变，夏秋多旱

湖南省春季冷暖无常，气温日变幅居四季之首。特别是 3—4 月天气变化剧烈，乍暖还寒，易发生“倒春寒”。常年 6 月下旬到 7 月上旬，全省自南向北雨季先后结束，进入高温少雨期，季节性干旱几乎年年发生，只是影响范围和严重程度不同。全省夏秋两季平均气象干旱日数为 58.6 d，占全年干旱日数的 70.1%，衡（阳）—邵（阳）盆地干旱最为严重。

2.1.4　严寒期短，暑热期长

湖南省全年各月平均气温均在 5 ℃以上，日平均气温在 0 ℃以下的天数平均每年仅 2.1 d，全省各地大多数年份没有严寒期，只有少数年份有 5～10 d 严寒期；最冷月为 1 月（平均气温为 5.7 ℃），最冷时段在 1 月中旬前后，旬平均气温也有 5.4 ℃。日最高气温≥35 ℃日数平均每年为 25.7 d，高温多发区主要位于湘中偏东、湘南地区，其中，衡阳、株洲、郴州北部尤为严重。高温主要出现在 7 月和 8 月。最热月为 7 月（平均气温为 28.4 ℃），最热时段在 7 月下旬前后，旬平均气温为 29.1 ℃。

2.1.5　全球变暖背景下气象灾害趋多趋强

全球变暖，大气环流异常，厄尔尼诺、拉尼娜事件周期缩短，极端灾害性天气频发多发已成常态。随着气候变化和社会经济迅速发展，社会经济对气象灾害反应敏感，经济损失增大。气象灾害的突发性、反常性和不可预见性日益突出，气象灾害的风险日益增大，对全球社会经济可持续发展造成严重威胁，也给湖南社会经济发展带来严峻挑战（罗伯良 等，2008b；翟盘茂 等，2012；张剑明 等，2012；IPCC，2021；崔童 等，2023）。

在全球变暖的大背景下，湖南省气象灾害风险呈上升趋势，并有一些新的特征。一是暴雨、大暴雨增多，洪涝风险增大。1961—2021 年，全省年暴雨日数增加了约 18%，大暴雨日数增加了约 48%，降水的极端性在明显增强；相反，年降水日数在明显减少。降水趋于集中导致涝季愈涝风险增大。二是高温日数增多，夏秋干旱趋重。1961—2021 年，全省年高温日数增加了约 37%，8—11 月，降水日数减少了约 28%，气象干旱日数增多了约 10%，旱季更早的风险也在增大。三是低温雨雪冰冻次数减少，但个别年份波动剧烈。阶段性低温雨雪冰冻造成的影响仍不容忽视，比如 2008 年之后的 2011 年、2018 年和 2022 年均出现了较为明显的低温雨雪冰冻过程。

2.2　主要气候要素

2.2.1　气温

气温是指距地面 1.5 m，安放在百叶箱内的温度表测得的空气温度，可以代表大气温度的基本状况。地温，是在没有遮挡的土质地表测到的温度。地温由于受地面介质（土地、水泥地）、遮挡情况不同，差距会很大。气温和地温观测均精确到小数点后一位。

（1）平均气温

在气象学上，定义用一天 02 时、08 时、14 时和 20 时四个时刻的平均气温作为一天的平均气温（即四个气温相加除以 4）。

1）年平均气温

湖南省年平均气温为 17.7 ℃（1991—2020 年 30 年平均气候值，下同）。受东亚季风和地形影响，全省平均气温呈现北低南高、西低东高、山区低于平原和丘陵的空间分布特征。各县（市）平均气温在 16.1（桂东）～19.1（道县）℃，湘东南与湘西北相差约 3 ℃（图 2.1）。

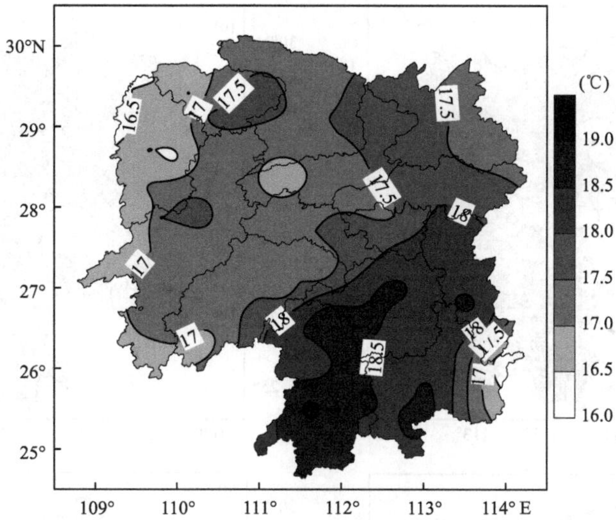

图 2.1　1991—2020 年湖南省年平均气温空间分布

1961—2020 年，湖南省年平均气温在 16.3(1984 年)～18.4(2013 年)℃，近年来，全省平均气温整体呈上升趋势(图 2.2)。

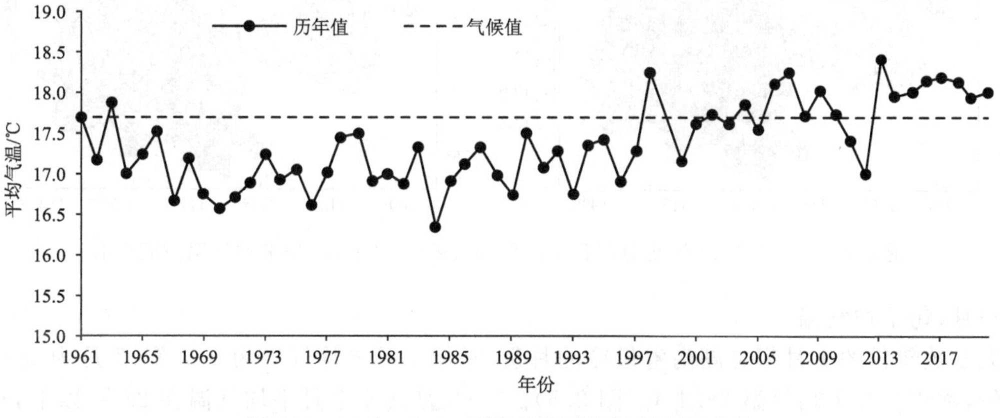

图 2.2　1961—2020 年湖南省平均气温年际变化

2)季平均气温

湖南省四季气温以夏季(6—8 月)最高，秋季(9—11 月)次之，春季(3—5 月)再次，冬季(12 月至次年 2 月)最低。春季常年(1991—2020 年)平均气温 17.4 ℃，各县(市)在 16.0(古丈)～18.9(道县)℃(图 2.3a)；夏季常年平均气温 27.3 ℃，各县(市)在 23.7(桂东)～28.7(祁阳、衡阳)℃(图 2.3b)；秋季常年平均气温 18.6 ℃，各县(市)在 16.8(桂东)～20.3(道县)℃(图 2.3c)；冬季常年平均气温 7.2 ℃，各县(市)在 6.1(临澧、临湘)～9.1(道县、江华)℃(图 2.3d)。

1961—2020 年春季平均气温呈明显的上升趋势，历年春季平均气温在 15.3(1970 年)～19.5(2018 年)℃(图 2.4a)，夏季平均气温在 26.1(1999 年)～28.9(2013 年)℃(图 2.4b)，秋季平均气温在 16.6(1967 年)～19.9(1998 年)℃(图 2.4c)，冬季平均气温在 4.9(1984 年)～8.9(1999 年)℃(图 2.4d)。

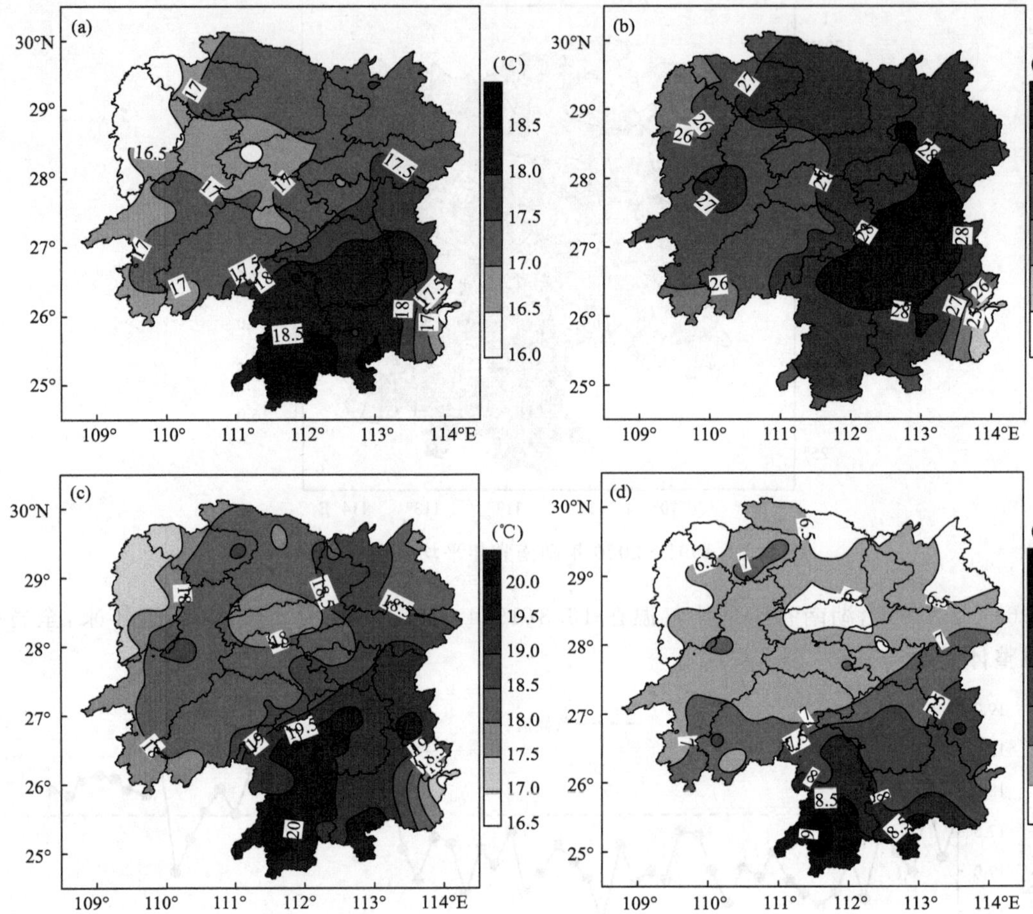

图 2.3　1991—2020 年湖南省春(a)、夏(b)、秋(c)及冬(d)季平均气温空间分布

3)月、旬平均气温

大多数年份的 1 月都是湖南省最冷的月份，常年 1 月平均气温为 5.7 ℃；7 月为全年最热的月份，常年 7 月平均气温 28.4 ℃(图 2.5)。5—9 月共 5 个月平均气温在 22 ℃以上，3 月、4 月、10 月和 11 月平均气温在 10～20 ℃，12 月、1 月和 2 月平均气温在 10 ℃以下。

湖南省 1 月中旬为最冷时段，旬平均气温为 5.4 ℃，7 月中下旬至 8 月上旬为最热时段，旬平均气温分别为 28.4 ℃、29.1 ℃和 28.8 ℃(图 2.6)。

(2)最高气温

1)年平均最高气温

湖南省年平均最高气温 22.3 ℃，各县(市)在 21.0(龙山)～23.9(宜章)℃(图 2.7)。

1961—2020 年，湖南省平均最高气温呈上升趋势，历年年平均最高气温在 20.6(1984 年)～23.3(2013 年)℃(图 2.8)。

2)月平均最高气温

湖南省最冷月(1 月)平均最高气温 9.3 ℃，最热月(7 月)平均最高气温 33.2 ℃(图 2.9)。6 月、7 月和 8 月在 30 ℃以上，5 月和 9 月在 25～30 ℃，4 月和 10 月在 22 ℃左右，3 月和 11 月在 15～20 ℃，2 月和 12 月在 10～15 ℃。

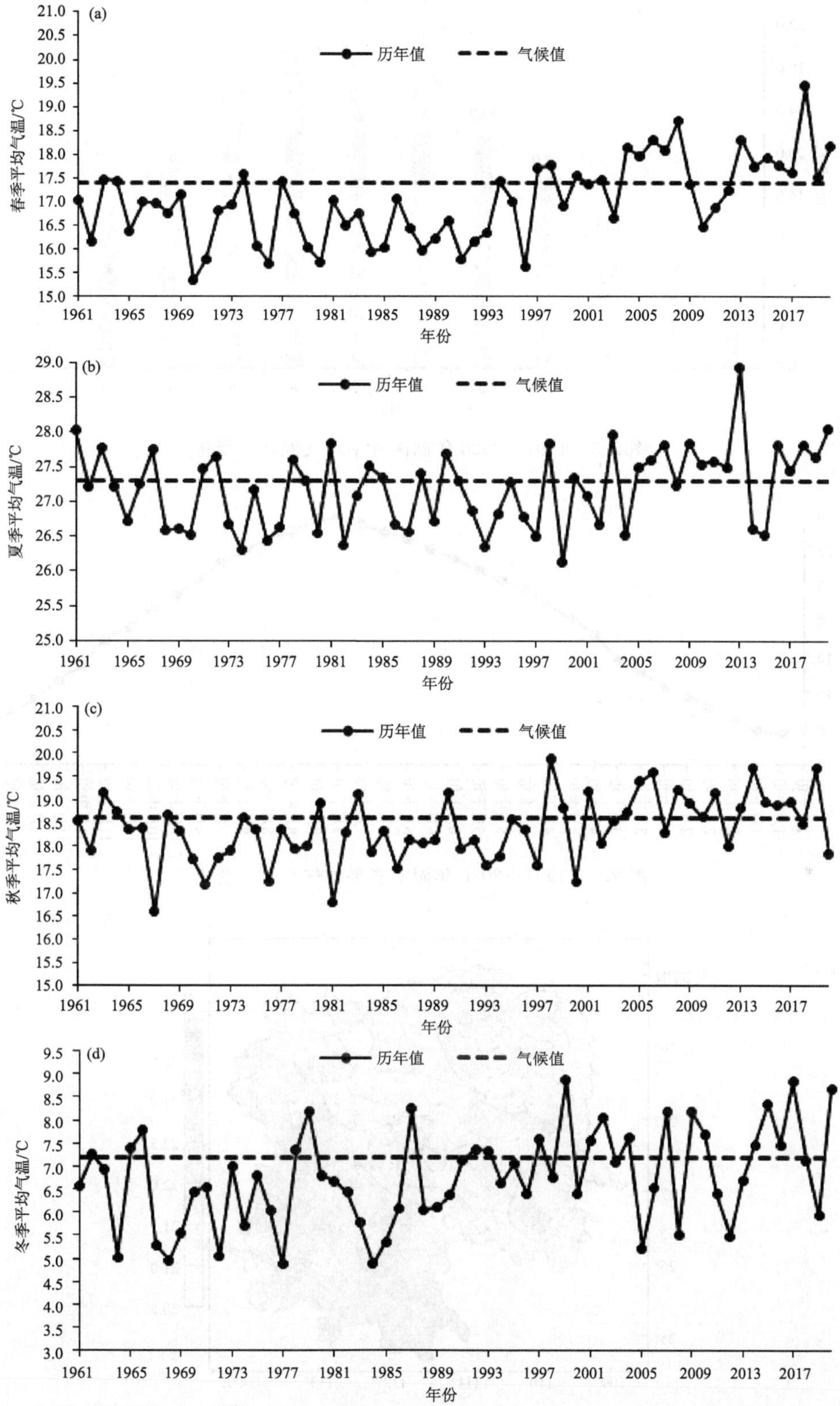

图 2.4　1961—2020 年湖南省春(a)、夏(b)、秋(c)及冬(d)季平均气温年际变化

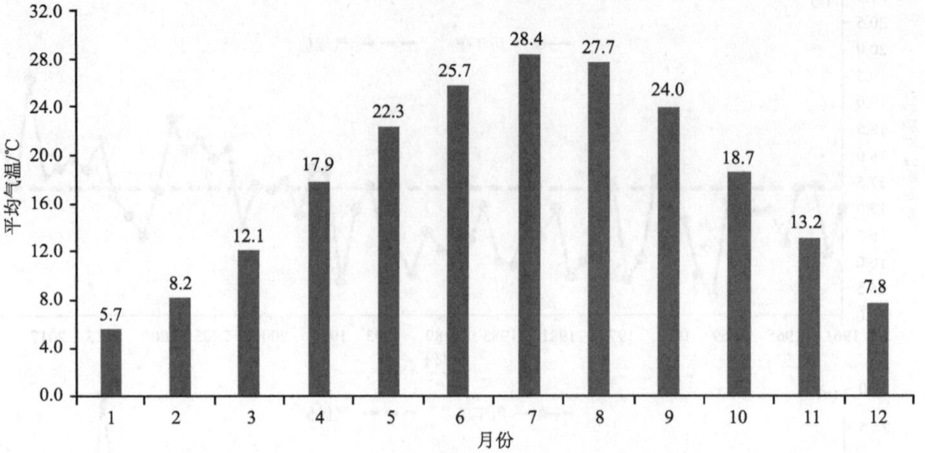

图 2.5 1991—2020 年湖南省平均气温逐月变化

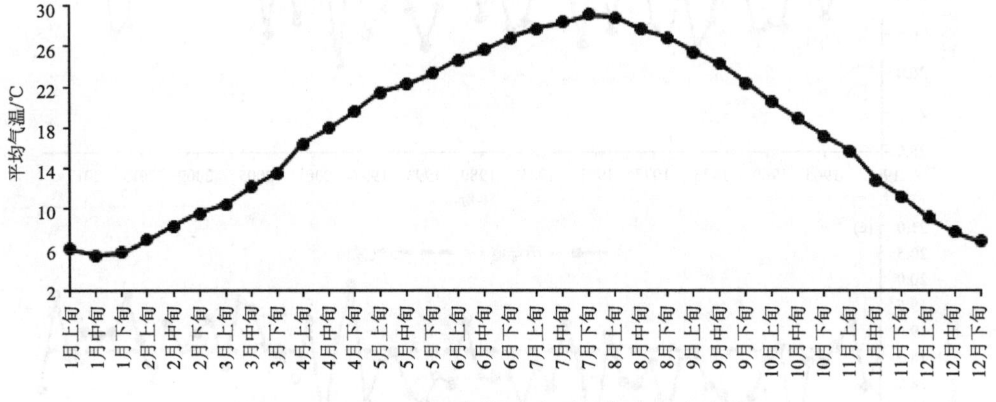

图 2.6 1991—2020 年湖南省平均气温逐旬变化

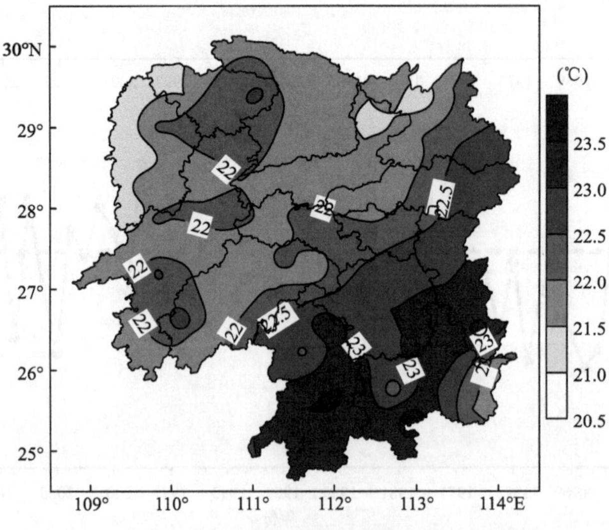

图 2.7 1991—2020 年湖南省年平均最高气温空间分布

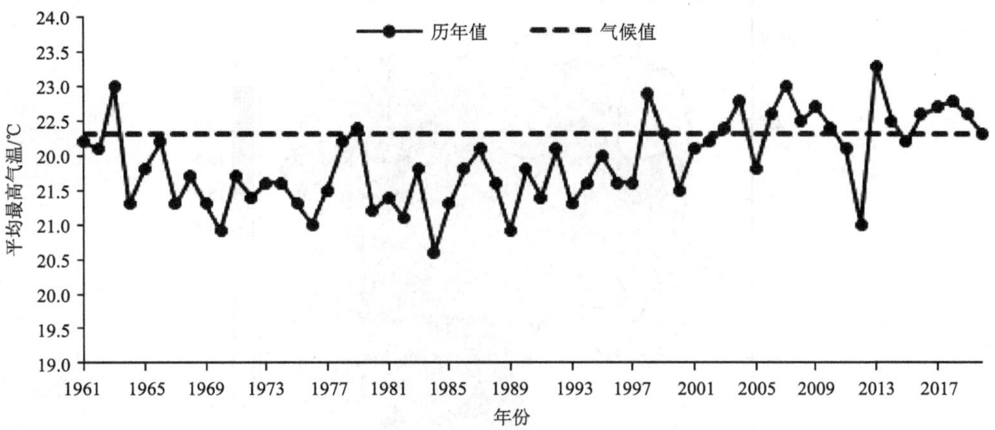

图 2.8　1961—2020 年湖南省年平均最高气温年际变化

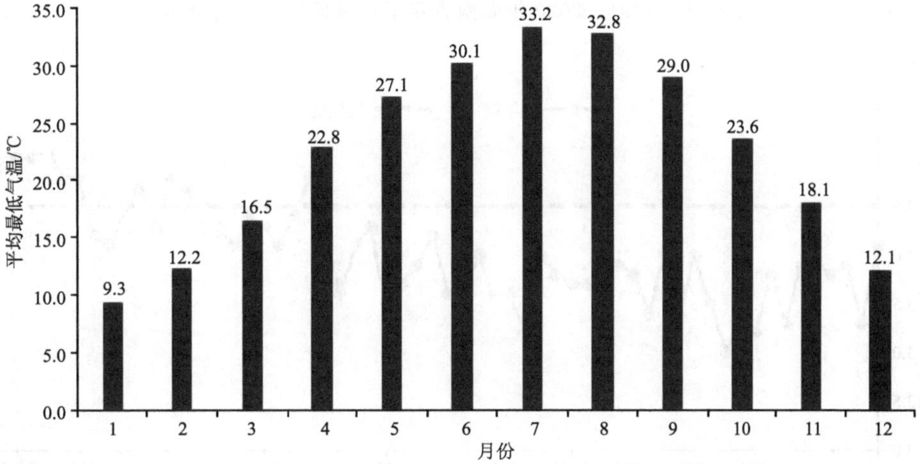

图 2.9　1991—2020 年湖南省平均最高气温逐月变化

(3)最低气温

1)年平均最低气温

湖南省年平均最低气温 14.5 ℃,各县(市)在 12.4(桂东)～16.0(道县)℃(图 2.10)。

1961—2020 年,湖南省平均最低气温呈明显上升趋势,历年年平均最低气温在 13.0(1971 年)～15.0(2015 年)℃(图 2.11)。

2)月平均最低气温

湖南省最冷月(1 月)平均最低气温 3.2 ℃,最热月(7 月)平均最低气温 24.8 ℃。6—9 月均在 20 ℃以上。1—3 月、11 月和 12 月均在 10 ℃以下(图 2.12)。

(4)极端气温

1)极端高温

1961—2020 年,湖南省各地极端最高气温分布如图 2.13 所示,年极端最高气温除西南及南部山区外,全省大部分地区在 40 ℃以上,整体呈北高南低分布。

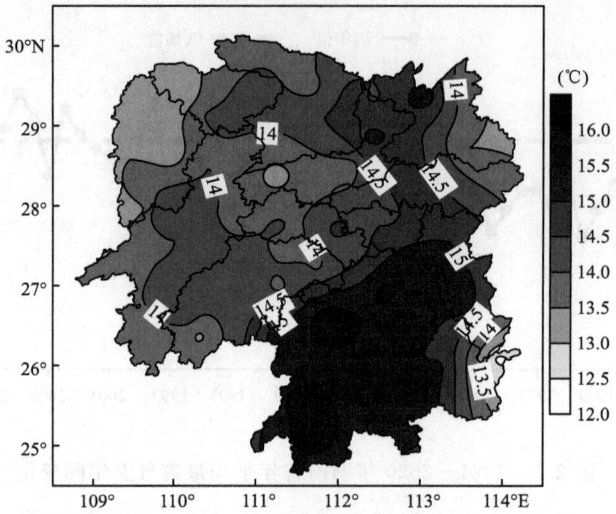

图 2.10 1991—2020 年湖南省年平均最低气温空间分布

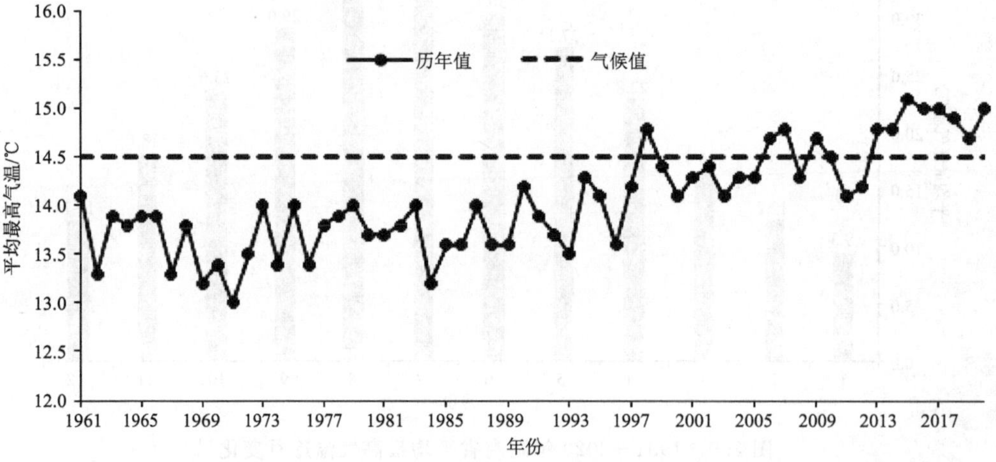

图 2.11 1961—2020 年湖南省年平均最低气温年际变化

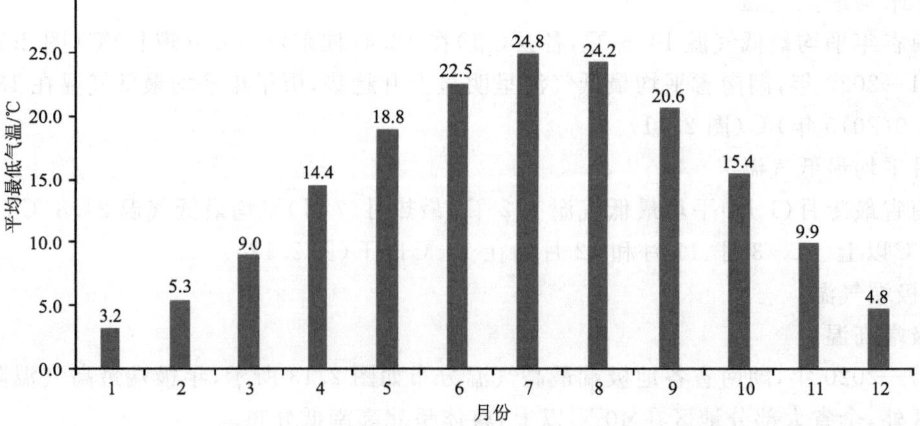

图 2.12 1991—2020 年湖南省平均最低气温逐月变化

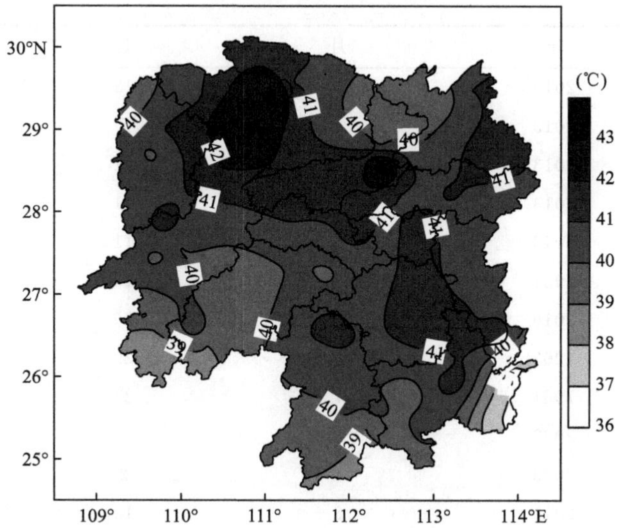

图 2.13　1961—2020 年湖南省极端高温空间分布

湖南省各县(市、区)极端高温及其出现时间如表 2.1 所示,全省年极端最高气温为 43.6 ℃,出现在益阳赫山区(1961 年 7 月 24 日),全省 97 个国家级气象观测站中极端最高气温≥37 ℃的站有 95 个,≥40 ℃的站有 72 个。只有 2 站低于 37 ℃,分别为南岳高山站(31.3 ℃)和桂东站(36.7 ℃)。

表 2.1　湖南省极端高温信息表

站名	年	月	日	极端最高气温/℃
龙山	1971	7	26	39.5
桑植	1981	8	8	40.7
张家界	2013	8	11	42.3
石门	1972	8	27	40.9
慈利	2013	8	11	43.2
澧县	2011	7	25	41.0
临澧	2013	8	11	40.6
南县	1971	7	21	39.5
华容	1971	7	21	40.0
安乡	2013	7	31	39.2
岳阳	1971	7	21	39.3
临湘	2013	8	11	41.0
花垣	2013	8	7	40.5
保靖	2017	7	28	39.8
永顺	2013	8	10	41.1
古丈	2013	8	13	40.8
吉首	2013	8	13	40.6
沅陵	2013	8	13	41.9
泸溪	2013	8	13	41.1

续表

站名	年	月	日	极端最高气温/℃
辰溪	2013	8	13	40.7
桃源	2013	8	7	41.2
常德	2013	8	11	40.6
汉寿	2013	7	31	40.6
桃江	2013	8	11	41.9
安化	1961	7	23	41.8
沅江	2016	7	26	39.7
湘阴	1963	8	29	40.1
赫山	1961	7	24	43.6
宁乡	2003	8	2	41.2
长沙	2003	8	2	41.1
汨罗	2013	8	10	40.4
平江	2013	8	11	41.5
长沙	2003	8	2	40.6
浏阳	1971	7	26	40.7
凤凰	2013	8	13	40.8
麻阳	1972	8	27	41.5
新晃	1971	7	27	40.9
芷江	2013	8	13	39.8
怀化	2013	8	13	40.0
溆浦	1972	8	27	40.5
洪江	2013	8	13	40.5
洞口	2013	8	11	39.1
冷水江	2013	8	11	40.6
新化	2013	8	11	40.8
涟源	2003	8	2	40.6
娄底	2003	8	2	41.2
邵阳	2010	8	5	40.2
隆回	2013	8	10	39.6
新邵	2003	8	2	40.0
邵东	2010	8	5	39.8
韶山	2010	8	5	40.8
湘乡	2003	8	2	40.8
湘潭	2003	8	3	41.8
双峰	2010	8	5	40.8
南岳	2010	8	5	31.3
衡山	2016	7	31	41.1
衡东	2003	8	3	41.2
攸县	2013	8	10	40.7

续表

站名	年	月	日	极端最高气温/℃
株洲	1963	8	27	40.5
醴陵	2013	8	10	40.9
靖州	2010	8	5	39.0
会同	2010	8	5	39.6
通道	2013	8	13	38.0
绥宁	1971	7	21	40.5
新宁	2003	7	31	39.8
武冈	1963	9	1	39.3
城步	2013	8	10	39.0
邵阳县	2013	8	10	40.3
冷水滩	2010	8	5	41.1
永州	2010	8	5	40.3
东安	2010	8	5	40.6
祁阳	2003	8	3	41.7
祁东	2010	8	5	40.4
衡阳县	1971	7	26	40.8
衡阳	2010	8	5	41.3
常宁	1963	9	1	40.8
衡南	2010	8	5	41.6
耒阳	2013	8	10	41.2
安仁	2003	8	2	41.7
茶陵	2003	8	3	40.7
炎陵	2003	7	16	41.6
永兴	2003	7	23	40.5
桂东	1998	8	24	36.7
双牌	2010	8	5	40.5
道县	2010	8	5	39.5
宁远	2003	8	3	40.2
江永	1963	9	2	39.7
新田	2003	8	2	40.0
郴州	1998	8	5	40.5
桂阳	1988	7	19	39.2
嘉禾	1963	9	3	40.3
蓝山	1984	7	30	39.0
宜章	2003	7	23	41.0
临武	2003	8	3	39.2
资兴	2003	7	31	42.0
汝城	2003	8	3	37.3
江华	2003	8	2	39.4

全省各月极端最高温度出现站点及出现日期如表 2.2 所示。

表 2.2　湖南省各月极端高温站信息

月份	站名	年份	日期	极端最高气温/℃
1	江华	1969	28	30.2
2	会同	1963	28	34.6
3	常宁	1988	14	36.9
4	慈利	2004	22	37.7
5	石门	2011	18	40.0
6	安化	1961	23	41.0
7	赫山	1961	24	43.6
8	慈利	2013	11	43.2
9	常宁	1963	01	40.8
10	茶陵	2019	03	37.8
11	嘉禾	2005	04	34.7
12	永兴	1968	06	29.6

2)极端低温

1961—2020 年,湖南省各地极端最低气温分布如图 2.14 所示,年极端最低气温除西南及南部山区外,全省大部分地区在－8 ℃以下,整体呈北低南高分布。

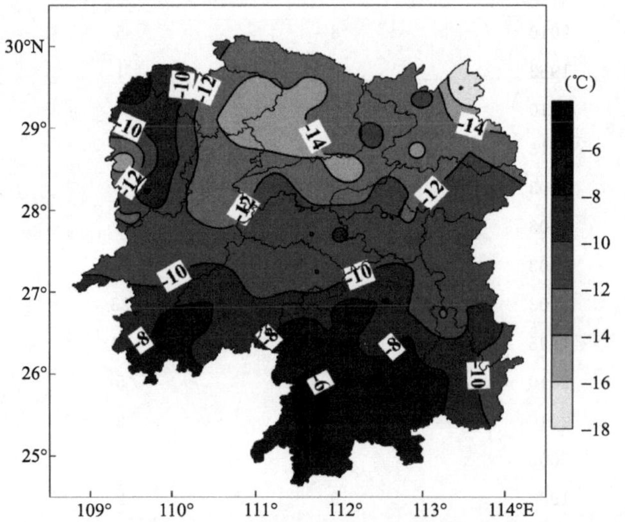

图 2.14　1961—2020 年湖南省极端最低气温空间分布

湖南省各县(市、区)极端最低气温及其出现时间如表 2.3 所示,全省年极端最低气温为－18.1 ℃,出现在岳阳临湘(1969 年 1 月 31 日)。

表 2.3　湖南省极端最低气温信息

站名	年	月	日	极端最低气温/℃
龙山	1977	1	30	－6.9
桑植	1977	1	30	－10.2
张家界	1977	1	30	－13.7
石门	1977	1	30	－13.0
慈利	1977	1	30	－15.5

续表

站名	年	月	日	极端最低气温/℃
澧县	1977	1	30	－13.5
临澧	1977	1	30	－15.7
南县	1972	2	9	－13.1
华容	1977	1	30	－12.6
安乡	1977	1	30	－12.3
岳阳	1972	2	9	－11.4
临湘	1969	1	31	－18.1
花垣	1977	1	30	－15.5
保靖	1977	1	30	－12.1
永顺	1977	1	30	－8.7
古丈	1977	1	30	－9.1
吉首	1977	1	30	－7.5
沅陵	1977	1	30	－13.0
泸溪	1977	1	30	－12.3
辰溪	1977	1	30	－12.1
桃源	1977	1	30	－15.8
常德	1977	1	30	－13.2
汉寿	1977	1	30	－13.0
桃江	1977	1	30	－15.5
安化	1977	1	30	－11.3
沅江	1977	1	30	－11.2
湘阴	1972	2	9	－14.7
赫山	1972	2	9	－13.2
宁乡	1991	12	29	－10.8
长沙	1991	12	29	－11.7
汨罗	1972	2	9	－13.4
平江	1972	2	9	－12.0
长沙	1972	2	9	－12.0
浏阳	1991	12	29	－10.7
凤凰	1977	1	30	－12.2
麻阳	1977	1	30	－10.5
新晃	1977	1	30	－10.3
芷江	1977	1	30	－11.5
怀化	1977	1	30	－10.7
溆浦	1977	1	30	－12.6
洪江	1977	1	30	－11.1
洞口	1977	1	30	－8.0
冷水江	1977	1	30	－10.9
新化	1977	1	30	－10.7
涟源	1977	1	30	－12.1
娄底	1991	12	29	－9.2
邵阳	1977	1	30	－10.5
隆回	1977	1	30	－11.3
新邵	1977	1	30	－10.7
邵东	1977	1	30	－12.1
韶山	1991	12	29	－12.1

续表

站名	年	月	日	极端最低气温/℃
湘乡	1991	12	29	−11.0
湘潭	1991	12	29	−12.1
双峰	1991	12	29	−11.7
南岳	1969	1	31	−16.0
衡山	1991	12	29	−9.8
衡东	1972	2	9	−10.3
攸县	1972	2	9	−11.9
株洲	1991	12	29	−11.5
醴陵	1991	12	29	−10.2
靖州	1977	1	30	−8.4
会同	1977	1	30	−8.6
通道	1977	1	30	−7.3
绥宁	1977	1	30	−6.8
新宁	1977	1	30	−8.8
武冈	1993	1	16	−8.4
城步	1993	1	16	−8.4
邵阳县	1977	1	30	−10.1
冷水滩	1991	12	29	−6.5
永州	1969	2	1	−7.0
东安	1977	1	30	−7.4
祁阳	1977	1	30	−8.4
祁东	1991	12	29	−6.7
衡阳县	1972	2	9	−8.3
衡阳	1972	2	9	−7.9
常宁	1972	2	9	−8.7
衡南	1972	2	9	−9.9
耒阳	1972	2	9	−7.7
安仁	1972	2	9	−12.3
茶陵	1972	2	9	−9.9
炎陵	1972	2	9	−9.3
永兴	1972	2	9	−8.3
桂东	1975	12	15	−11.9
双牌	1977	1	30	−5.8
道县	1991	12	29	−5.4
宁远	1999	12	23	−6.2
江永	1999	12	23	−7.7
新田	1991	12	29	−7.2
郴州	1967	1	16	−7.0
桂阳	1977	1	30	−7.5
嘉禾	1975	12	15	−6.5
蓝山	1975	12	15	−7.8
宜章	1991	12	29	−7.4
临武	1961	1	17	−6.7
资兴	1969	1	30	−7.5
汝城	1975	12	15	−9.8
江华	1963	1	15	−5.6

全省各月极端低温分布如图 2.15 所示。由于南岳站和桂东站海拔高度较高，各月全省极端最低温度基本出现在上述两站，剔除上述两站的全省各月极端最低温度出现站点及出现日期如表 2.4 所示。

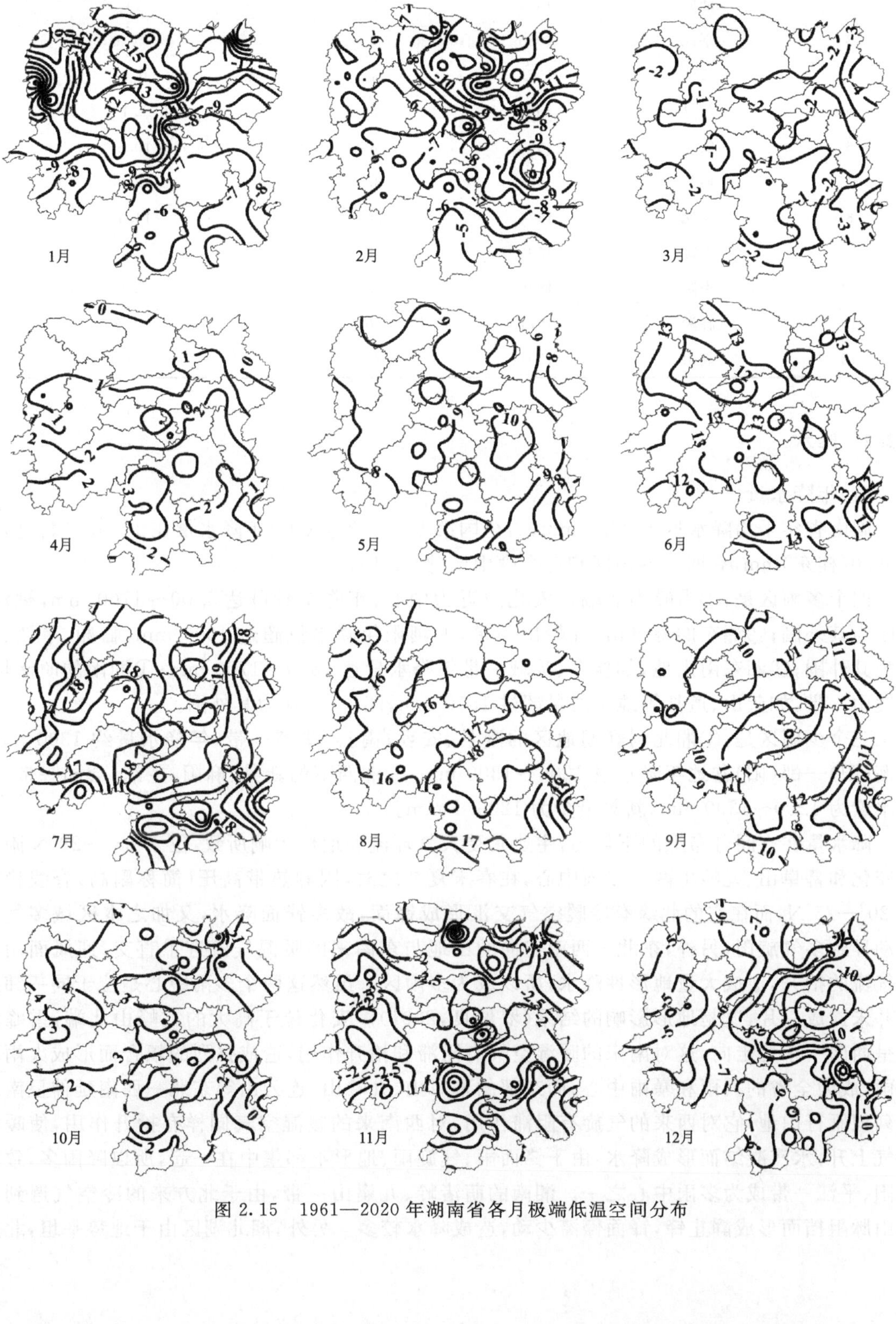

图 2.15　1961—2020 年湖南省各月极端低温空间分布

表 2.4　湖南省各月极端低温站信息

月份	站名	年份	日期	极端最低气温/℃
1	临湘	1969	31	−18.1
2	湘阴	1972	9	−14.7
3	平江	1986	2	−4.6
4	澧县	1972	1	0.0
5	新晃	1981	5	7.1
6	安化	1987	8	10.5
7	城步	1989	30	15.2
8	凤凰	1974	26	14.4
9	炎陵	1966	27	7.9
10	炎陵	1978	30	0.2
11	临湘	1971	30	−5.2
12	韶山	1991	29	−12.1

2.2.2　降水

(1)年降水量

湖南省年平均降水量 1435.6 mm,居全国第七位。各县(市)年降水量在 1209.1(新晃)～1764.0(桂东)mm,有四个多雨区和三个少雨区(图 2.16)。

四个多雨区是:①雪峰山北端以安化附近为中心,年降水量可达 1600～1700 mm,桃江、沅陵为其外围;②湘东的幕阜山、九岭山一带,如浏阳年降水量超过 1500 mm,临湘、平江、醴陵为其外围;③湘东南山地,如桂东、汝城一带年降水量达 1500～1700 mm;④湘南的萌诸岭、九嶷山一带,如蓝山、道县等地年雨量超过 1500 mm,江华、江永为其外围。

三个少雨区是:①湘北洞庭湖地区的澧县、安乡、南县、华容一带,年降水量约 1300 mm;②衡(阳)—邵(阳)盆地年降水量 1200～1300 mm;③湘西南的新晃、麻阳、芷江、会同一带,年降水量为 1200～1300 mm,新晃最少为 1209.1 mm。

降水量在空间分布上的不均匀,主要是受大气环流和地形影响所致,位于 28°—29°N 附近的安化和幕阜山、九岭山两个多雨中心,在春末夏初之时,因副热带高压(简称副高)脊线稳定在 20°—25°N,而在它的北缘有冷暖空气交汇形成锋面,故多锋面降水,又加之本区域多气旋活动导致多气旋雨;另外,东北—西南走向的山地与东南来的暖湿气流近乎直交,迎风面山地对气流的抬升,造成大量地形性降水,所以成为多雨区。虽然这两个多雨中心是位于同一纬度但并未连成一片,这是地形影响的结果(罗伯良,2001)。安化位于高大的雪峰山北端,雪峰山脉呈西南—东北走向,这对南来的暖湿空气有阻滞和抬升作用,造成强烈的辐合而形成大雨和暴雨,成为全省的大雨和暴雨中心;而东部的幕阜山、九岭山、连云山等东北—西南延伸呈南北排列似雁行山地,它对西来的气旋有阻滞作用,对西南来的暖湿空气同样有抬升作用,使暖湿空气上升,水汽凝结而形成降水,由于锋面雨、气旋雨、地形雨都集中在一起,所以降雨多,致使浏阳、平江一带成为多雨中心之一。湘南的萌渚岭、九嶷山一带,由于北方来的冷空气遇到南岭山脉阻挡而形成静止锋,锋面停滞少动,造成降水较多。另外,湘北湖区由于地势平坦,北方冷空气往往迅速穿越南下，降水系统在当地停滞时间较短，造成降水量较小；衡(阳)—邵(阳)盆地位于南岭北侧，受焚风效应影响，降水亦少；芷江、新晃地处沅(陵)—麻(阳)盆地之中，属于云贵高原东侧的雨影区；城步处于雪峰山和越城岭的背风坡，因此，这些地区均成为少雨中心。

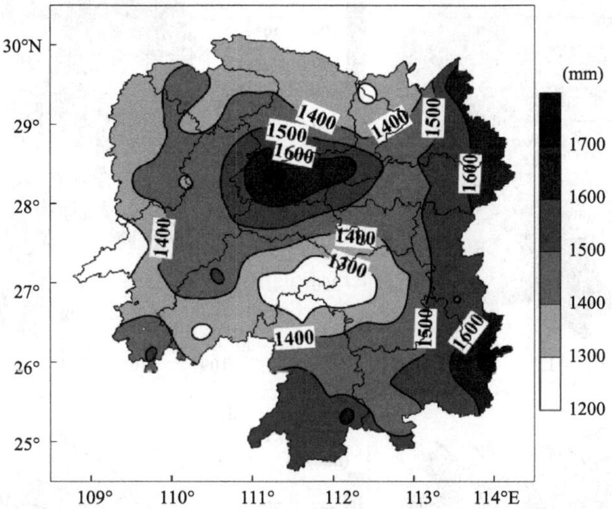

图 2.16　1991—2020 年湖南省年降水量空间分布

湖南省历年年平均降水在 974.9(2011 年)～1884.2(2002 年)mm(图 2.17)。降水时空分布不均。从时间上看，降水主要集中在 4—7 月，4 个月的降水量占全年总降水量的 52.2%。从空间上看，总的趋势是山区大于丘陵，丘陵大于平原，西、南、东三面山地降水多，是全省山洪灾害的易发区，中部丘陵和北部洞庭湖平原降水相对较小。年最大日降水量 455.5 mm(2003 年 7 月 9 日，张家界)，年降水日数 158.5 d。

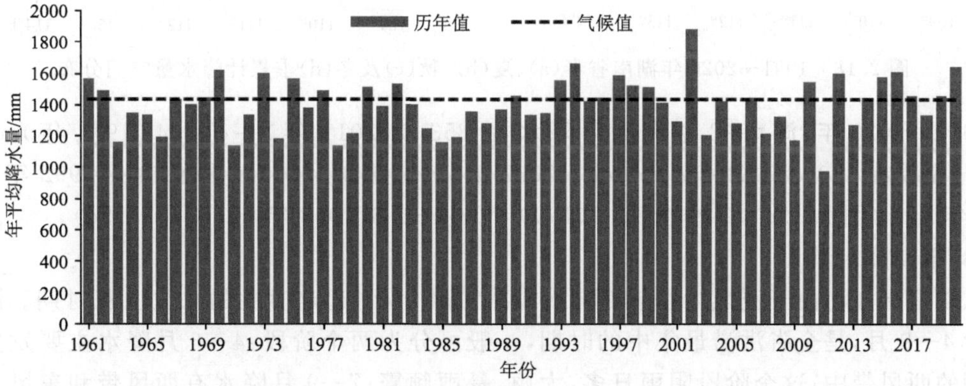

图 2.17　1961—2020 年湖南省平均降水量年际变化

(2)季降水量

湖南省降水量在年内季节分配上，有春夏多、秋冬少的特点。

湖南省年平均春季降水量 491.7 mm，各县(市)在 367.6(龙山)～653.6(道县)mm(图 2.18a)；年平均夏季降水量 522.8 mm，各县(市)在 383.5(衡阳县)～703.9(桂东)mm(图

2.18b)；年平均秋季降水量 227.8 mm，各县(市)在 181.2(新田)～289.0(桃江)mm(图 2.18c)；年平均冬季降水量 194.0 mm，各县(市)在 92.9(龙山)～262.2(资兴)mm(图 2.18d)。

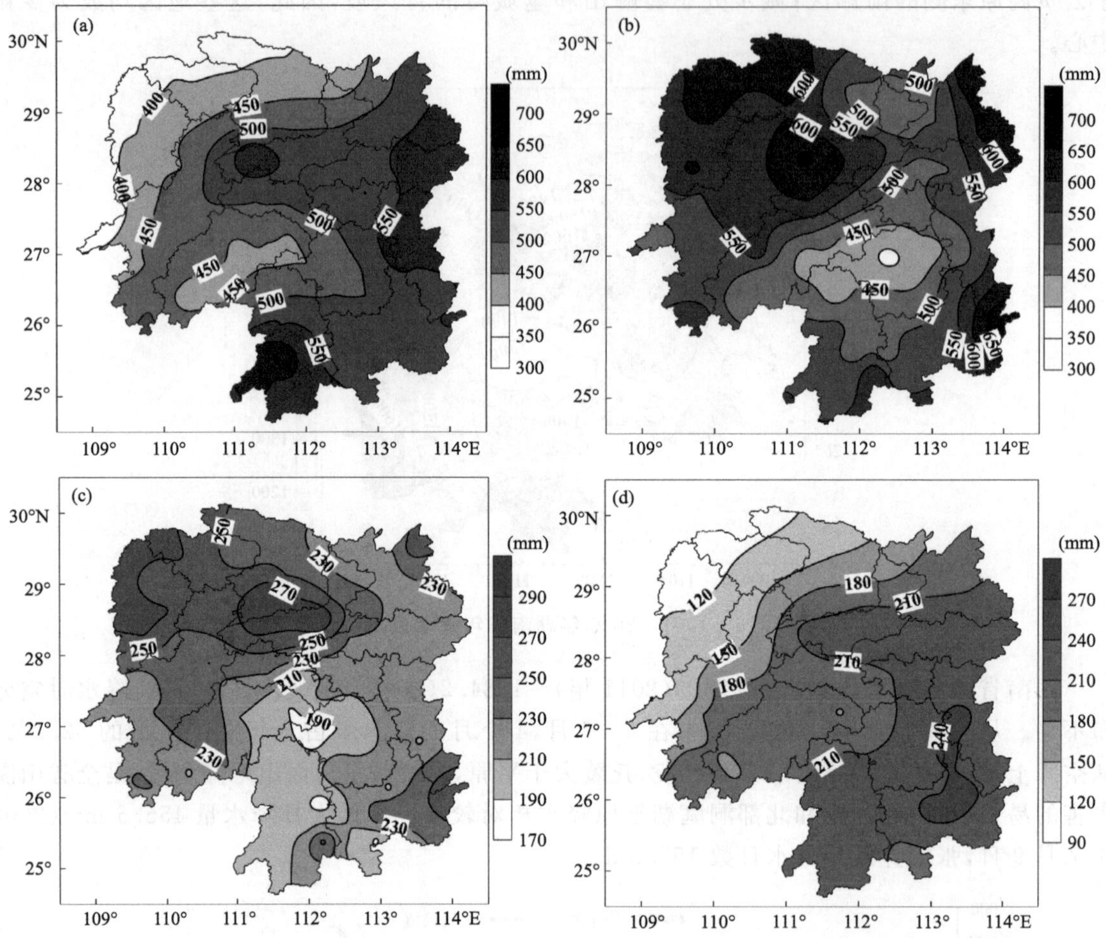

图 2.18　1991—2020 年湖南省春(a)、夏(b)、秋(c)及冬(d)季累计降水量空间分布

1961—2020 年，湖南省春季历年降水在 253.3(2011 年)～725.4(1975 年)mm(图 2.19a)，夏季在 250.3(1972 年)～744.7(2002 年)mm(图 2.19b)，秋季在 78.1(1992 年)～413(1972 年)mm(图 2.19c)，冬季在 86.1(1999 年)～331.3(1998 年)mm(图 2.19d)。

(3)汛期降水量

汛期是指江河由于流域内季节性降水或冰雪融化，引起定时性的水位上涨时期。湖南省汛期为 4—9 月，是全省洪涝最集中的时期，一般可分为两个阶段：4—6 月降水主要发生在副高北侧的西风带中，这个阶段阴雨日多，大雨、暴雨频繁；7—9 月降水有西风带和东风带天气系统致雨之分，主要为短时雷阵雨、登陆台风带来的降水和秋雨，此阶段阴雨日和大雨、暴雨日相对减少，而且这时的大雨、暴雨天气一般都有减轻全省季节性夏旱之利。

4—9 月，全省平均累计降水量 958.8 mm(占全年总降水量的 66.8%)，各县(市)在 765.1(衡阳县)～1215.3(桂东)mm(图 2.20a)。历年 4—9 月在 644.3(2011 年)～1296.9(2002 年)mm(图 2.21)。

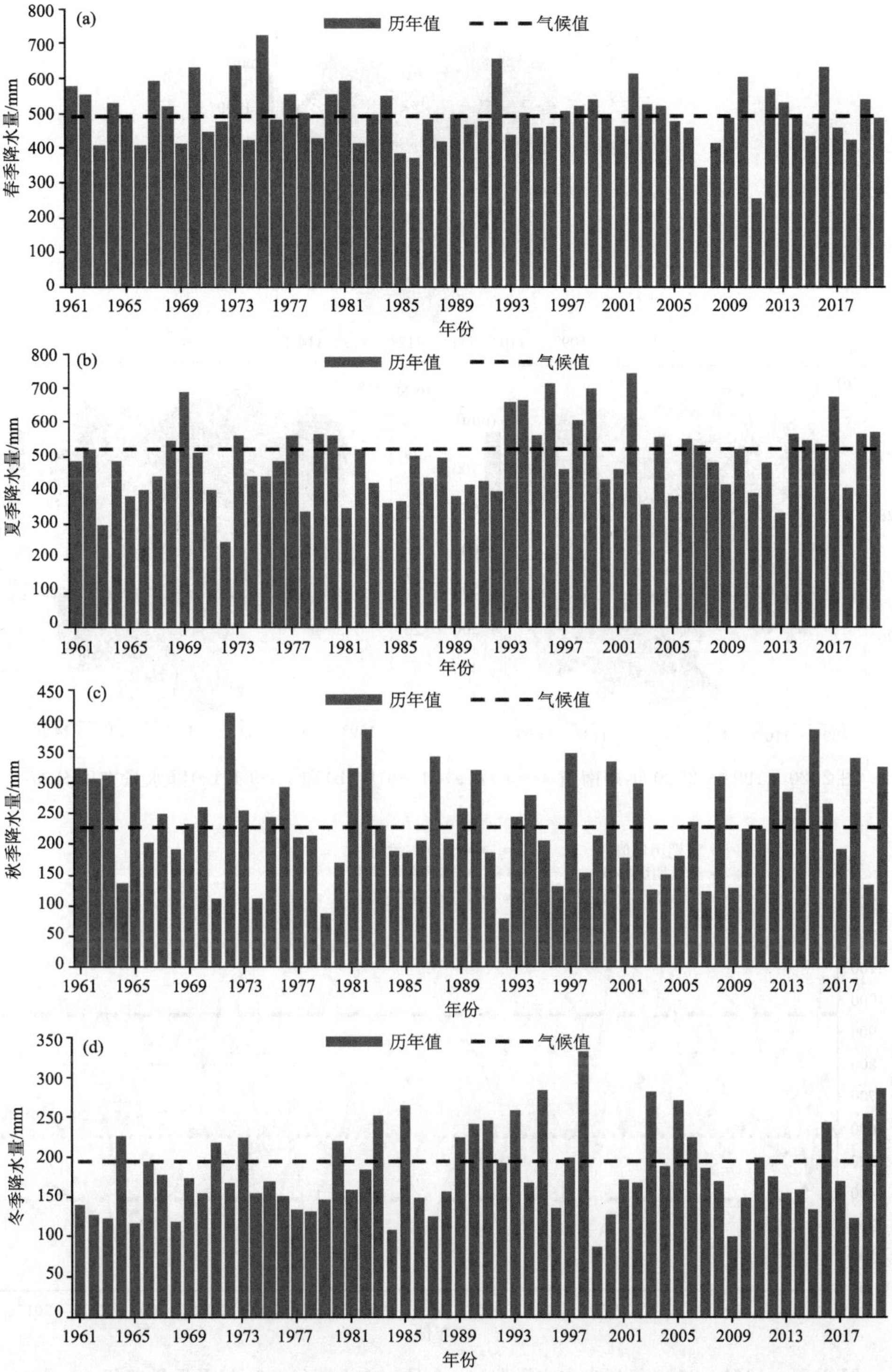

图 2.19　1961—2020 年湖南省春(a)、夏(b)、秋(c)及冬(d)季平均降水量年际变化

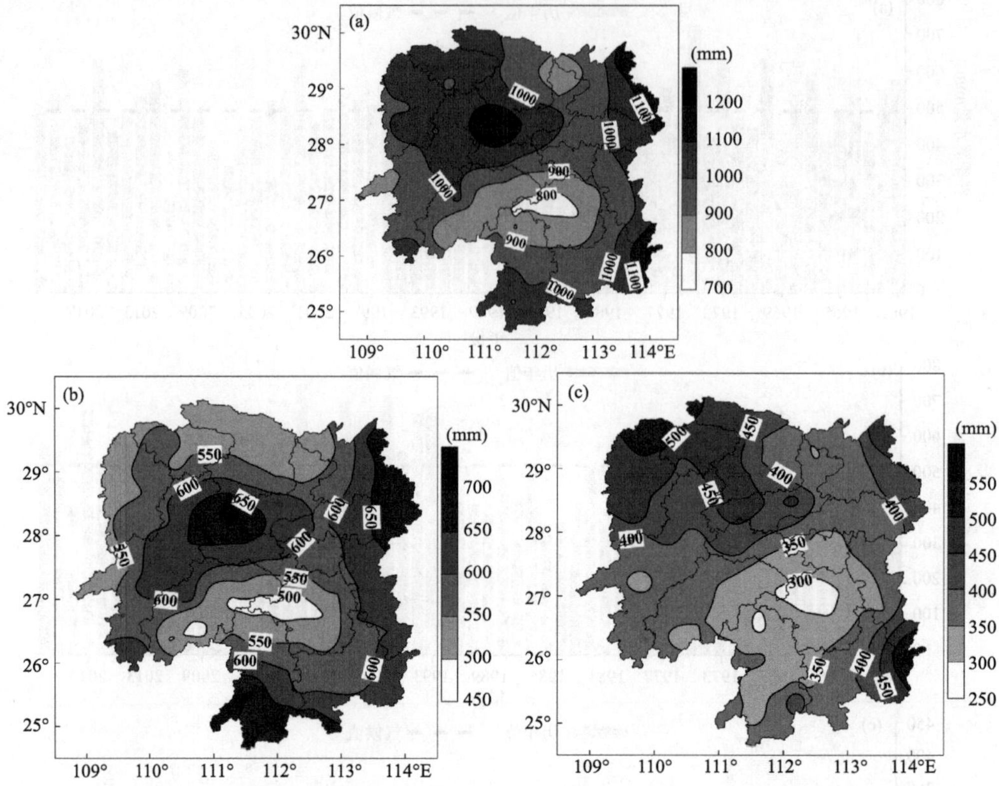

图 2.20　1991—2020 年湖南省 4—9 月(a)、4—6 月(b)和 7—9 月(c)降水量空间分布

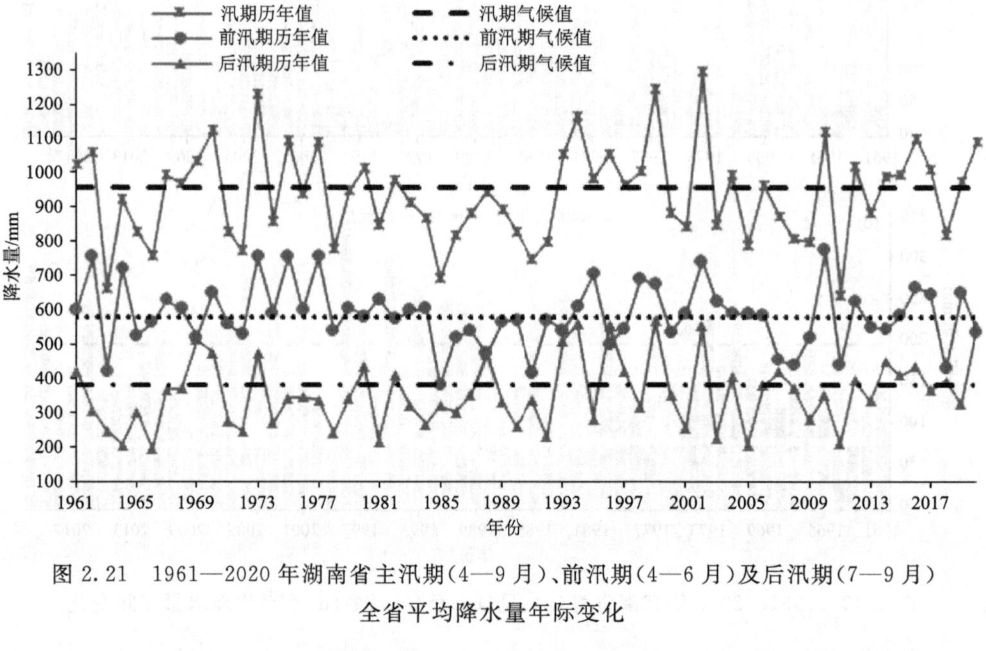

图 2.21　1961—2020 年湖南省主汛期(4—9 月)、前汛期(4—6 月)及后汛期(7—9 月)
全省平均降水量年际变化

4—6 月，全省平均降水量 579.1 mm(占全年总降水量的 40.3%)，各县市在 486.4(祁东)～725.7(江永)mm(图 2.20b)。历年 4—6 月降水量在 378.2(1985 年)～775.8(2010 年)mm。

7—9 月，全省平均降水量 379.8 mm(占全年总降水量的 26.5%)，各县市在 276.4(衡阳县)～570.2(桂东)mm(2.20c)。历年 7—9 月在 192.1(1966 年)～570.4(1999 年)mm。

(4)月、旬降水量

湖南省逐月降水量整体上呈单峰型分布，峰值出现在春夏季，6 月最多(221.2 mm)，其次是 5 月(199.7 mm)；谷值出现在秋冬季，全年以 12 月最少(48.9 mm)，其次是 1 月(68.0 mm)。3—8 月共 6 个月在 120 mm 以上，其余月份在 100 mm 以下(图 2.22)。

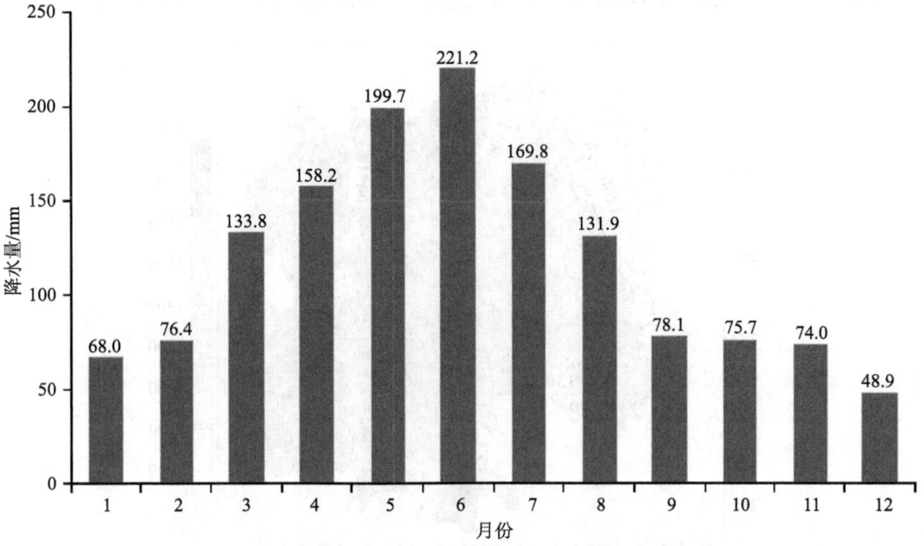

图 2.22　1991—2020 年湖南省平均降水量逐月分布

湖南省逐旬降水量，以 12 月上旬为全年最小(14.9 mm)，以 6 月上旬为全年最大(78.8 mm)(图 2.23)。

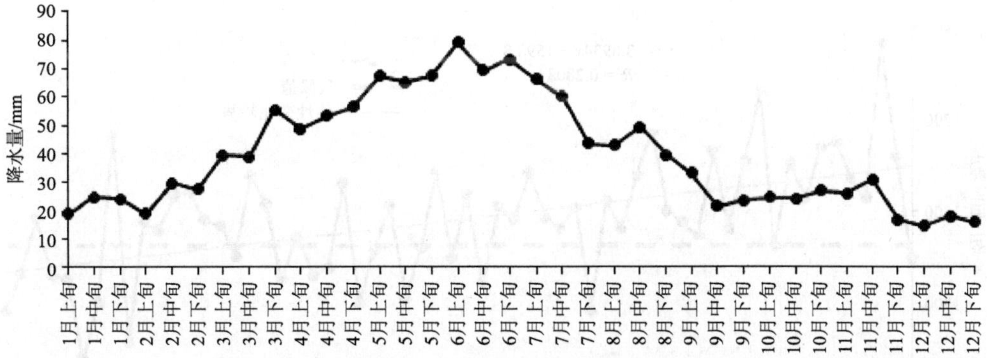

图 2.23　1991—2020 年湖南省平均降水量逐旬分布

2.2.3　日照

日照是气候形成的重要因素，是太阳辐射最直观的表现，它与人类生产活动及动植物的生长发育密切相关。某地的日照时数由所处的纬度、季节、地势和天气状况决定。

地球围绕太阳的公转形成季节变化，地球自转导致昼夜变化。地球上的四季不仅是温度的周期性变化，而且也是昼夜长短和太阳高度的周期性变化。从春分到夏至，太阳直射点从赤道向北半球移动，太阳高度角逐渐增大，北半球的日照时间逐渐增长，地表接受的太阳辐射能增多，气温升高。从秋分至冬至，太阳直射点向南半球移动，北半球的太阳高度角逐渐减小，日照时间缩短，气温慢慢降低。

(1)年日照时数

湖南省平均年累计日照时数为 1422.9 h，空间上呈东多西少分布，各县(市)年累计日照时数在 1027.3(保靖)～1705.4(安乡)h，湘中及以北地区、湘东南地区在 1400 h 以上(图 2.24)。

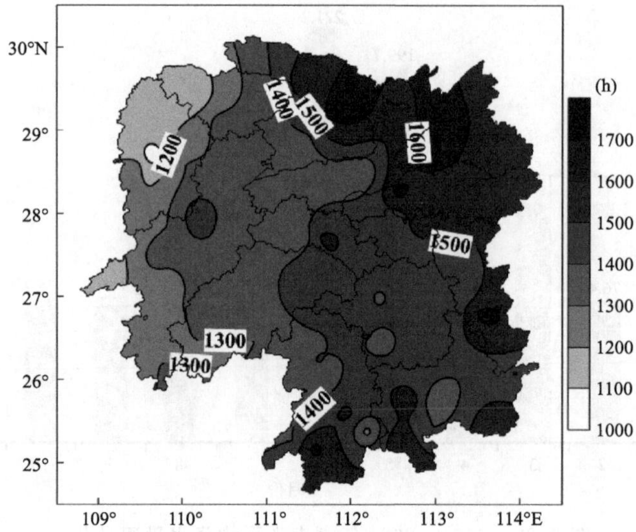

图 2.24　1991—2020 年湖南省年平均日照时数空间分布

1961—2020 年，湖南省平均年日照时数在 1178.5(2015 年)～1863.7(1963 年)h。全省平均年日照时数呈显著减少趋势，平均每 10 年减少约 39 h(图 2.25)。

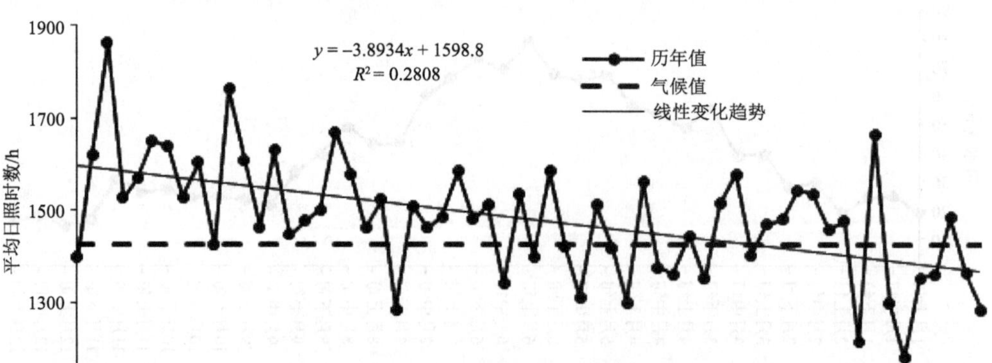

图 2.25　1961—2020 年湖南省平均日照时数年际变化

(2)月日照时数

湖南省各月累计日照时数在 58.7(1 月)～209.4(7 月)h,4—11 月在 100 h 以上(图 2.26),日照时数全年最多的 3 个月依次为 7 月、8 月和 9 月,最少的 3 个月依次为 1 月、2 月和 3 月。

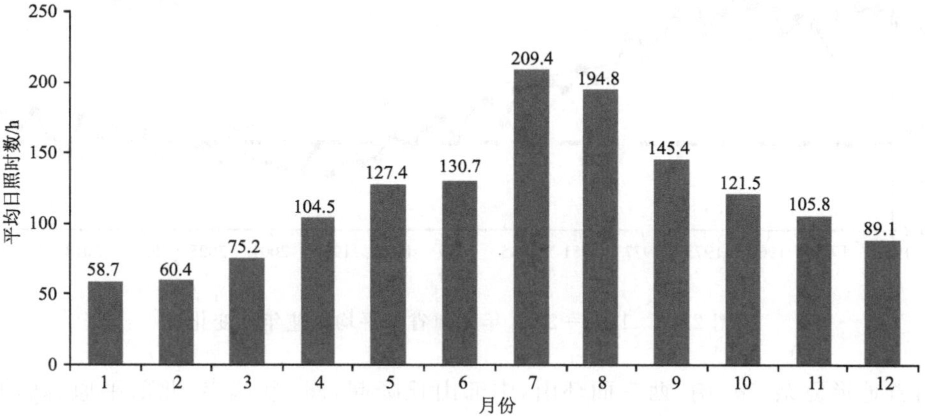

图 2.26　1991—2020 年湖南省平均日照时数逐月分布

2.2.4　风向、风速

(1)年平均风向、风速

湖南省年平均风速 1.55 m/s,各县(市)年平均风速在 0.7(古丈)～3.5(江华)m/s(图 2.27),湘西北和湘西南大部分地区处于风速低值区,平均风速低于 1.5 m/s;湘东北至湘南之间的沿江河口由于受狭管效应的影响,风速处于大值区,风速多在 1.5 m/s 以上,地形对全省风速的空间分布具有重要影响。

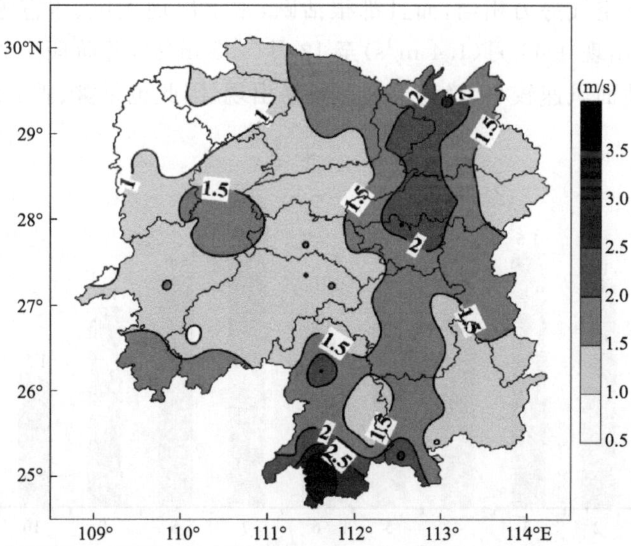

图 2.27　1991—2020 年湖南省年平均风速空间分布

从湖南省年平均风速的历年变化来看(图 2.28),年平均风速在 1.4(1999 年)～2.2(1964 年)m/s。全省年平均风速呈显著减小趋势,平均每 10 年减小约 0.11 m/s。

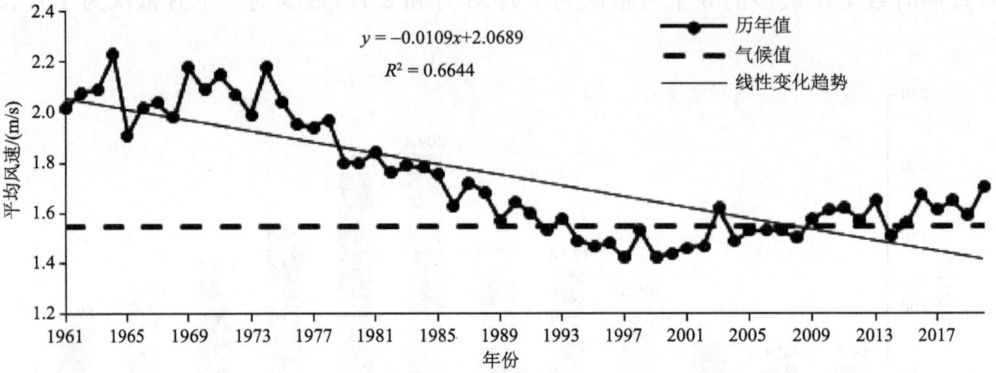

图 2.28　1961—2020 年湖南省年平均风速年际变化

湖南省地形复杂,东、南、西三面环山,中部山丘隆起,岗、盆珠串,北部平原、湖泊展布,主导风向除受大的环流背景影响外,还受地形影响,因此,最多风向同时具有局地性特点。雪峰山脉和河流走向多是东西向,故年最多风向为偏东风;湘中腹地因山脉较低,又多南北走向的河流,因此年最多风向为偏北风;洞庭湖区地势平坦,是冷空气南下的通道,故多偏北风。湘西北和湘南地形更加复杂,年最多风向则比较分散。全省各地年静风频率为 7.3%(零陵)～40.1%(永州),差异明显。

(2)月平均风速

从湖南省逐月平均风速变化来看,月平均风速呈双峰型分布(图 2.29)。最大值出现在 7 月(1.7 m/s),因为 7 月是夏季风的极盛期,既是雷暴大风等强对流天气的高发期,又是影响全省的台风活动的活跃期,因而风速为全年最大。其次是 4 月(1.7 m/s)和 3 月(1.6 m/s),处于冬季与夏季的过渡季节,冷暖空气势力相当,而且都很活跃,常常出现大风、冰雹等强对流天气,因而平均风速较大。最小值出现在 11 月(1.4 m/s)至 12 月(1.5 m/s),此阶段全省受大陆冷高压控制,大气结构相对稳定,地面风速较小,静稳天气形势易出现,因此也是雾、霾的多发期。

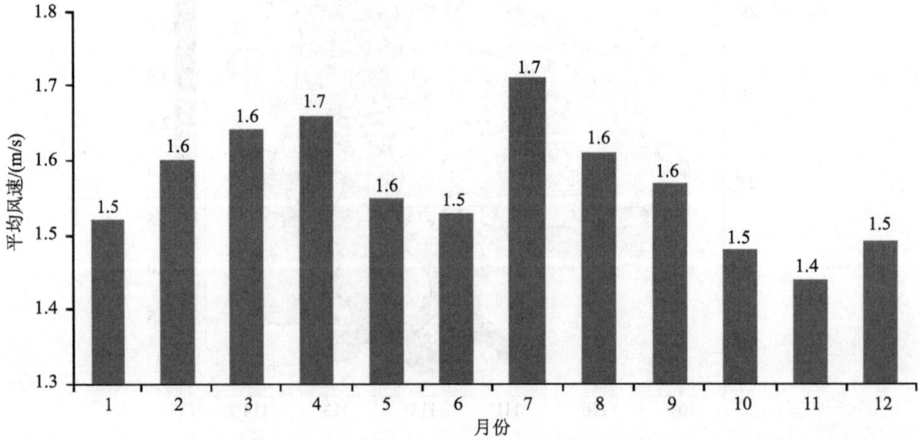

图 2.29　1991—2020 年湖南省平均风速逐月变化

2.2.5　相对湿度

空气相对湿度是表征大气物理状态的一个重要因素。相对湿度指空气中实有水汽含量与同样温度条件下饱和水汽含量的比值，以百分数(%)表示。相对湿度可以说明空气的干湿程度，对人们的生活和健康有很大影响。

(1)年平均相对湿度

常年湖南省平均相对湿度为 78.7%，相对湿度位居全国前列。这是因为湖南属亚热带季风气候，而且在西风环流中，巨大高耸的青藏高原位于湖南的上风方。西风气流受青藏高原阻挡分为南北两支，受高原动力和热力作用的共同影响，其南支气流绕过高原南侧转为西南风气流，因此湖南的对流层低层几乎全年都处于偏南风暖湿气流控制之下，空气湿润。

空间分布上，湖南省各县市年平均相对湿度差异不大，为 75%(慈利、张家界、娄底、衡阳市)～82%(桂东、靖州、古丈、通道、洪江)(图 2.30)。

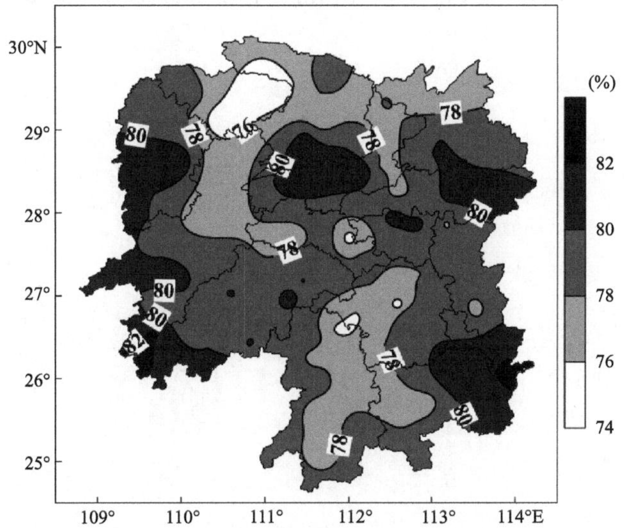

图 2.30　1991—2020 年湖南省年平均相对湿度空间分布

(2)月平均相对湿度

常年湖南省各月平均相对湿度变化不大，在 76.6%(12 月)～81.6%(6 月)，上半年各月相对湿度均超过 79%，下半年各月多数均不到 78%。3 月冷暖空气频繁交绥，阴雨日数多，而 6 月处于全省主要降雨集中时段，因而 3 月和 6 月相对湿度为全年的两个峰值；7 月和 12 月分别受副高和大陆冷高压的下沉气流控制，其相对湿度为全年的两个谷值(图 2.31)。

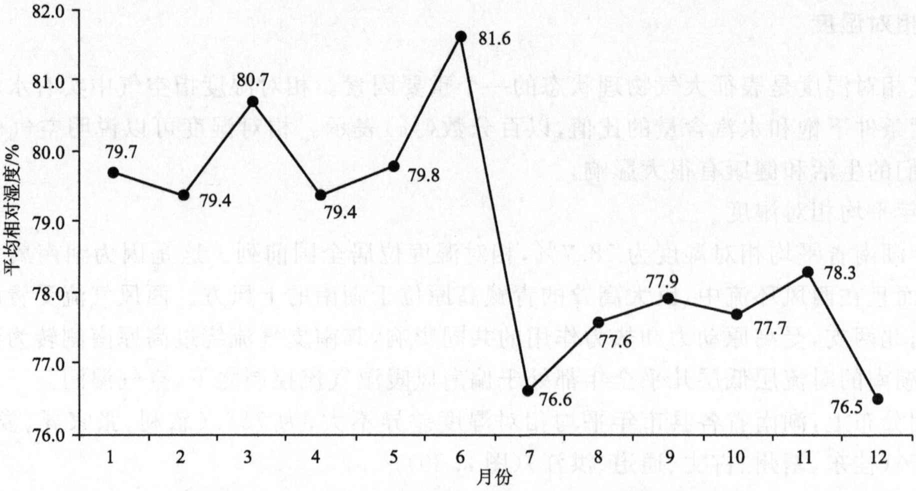

图 2.31　1991—2020 年湖南省平均相对湿度逐月变化

第二篇 湖南气候监测及影响评价业务

气候监测，是综合利用各种现代气象观测(探测)技术手段获取气候系统特征信息资料的过程，广义讲其包括气象观测探测技术的研究、资料的传输存储、资料的质量控制、资料的分析利用等。这里的气候监测则主要指利用获得的气候系统各种特征信息的资料，对气候状态及其演变特征进行的具体分析工作。

省、市气候监测业务，主要是通过对本地区气候要素资料的实时动态分析，科学地揭示天气气候的演变特点；开展对极端气候事件和气候灾害过程发生的提前预警、跟踪评估，制作监测分析产品，研究应对措施建议，适时向政府和社会公众提供服务。

第 3 章　气候事件监测

3.1　季节监测

湖南省属于典型的亚热带季风气候，季节的转换与冬、夏季风的进退时间密切相关，因此每年的季节进程差异较大，也就有了气候学意义上的季节定义。气候学意义上主要是根据温度的变化来确定的，这样可以清晰地表达出每年气候的差异，即气候学意义上的春夏秋冬四季的平均长度是不一样的，每年、每季的季节长度不固定，同一季节每年的开始时间和长度也不固定。

3.1.1　季节监测标准

按照中华人民共和国气象行业标准《气候季节划分》(QX/T 152—2012)，春季为日平均气温或滑动平均气温大于或等于 10 ℃且小于 22 ℃，夏季为日平均气温或滑动平均气温大于或等于 22 ℃，秋季为日平均气温或滑动平均气温小于 22 ℃且大于或等于 10 ℃，冬季为日平均气温或滑动平均气温小于 10 ℃。

常年季节起始日：当常年滑动平均序列连续 5 d 大于或等于 10 ℃，则以其所对应的常年气温序列中第一个大于或等于 10 ℃的日期作为春季起始日。

某年季节起始日：基于当年日平均气温序列计算 5 d 滑动平均气温，对当年季节起始日进行初次判断。如果初次判断的起始日期比常年日期偏早 15 d 以上，需进行二次判断，最终确定该季节的起始日期。另外，以某一气候季节起始日的前一日，作为上一个季节的终止日。

3.1.2　季节开始时间及季节长度

通常用季节的开始时间、结束时间、季节长度，以及历史上最早、最晚的入季时间，历史最长季节出现的年份等特征量来描述气候学意义上的季节特点。

1991—2020 年，湖南省常年入春时间为 2 月 28 日、入夏时间为 5 月 12 日、入秋时间为 9 月 28 日、入冬时间为 12 月 1 日。平均而言，全省四季呈现出春秋短，冬夏长的特点，夏季最长为 139 d，冬季次之为 89 d，春季长度 72 d，秋季最短 64 d。

从湖南省 14 个市(州)的历年四季开始时间及持续时间对比来看(表 3.1)，南部郴州市较北部吉首市入春时间偏早 12 d、入夏时间偏早 26 d、入秋时间偏晚 13 d、入冬时间偏晚 6 d。

表 3.1 湖南省 14 市(州)四季开始时间及持续时间

市(州)	开始时间				持续时间/d			
	春	夏	秋	冬	春	夏	秋	冬
张家界	3 月 4 日	5 月 18 日	10 月 2 日	12 月 3 日	75	137	62	91
岳阳	3 月 4 日	5 月 11 日	10 月 3 日	12 月 2 日	68	145	60	92
吉首	3 月 5 日	5 月 24 日	9 月 21 日	11 月 30 日	80	120	70	95
常德	3 月 5 日	5 月 17 日	9 月 29 日	11 月 30 日	73	135	62	95
益阳	3 月 4 日	5 月 11 日	9 月 29 日	11 月 30 日	68	141	62	94
长沙	3 月 4 日	5 月 11 日	10 月 3 日	11 月 30 日	68	145	58	94
怀化	3 月 5 日	5 月 19 日	9 月 22 日	11 月 28 日	75	126	67	97
娄底	3 月 4 日	5 月 18 日	10 月 3 日	12 月 3 日	75	138	61	91
邵阳	3 月 5 日	5 月 18 日	10 月 3 日	12 月 2 日	74	138	60	93
湘潭	3 月 4 日	5 月 11 日	10 月 3 日	12 月 2 日	68	145	60	92
株洲	2 月 25 日	5 月 11 日	10 月 3 日	12 月 3 日	75	145	61	84
永州	2 月 22 日	4 月 29 日	10 月 4 日	12 月 6 日	66	158	63	78
衡阳	2 月 24 日	4 月 28 日	10 月 4 日	12 月 6 日	63	159	63	80
郴州	2 月 21 日	4 月 28 日	10 月 4 日	12 月 6 日	66	159	63	77

(1)入春时间及春季长度

通常从 2 月下旬开始,随着南方暖空气开始北上,气温逐步上升,湖南省从东南向西北逐渐进入春天。春季是冬季风向夏季风过渡的季节,冷暖气流都很活跃,气旋、锋面活动频繁,天气多变。全省典型的入春类型有气温平稳上升入春型、振荡上升入春型等,其中,后者由于气温变化剧烈,需要进行二次判断,将阶段性回暖造成的升温和季节性升温应做区分。

从湖南省各地入春时间的空间分布(图 3.1)来看,全省南部入春时间整体早于北中部,最早入春的是道县(2 月 12 日),湘西北入春最晚,最晚入春的是古丈(3 月 10 日)。

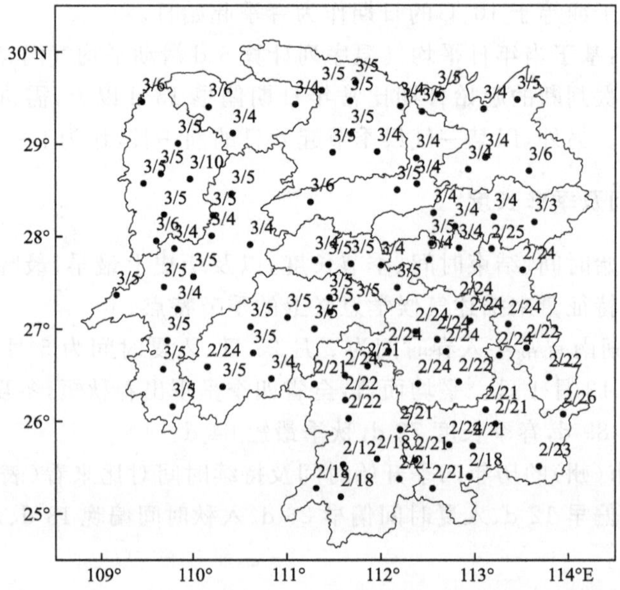

图 3.1 1991—2020 年湖南省各地平均入春时间空间分布(月/日)

1961—2020 年，湖南省入春时间整体呈提前趋势（图 3.2），历年中最早入春时间为 2 月 14 日（2007 年），最晚入春时间为 3 月 17 日（1985 年）。

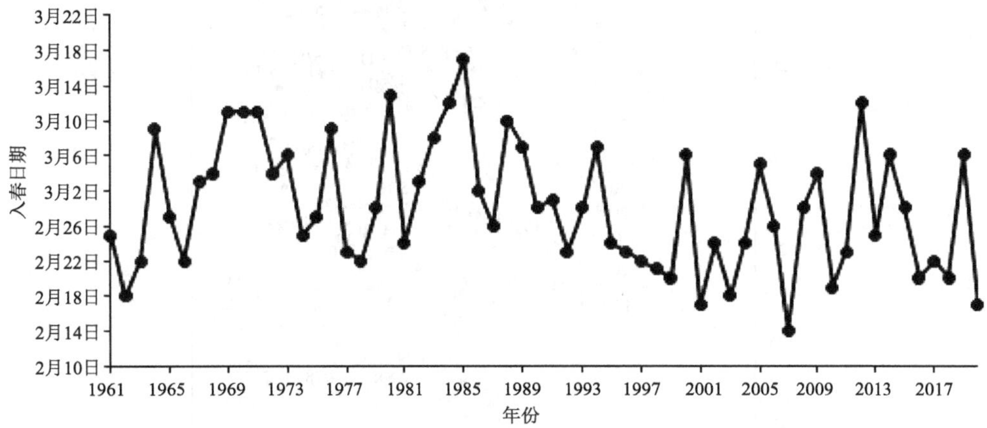

图 3.2　1961—2020 年湖南省平均入春时间年际变化

1961—2020 年，湖南省春季长度整体变化趋势不明显（图 3.3），最长年为 1962 年（91 d），最短年为 1985 年（52 d）。

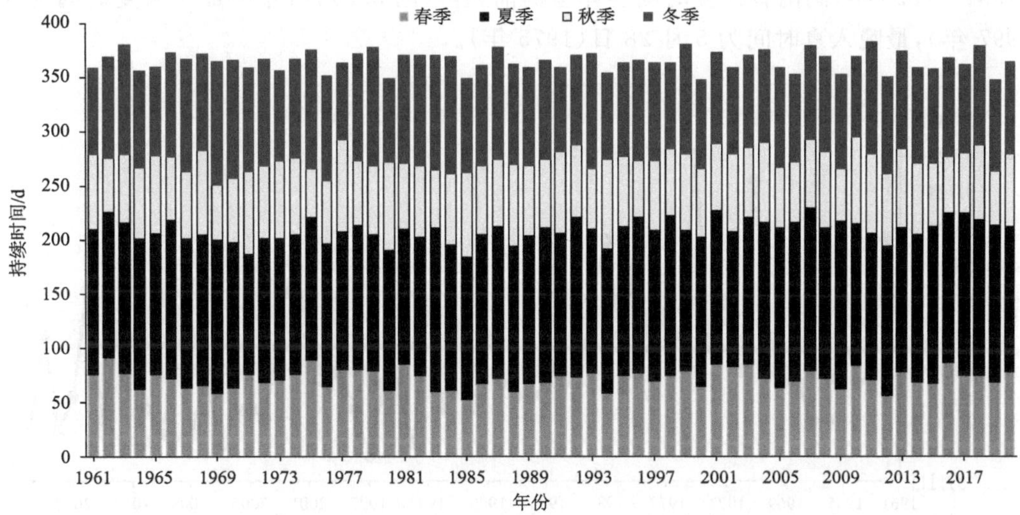

图 3.3　1961—2020 年湖南省平均四季长度年际变化

（2）入夏时间及夏季长度

湖南省通常从 4 月下旬至 5 月下旬自南向北、从东到西先后步入夏季，雨季结束后，西太平洋副热带高压（简称西太副高）控制湖南全省大部地区，这时全省进入一年中最热的时段——盛夏季。

湖南南部入夏时间整体早于湖南北中部（图 3.4），最早入夏的是攸县（4 月 28 日），最晚入夏的是桂东（5 月 31 日）。

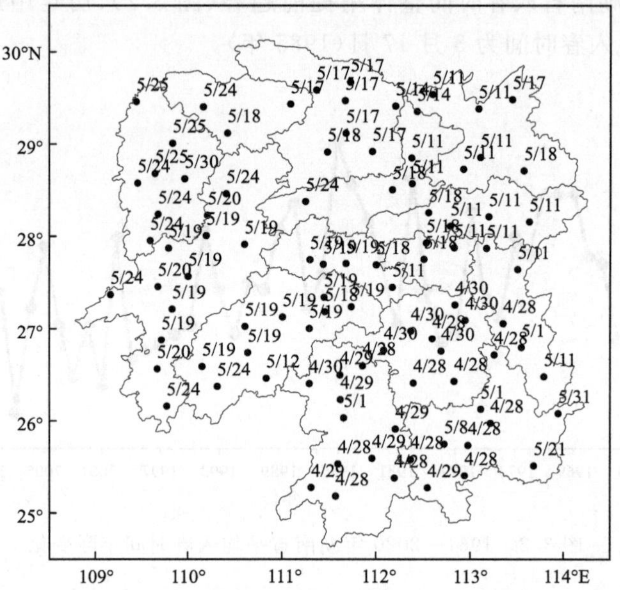

图 3.4 1991—2020 年湖南省各地平均入夏时间空间分布(月/日)

1961—2020 年,湖南省入夏时间整体呈提前趋势(图 3.5),历年中最早入夏时间为 5 月 3 日(1997 年),最晚入夏时间为 5 月 28 日(1975 年)。

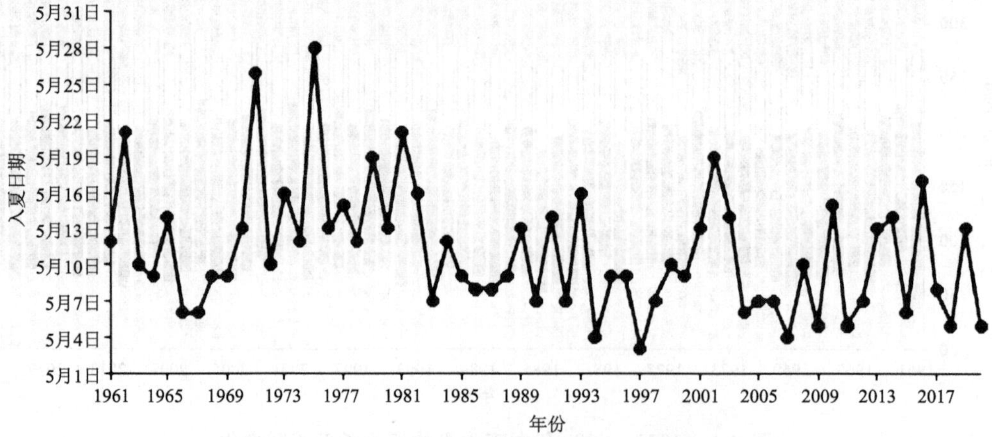

图 3.5 1961—2020 年湖南省平均入夏时间变化

1961—2020 年,湖南省夏季长度整体呈略变长趋势,夏季最短年为 1971 年(111 d),最长年为 2009 年(155 d)。

(3)入秋时间及秋季长度

当夏季结束,影响湖南省的冷空气又开始活跃起来,气温迅速下降,9 月下旬,全省各地先后进入秋季。前半秋由于西太副高南退东撤高空慢于低空,全省上空受暖高压控制,南下的冷空气一般比较浅薄,低层冷空气的南下带来凉爽的偏北风,大气垂直结构稳定,形成“秋高气爽”的天气。后半秋随着西太副高退出大陆,副高脊线稳定在 20°N 附近,南支西风急流又重新建立并迅速移至全省上空，冷空气南下后往往在南岭附近静止，全省常出现秋风秋雨甚至阴雨连绵的天气。

湖南省各地入秋时间整体呈北部早于南部、西部早于东部的分布特征（图 3.6），最早入秋的是桂东（9 月 10 日），最晚入秋的是江华（10 月 4 日）。

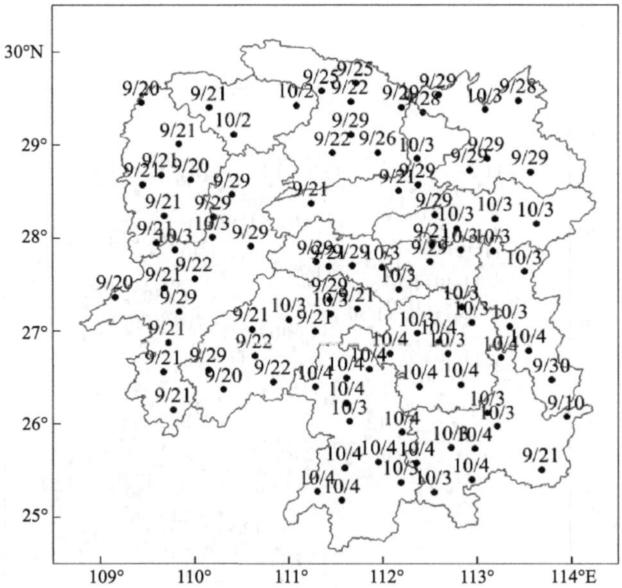

图 3.6　1991—2020 年湖南省各地平均入秋时间空间分布（月/日）

1961—2020 年，湖南省入秋时间整体呈延后趋势（图 3.7），历年中最早入秋时间为 9 月 14 日（1994 年），最晚入秋时间为 10 月 7 日（2009 年）。

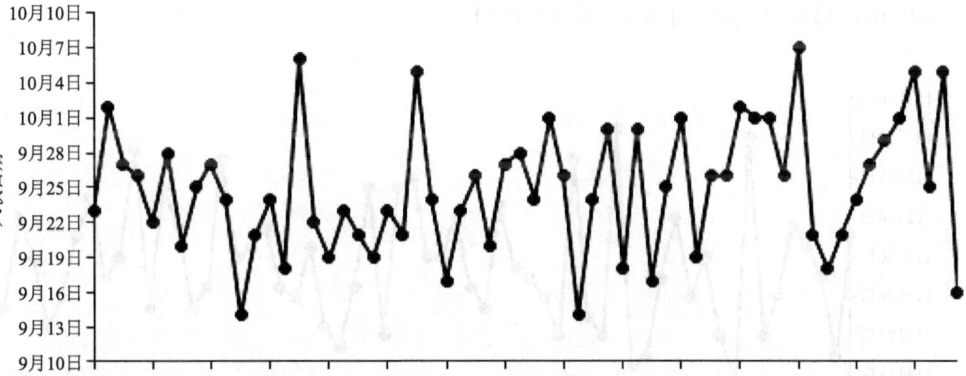

图 3.7　1961—2020 年湖南省平均入秋时间年际变化

1961—2020 年，湖南省秋季长度整体呈略缩短趋势，最长年为 1977 年（85 d），最短年为 1975 年（44 d）。

(4)入冬时间及冬季长度

当夏季风在秋季转换完成，每年 11 月底随着西伯利亚冷空气的入侵，湖南省自北往南开始迈入冬季。冬季长度仅次于夏季，一直可持续到次年 2 月，即使到了 3 月中下旬，也常有倒春寒天气发生。

湖南省南部入冬时间整体晚于湖南省北中部(图 3.8)，最早入冬的是临澧(11 月 25 日)，最晚入冬的是江华(12 月 11 日)。

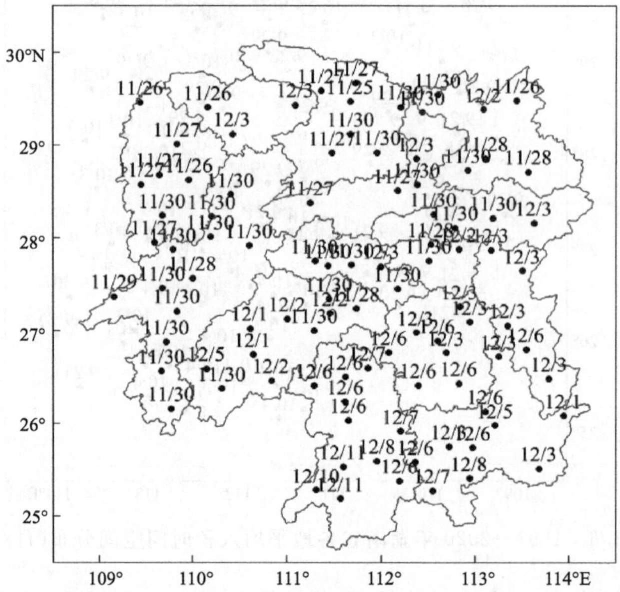

图 3.8　1991—2020 年湖南省各地平均入冬时间空间分布(月/日)

1961—2020 年，湖南省入冬时间整体呈延后趋势(图 3.9)，历年中最早入冬时间为 11 月 17 日(1969 年)，最晚入冬时间为 12 月 13 日(1977 年)。

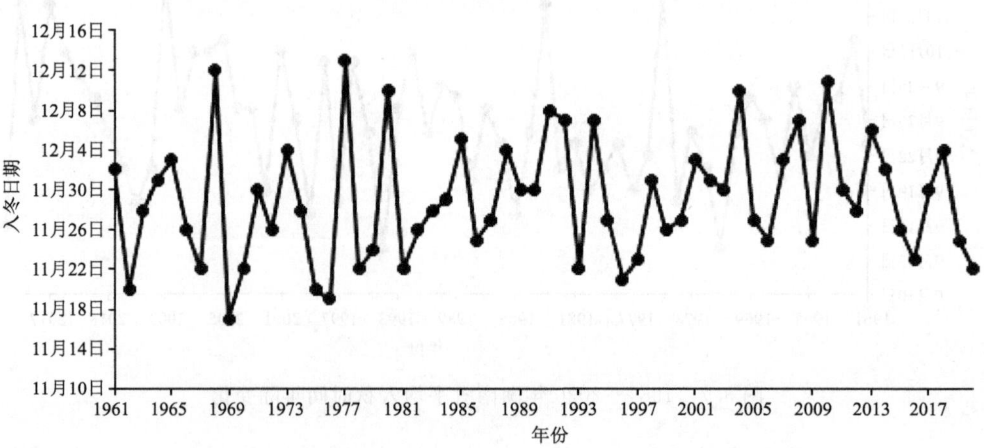

图 3.9　1961—2020 年湖南省平均入冬时间年际变化

1961—2020 年，湖南省冬季长度整体呈略缩短趋势，最长年为 1969 年（113 d），最短年为 1977 年（70 d）。

3.2　界限温度监测

湖南省是农业大省，春季关注适播期的早晚。农业界限温度是热量资源的一种表达形式，是对农业生产有特定意义的几个日平均温度，简称界限温度。界限温度的出现日期、持续日数对确定一个地区的作物布局、耕作制度、品种搭配等都具有十分重要的意义（陆魁东 等，2007）。日平均气温稳定通过 8 ℃的日期，预示着湖南旱育秧和春玉米可以开始播种，地膜覆盖的水育秧也可以播种；稳定通过 10 ℃的日期为越冬作物生长活跃期和喜温作物生长活动期，其初日是水稻、棉花等喜温作物可以开始播种的日期；稳定通过 20 ℃的日期是喜温作物旺盛生长期和耐寒的晚稻安全齐穗期，其初日是水稻分蘖迅速增长开始期，终日是耐寒的水稻安全抽穗、大秋作物灌浆的下限日期。

3.2.1　稳定通过 8 ℃初日监测

日平均气温稳定通过 8 ℃的开始日期是湖南省春季粮食作物播种的重要依据。全省稳定通过 8 ℃的平均初日为 3 月 9 日，各地稳定通过 8 ℃平均初日呈湘南及湘西北略早于湘中的分布趋势（图 3.10）。

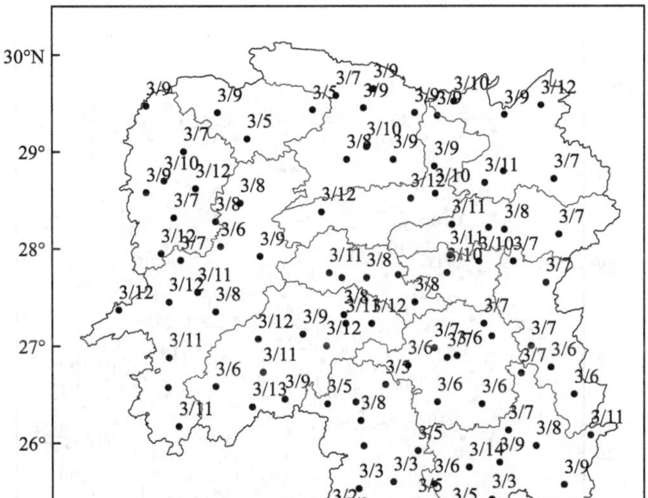

图 3.10　1991—2020 年湖南省各地稳定通过 8 ℃平均初日空间分布（月/日）

1961—2020 年，最早稳定通过 8 ℃的初日为 2 月 17 日（2020 年），最晚为 3 月 29 日（1996 年）。从历年的变化来看，初日稍有提前，但不是很明显，平均每 10 年提前 1.6 d（图 3.11）。

3.2.2　稳定通过 10 ℃初日监测

日平均气温稳定通过 10 ℃，春季喜温作物开始播种与生长，喜凉作物开始迅速生长。水稻出苗的最低气温是 10 ℃，自然条件下，以平均气温稳定通过 10 ℃的初日作为早稻播种日期的界限，它是早稻播种的重要依据。全省稳定通过 10 ℃的平均初日为 3 月 19 日。各地稳定通过 10 ℃平均初日呈湘南及湘西北略早于湘中的分布趋势(图 3.12)。

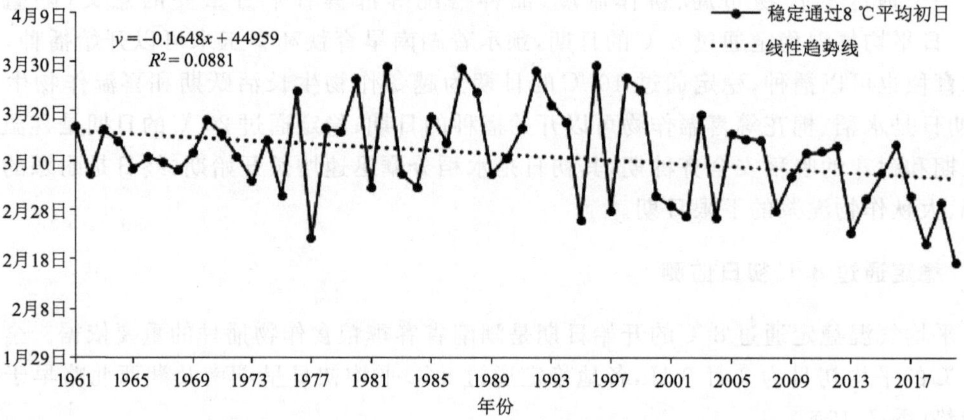

图 3.11　1961—2020 年湖南省平均稳定通过 8 ℃初日年际变化

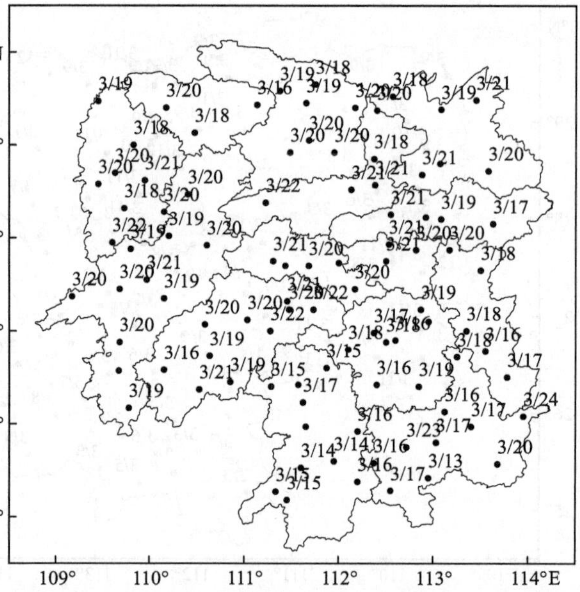

图 3.12　1991—2020 年湖南省各地稳定通过 10 ℃平均初日空间分布(月/日)

1961—2020 年，最早稳定通过 10 ℃的初日为 3 月 2 日(2013 年)，最晚为 4 月 9 日(1987 年)，其年际变化较大。从历年的变化来看，初日稍有提前，平均每 10 年提前 1.4 d(图 3.13)。

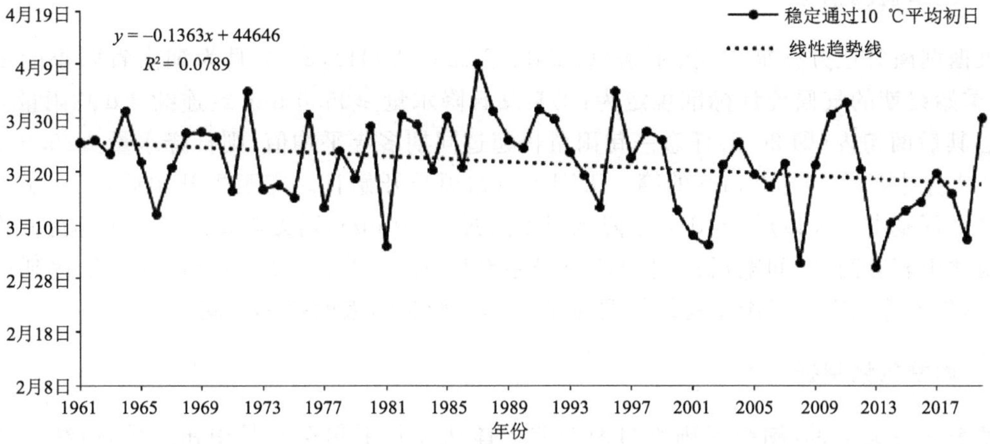

图 3.13　1961—2020 年湖南省平均稳定通过 10 ℃初日年际变化

3.3　雨季监测

湖南省雨季的形成同大气环流的季节转换、冬夏季风的进退密切相关，并受地形等多种因素的影响。雨季降雨由于强度大、雨水集中，常可引发全省的洪涝灾害(潘志祥 等，2015；吴贤云 等，2016；廖玉芳 等，2018)。

通常副高脊线在 4 月初渐进到 15°～20°N，湖南省雨季随之开始。当西太副高在 110—120°E 的平均脊线第一次北跳至 23°N 以北并稳定 3 d 以上之后，全省雨季结束。就平均情况而言，脊线北跳日期比雨季结束日期约早 3 d。但有的年份由于副高北跳到一定纬度后仍不稳定，受西风带上游槽脊经向度发展或台风北上影响，又产生降水，使得副高脊线北跳相当一段时间后雨季才结束；也有的年份雨季早而副高北跳晚，这是因为先受大陆高压控制，降水已经结束，然后大陆高压与副高合并才促使脊线北跳(表 3.2)。

表 3.2　副高脊线与湖南省天气气候的关系(潘志祥 等，2015)

时间	西太副高	湖南省天气气候
3 月下旬以前	强度弱，旬平均脊线位置在 15°N 以南	初春气候，雨量少，雨势小
4 月上旬起	强度增强，脊线西伸北进至 15°N 或以北	雨季开始，进入汛期
5 月和 6 月上旬	继续增强，脊线达 17°—18°N	湘南降水集中期
6 月中下旬	继续增强，脊线达 20°N 附近	湘中、湘北降水集中期
6 月底至 7 月上旬	副高第一次北跳，脊线达 23°—25°N	大部分地区雨季结束，少雨期开始
7 月下旬至 8 月上旬	副高第二次北跳，脊线达 28°—30°N	维持晴热少雨，多不稳定性天气
8 月底至 9 月上旬	副高最强，脊线第一次回跳到 25°N	秋老虎转秋高气爽
10 月上中旬	副高减弱，脊线第二次回跳到 20°N	秋雨开始
11 月下旬开始	继续减弱，脊线退到 15°N 以南	秋寒少雨

3.3.1　雨季监测指标

根据湖南省地方标准《气候术语》(DB43/T 233—2004)，3—7 月为湖南省雨季的出现时段，雨季始终期的气候统计标准规定为：①某站日降水量≥25.0 mm 或连续 3 d 总雨量≥50.0 mm，且其后两旬内(即 20 d)任意一旬雨量仍超过同期多年平均值，则日降水量≥25.0 mm 或连续 3 d 合计雨量≥50.0 mm 的第一天即为该站雨季开始日。②雨季开始后，当一次大雨以上降水过程基本结束以后 15 d 内总降水量不超过 20.0 mm，则无雨日的第一天即为雨季结束日。雨季中若有间歇，间歇后还出现西风带系统降水(雨量≥20.0 mm)，时间虽达到以上标准，雨季仍不算结束。③雨季持续期是指从雨季开始到结束的持续时间。

3.3.2　雨季气候特征

就平均情况来说，湖南省雨季自南向北大体从 3 月下旬至 4 月中旬开始，持续 3 个月左右，而从 6 月下旬至 7 月上旬自南向北先后结束。因此，通常以 4—6 月为湖南省的雨季，其中，尤以 5 月和 6 月的雨季天气特点最明显。

(1)雨季开始时间的分布

就多年平均情况而言，湖南省平均雨季开始时间为 4 月 2 日，各地雨季开始时间总分布趋势是湘南早于湘北，湘东早于湘西，湘南郴州雨季开始日期(3 月 28 日)比湘中娄底(4 月 2 日)早 5 d，比湘西北吉首(4 月 15 日)早 18 d(图 3.14)。

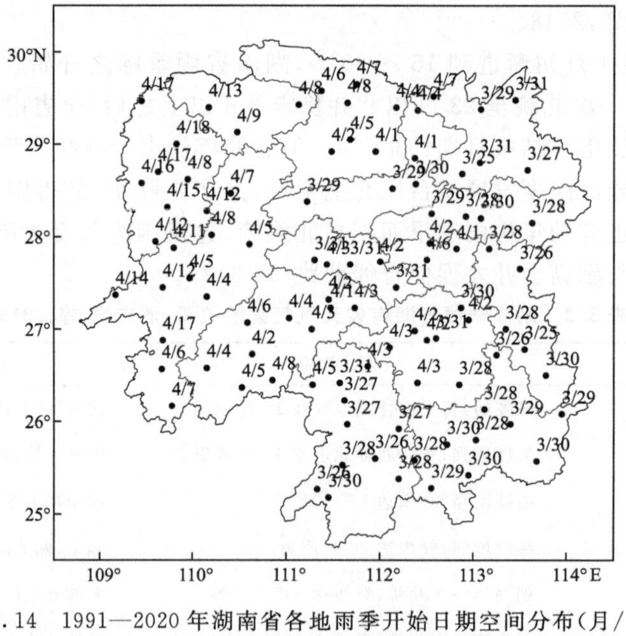

图 3.14　1991—2020 年湖南省各地雨季开始日期空间分布(月/日)

湖南省各年雨季开始日期分布极不一致，个别年份湘北、湘西北比湘中、湘南还来得早，如 1969 年湘西北张家界 4 月 1 日雨季即已开始，而湘南郴州却迟至 4 月 21 日，湘中长沙更迟至 4 月 25 日才进入雨季，迟早相差 20～24 d。同一地区不同年份雨季开始的迟早也相差很大，如 1961—2020 年的(60 年)，长沙雨季最早开始日是 2020 年 3 月 3 日，最迟是 2011 年

5 月 11 日；郴州最早是 1983 年和 1988 年的 3 月 1 日，最迟是 1966 年 5 月 31 日，迟早相差 3 个月，全省各地基本如此。一地雨季开始的迟早与当地春汛、春旱密切相关，过早表明该地当年春汛早而突出，过迟则表明该地当年春旱少雨。有的年份雨季提早或推迟，雨季期间雨量特多或特少，导致全省严重洪涝或干旱。

(2)雨季结束时间的分布

湖南省平均雨季结束时间是 7 月 5 日，各地雨季结束时间呈南早北晚、东早西迟分布趋势(图 3.15)。少数年份例外，如 2013 年湘南比其他各地结束晚；1980 年除郴州、长沙少数地区于 6 月中旬初雨季即结束外，全省大部分地区多在 8 月下旬才结束，这年湖南北涝南旱，湘中、湘北和湘西基本无伏旱，盛夏天气凉爽宜人。从极端情况看，雨季结束最早的日期在 5 月底至 6 月上旬，例如，郴州是 1988 年的 5 月 31 日，长沙、张家界则是 1963 年的 6 月 1 日和 6 月 2 日；但雨季结束最晚的日期却相差很大，郴州、长沙在 8 月中旬末，张家界却迟至 9 月中旬末，有越接近湘西北结束越晚的趋势。还有部分年份雨季结束不明显，这与山区盛夏多对流性降水，而不易达到雨季结束标准有关。

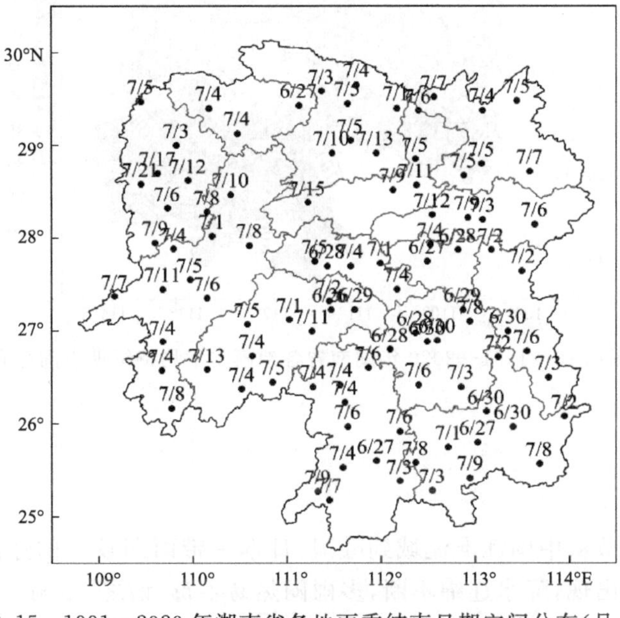

图 3.15　1991—2020 年湖南省各地雨季结束日期空间分布(月/日)

值得注意的是，一些年份雨季的大雨、暴雨天气过程有 2 个集中出现时段，特别在湘西北这种情况出现较多。如郴州 1979 年、1998 年等，张家界 1960 年、1974 年、1982 年、1984 年、1985 年、1988 年、1989 年、1994 年、2002 年、2005 年等雨季均有两段强降水集中期，1974 年张家界有 4 月 13 日至 5 月 27 日和 6 月 19 日至 7 月 12 日两段降雨集中期，而在 5 月 28 日至 6 月 18 日的 22 d 却基本无雨。1998 年湖南省大部分地区自 3 月上旬雨季开始，到 6 月 27 日副高出现第一次季节性北跳至 23°N 附近，全省大部分地区雨季基本结束。但从 7 月 19 日开始，副高明显南退，其脊线退到 18°N 左右，且稳定少动。沿着副高西侧形成了一条西南—东北向的暖湿气流通道，西风带系统为稳定的“两脊一槽”形势，稳定在贝加尔湖西侧的切断低压不断分裂出小槽东移，携带的冷空气到长江中下游与暖湿空气交汇，造成湖南全省大范围(特别是湘北）连续性暴雨。8 月 1 日副高开始明显西伸北抬控制江南，全省大部分地区雨季即从 7 月底结束，但湘西北雨季结束期却延至 9 月初。

(3)雨季持续期的分布

湖南省各地雨季平均持续期有东长西短、南北长中间短的特点（图 3.16）。湘西雨季平均持续期超过 80 d，湘南和湘中偏北超过 100 d，湘西北雨季最短，平均持续不足 80 d。但各地各年雨季长短相差很大，例如 1963 年湘中、湘西、湘西北雨季都不足 50 d，当年湖南出现大旱，而 1968 年、1999 年和 2002 年 3 年湘南、湘中、湘西北的雨季长达 145～161 d，是全省各地雨季最长的年份。

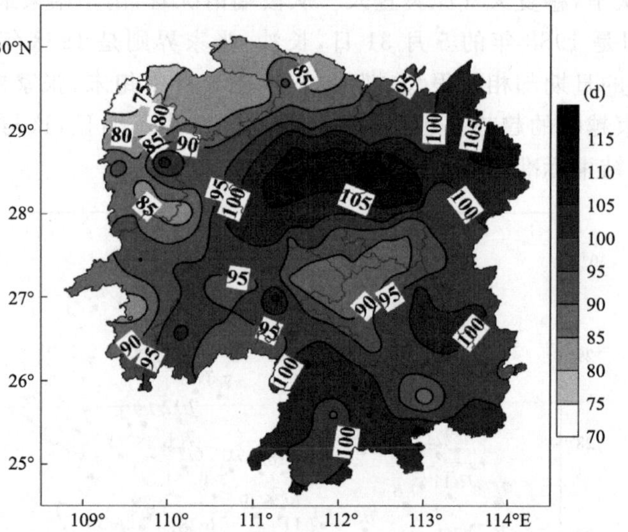

图 3.16　1991—2020 年湖南省各地雨季平均持续期空间分布

3.4　梅雨监测

梅雨是指初夏时节从中国江淮流域到韩国、日本一带雨期较长的连阴雨天气，期间暴雨、大暴雨天气过程频繁出现，降水连绵不断，多雨闷热易生霉，谓之“霉雨”；因此时正值江南梅子成熟季节，故又称为“梅雨”（陶诗言 等，1958；赵辉 等，2017；梁萍 等，2018）。

3.4.1　梅雨监测指标

根据气预函〔2014〕28 号《梅雨监测业务规定》，梅雨监测区域涉及的行政区域包含上海、江苏、安徽、浙江、江西、湖北、湖南 6 省 1 市，其中，湖南省共有 20 个监测站（表 3.3）。

表 3.3　湖南省梅雨监测站信息(20 站)

序号	站名	气候型	台站类别	序号	站名	气候型	台站类别
1	石门	Ⅱa	3	5	华容	Ⅱa	1
2	澧县	Ⅱa	1	6	安乡	Ⅱa	1
3	临澧	Ⅱa	1	7	岳阳	Ⅱa	2
4	南县	Ⅱa	3	8	临湘	Ⅱa	1

续表

序号	站名	气候型	台站类别	序号	站名	气候型	台站类别
9	常德	Ⅱa	2	15	宁乡	Ⅱa	1
10	汉寿	Ⅱa	1	16	马坡岭	Ⅱa	1
11	桃江	Ⅱa	1	17	汨罗	Ⅱa	1
12	沅江	Ⅱa	2	18	平江	Ⅱa	2
13	湘阴	Ⅱa	1	19	长沙	Ⅱa	2
14	赫山	Ⅱa	1	20	浏阳	Ⅱa	1

注：①气候型中梅雨气候区划分为三个基本区，分别为江南区（Ⅰ）、长江区（Ⅱ）和江淮区（Ⅲ），其中，考虑到长江中游和下游梅雨降水的时空差异，将长江区细分为长江中游区（IIa）和长江下游区（IIb）。②台站类别中 1 代表一般站，2 代表基本站，3 代表基准站。

3.4.2　湖南梅雨特征

湖南省梅雨区入梅时间、出梅时间、梅雨期长度、梅雨期降水量和梅雨强度等监测指标的历史序列统计如表 3.4，湖南省平均入梅时间为 6 月 15 日，平均出梅时间 7 月 6 日，梅雨期长 21 d，梅雨期平均降水量 241 mm。1951—2020 年，历史上最早入梅时间 5 月 26 日（2005 年、2012 年），最晚入梅时间 7 月 8 日（1960 年）；最早出梅时间为 6 月 12 日（2000 年、2005 年和 2012 年），最晚出梅时间 8 月 2 日（1998 年）。根据标准，梅雨期长度不足 5 d 的为空梅年，湖南省历史上空梅年共计 6 年，分别为 1951 年、1956 年、1968 年、1972 年、1975 年和 1985 年，历史上梅雨期长度最短为 5 d（1981 年和 2001 年），梅雨期最长为 52 d（1998 年），梅雨期间降水量最大为 871.8 mm（1954 年），最小降水量 29.1mm（1957 年），梅雨强度最强年为 1954 年，强度为 4.95，梅雨强度最弱年为 1957 年，强度为－1.83。

表 3.4　湖南省梅雨各特征量气候值及 1951—2020 年历史极值

项目	入梅	出梅	梅雨期长度/d	梅雨量/mm	梅雨强度
气候值	6 月 15 日	7 月 6 日	21	241	
最大(晚)值	7 月 8 日	8 月 2 日	52	871.8	4.95
最大值年份	1960	1998	1998	1954	1954
最小(早)值	5 月 26 日	6 月 12 日	5	29.1	－1.83
最小值年份	2005、2012	2000、2005、2012	1981、2001	1957	1957
空梅年	1951、1956、1968、1972、1975、1985				

某区域梅雨强度指数（M_i）的计算公式为：

$$M_i = \frac{L}{L_0} + \frac{\dfrac{(R/L)}{(R/L)_0}}{2} + \frac{R}{R_0} - 2.50$$

式中，L 为某一年梅雨期的长度（日数）；L_0 为历年梅雨期的平均长度（日数）；R 为某一年梅雨期内监测站总降水量；R_0 为历年梅雨期监测站总降水量的平均值；(R/L) 为梅雨期内平均日降水量强度；$(R/L)_0$ 为历年梅雨期平均日降水强度的平均值。

1961—2020 年，湖南省平均入梅时间最早出现在 5 月 26 日（2005 年和 2012 年），最晚入梅时间在 7 月 7 日（2006 年）（图 3.17）。

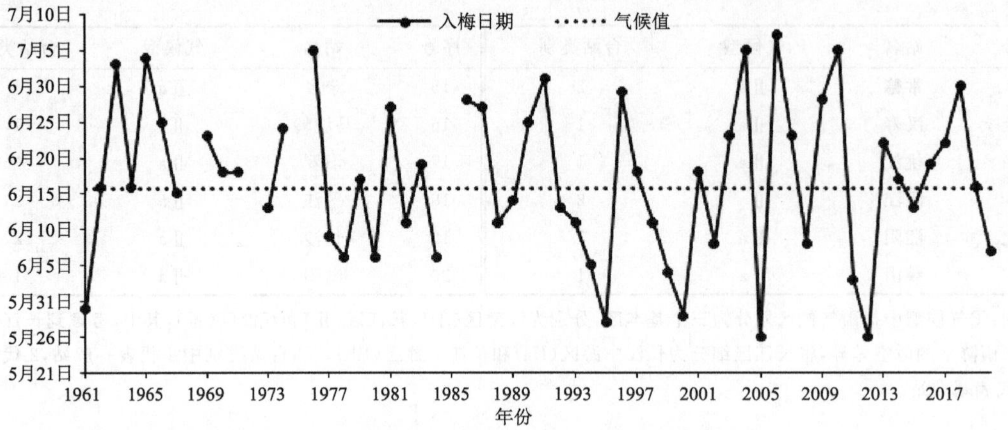

图 3.17　1961—2020 年湖南省平均入梅日期年际变化(断线的年份代表空梅年)

1961—2020 年,湖南省平均出梅时间最早出现在 6 月 12 日(2000 年、2005 年和 2012 年),最晚出现在 8 月 2 日(1998 年)(图 3.18)。

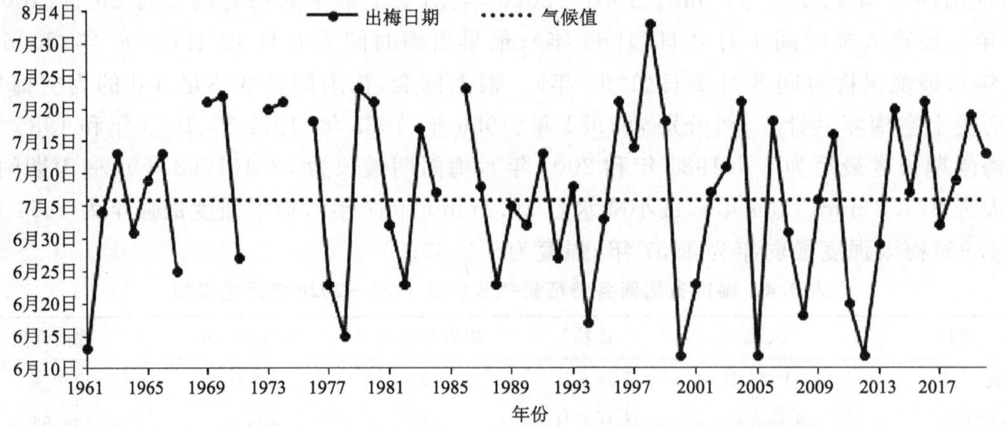

图 3.18　1961—2020 年湖南省平均出梅日期年际变化(断线的年份代表空梅年)

1961—2020 年,湖南省平均梅雨量在 36.1(1975 年)～770.1(1998 年)mm(图 3.19)。

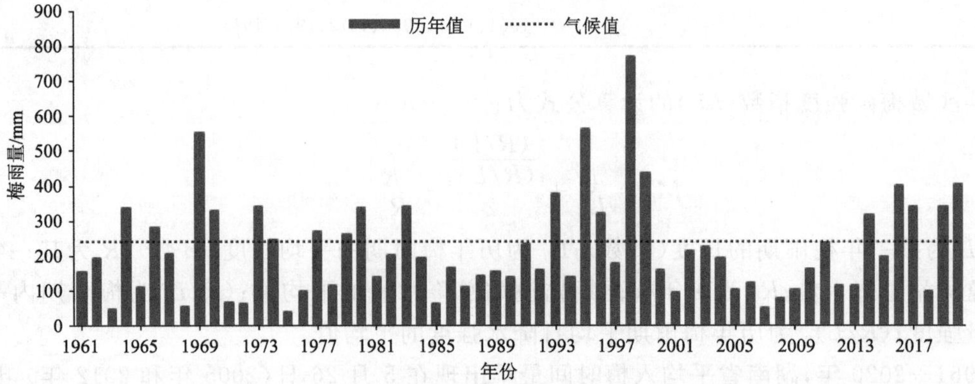

图 3.19　1961—2020 年湖南省平均梅雨量年际变化

1961—2020 年，湖南省平均梅雨强度在－1.75(1975 年)～4.51(1998 年)(图 3.20)。

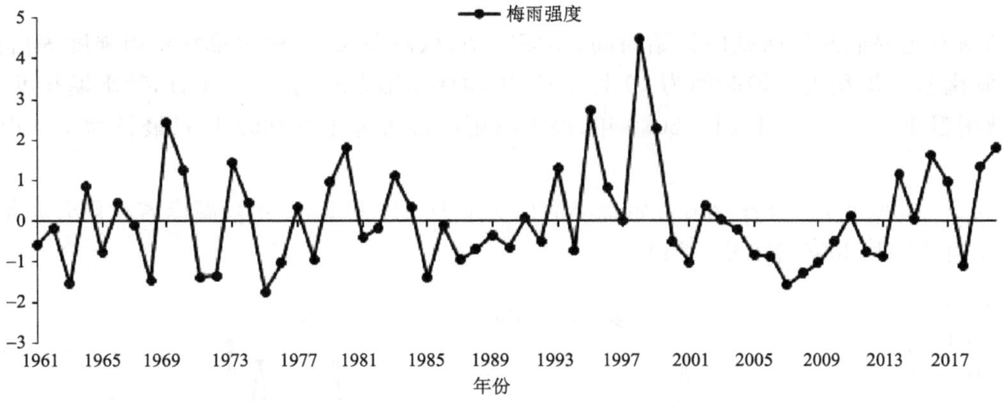

图 3.20　1961—2020 年湖南省平均梅雨强度年际变化

3.5　华西秋雨监测

华西秋雨是华西地区秋季(9—11 月)连阴雨的特殊天气现象。秋季频繁南下的冷空气与暖湿空气在该地区相遇，使锋面活动加剧而产生较长时间的阴雨天气(白虎志 等，2004；王遵娅 等，2008；罗霄 等，2013；陈丽娟 等，2019)。华西秋雨的降水量虽然少于夏季，但持续降水也易引发秋汛。

3.5.1　华西秋雨监测指标

根据中华人民共和国气象行业标准《华西秋雨监测业务规定》(QX/T 496—2019)，华西秋雨主要涉及的行政区域包括湖北、湖南、重庆、四川、贵州、陕西、宁夏、甘肃等 6 省 1 市 1 区，其中，湖南共有 30 个监测站(表 3.5)。

表 3.5　湖南省华西秋雨监测站信息(30 站)

序号	区域名	站名	序号	区域名	站名
1	湘西北	龙山	16	湘中	安化
2	湘西北	桑植	17	湘西北	凤凰
3	湘西北	张家界	18	湘西北	麻阳
4	湘西北	石门	19	湘西南	新晃
5	湘西北	慈利	20	湘西南	芷江
6	洞庭湖区	临澧	21	湘西南	怀化
7	湘西北	花垣	22	湘西北	溆浦
8	湘西北	保靖	23	湘西南	洪江
9	湘西北	永顺	24	湘西南	洞口
10	湘西北	古丈	25	湘中	冷水江
11	湘西北	吉首	26	湘中	新化
12	湘西北	沅陵	27	湘中	邵阳市
13	湘西北	泸溪	28	湘中	隆回
14	湘西北	辰溪	29	湘中	新邵
15	洞庭湖区	桃源	30	湘中	邵阳县

3.5.2 湖南秋雨特征

湖南省主要监测华西秋雨开始时间、结束时间、秋雨期长度、秋雨量和秋雨强度等指标，据统计，湖南省平均秋雨开始时间为 10 月 2 日，平均秋雨结束时间 11 月 4 日，秋雨期长度 33 d，平均秋雨量 157.9 mm。1961—2020 年，湖南秋雨期最短为 4 d(1992 年)、最长为 100 d(1982 年)。

1961—2020 年，湖南省秋雨开始最早时间为 8 月 21 日(1982 年)，湖南省秋雨开始最晚时间为 11 月 14 日(2006 年，图 3.21)。

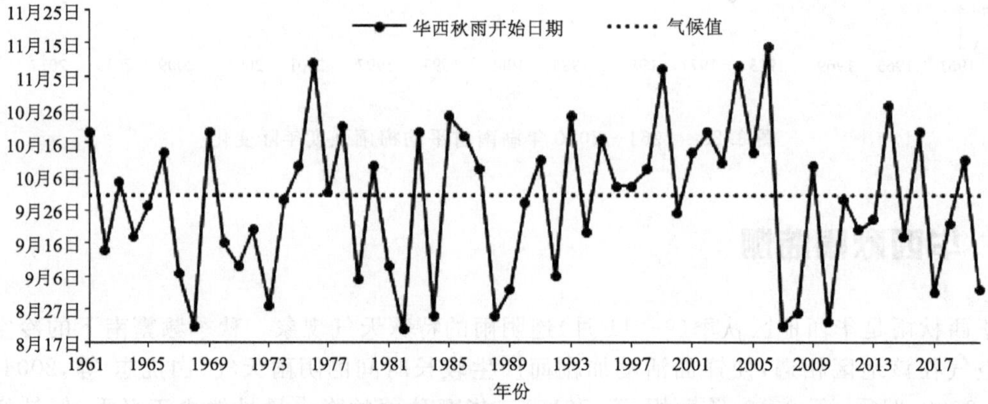

图 3.21　1961—2020 年湖南省平均华西秋雨开始日期年际变化

1961—2020 年，湖南省秋雨结束最早时间为 9 月 10 日(1979 年和 1992 年)，最晚为 12 月 1 日(1961 年和 1963 年，图 3.22)。

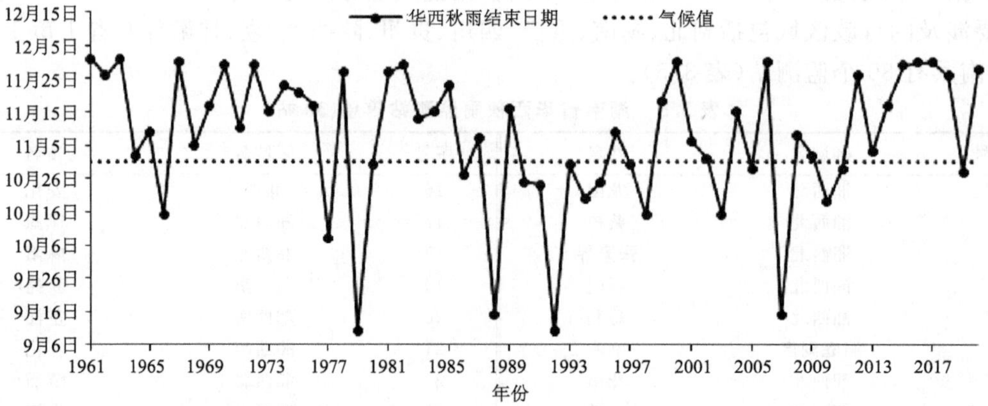

图 3.22　1961—2020 年湖南省平均华西秋雨结束日期年际变化

1961—2020 年，湖南省秋雨量最大为 441.7 mm(2020 年)，最小为 15.9 mm，出现在 1992 年(图 3.23)。

1961—2020 年，湖南省秋雨强度最强年为 1982 年，强度为 1.96，秋雨强度最弱年为 1992 年，强度为－0.89(图 3.24)。

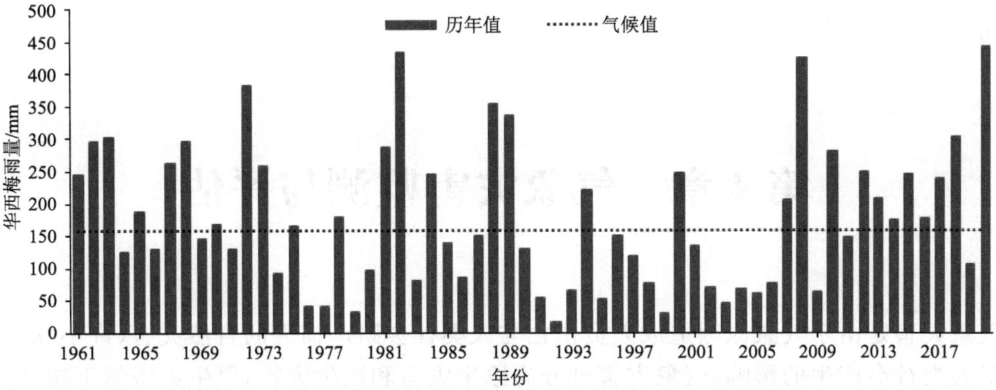

图 3.23　1961—2020 年湖南省平均华西秋雨量年际变化

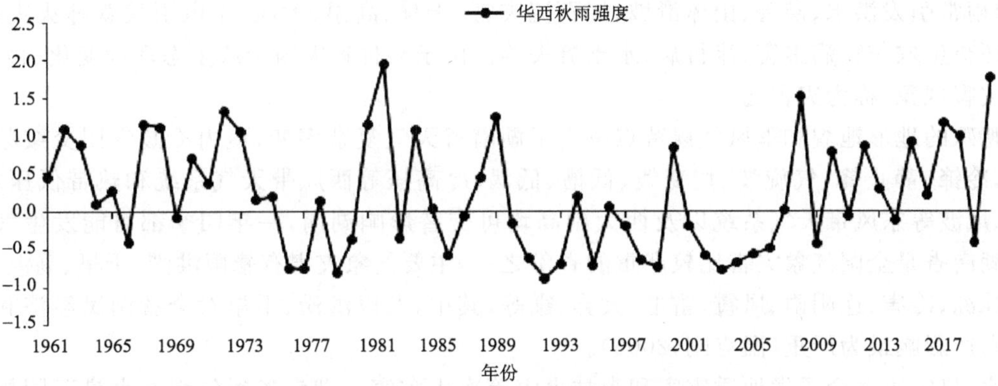

图 3.24　1961—2020 年湖南省平均华西秋雨强度年际变化

第 4 章　气象灾害监测与评估

气象灾害是由于气象原因造成人员伤亡与人类社会财产损失的自然灾害(许小峰,2012)。根据对人类社会产生的影响,气象灾害可分为原生灾害和次生灾害,原生灾害属于狭义的气象灾害,次生灾害是由于气象原因引发的其他自然灾害,也称为广义的气象灾害。衍生灾害不属于原生的,也不属于次生的,是指通过灾害链的传递产生的灾害。如湖南省是暴雨频发的地区,暴雨常引发洪水、涝害、山体滑坡、泥石流灾害;干旱、高温、大风、雷电引发森林火灾;气象灾害还衍生农作物病虫害、流行病、水土流失等。由于某种致灾因子或生态环境变化引发的一系列灾害现象,称为灾害链。

特殊的地形地貌和季风气候特点决定了湖南省天气复杂多变,境内冷暖气团交绥频繁而激烈,冷锋、静止锋、气旋波、切变线、低槽、低涡、冷高压等西风带天气系统和热带低压、台风槽、东风波等东风带天气系统以及西太副高均可交替影响湖南,一年四季都可能发生气象灾害。湖南省是全国气象灾害比较严重的省份之一,主要气象灾害有暴雨洪涝、干旱、高温、低温雨雪冰冻、冷害、连阴雨、风雹、雷电、大雾、霾等,其中,尤以洪涝、干旱对全省国民经济和人民生命财产影响最为严重(温克刚,2006)。

水、旱灾害还会诱发地质灾害和森林火灾等次生灾害。湖南省每年都有大量不同规模的滑坡、崩塌、泥石流等地质灾害发生,严重威胁人民群众生命财产安全。据统计,这些地质灾害大部分是由暴雨、大暴雨诱发的。森林火灾更与气候干旱密切相关,据统计,1950—2000 年,湖南省每年平均发生森林火灾 1125 次(烧毁森林面积 2.1 hm^2),其中,绝大多数发生在旱季,而 5—8 月是湖南省的雨季,这 4 个月里森林火灾很少发生,1994 年全年降水偏多,日照偏少,且雨季结束不明显,该年全省仅发生森林火灾 146 次(祝燕德,2009)。

水、旱灾害之外,大风、冰雹、雷击虽然是小概率事件,而且生消时间短,局地性强,但破坏力特别大,湖南省春夏之交有强对流天气过程出现时,常见上述气象灾害发生。

低温冷害主要是指春、夏、秋三季遭遇较强的冷空气(或寒潮)入侵,使湖南省出现连续阴雨低温天气,影响水稻等主要农作物生长发育而导致减产甚至绝收的气候灾害,也称冷害,是湖南省常见的农业气象灾害。冷害是一种累积效应,一旦出现,造成的灾情重、受灾范围大,主要危害水稻、玉米、大豆、棉花、油菜、果树、蔬菜等农作物。根据冷害出现的不同季节及其对主要农作物不同生育阶段的影响,将湖南省发生的冷害主要分为"春寒(倒春寒)""五月低温""寒露风"三种,此外,21 世纪以来"8 月低温"的发生频率呈上升趋势。

低温雨雪冰冻是湖南省冬季常有的气象灾害,对农林渔牧、邮电通信、电力输送、基本建设危害极大。冰冻对农、林作物的影响主要是造成越冬作物植株和各种果树林木的机械损伤;雨凇、雾凇附着在电线上越积越厚,极大地增加了电线重量,可压断电线、电杆,给电力输送和通信带来危害;地面形成深厚坚硬的冻结物,使得路面光滑,危及交通安全;冰冻还会压垮房屋,冻坏管线，使人民生命财产和生活遭受损失。

随着社会现代化和工业化水平的提高，大雾对人类的影响也愈加严重。湖南省一年平均有 20 个以上大雾日，浓雾中的水平能见度最低可至 0 m，它会严重影响交通运输：机场和高速公路被迫暂时关闭，轮船停航，各种交通事故增加；大雾还会导致输电网路跳闸或短路，引起大面积停电事故发生；特别是在有害气体排放的工业区，发生大雾时可使周围的动植物受到严重毒害。

4.1　暴雨洪涝

旱涝主要是由于降水时空分布不均所至，而降水时空分布与夏季风强弱和副高位置的变动密切相关。通常副高脊线在 4 月初渐进到 15°～20°N，湖南雨季随之开始，随着夏季风爆发，副高加强，在副高西北侧常常会形成比较稳定的强降雨带，这种强降雨带可以导致全流域性的洪涝发生。如果强降雨带在湖南上空徘徊或者停滞，则会导致全省性的大洪涝发生。6 月下旬至 7 月上旬，副高出现第一次季节性北跳，脊线移到 23°—25°N，雨带移到长江以北，江淮地区进入梅雨期，湖南雨季基本结束，晴热天气开始；7 月下旬至 8 月上旬，副高出现第二次季节性北跳，脊线移到 28°—30°N，江淮梅雨结束，雨带移至华北，湖南位于副高脊线附近或其南侧，仍以晴热天气为主。有些年份副高第一次北跳时间推迟，会使湖南因雨季延长、雨量过多而发生洪涝；反之，若第一次北跳时间提前，第二次北跳时间又推迟，其脊线位置稳定在 25°N 附近，则会使湖南因雨季缩短、雨量过少而发生干旱。

暴雨洪涝是湖南省主要的气象灾害之一，发生频率高，影响范围广，危害程度大，灾害损失重。洪涝包括山洪、江河泛滥、内涝和内渍。大范围持续性的暴雨灾害将导致流域性洪涝，还容易在山洪沟、地质灾害易发点引发山洪地质灾害，造成重大国民经济损失，并威胁人民生命财产安全。洪涝灾害严重程度除与降水有关外，还与地理位置、地形、土壤结构、河道的宽窄和曲度、植被以及农作物的生育期、承灾体暴露度、防洪防涝设施等有密切关系。

4.1.1　监测评价指标

暴雨监测依据全省国家级气象观测站、区域自动气象观测站共 3600 多个气象观测站降水量资料进行。业务产品应对相应时段降水进行概述，同时，一般应包括相应时段的总降水量分布图，如暴雨过程持续时间超过 1 d，除相应时段的总降水量分布图，还需添加最新一日雨量分布图。此外，需在区域暴雨监测产品中增加极端降水事件监测，内容包括各降水监测指标达到极端标准及超历史极值的分布图，以不同颜色的圆点分别代表达到极端标准及超历史极值的台站。同时需对网格计算的区域暴雨过程进行定量化分析，对区域暴雨过程的持续时间、影响面积、平均暴雨量及综合强度指数作出说明，并对区域暴雨过程作出历史排位。

暴雨洪涝监测内容有：监测时段内暴雨洪涝的时空分布特征，包括强降雨落区、范围（县（市、区）以及乡镇个数、笼罩面积）、持续时间、累计降雨量、最大降雨量、强度和历史排位特征等。

(1)单站暴雨洪涝监测指标

按照降雨的量级，通常以 24 h(即 1 d)内的降雨量来区分降雨强度：＜10.0 mm 为小雨；10.0～24.9 mm 为中雨；25.0～49.9 mm 为大雨；≥50.0 mm 为暴雨，暴雨可细分为暴雨

(50～99.9 mm)、大暴雨(100～199.9 mm)和特大暴雨(≥200 mm)。

按照湖南省地方标准《气象灾害术语和分级》(DB43/T 234—2004)，气象洪涝分为轻度洪涝、中度洪涝、重度洪涝三个等级，见表4.1。

表4.1 洪涝的气象标准及强度划分

标准 等级	达到条件①～③中的任意一条		
	①4—9月，任意10 d内降水总量	②4—9月降水总量和常年同期相比	③4—6月(湘西北5—7月)降水总量和常年同期相比
洪涝	≥200 mm	>20%	>30%
轻度洪涝	200～250 mm	>20%，且≤30%	>30%，且≤40%
中度洪涝	251～300 mm	>30%，且≤40%	>40%，且≤50%
重度洪涝	≥301 mm	>40%	>50%

(2)区域性暴雨过程的监测和评估指标

1)区域性暴雨过程的判定

①日降水量≥50 mm面积达到或超过全省总面积的2.5%时，判定为1个区域性暴雨日；

②某个区域性暴雨日持续1 d及以上，则判定其为一次区域性暴雨过程，第1天即为开始时间；

③日降水量≥50 mm面积低于全省总面积的2.5%时，区域性暴雨过程结束。

2)区域性暴雨过程的综合强度评价指标

①区域性暴雨过程的持续天数(T)：

一次区域性暴雨过程从过程开始日至过程结束日前一日的累计日数。

②区域性暴雨过程的平均强度(I_a)：

某次区域性暴雨过程中，构成该过程的≥50 mm网格日降水量的平均值。(备注：实况值采用的是500 m分辨率的带降水背景场网格。预报值用的智能网格预报，分辨率是5 km，所以配套使用时应注意其权重，5 km网格的权重应该是500 m网格权重的100倍，因为5 km网格中包含了100个500 m网格)

$$I_a = \frac{\sum_{t=1}^{T}\sum_{m=1}^{M_t} S_{m,t}}{\sum_{t=1}^{T} M_t} \tag{4.1}$$

式中，T表示该区域性暴雨过程的持续天数；M_t表示该区域性暴雨过程第t天日降水量≥50 mm的网格数；$S_{m,t}$表示该区域性暴雨过程第t天日降水量≥50 mm的第m个网格的日降水量。

③区域性暴雨过程的平均范围(A_a)：

是某次区域性暴雨过程的日平均影响面积。

其计算方法是：

$$A_a = \frac{\sum_{t=1}^{\mathrm{T}} m_t}{T} \tag{4.2}$$

式中，T表示区域性暴雨过程持续天数；m_t为区域性暴雨过程中第t天的≥50 mm的面积。

④区域性暴雨过程的综合强度指数(Z)：

综合考虑一次区域性暴雨过程的平均强度、持续时间和平均影响范围来确定的综合强度指数。

其计算公式是：

$$Z = I_a \times A_a^{0.5} \times T^{0.5} \tag{4.3}$$

式中，I_a 为区域性暴雨过程平均强度；A_a 为区域性暴雨过程平均范围；T 为区域性暴雨过程持续时间长度。

3)区域性暴雨过程的综合强度评价划分等级标准

采用百分位数法，基于最近 3 个整年代(1991—2020 年)的各次区域性暴雨过程综合强度指数，将区域性暴雨过程综合强度划分为一般、较强、强和特强 4 个等级，具体见表 4.2。

表 4.2　区域性暴雨过程综合强度划分等级和标准

暴雨过程综合强度等级	综合强度指数的百分位数
特强	>95%
强	(80%,95%]
较强	(50%,80%]
一般	≤50%

4.1.2　时空分布特征

(1)单站暴雨

湖南省年平均暴雨日数为 4.1 d(1991—2020 年 30 年平均值)，各县(市)在 2.3(武冈)～6.2(临湘)d，有 3 个暴雨中心；一是以安化、辰溪、沅陵为中心的雪峰山地；二是临湘、平江、浏阳一线的湘东山地，暴雨日数均在 5 d 以上；三是以道县为中心的南岭山地，暴雨日数均在 4 d 以上。可见，山地特别是迎风山坡最易形成暴雨中心。衡(阳)—邵(阳)盆地暴雨日数为全省最少(3 d 左右)(图 4.1a)。

湖南省暴雨在全年各月均有发生，主要集中在 5—7 月，6 月最多，7 月和 5 月次之(图 4.1b)。从单日最大降水量来看，大部分在 150～300 mm，仅有张家界出现了 400 mm 以上的记录，最大值 455.5 mm(2003 年 7 月 9 日)。从 3 d 最大降水量分析，全省大部分地区在 200～500 mm，资兴和张家界超过 500 mm，最大值为 619.7 mm，出现于张家界(2003 年 7 月 8—10 日)。

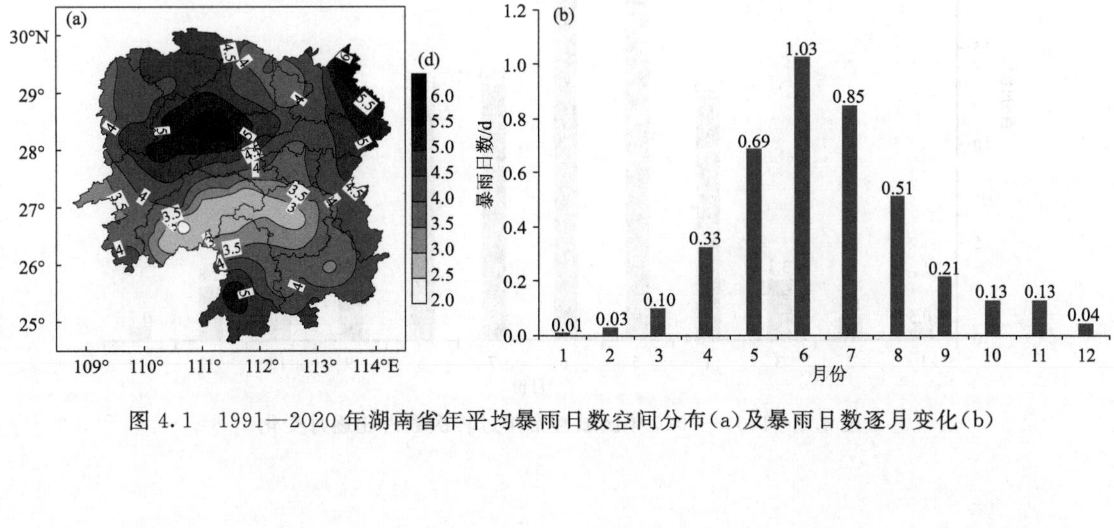

图 4.1　1991—2020 年湖南省年平均暴雨日数空间分布(a)及暴雨日数逐月变化(b)

1961—2020 年，湖南省平均年暴雨日数在 2.1(1963 年)～6.6(2002 年)d，整体呈增加趋势，平均每 10 年增加 0.18 d。20 世纪 90 年代后期到 21 世纪初期全省平均年暴雨日数偏多(图 4.2)。

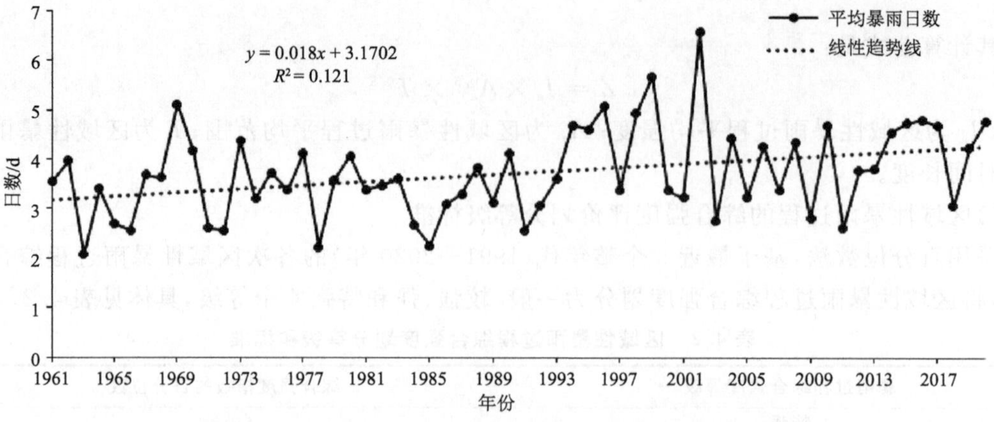

图 4.2　1961—2020 年湖南省平均年暴雨日数年际变化

(2)区域性暴雨过程

根据区域性暴雨过程定义及评估方法，利用 1961—2020 年湖南省降雨网格背景场面积，对全省区域性暴雨过程进行统计。全省共发生区域性暴雨过程 1112 次，平均每年 18.5 次，其中，一般区域性暴雨过程最多，共 599 次，占 53.9%；其次为较强区域性暴雨过程 305 次和强区域性暴雨过程 162 次，分别占 27.4%和 14.6%；特强区域性暴雨过程最少，共计 46 次，占 4.1%。全省区域性暴雨历史最强过程出现在 2017 年 6 月 23 日至 7 月 2 日，该次过程持续时间 10 d，过程平均降雨量 89.5 mm，平均影响范围 3.78 万 km^2。

区域性暴雨主要发生在汛期(4—9 月)，1961—2020 年汛期共出现 965 次区域性暴雨过程，全年占比达 86.8%，其中，6 月出现次数最多为 239 次，占比 21.5%；其次为 5 月，出现 225 次，占比 20.2%；1 月出现的次数最少，仅 6 次，占比 0.5%(图 4.3)。

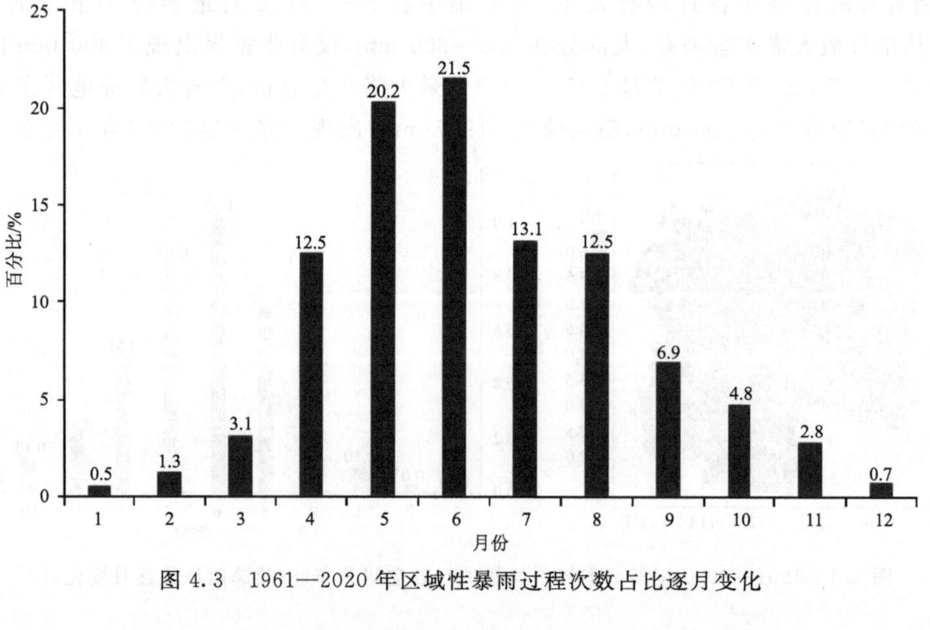

图 4.3　1961—2020 年区域性暴雨过程次数占比逐月变化

各等级区域性暴雨过程中，特强、强和较强等级过程均以 6 月出现最多，分别为 21 次、50 次和 91 次，一般等级的过程出现最多的月份在 5 月，为 119 次(图 4.4)。

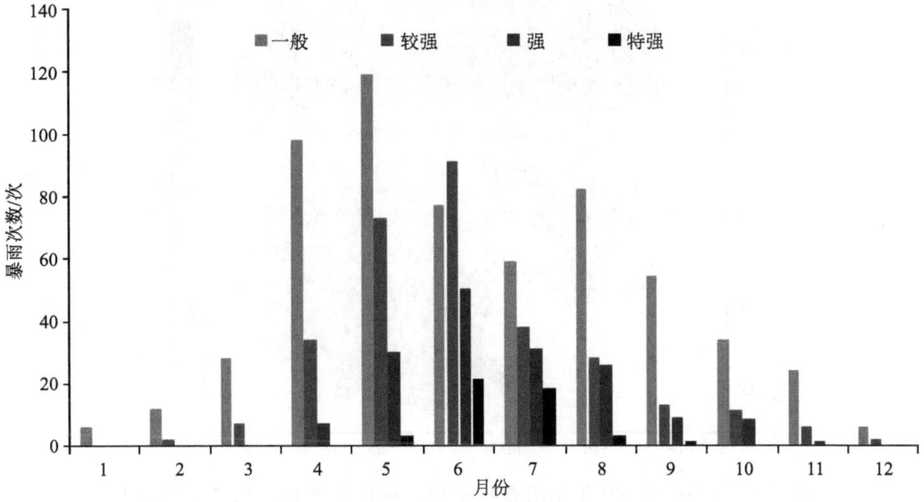

图 4.4　1961—2020 年各等级区域性暴雨过程发生次数逐月变化

1961—2020 年，湖南省区域性暴雨过程次数表现为振荡增加趋势，区域性暴雨次数出现最多的年份为 2015 年(32 次)，最少的年份为 2009 年和 2003 年(11 次)，从整体趋势来看，区域性暴雨过程的次数以每 10 年 0.5 次的速度在增加。特别值得注意的是，21 世纪以来区域性暴雨过程的阶段性和极端性尤为明显，主要表现为 2005—2012 年连续 8 年区域性暴雨过程次数低于年平均次数，而 2013—2020 年连续 8 年高于或接近年平均次数，且极端最少和极端最多的年份均出现在 21 世纪初(图 4.5)。

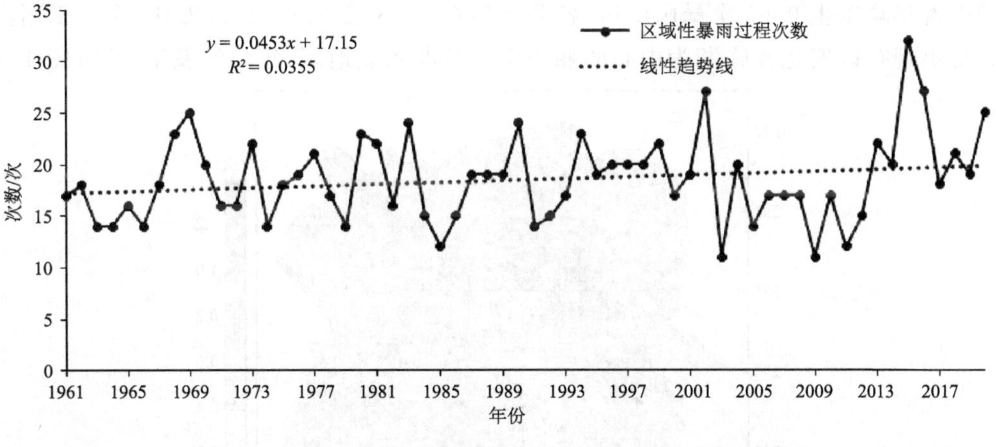

图 4.5　1961—2020 年湖南省区域性暴雨过程次数年际变化

湖南省各站区域性暴雨过程年平均次数整体呈北多南少的分布趋势，以桃源县出现次数最多(9.2 次)，蒸湘区出现次数最少(3.6 次)；年平均出现 7 次以上区域性暴雨过程的高值中心有三个，分别位于湘西北山区和雪峰山区，湘东山区，以及位于永州中部的南岭山区；年平均出现 5 次以下区域性暴雨过程的低值中心主要位于衡(阳)—邵(阳)地区(图 4.6)。

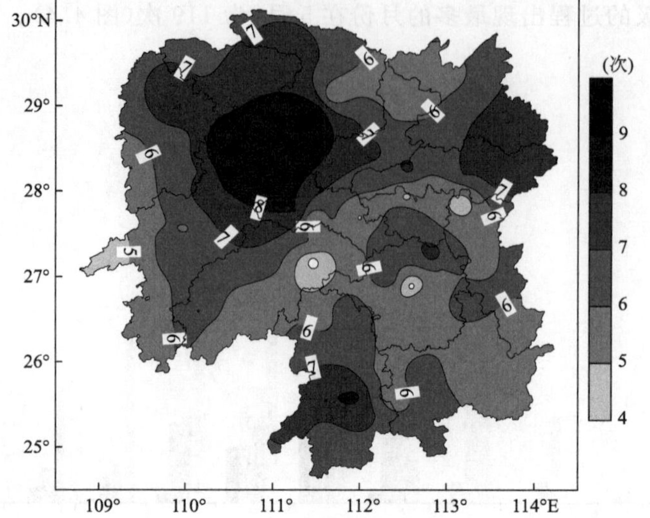

图 4.6　1961—2020 年湖南省年平均区域性暴雨过程次数空间分布

从不同等级区域性暴雨过程的年均出现频次来看(图略)，平均每年出现特强等级区域性暴雨过程 0.31 次，其中，桃源县、慈利县、永定区、长沙县、桑植县、武陵源区 6 个县(区)最多，均为 0.48 次，雁峰区最少(0.13 次)；平均每年出现强等级区域性暴雨过程 0.98 次，永顺县最多 1.64 次，北塔区最少 0.49 次；平均每年出现较强等级区域性暴雨过程 1.98 次，桃源县最多 3.13 次，雁峰区最少 1.18 次；平均每年出现一般等级区域性暴雨过程 2.85 次，沅陵县最多 4.26 次，蒸湘区最少 1.36 次。

(3)暴雨洪涝

湖南省年均发生 0.65 次暴雨洪涝，各县(市)在 0.13(邵阳)～1.2(安化)次。暴雨洪涝过程较容易出现在以安化及临湘为中心的湘中偏北及湘东北地区，年均约发生 1 次(图 4.7)。

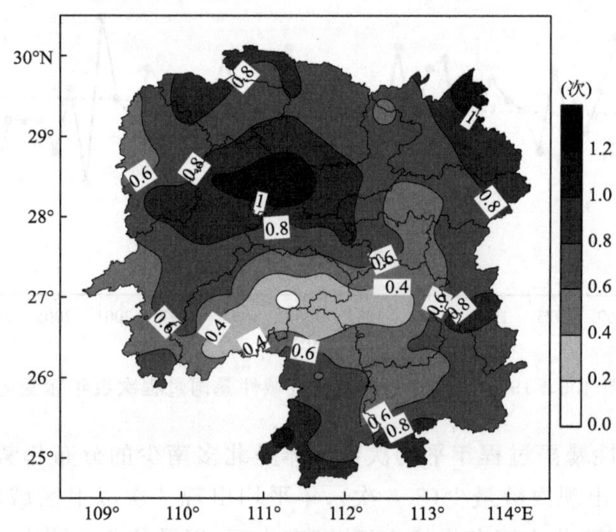

图 4.7　1991—2020 年湖南省年平均暴雨洪涝次数空间分布

1961—2020 年,湖南省平均洪涝次数在 0.07(1985 年)～1.43(2002 年)次,整体呈略上升趋势。20 世纪 90 年代洪涝次数偏多,80 年代偏少,2000—2020 年与常年持平(图 4.8)。

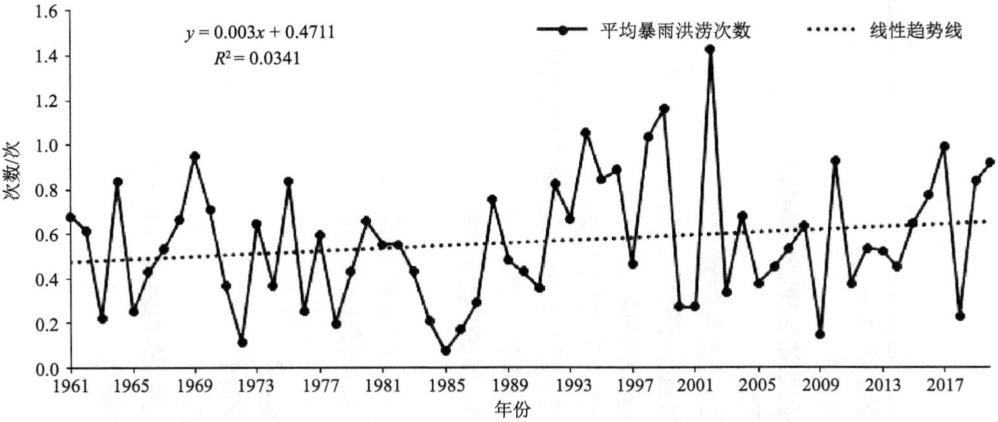

图 4.8　1961—2020 年湖南省平均年洪涝次数年际变化

(4)台风

湖南是受台风影响最严重的三个内陆省份之一,台风和台风低压入境频数仅次于江西省。在台风影响湖南省的过程中,通常伴随有大风、暴雨甚至特大暴雨。台风一般在夏秋两季影响湖南,此时正值全省雨季结束后的高温干旱,台风降雨往往可以缓和或解除受影响地区的干旱,另外,连续性暴雨或大暴雨也可能造成重大灾害和损失。

影响湖南省的台风路径主要有四类:西行路径、我国南海台风北上路径、西北行路径、东北转向路径。西北行路径台风影响全省的个数最多,其中,以福建—广东登陆的台风对湖南省的影响最大(廖玉芳 等,2020),如 2006 年台风“碧利斯”和 2007 年台风“圣帕”(叶成志 等,2009a)。东北转向型台风影响湖南省的个数最少。

2000—2020 年,湖南省共受 47 个台风影响,平均每年有 2～3 个,其中,2008 年和 2012 年最多均达 5 个,其次是 2002 年和 2018 年均受 4 个台风影响,但 2011 年、2014 年和 2020 年无台风影响湖南(图 4.9)。

统计表明,5—11 月均可能有登陆台风影响湖南省(罗伯良 等,2008a),其中,7—9 月是影响主要月份(图 4.10)。台风产生的暴雨日年平均为 4.3 d,其中,7—9 月的台风暴雨日约占总台风暴雨日数的 2/3,尤以 8 月为最多。影响湖南省的台风暴雨过程大都持续时间较短,平均只有 1.6 d,个别持续 3 d 或以上,如 2006 年台风“碧丽斯”和 2007 年台风“圣帕”。

台风产生的降雨主要影响湖南省东部、东南部地区。位于湘东南的郴州、衡阳及株洲南部等地是台风影响最大的地区,湘西北受影响程度最小。造成严重灾害的台风有 2006 年台风“碧利斯”和 2007 年台风“圣帕”。

(5)暴雨山洪地质灾害

地质灾害指在自然或人为因素的动力诱发下,对人类生命财产、环境造成破坏和损失的与地质作用有关的灾害。由降雨、融雪、地震等因素诱发的称为自然地质灾害,由工程开挖、堆载、爆破、弃土等引发的称为人为地质灾害。湖南省多山丘区,地质条件脆弱,加上人类活动,绝大部分地质灾害是由暴雨、大暴雨等灾害性降雨天气诱发的山洪、滑坡、崩塌、泥石流等暴雨型地质灾害。

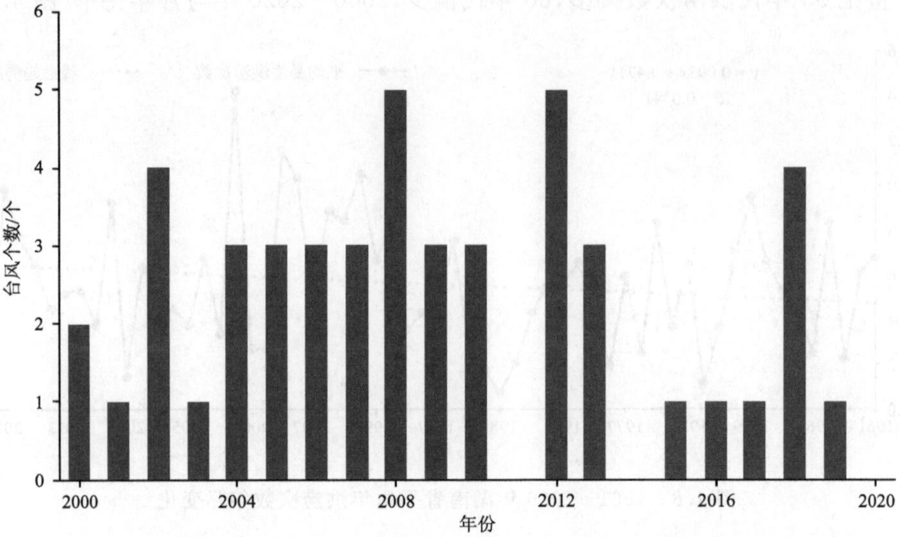

图 4.9　2000—2020 年影响湖南省台风个数年际变化

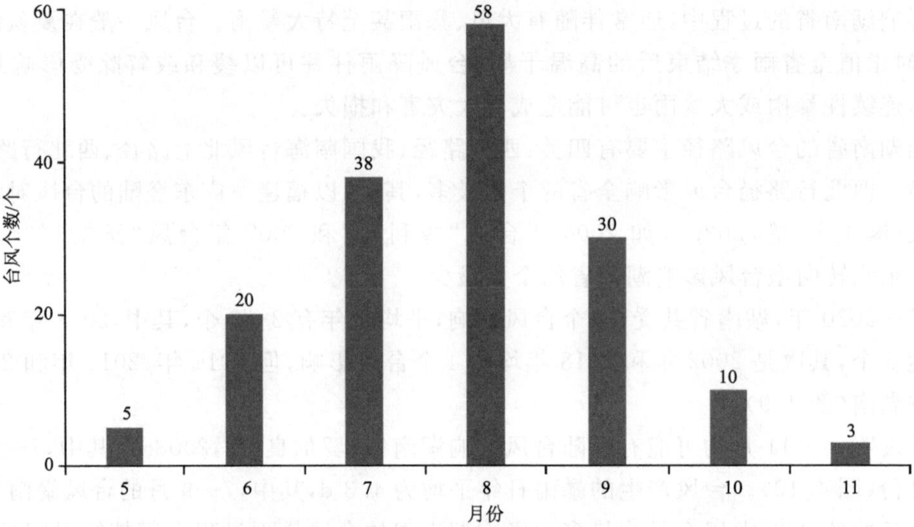

图 4.10　1951—2007 年登陆影响湖南省台风个数月际变化

湖南省是全国地质灾害最严重的省份之一(陈静静 等,2014),汛期发生的地质灾害数量占全年的 80%～90%,其中,5—7 月雨水集中期为高发时段。据统计,地质灾害的发生起数与历年汛期雨量有非常明显的正相关关系。近年来地质灾害发生起数比较多的年份有 2002 年、2005 年、2006 年、2007 年、2008 年和 2010 年。暴雨引发的山洪地质灾害给人民生命财产安全造成重大威胁,得益于气象和自然资源部门的联合预警工作发挥的重大防灾减灾效益,地质灾害造成的伤亡人数总体呈下降趋势。

4.1.3　湖南省典型暴雨山洪地质灾害事件

近年来影响湖南省最大的几次山洪地质灾害分别是：2006 年台风“碧利斯”暴雨山洪地质灾害，2007 年台风“圣帕”暴雨山洪地质灾害，2005 年新邵“5·31”特大山洪地质灾害，2001 年绥宁“6·19”特大山洪地质灾害。

(1)2006 年台风“碧利斯”暴雨山洪地质灾害：2006 年 7 月 14—17 日(图 4.11)，受台风“碧利斯”影响，郴州、衡阳、永州等地遭受特大暴雨山洪袭击，引发山体滑坡、泥石流等地质灾害，共造成全省因灾死亡 417 人、失踪 109 人，其中，受灾最严重的郴州资兴市死亡 197 人、失踪 69 人。过程期间全省共出现 47 县次暴雨、20 县次大暴雨、4 县次特大暴雨，郴州市区、永兴县、资兴市、宜章县累计降雨量超过 300 mm，最大累计雨量达 631.8 mm(资兴县龙溪站)。

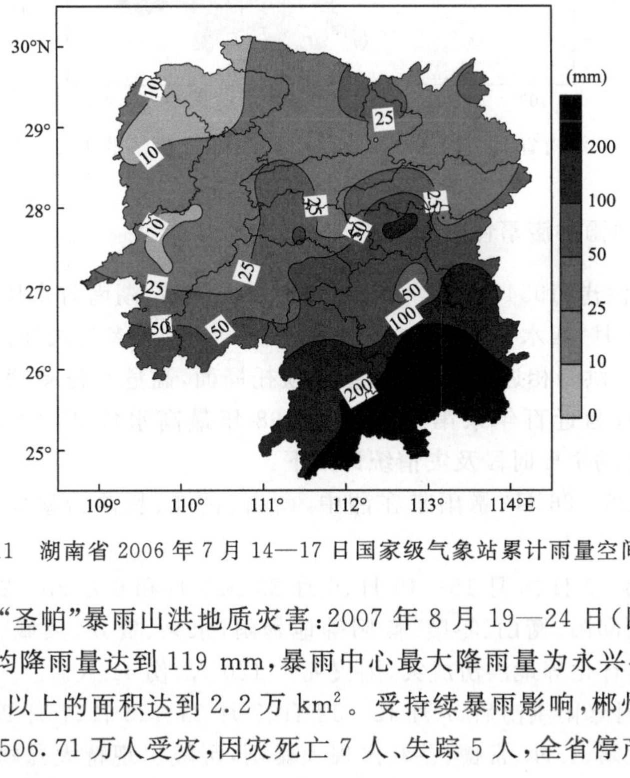

图 4.11　湖南省 2006 年 7 月 14—17 日国家级气象站累计雨量空间分布

(2)2007 年台风“圣帕”暴雨山洪地质灾害：2007 年 8 月 19—24 日(图 4.12)台风“圣帕”影响期间，湖南省平均降雨量达到 119 mm，暴雨中心最大降雨量为永兴县鲤鱼塘站达 863.6 mm，降雨量 300 mm 以上的面积达到 2.2 万 km^2。受持续暴雨影响，郴州、衡阳、株洲等地出现了严重灾情，共有 506.71 万人受灾，因灾死亡 7 人、失踪 5 人，全省停产工矿企业 1578 个，公路中断 1197 条次。

(3)2005 年新邵“5·31”特大山洪地质灾害：2005 年 5 月 31 日至 6 月 1 日湘西和湘中及以南地区普降大到暴雨。新邵县太芝庙乡 5 月 31 日 20 时至 6 月 1 日 08 时降雨量达 197.7 mm，其中，5 月 31 日 21 时至 23 时 10 分共 130 min 降雨达 163.3 mm，21 时至 22 时 1 h 的降雨达 90 mm。本次突发性暴雨引发新邵县太芝庙乡严重的山洪地质灾害，造成 82 人死亡、5 人失踪、480 人重伤，倒塌房屋上万间，直接经济损失 10 亿元。

(4)2001 年绥宁“6·19”特大山洪地质灾害：2001 年 6 月 19 日 20 时至 20 日 08 时，绥宁县宝顶山附近的金屋、水口、枫木团、联民、武阳乡镇遭受百年不遇的特大暴雨山洪袭击，河口 12 h 降雨量达 313.0 mm，造成大范围山洪暴发，死亡或失踪 124 人，交通中断 240 h，直接经济损失 5.6 亿元。

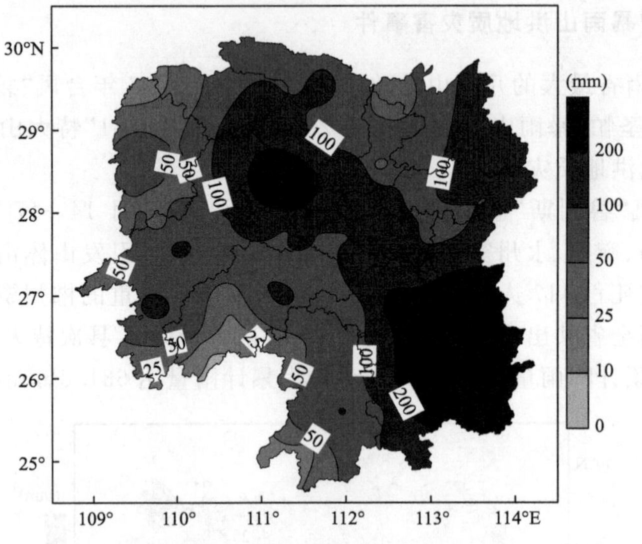

图 4.12 湖南省 2007 年 8 月 19—24 日国家级气象站累计雨量空间分布

4.1.4 湖南省典型暴雨洪涝事件

(1)1954 年特大洪涝：1954 年春夏间长江中下游大洪涝，湖南省水情超过 1906 年及 1931 年，为百年罕见，5—7 月"四水"连续发生较大洪峰 8～9 次，且多与长江洪峰相遇，8 月上旬长江洪峰压境，致使南北洪峰相遇，形成江湖洪水顶托局面，高危水位持续不下，8 月 3 日，城陵矶水位高达 34.55 m，为近百年来第三高位（1998 年最高水位 35.94 m，1996 年最高水位 35.31 m）。发生洪涝的主要时段及灾情统计如下：

第一阶段，5 月 25—26 日，暴雨带在湘中，衡山、芷江、长沙为暴雨中心，宁乡因灾死亡 6 人。

第二阶段，6 月 8—9 日、6 月 18—19 日、6 月 23—25 日和 6 月 28—29 日先后出现 4 次大暴雨过程，造成岳阳、邵阳、衡山、零陵、衡阳等地暴雨，永兴、资兴、汝城、安仁、宜章、桂东、武冈、岳阳、益阳、株洲、怀化等地洪涝成灾，因灾死亡 120 人、伤 41 人。

第三阶段，继 6 月暴雨洪涝后，7 月 12—14 日、7 月 23—25 日、7 月 26—29 日又发生 3 次暴雨、大暴雨过程，岳阳、长沙、常德、芷江出现大暴雨，沅陵出现特大暴雨（24 日降水量 259.2 mm），溆浦、麻阳县城街道进水，水深平均达 0.4 m，重灾区集中在湖南中、北部，因灾死亡 673 人、伤 151 人，毁屋 7.85 万间，先后溃决堤垸 136 个。7 月 21 日保靖半塘乡阿它点村（现夯沙乡张湾村）因暴雨引发山体滑坡，全村 30 户全部被埋没，因灾死亡 76 人、伤 5 人，压死耕牛 35 头；浏阳宝盖洞 7 月 23 日 07 时至 25 日 19 时降雨量达 618.3 mm，超强降水使宝盖洞水库垮塌，淹死 477 人，其下游的船山、白露、石幼等乡全家死亡的有 29 户 77 人；7 月 29 日由于强降水，慈利 168 个乡受灾，毁田、塌桥、崩山，淹死 4 人。

第四阶段，8 月中下旬，长沙、浏阳、湘乡、衡东局部暴雨洪涝，共有 187 个乡受灾，垮屋 17.94 万间，因灾死亡 31 人、伤 4 人，大小堤垸淹溃 26 个。

(2)1996 年特大洪涝：1996 年湖南省沅水、澧水、资水和洞庭湖区发生严重洪涝。沅水桃源站 7 月 19 日洪峰水位 46.9 m，超原历史最高水位 0.83 m，7 月下旬资水桃江站出现当时历史最高水位 44.44 m，7 月 22 日城陵矶水位超警戒水位达 35.31 m，超 1954 年最高水位 0.76 m。全省 462.6 万人被洪水围困，紧急转移 388.8 万人，因灾死亡 558 人，直接经济损失超过 580 亿元。导致这次洪水的主要原因包括：一是 7 月和 8 月降水异常偏多，7 月全省平均降水量 309.4 mm，较常年同期偏多近 1 倍，8 月全省平均降水量 207.0 mm，较常年同期偏多 6 成多。二是暴雨、大暴雨过程多，5—8 月湖南省先后出现 16 次暴雨过程。三是暴雨过程范围广，其中，7 月 13—17 日 5 d 内全省出现 264 县次暴雨、71 县次大暴雨。

(3)1998 年特大洪涝：1998 年冬汛、春汛和夏汛叠起，高洪水位持续时间长，全省有 1483 个乡镇先后受灾，19 个县城受淹，其中，348.7 万人被洪水围困，203.9 万 hm^2 农作物受损，占当年播种面积的 25.7%，其中成灾面积 148.3 万 hm^2、绝收面积 46.2 万 hm^2，损毁耕地 14.7 万 hm^2，减产粮食 22.2 亿 kg，倒塌房屋 123.5 万间，损坏房屋 224.5 万间，因灾死亡 625 人。冬季(1997 年 12 月至 1998 年 2 月)降水偏多导致株洲、衡阳及郴州地区北部一度出现“冬汛”；3 月上旬湘江流域暴雨，33 县(市)降水量超过 100 mm，永州达 190.4 mm，发生“春汛”，3 月 10 日长沙水位超过警戒水位 2.64 m，比往年提前 1 个月进入汛期；4 月中旬至 8 月中旬先后出现 8 次暴雨天气过程，最严重时段是 6 月中旬至 8 月中旬，6 月降水主要集中在湘江下游、资水、沅水中下游以及东、南洞庭湖区等地，其中，浏阳、安化月雨量分别达 737 mm 和 736 mm，7 月湘中、湘北又出现大范围暴雨，降水中心在澧县和桑植，月雨量分别为 544 mm 和 522 mm，8 月中旬湘中以北地区又出现暴雨或大暴雨，由于暴雨来势猛、持续时间长，加之前期雨水多，江、河、湖、库的底水位偏高，又因 7 月和 8 月长江上中游连降暴雨，洞庭湖受长江洪水顶托，导致洞庭湖水位超警戒、超危险水位持续两个多月，城陵矶超危险水位 78 d，8 月 20 日洪峰水位高达 35.94 m。

(4)1999 年特大洪涝：1999 年汛期湖南省“四水”和洞庭湖区发生严重洪涝，全省受灾人口 1267.63 万，因灾死亡 125 人，直接经济损失 64.87 亿元。导致这次洪水的主要原因包括：一是区域性暴雨过程多，汛期共出现 19 次区域性强降水过程，其中，6—8 月共出现 13 次区域性强降水过程。二是暴雨强度大，汛期全省平均降水量 1252.5 mm，较常年偏多 33.7%，位居 1951 年以来历史第三高位。三是强降水范围广，7 月全省共 68 县(市)总降水量在 200 mm 以上，其中，28 县(市)总降水量在 300 mm 以上，吉首总降水量超过 500 mm。

(5)2002 年特大洪涝：2002 年汛期湖南省湘江流域、洞庭湖区发生特大洪涝，5 月上旬至 8 月中旬湘江流域遭受 7 次洪水过程，出现了春汛连夏汛、夏汛连秋汛的历史罕见洪涝，湘江控制站湘潭站 4 次超危险水位、2 次接近警戒水位、1 次接近防汛水位，中游衡山段 7 次超警戒水位。造成这次洪水的主要原因包括：一是暴雨过程多，时间间隔短。从 2002 年 5 月上旬至 8 月中旬，共出现 13 次区域性强降水过程，过程时间间隔短。二是降水强度大，汛期全省平均降水量 1296.9 mm，较常年偏多 39.3%，为 1951 年以来历史最多，7、8 月降水较常年同期分别偏多 60.2%、88.5%(图 4.13)。三是雨季结束迟，5 月降水集中在湘江中下游，6 月集中在湘东南，7 月集中在湘江中游及中下游，8 月集中在湘东南并发展到湘江全流域，雨季结束时间迟，到 8 月下旬雨季才结束。

(6)2017 年特大洪涝：2017 年 6 月 22 日至 7 月 2 日，湖南省发生特大洪涝灾害，湘江、沅水、资水和洞庭湖区出现严重洪涝，湘江干流全线、资水中下游、沅江干流全线及洞庭湖区出现超警戒水位洪水。资水干流桃江县城区河段、益阳市城区河段出现接近历史最高水位的洪水，邵阳城区河段出现超保证水位 1.48 m 的洪水；湘江干流全线出现接近和超过历史最高水位的洪水，其中，老埠头站、湘潭站、归阳站、长沙站(7 月 3 日 00 时达 39.51 m)等超过历史最高

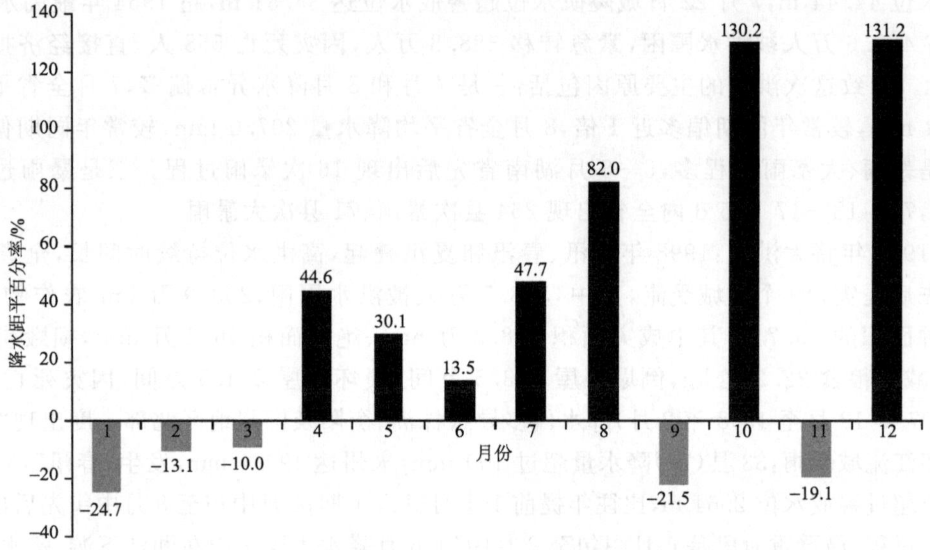

图 4.13　2002 年湖南省各月降水距平百分率

水位。全省共有 1223.8 万人受灾，83 人死亡或失踪，直接经济损失 381.5 亿元。导致这次洪水的主要原因包括：一是过程持续时间长，6 月 22 日至 7 月 2 日暴雨过程持续时间长达 11 d，过程持续时间之长，创湖南历史新高。二是降雨强度大、影响范围广，6 月 22 日至 7 月 2 日，全省平均过程降雨量 292.4 mm，全省 90%的县(市)出现了暴雨及以上量级强降雨，冷水江、新化两县市出现了 5 d 暴雨及以上量级强降雨，岳阳、长沙、湘潭三个地市平均降雨量超过 400 mm，最大过程累计降雨量为 923.8 mm(涟源市安平)。

(7)2019 年洪涝：2019 年夏季前期(到 7 月 15 日止)，湖南省降雨过程多，暴雨频发。6 月 1 日至 7 月 15 日，全省共出现了 6 轮强降雨过程，并伴有短时强降水、雷暴大风等强对流天气，期间共出现暴雨及大暴雨共 247 县(市)次，其中，暴雨 204 县(市)次，较常年同期偏多 95.3 县(市)次，位居历史同期第一高位，大暴雨 43 县(市)次，较常年同期偏多 21.3 县(市)次，位居历史同期第二高位；多次出现极端降水事件：东安、岳阳、安乡等 64 县(市)降水量达到极端事件标准，其中，东安、双牌 1 d 降水量突破历史极值，衡东、攸县、耒阳、安仁、茶陵、双牌 6 县(市)过程降水量突破历史极值。频发的强降雨事件导致多县(市)出现气象洪涝，攸县、茶陵、耒阳等 60 县(市)出现中度气象洪涝(10 d 累计降水量 251 mm 以上)，其中，湘中以南一带的茶陵、耒阳、常宁等 20 县市出现重度气象洪涝(10 d 累计降水量 301 mm 以上)。频繁的暴雨天气致使全省多地受灾：6 月全省因洪涝影响受灾人口共计 195.06 万(其中，因灾死亡 7 人、失踪 1 人、紧急转移安置 5.21 万人、需紧急生活救助 1.59 万人)，农作物受灾面积 15.54 万 hm^2，倒塌房屋 2645 间，严重损坏房屋 3338 间，直接经济损失 34.81 亿元；7 月暴雨洪涝灾害造成全省 14 个市(州)421.8 万余人受灾，因灾死亡(失踪)17 人，紧急转移安置人口 53.7 万，需紧急生活救助人口 18.8 万，农作物受灾面积 31.2 万 hm^2，农作物成灾面积 18.76 万 hm^2，绝收面积 7.59 万 hm^2，倒塌房屋 3772 户 8270 间，严重损坏房屋数 4089 户 8510 间，一般损坏房屋数 18200 户 41965 间，直接经济损失 117.4 亿元。

(8)2020 年洪涝：2020 年湖南省汛期强降水过程频繁，汛期内共出现 21 次区域性暴雨过程，期间暴雨区面积超过 0.5 万 km^2 的天数达 48 d，其中，有 35 d 超过 1.0 万 km^2，12 d 超过

2.0 万 km^2。主要降雨集中时段为 5 月 29 日至 8 月 10 日，强降雨集中在湘中以北地区，湘西州、张家界、常德、岳阳、长沙、娄底、益阳北部、株洲北部、怀化平均雨量 758.3 mm，较常年同期偏多 52.5%，居 1961 年以来历史同期第三高位，安乡、辰溪、涟源、冷水江、娄底累计雨量突破历史同期最大值，澧水流域、沅水流域、洞庭湖区出现较强洪涝，受连续强降雨、上游来水持续增大和长江洪水顶托等影响，洞庭湖城陵矶站自 7 月 4 日至 9 月 1 日水位超警持续 60 d，创下 21 世纪以来洞庭湖超警时间最长纪录。6 月全省因洪涝影响受灾共计 35.1 万余人，紧急转移安置 2.4 万余人，农作物绝收面积 0.31 万 hm^2，倒塌房屋 71 户 169 间，直接经济损失 5.8 亿元；7 月暴雨洪涝灾害造成全省 10 个市(州)29 个县(市、区)受灾，受灾人口 27.8 万余人，紧急转移安置 6185 人，紧急生活救助 7957 人，农作物受灾面积 3.4 万 hm^2，农作物成灾面积 1.68 万 hm^2，农作物绝收面积 5131 hm^2，倒塌房屋 95 户 269 间，严重损坏房屋 98 户 295 间，一般损坏房屋 611 户 1297 间，直接经济损失 5.8 亿元。

4.2　干旱

干旱是指因一段时间内少雨或者无雨，降水量较常年同期明显偏少从而导致自然生态系统和雨养农业生产力下降的气候现象。干旱主要分为四类：一是气象干旱，指某时段内，由于蒸发量和降水量的收支不平衡，水分支出大于水分收入而造成的水分短缺现象。二是农业干旱，在作物生育期内，由于土壤水分持续不足而造成的作物体内水分亏缺，影响作物正常生长发育，进而导致减产或失收的现象。三是水文干旱，由于降水的长期短缺而造成某段时间内，地表水或地下水收支不平衡，出现水分短缺，使江河流量、湖泊水位、水库蓄水等减少的现象。四是社会经济干旱，由自然系统与人类社会经济系统中水资源供需不平衡造成的异常水分短缺现象。在以上四类干旱中，气象干旱是一种自然现象，最直观的表现在降水量的减少，是其他三种类型干旱的基础。当气象干旱持续一段时间，就有可能发生农业、水文和社会经济干旱，并导致相应的后果。经常是在气象干旱发生几周后，土壤水分不足导致农作物受旱才表现出来。几个月的持续气象干旱才导致江河径流、水库水位、湖泊水位、地下水位下降，出现水文干旱。当水分短缺影响到人类生活或经济需水时，就发生社会经济干旱。

干旱是湖南省最常见的气候灾害之一。影响干旱的因素有：①大气环流。常年 6 月以后湖南处在稳定而持久的副高控制之下，天气晴热少雨，蒸发强烈，而此时正当各类农作物需水之际，常因缺水而影响收成，若副高长久控制湖南，就会导致大面积的河湖塘坝枯竭，农作物枯萎，人畜饮水困难，形成严重干旱。②地形。湖南由于地形复杂，夏、秋两季各地降雨很不均匀，相同时段不同区域的降雨量相差很大，所以每年都会有“插花性”干旱(块块旱)出现，特别是衡(阳)—邵(阳)盆地受地形性下沉气流影响，过程降雨量往往少于其他地区，因此衡(阳)—邵(阳)盆地干旱频率较其他地区高。③地表特征。地表特征也是影响干旱的重要因素，石灰岩地质区土层薄，红壤、黄壤地表区分布广，都不利于蓄水保水，森林覆盖是天然蓄水池，缺少森林覆盖也会加剧干旱。湖南降水量的年际变率大，降水的季节和地域分配不均，由于湖南纵跨 5 个纬度，湘南、湘中相继结束雨季进入旱期，而湘北仍在雨带控制之下，加之长江上游洪水对洞庭湖区水位影响甚大，一些年份旱涝同季出现，1998 年就是如此：6—8 月湘中以北发生了历史罕见的暴雨洪涝灾害，洞庭湖直至 9 月中旬才退出危险水位，而湘南、湘中于 6 月下旬后期至 7 月中旬初结束雨季，此后降雨持续偏少，旱象露头，8 月旱情由南向北迅速扩展，形成罕见的夏秋冬连旱。

旱灾是湖南省最为严重的农业气象灾害。干旱严重时溪河断流，塘坝、水库干涸，对航运、水电产生致命影响，甚至人畜饮水也会发生困难，夏秋季节正是湖南农作物繁茂生长时期，天气热，降水少，蒸发大，农田水量不足，如遇久晴不雨，农作物体内水分大量亏缺，导致农作物生长发育不良而减产，甚至作物被干死绝收。

4.2.1 监测评价指标

干旱监测产品一般应包含两张图：一是全省气象干旱实况和预估分布图。以不同色标分别表示轻、中、重、特旱发生的区域；二是以轻、中、重、特旱站数所占总站数百分比的时间序列图，表示全省干旱强度及范围的时间演变。当气象干旱监测指标（包括干旱持续时间、一次干旱过程的中旱以上等级最长持续时间、一次干旱过程重旱以上等级最长持续时间、一次干旱过程特旱最长持续时间、干旱过程强度和干旱峰值）达到规定标准时，需在气象干旱监测产品中增加极端气象干旱事件监测，针对区域干旱过程进行定量化分析，对区域干旱过程的影响面积、持续时间、干旱等级强度、综合强度指数及历史排位作出说明。

（1）单站干旱监测指标

根据中华人民共和国国家标准《气象干旱等级》(GB/T 20481—2017)，单站逐日气象干旱监测以气象干旱综合指数（MCI）为标准，分为无旱、轻旱、中旱、重旱、特旱五个等级。

气象干旱综合指数（MCI），考虑了 60 d 内的有效降水（权重累计降水）、30 d 内蒸散（相对湿润度）以及季尺度（90 d）降水和近半年尺度（150 d）降水的综合影响。

1）计算方法

综合气象干旱指数（MCI）的计算公式如下：

$$\mathrm{MCI}=K_a\times(a\times \mathrm{SPIW}_{60}+b\times \mathrm{MI}_{30}+c\times \mathrm{SPI}_{90}+d\times \mathrm{SPI}_{150}) \tag{4.4}$$

式中，SPIW_{60}为近 60 d 标准化权重降水指数；MI_{30}为近 30 d 相对湿润度指数；SPI_{90}、SPI_{150}分别为近 90 d 和近 150 d 标准化降水指数；a、b、c、d 为权重系数，在湖南取值分别为 0.5、0.6、0.2、0.1；K_a 为季节调节系数，取值为 1。

2）MCI 干旱等级

MCI 干旱等级可划分为无旱、轻旱、中旱、重旱、特旱五个等级，详见表 4.3。

表 4.3 MCI 干旱等级的划分

等级	类型	MCI 值	干旱影响程度
1	无旱	$\mathrm{MCI}>-0.5$	地表湿润，作物水分供应充足；地表水资源充足，能满足人们生产生活需要
2	轻旱	$-1.0<\mathrm{MCI}\leqslant-0.5$	地表空气干燥，土壤出现水分轻度不足，作物轻微缺水，叶色不正；水资源出现短缺，但对人们生产生活影响不大
3	中旱	$-1.5<\mathrm{MCI}\leqslant-1.0$	土壤表面干燥，土壤出现水分不足，作物叶片有萎蔫现象；水资源短缺，对人们生产生活产生影响
4	重旱	$-2.0<\mathrm{MCI}\leqslant-1.5$	土壤水分持续严重不足，出现干土层（1～10 cm），作物出现枯死现象，产量下降；河流出现断流，水资源严重不足，对人们生产生活产生较重影响
5	特旱	$\mathrm{MCI}\leqslant-2.0$	土壤水分长时间严重不足，出现较厚干土层（大于 10 cm），作物大面积枯死，产量严重下降，甚至绝收；多条河流出现断流，水资源严重不足，对人们生产生活产生严重影响

3)干旱过程的确定

当综合干旱指数连续 10 d 为轻旱以上等级，则确定为发生一次干旱过程。干旱过程的开始日为第 1 天 MCI 指数达轻旱以上等级的日期。在干旱发生期，当 MCI 连续 10 d 为无旱等级时干旱解除，同时干旱过程结束，结束日期为最后 1 次 MCI 指数达轻旱等级的日期。干旱过程开始到结束期间的时间为干旱持续时间。

4)干旱过程强度

干旱过程内所有天的 MCI 指数为轻旱以上干旱等级之和为干旱过程强度，其值越小干旱过程越强。

(2)区域性干旱过程的监测和评估指标

干旱是一个区域事件，具有时间和空间双重属性。区域性干旱过程的评价指标为区域性干旱过程的持续时间、平均强度、平均影响面积以及综合强度指数。

1)区域干旱过程监测指标

①区域性干旱日：

某日，若监测范围内出现中旱及以上的监测站数占有效监测站数(站不缺测)的百分比≥5%，则定义当日为 1 个区域性干旱日。

②区域性干旱过程的判定：

当区域性干旱日数持续时间≥15 d 时，则定义为一个区域性干旱过程。

③区域性干旱过程的开始时间：

满足一次区域性干旱过程判定条件的首日为该次区域性干旱过程开始日。

④区域性干旱过程的结束时间：

某次区域性干旱过程开始后，当连续 5 d 没有出现区域性干旱日时(中旱及以上的监测站数占有效监测站数(站不缺测)的百分比<5%)，即表示该次干旱过程结束，则将前一天确定为该次区域性干旱过程的结束日(比如 7 月 1—20 日都是区域性干旱日，7 月 21—25 日连续 5 d 都不是区域性干旱日，则干旱过程 7 月 20 日结束；如果只是 7 月 21—24 日连续 4 d 不是区域性干旱日，7 月 25 日又是区域性干旱日，则算成一次区域性干旱过程，结束时间要后推)。

2)区域性干旱过程的评价指标

①区域性干旱过程的持续时间(T)：

区域性干旱过程开始日至结束日之间的日数为该次区域性干旱过程的持续时间。

②区域性干旱过程的平均强度(I)：

单日干旱强度(I_i)为该区域内气象干旱综合指数(MCI)达到和超过中旱以上程度的所有站的 MCI 指数的平均值。

干旱过程平均强度为过程内单日干旱强度的平均值，其计算公式如下：

$$I = \frac{\sum_{i=1}^{T} I_i}{T} \tag{4.5}$$

③区域性干旱过程的平均影响面积(A)：

单日干旱面积(A_i)为该区域内 MCI 达到和超过中旱以上程度的干旱影响面积(单位：km^2)。

干旱过程影响面积为过程内单日干旱面积的平均值，其计算公式如下：

$$A = \frac{\sum_{i=1}^{T} A_i}{T} \tag{4.6}$$

④区域性干旱过程的综合强度指数(Z)：

依据某次区域性干旱过程中的平均强度、平均影响面积和持续时间所确定的综合强度指数。

其计算公式为：

$$Z = f(I, A, T) = I \times \sqrt{A} \times \sqrt{T}$$

式中，I 为干旱过程的平均强度；A 为干旱过程的平均影响面积；T 为干旱过程持续时间。

3)区域性干旱过程的综合强度评价划分等级

采用百分位数，基于最近 3 个整年代(1991—2020 年)的各次区域性干旱过程综合强度，将区域性干旱过程按照综合强度划分为 4 级：一般、较强、强和特强 4 级区域性干旱过程，详见表 4.4。

表 4.4　区域性干旱过程综合强度划分等级和标准

干旱过程综合强度等级	综合强度指数的百分位数
特强	＞95％
强	(80％,95％]
较强	(50％,80％]
一般	≤50％

4.2.2　时空分布特征

(1)单站干旱

湖南省干旱几乎年年都有，但起止时间、区域范围、严重程度有很大差异。全省平均年干旱日数为 83.5 d，各县(市)在 64.9(桂东)～99.7(蒸湘区、衡阳县)d。因土壤质地、植被条件、水利设施等不同，干旱有成块分布和插花分布等，一般山地干旱少而轻，盆地、丘陵干旱多而重，湘中衡(阳)—邵(阳)盆地受地形性下沉气流影响，有“干旱走廊”之称，洞庭湖区虽发生频次较多，但因水源充足灌溉条件较好，重旱以上日数相对较少，灾情相对较轻(图 4.14)。

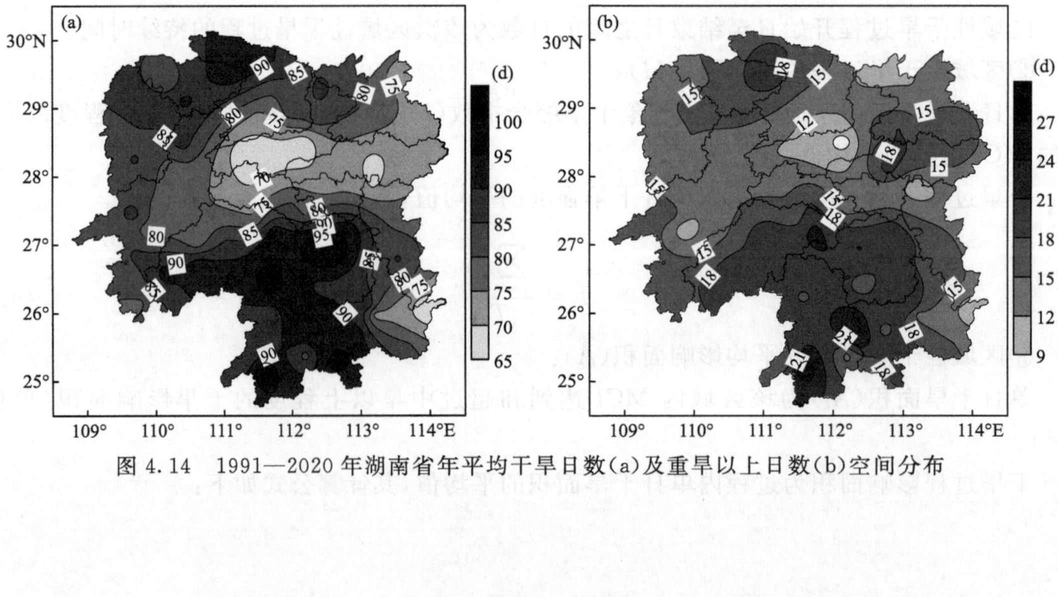

图 4.14　1991—2020 年湖南省年平均干旱日数(a)及重旱以上日数(b)空间分布

湖南省干旱四季均有，夏秋干旱重于春旱，春旱对于耕田整地、播种育秧有很大的影响，但是出现最频繁、危害最大的还是夏秋干旱，6—11 月占比达 70.1%。其中，8—10 月干旱日数均在 10 d 以上(图 4.15)。

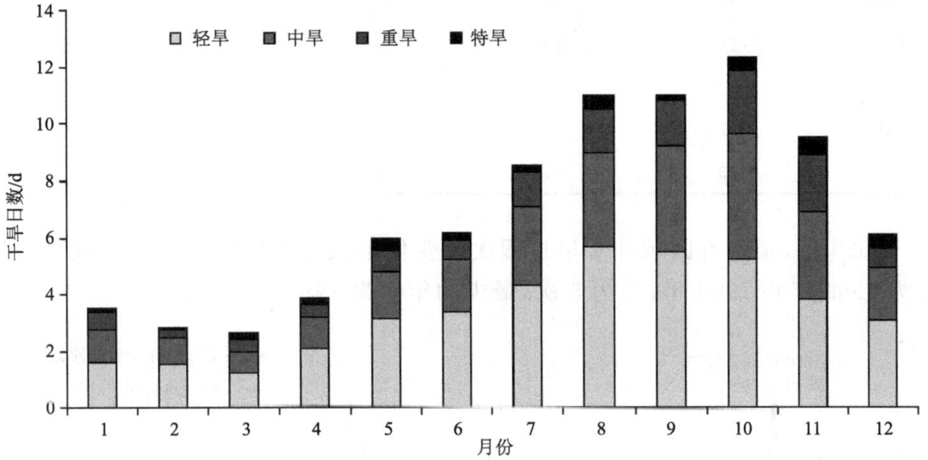

图 4.15　1991—2020 年湖南省不同等级干旱日数逐月变化

1961—2020 年，湖南省平均年气象干旱日数无显著变化，20 世纪 80 年代及 21 世纪 00 年代干旱日数偏多，20 世纪 90 年代偏少，其他年份呈波动趋势。其中，2011 年全省平均干旱日数最多(157.6 d)，2002 年最少(20.3 d，图 4.16)。

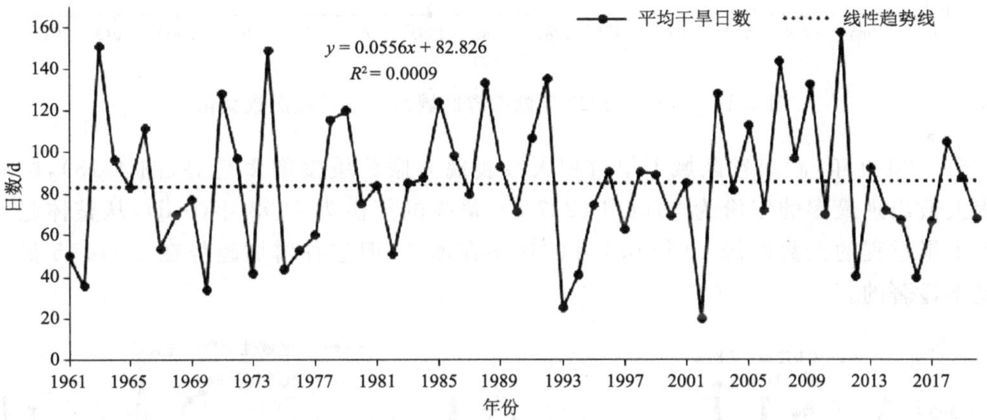

图 4.16　1961—2020 年湖南省平均年干旱日数变化

(2)区域性干旱过程

1961—2020 年，湖南省共发生区域性干旱过程 139 次，平均每年出现 2.3 次，其中，一般区域性干旱过程最多，共 63 次，占 45.3%，其次为较强区域性干旱过程 47 次和强区域性干旱过程 19 次，分别占 33.8%和 13.7%，特强区域性干旱过程最少(10 次)，占 7.2%。

区域干旱过程每 10 年的次数变化波动不大，多的 10 年是 1981—1990 年的 25 次，少的 10 年在 1991—2000 年和 2001—2010 年的 22 次，值得注意的是，21 世纪以来“较强”等级和“特强”等级区域性干旱过程次数减少，而“一般”等级区域性干旱过程的次数明显增多(表 4.5)。

表 4.5　不同等级区域性干旱过程次数年代统计

年份	总次数	一般	较强	强	特强
1961—1970	23	9	10	2	2
1971—1980	24	10	9	2	3
1981—1990	25	10	9	5	1
1991—2000	22	11	7	2	2
2001—2010	22	10	6	5	1
2011—2020	23	13	6	3	1

1961—2020 年，湖南省区域性干旱过程次数变化不大(图 4.17)，出现区域性干旱次数最多的年份为 1969 年和 1996 年，均为 5 次，最少的年份为 1993 年(0 次)。

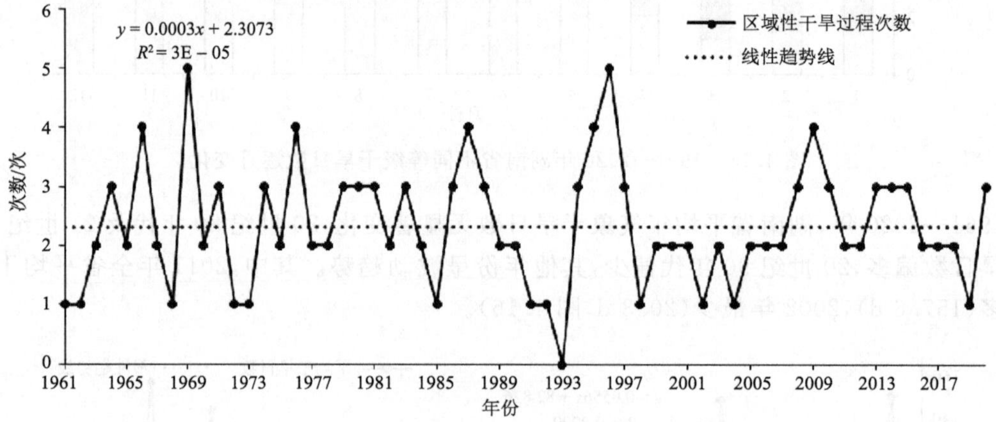

图 4.17　1961—2020 年湖南省区域性干旱过程次数变化

1961—2020 年，湖南省区域干旱过程天数表现为振荡缓慢增多趋势(图 4.18)，区域性干旱过程天数出现最多的年份为 2011 年(237 d)，最少的年份为 1993 年(0 d)，从整体趋势来看区域性干旱过程的天数以每 10 年 0.7 d 的速率在增加，但这种增加趋势在 $\alpha=0.05$ 显著性检验上是不显著的。

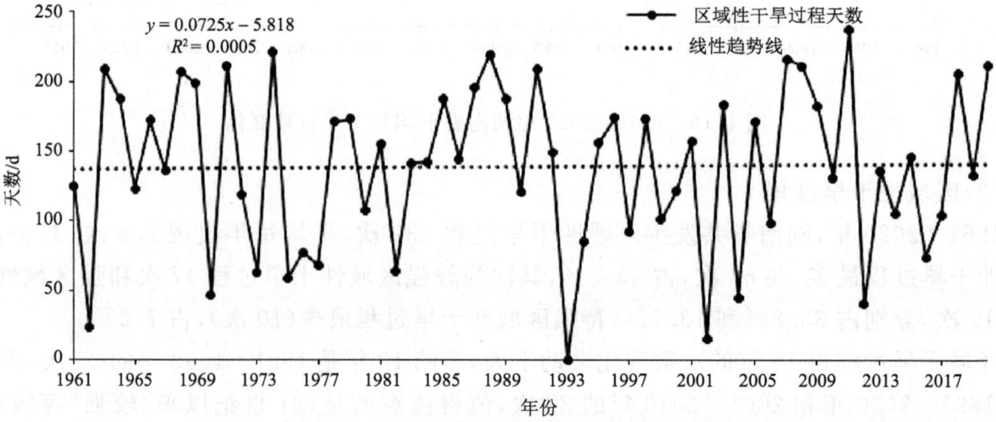

图 4.18　1961—2020 年湖南省区域性干旱过程天数变化

湖南省各站平均每年出现区域性干旱过程 1.45 次，耒阳市出现次数最多(1.72 次)，娄底市出现次数最少(1 次)，其中，衡阳、永州南部、郴州一带为区域性干旱过程的高发区，娄底、益阳、长沙、岳阳一带为低发区(图 4.19)。

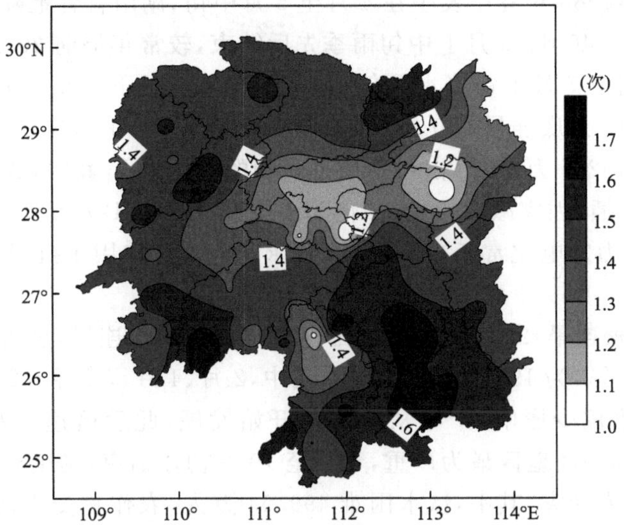

图 4.19 1961—2020 年湖南省年平均区域性干旱过程次数空间分布

4.2.3 湖南省典型干旱事件

(1)1956 年重旱:1956 年湖南省发生大范围严重干旱，湘西和湘南受灾最重。湘西自治州夏旱 70 多天，凤凰、泸溪、花垣、古丈等地部分稻田龟裂；怀化 8—9 月近 50 d 降水量仅 10 mm，沅陵、溆浦、会同、靖县、辰溪、麻阳等县连旱 60～100 d；衡阳、零陵从 6 月中旬起久晴不雨，少数地区断雨达 180 d；郴州 7—9 月降水量仅 148.2 mm，为常年同期的 42%；岳阳、常德、华容、湘阴、平江 8 月下旬至 10 月下旬秋旱；长沙、宁乡、湘潭、湘乡、娄底、新化、涟源 6 月中旬至 9 月底大旱，宁乡很多地方饮水要到 10 多里外挑取，部分禾苗枯萎；邵阳 6 月下旬至 8 月上旬降水量仅 37.5 mm，比常年偏少 85%，9—10 月降水量 54.7 mm，比常年同期又偏少 61%。全省农作物受旱面积 169.6 万 hm^2，占当年播种面积的 24.9%，其中，成灾面积 88.3 万 hm^2，减产粮食 14.57 亿 kg。

(2)1960 年干旱:1960 年湖南省受旱县(市)占全省县(市)总数的四分之三。衡阳地区 6 月初至 10 月中旬有 130 余天未下透雨，水稻枯萎失收 1.5 万 hm^2；澧县、常德、汉寿、临澧、石门、岳阳、临湘、华容、湘阴等地 7 月下旬至 10 月下旬夏秋连旱，期间岳阳降水量仅 22.9 mm，部分农作物绝收；沅陵 7 月 24 日至 10 月 24 日 93 d 降水量仅 43.7 mm，麻阳、通道、溆浦、泸溪、凤凰、花垣、古丈、永顺、慈利、桑植、长沙、浏阳、宁乡、茶陵、湘潭、湘乡等地均出现夏秋连旱；零陵 4—6 月雨量较常年同期偏少 3～5 成；郴州、桂阳 40%的农作物受灾，安仁 6 月 11 日至 7 月 31 日连旱 52 d，7 月降雨仅 7.9 mm。全省农作物受旱面积 198.7 万 hm^2，占当年播种面积的 25.7%，其中，成灾面积 83.7 万 hm^2，减产粮食 20.6 亿 kg。

(3)1963 年特大干旱:1963 年旱灾遍及 76 个县(市)。前冬少雨、春雨不足、夏秋雨少，5 月下旬湘中、湘南旱象露头，6 月初蔓延至长沙、岳阳、芷江等地，不久遍及全省，至 9 月下旬未下透雨，塘干井涸，67%的中小型水库干到死水位以下，7.77 万个生产队饮水困难，湘南、湘中、湘东部分地区旱期长达 300 d。全省农作物受旱面积 150 万 hm^2，占当年播种面积的 23.9%，其中，成灾面积 113.4 万 hm^2，因灾减产粮食 18.8 亿 kg。

(4)1985 年干旱：1985 年春旱发生在 4 月至 5 月中旬，湖南省各地降水量比常年同期偏少 4～5 成，干旱历时 30～40 d。6 月上中旬雨季先后结束，较常年提前 20 d 左右，致使夏旱或夏秋连旱加剧，6 月上旬至 7 月中旬降水量仅 10～20 mm，7 月下旬至 8 月底 40 d 左右未下透雨，祁阳 6 月 5 日至 10 月底连旱 150 d，邵东 6 月 5 日至 10 月中旬连旱 130 d。受各段干旱影响，全省受旱农作物 152.5 万 hm^2（占当年播种面积的 20.3%），其中，成灾面积 79.5 万 hm^2，10 万 hm^2 早稻缺水未插，因灾减产粮食 14 亿 kg，有 226 万人、127 万头牲畜发生饮水困难，早稻、柑橘严重受损，水力发电比常年少 7 亿～8 亿 kW·h，全省用于抗旱资金 1.82 亿元，投入抗旱人力 910 万。

(5)2011 年春夏秋连旱：2011 年湖南省出现全省性春夏秋连旱，全省年平均降水量 974.9 mm，较常年偏少 30.5%，为 1951 年以来最少，其中，2 月、4 月、7 月和 12 月降水量较常年偏少五成以上，受持续降水偏少影响，干旱从 3 月初开始发展，此后迅速遍及全省，先后有 86 县（市）达特旱，以湘北和湘西地区最为严重，干旱至 10 月初才结束，延续时间达 7 个月。干旱共造成全省 1939.45 万人受灾，其中，饮水困难 499.54 万人，农作物受灾面积 197.7 万 hm^2，绝收面积 30.7 万 hm^2，农业经济损失 98.4 亿元，直接经济损失 112.38 亿元。

(6)2013 年干旱：2013 年大范围气象干旱自 6 月中旬开始露头，6 月 29 日开始省内出现大范围持续性高温少雨天气，气象干旱迅速发展，7 月 28 日至 8 月 20 日，重旱以上范围均在 50%以上，其中，8 月 13 日气象干旱发展到顶峰，重旱以上范围达到 77.3%，14 日开始，受台风“尤特”“潭美”相继带来的降水影响，气象干旱逐步得到缓解。夏季干旱造成全省 14 市州 122 县（市、区）受灾，受旱人口 1849.4 万，445.7 万人饮水出现困难，373.8 万人因干旱而生活困难需政府救助，农作物受灾面积 207.6 万 hm^2，农作物绝收面积 42.5 万 hm^2，直接经济损失 170.2 亿元。

(7)2019 年干旱：2019 年 7 月下半月开始，湖南省长时间温高雨少导致气象干旱持续发展，干旱面积不断扩大，影响严重。9 月至 10 月上旬末，干旱迅猛发展，10 月中旬达到最强，据 10 月 11 日干旱监测显示：全省 97 个县（市、区）全部达到气象干旱，其中，68 个县（市）为重旱及以上，42 县（市）达到特旱，重旱及以上面积为 14.2 万 km^2，特旱面积 8.7 万 km^2，森林火险等级居高不下，省森林防灭火指挥部连续发布多道森林火险橙色预警。9 月 25 日，衡东县发生森林火情，省航护站及时调用 2 架大型直升机和 2 架小型直升机开展机群灭火作业，有效防止了火势蔓延。其后受冷空气降水和人工增雨作业影响，干旱有不同程度的缓解。至 11 月末，气象干旱的县（市）减少到 55 个，重旱县（市）减少到 12 个，全省干旱面积减小到 11.4 万 km^2，其中，中度及以上主要位于湘东南，面积为 6.3 万 km^2。12 月，干旱呈逐渐缓和状态，至 12 月末，全省气象干旱基本解除。

(8)2020 年干旱：2020 年 4—12 月，湖南省大部分地区降水量除 9 月较常年同期偏多之外，其余月份为持续偏少，累计降水量为 852.5 mm，较常年同期偏少 23%，新田县、蓝山县为历史同期最少，嘉禾县、东安县、桂东县为历史同期第二少，6 月中旬开始，湘南干旱逐步发展，呈现出阶段性变化特征，以永州、郴州最为严重。由于干旱，部分山区的群众出现饮水困难，部分农作物受旱成灾。

(9)2022 年夏秋冬连旱:2022 年 7 月 8 日雨季结束以后,出现长时间极端高温少雨天气,8 月上旬开始气象干旱迅速发展加重,至 10 月 5 日达到高峰,全省 122 个县(市、区)全部达到重旱以上等级,其中,117 个县(市、区)达特旱等级,10 月 24 日综合强度成为 1961 年以来历史第一高位,11 月下半月干旱有所缓解,其后呈现波浪式起伏特征,直至 2003 年 2 月 7 日受降雨影响干旱才得以解除。最长无有效降雨日数(隆回 147 d,7 月 30 日至 12 月 27 日)、气象干旱综合强度均排历史第一高位。受干旱影响,洞庭湖最小水体面积仅为正常面积的七分之一,城陵矶站水文指标创 1961 年有完整资料记录以来最低。

4.3 高温

高温天气是指日最高气温超过 35 ℃,是湖南省夏季主要的气象灾害之一。当出现持续性高温天气过程时就会对农业、人体健康、交通运输、水库蓄水、电力生产等各行各业及公共安全构成极大的影响。长时间高温少雨还易引发干旱的发生。在农业气象上,高温热害是指高温对植物生长发育和产量造成损害,包括高温逼熟和果树林木灼伤以及畜、禽、水产鱼类热害等。

4.3.1 监测评价指标

高温监测应对高温过程进行概述,同时,一般还应绘制一张高温热浪等级分布图,以不同色标图案分别表示轻度、中度、重度的高温热浪发生区域。当高温监测指标(持续时间、高温过程强度、37 ℃以上高温累计日数、40 ℃以上高温累计日数和过程最高气温)达到《湖南极端高温事件监测方法与判别指标》规定标准时,需在高温热浪监测产品中增加极端高温事件监测,内容包括各高温监测指标达到极端标准及超历史极值的分布图,以不同颜色分别代表达到极端标准及超历史极值的台站。同时需对网格计算区域高温过程进行定量化分析,对区域高温过程的持续时间、影响面积、平均高温强度及综合强度指数作出说明,并对区域高温过程作出历史排位。

(1)单站高温和高温热害的监测指标

日最高气温≥35 ℃,且连续 5 d 或以上,即为一次高温天气过程;当日最高气温≥38 ℃,且连续 3 d 或以上,即为一次强高温天气过程。

按照湖南省地方标准《气象灾害术语和分级》(DB43/T 234—2004),高温热害的定义是:6—9 月日最高气温≥35 ℃连续 5 d 或以上高温酷热天气。高温热害可分为三级:①轻度高温热害:连续一次 5～10 d 的高温酷热天气;②中度高温热害:连续一次出现 11～15 d 的高温酷热天气;③重度高温热害:连续一次出现≥16 d 的高温酷热天气。

(2)区域性高温过程的监测和评估指标

1)区域性高温过程判定

日最高气温≥35 ℃的面积百分比≥20%且持续 5 d 及以上,则判定其为一次区域性高温过程。

2)区域性高温过程的起止时间判定

①过程开始日:符合区域性高温过程判定指标的首日,为区域性高温过程的开始日。

②过程结束日:区域性高温过程开始后,符合区域性高温过程判定指标结束的前一日为区域性高温过程结束日。

3)区域性高温过程的综合强度评价指标

①区域性高温过程的持续天数(T)。一次区域性高温过程从过程开始日至过程结束日前一日的累计日数。

②区域性高温过程的平均强度(I_a)。某次区域性高温过程中,构成该过程的网格的日最高气温的平均值。

$$I_a = \frac{\sum_{t=1}^{T}\sum_{m=1}^{M_t} S_{m,t}}{\sum_{t=1}^{T} M_t} \tag{4.7}$$

式中,T 表示该区域性高温过程的持续天数;M_t 表示该区域性高温过程第 t 天≥35 ℃的网格点数;$S_{m,t}$ 表示该区域性高温过程第 t 天的第 m 个网格的日最高气温。

③区域性高温过程的平均范围(A_a)。是某次区域性高温过程的日平均影响面积。

其计算公式为:

$$A_a = \frac{\sum_{t=1}^{T} m_t}{T} \tag{4.8}$$

式中,T 表示区域性高温过程持续天数;m_t 为区域性高温过程中第 t 日的高温影响面积。

④ 区域性高温过程的综合强度指数(Z)。综合考虑一次区域性高温过程的平均强度、持续时间和平均影响范围来确定的综合强度指数。

其计算公式为:

$$Z = I_a \times A_a^{0.5} \times T^{0.5}$$

式中,I_a 为区域性高温过程平均强度;A_a 为区域性高温过程平均范围;T 为区域性高温过程持续时间长度。

4)区域性高温过程的综合强度评价划分等级

采用百分位数法,基于最近 3 个整年代(1991—2020 年)的各次区域性高温过程综合强度指数,将区域性高温过程按照综合强度划分为 4 级:一般、较强、强和特强 4 级区域性高温过程,详见表 4.6。

表 4.6 区域性高温过程综合强度划分等级和标准

区域性高温过程综合强度等级	综合强度指数的百分位数
特强	>95%
强	(80%,95%]
较强	(50%,80%]
一般	≤50%

4.3.2 时空分布特征

(1)单站高温和高温热害

湖南省高温天气一般最早出现在 5 月(随着全球变暖,有越来越提前的趋势,一些地区 4 月就开始出现高温天气),6 月明显增多,主要见于 7 月和 8 月,最晚出现在 10 月。湖南省有气象记录以来，全省极端最高气温达 43.7 ℃(1951 年 8 月 7 日出现于永州)。连续 5 d 以上的高温天气过程一般始于 7 月，个别年份始于 6 月下旬。最后一次持续高温天气过程的结束日期一般在 9 月上旬前期，湘西北略早，在 8 月下旬后期。但近年来呈结束越来越晚的趋势，2021 年 8 月 29 日至 10 月 5 日出现史上最强秋季高温天气过程，期间祁阳、衡南、安仁、永兴和新田 5 个县(市)高温日数最多达 33 d。

湖南省年平均高温日数为 25.7 d，高温多发区主要位于湘中偏东、湘南地区，其中，衡阳、株洲及郴州北部尤为严重。湘西和湘北大部分地区都在 20 d 以上，局部 10 d 左右，湘中偏东和湘南大部分地区在 30 d 以上，其中，安仁达 44.5 d 为全省最多(图 4.20a)。全省年平均高温热害日数分布与全省年平均高温日数分布类似，高温热害多发生于衡阳、株洲及郴州北部地区，其中，安仁达 30.8 d，为全省最多(图 4.20b)。

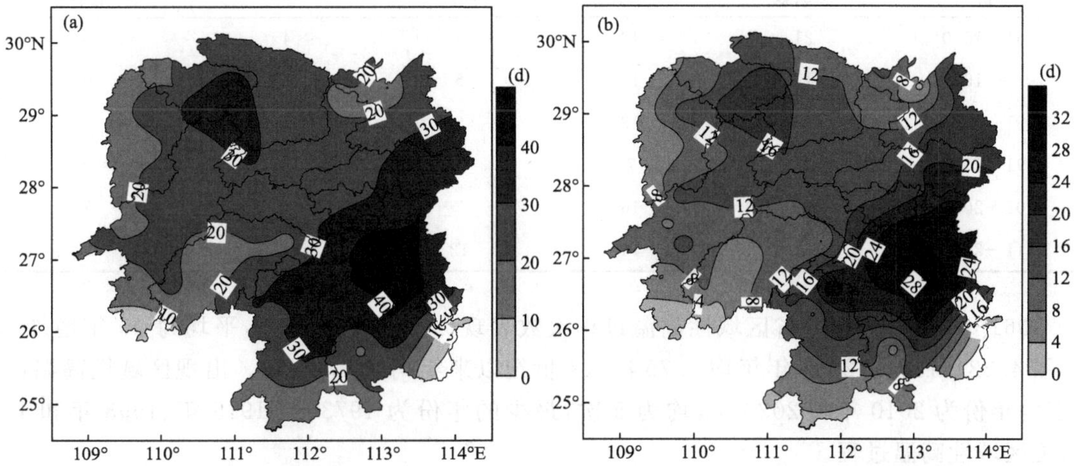

图 4.20　1991—2020 年湖南省年平均高温日数(a)及高温热害日数(b)空间分布

1961—2020 年，湖南省平均年高温日数整体呈上升趋势，平均每 10 年增多约 1.6 d，尤其是近 30 年以来，全省高温日数呈明显上升趋势，其中，2013 年平均高温日数最多(47.4 d)，1993 年平均高温日数最少(8.4 d，图 4.21)。

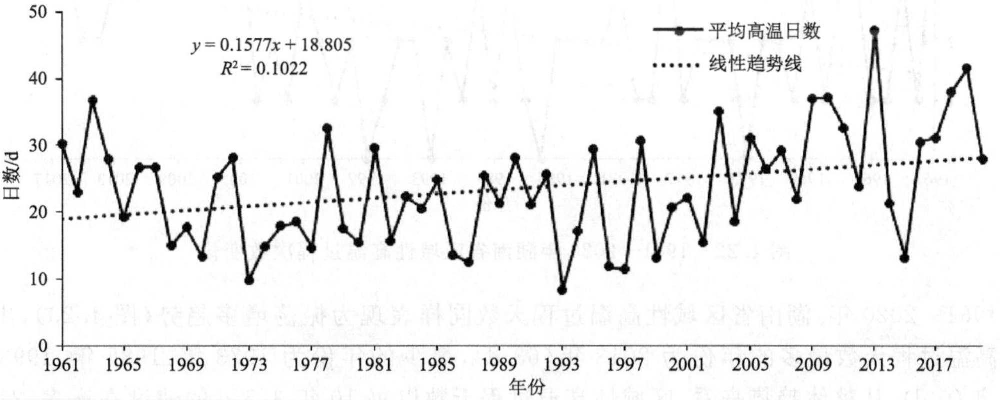

图 4.21　1961—2020 年湖南省平均年高温日数变化

(2)区域性高温过程

1961—2020 年,湖南省共发生区域性高温过程 131 次,其中,一般区域性高温过程最多,共 73 次,占 55.7%,其次为较强区域性高温过程 36 次和强区域性高温过程 18 次,分别占 27.5%和 13.7%,特强区域性高温过程最少 4 次,占 3.1%。

从每 10 年的变化来看(表 4.7),区域性高温过程次数最多的 10 年是 2011—2020 年,共 32 次,最少的 10 年为 1991—2000 年的 13 次,值得注意的是,1961—2000 年 40 年共出现 70 次区域性高温过程,而 2001—2020 年 20 年就出现 61 次高温过程,高温出现频率几乎增加 1 倍,说明在全球变暖背景下,21 世纪以来高温发生频次在快速增加。此外,特强等级的区域高温过程出现次数仅 4 次,均出现在 21 世纪,说明高温过程增多的同时,其强度也在增强。

表 4.7　不同等级区域性高温过程次数年代统计

年份	总次数	一般	较强	强	特强
1961—1970	21	13	4	4	0
1971—1980	17	10	5	2	0
1981—1990	19	13	5	1	0
1991—2000	13	7	3	3	0
2001—2010	29	16	7	5	1
2011—2020	32	14	12	3	3

1961—2020 年,湖南省区域性高温过程次数表现为振荡增多趋势,平均每 10 年增加 0.3 次(图 4.22),1961—2000 年年均 1.75 次,21 世纪以来年均达 3.05 次。出现区域性高温次数最多的年份为 2010 年和 2020 年,均为 5 次,最少的年份为 1973 年、1986 年、1993 年和 1997 年,无区域性高温过程。

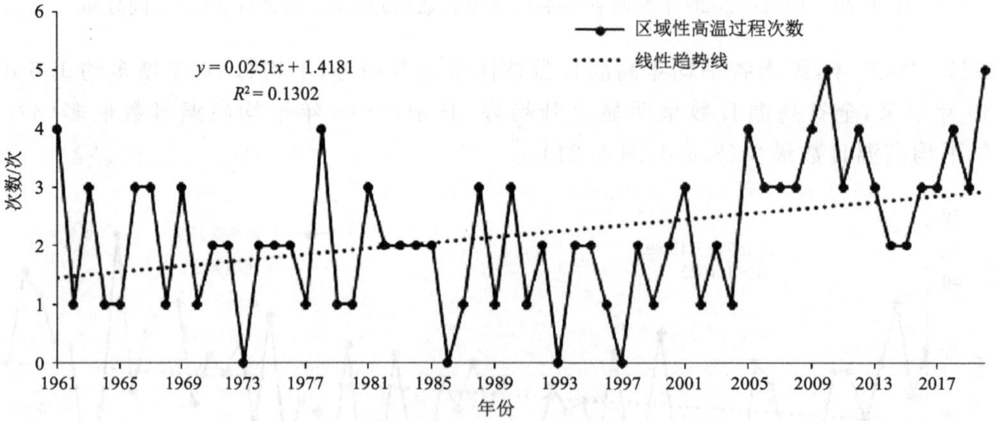

图 4.22　1961—2020 年湖南省区域性高温过程次数变化

1961—2020 年,湖南省区域性高温过程天数同样表现为振荡增多趋势(图 4.23),出现区域性高温过程天数最多的年份为 2013 年(63 d),最少的年份为 1973 年、1986 年、1993 年和 1997 年(0 d),从整体趋势来看,区域性高温过程天数以每 10 年 3.5 d 的速度在增多,21 世纪以来区域性高温过程天数异常偏多。

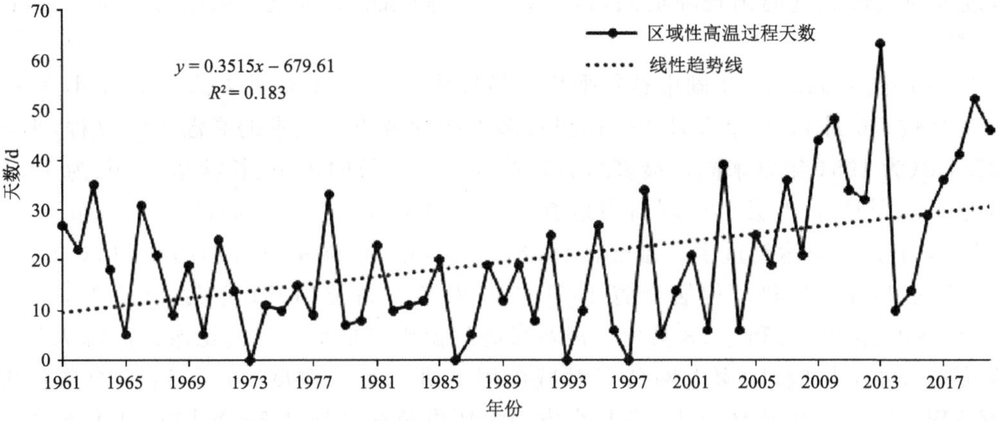

图 4.23　1961—2020 年湖南省区域性高温过程天数年际变化

从国家级气象站的统计来看，湖南省各站平均每年出现区域性高温过程 1.7 次，衡南县出现次数最多为 3.4 次，汝城县出现次数最少为 0.05 次，衡阳、株洲一带为区域性高温过程的高发区，湘西州、怀化南部、邵阳西部为低发区，桂东县由于海拔较高，历史上未出现过区域性高温过程(图 4.24)。

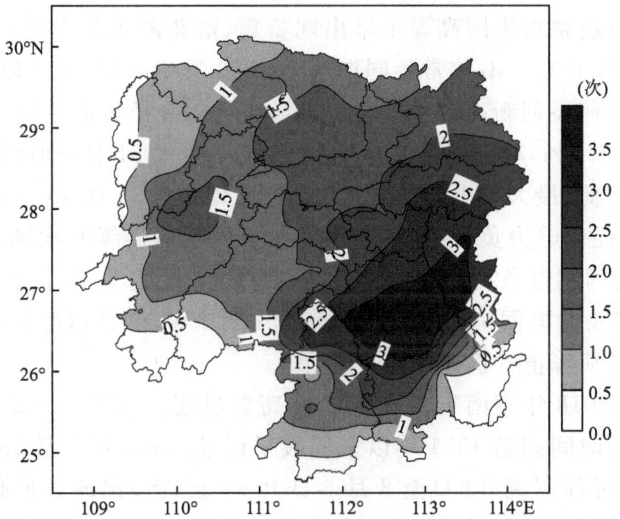

图 4.24　1961—2020 年湖南省年平均区域性高温过程次数空间分布

4.3.3　湖南省典型高温事件

(1)2003 年高温：2003 年湖南省平均高温日数 35.2 d，较常年偏多 12.6 d，其中，7 月 1 日至 8 月 11 日，全省平均高温日数 26.9 d，较常年偏多 12.4 d，位居 1951 年以来历史同期第二高位。自 6 月 29 日开始，湘南出现高温酷暑天气，7 月中旬后高温天气迅速向全省扩展，并持续到 8 月底，湘江流域日最高气温在 35 ℃以上的日数有 40～50 d，炎陵最多达 56 d，全省有 69 县(市)日最高气温≥39 ℃，其中，43 县(市)≥40 ℃，永兴高温最长持续时间达 38 d(6 月 29 日至 8 月 5 日)，长沙自 7 月 27 日至 8 月 3 日连续 8 d 最高气温≥39 ℃，最高达 40.6 ℃(8 月

2 日)，过程极端最高气温出现在资兴，达 42.0 ℃。高温酷暑天气导致电力供应紧张，民众暑热病增多。

(2)2013 年高温:2013 年湖南省年平均高温日数为 47.4 d，较常年偏多 21.7 d，为 1951 年以来第一高位。6 月 29 日至 8 月 19 日，出现多项指标破历史记录的高温天气过程，平均高温日数 35.1 d(为 1951 年以来同期最多)，高温持续时间最长的衡山、长沙达 48 d(为 1951 年以来最高记录)，同时有 39 县(市)刷新当地有连续气象记录以来的最高值；93 县(市)出现高温热浪，其中，51 县(市)达到重度高温热浪标准；57 县(市)极端最高气温高于 40.0 ℃，最高为 43.2 ℃(8 月 11 日，慈利)，位居全省 1951 年以来第三高位(1951 年为 43.7 ℃，1961 年为 43.6 ℃)，桃源、花垣、慈利等 33 县(市)极端最高气温破当地历史最高纪录。高温天气对全省电力调度造成重大影响，国家电网公司对城市用电进行统一调度。7 月 11 日全省用电量为 4.04 亿 kW · h，创历史新高；7 月 25 日全省最大用电负荷已达 2035 万 kW，日用电量达 4.34 亿 kW · h，用电负荷及日用电量均创历史新高。

(3)2017 年高温:2017 年 7 月 10 日至 8 月 13 日，湖南省出现大范围高温热浪天气，全省共有 94 县(市)出现日最高气温≥35 ℃的高温天气，90 县(市)过程最高气温≥37 ℃，48 县(市)≥39 ℃，12 县(市)≥40 ℃，高温最长持续时间 28 d，过程最高气温 41.8 ℃；有 89 县(市)出现高温热浪天气，19 县(市)达到重度高温热浪标准，46 县(市)出现极端高温事件。农业方面，处于孕穗期的一季稻对高温敏感，花粉因高温发育不良、活力下降，结实率受到影响；双季晚稻因高温分蘖推迟；蔬菜水果因高温干旱出现萎蔫、落花落果甚至死亡。电力方面，7—8 月的降温度日总值为 182.9 ℃ · d，较常年同期偏多 40.3 ℃ · d，居 1961 以来第七高位。在高温影响期间，各地电网负荷屡创新高:7 月 26 日湘潭电网全口径负荷达到 179.5 万 kW，较 2016 年的最高负荷增长了 6.7%，刷新了湘潭电网历史新高；7 月 31 日，湖南省电网电力、电量已数次创历史新高，最大负荷、最大日电量分别达 2608 万 kW、5.35 亿 kW · h；8 月 3 日，湘西地区持续的高温高热天气促使电力负荷不断攀升，湘西电网负荷连续 6 次刷新历史新高；8 月 7 日 21 时 29 分，湖南省电网用电负荷为 2664 万 kW，日用电量达 5.43 亿 kW · h，年内第五次双创历史新高；8 月 8 日长沙电网午高峰负荷达到 658 万 kW，已经超过长沙电网最大供电能力，长沙市 2017 年用电负荷峰值 6 次刷新历史纪录。

(4)2018 年高温:2018 年湖南省共出现 3 次高温过程。5 月 14—21 日是 2018 年首轮高温热害天气过程，出现时间刷新 1951 年以来的最早记录(1963 年 5 月 18—25 日)。2018 年夏季全省出现两次高温过程，7 月 13 日至 8 月 6 日共 94 县(市)出现日最高气温≥35 ℃的高温天气，株洲、醴陵高温过程持续时间达 24 d，16 县(市)高温持续时间达到极端事件标准，12 县(市)达到重度高温热害标准。8 月 6—16 日共有 91 县(市)出现高温天气，37 县(市)过程最高气温≥37 ℃，过程日最高气温为 38.6 ℃(东安，8 月 13 日)，共 46 县(市)出现轻度高温热害。夏季和 7—8 月的降温度日总值分别为 208.4 ℃ · d 和 168.9 ℃ · d，分别较常年同期偏多 39.6 ℃ · d 和 26.4 ℃ · d。在高温影响期间，各地电网负荷屡创新高，受连续晴热高温天气影响，湖南省电网 7 月 20 日最大用电负荷达 2832 万 kW，连续 4 d 超过 2017 年夏季最高用电负荷(2664 万 kW)，连创夏季用电历史新高，连日来，长沙、湘潭、常德、岳阳、益阳等多个市(州、区)持续晴热高温，电网负荷连创新高；7 月 19 日 13 时 36 分，长沙电网负荷达 701.3 万 kW，创下半月以来第三次新高；7 月 19 日 21 时，常德电网最高用电负荷达 234.1 万 kW，较历史最高纪录增长 0.9%，创历史负荷新高；7 月 19 日 21 时 20 分，岳阳电网在连续 3 d 保持 220

万 kW 以上高位运行的状态下，用电负荷突破 240 万 kW 大关，达 242.5 万 kW，同比增长了 25.4%，刷新历史最高值；8 月 11 日，特高压祁韶直流输送负荷创投运后最高值 434.9 万 kW，超过湖南省电网负荷的六分之一。

(5)2019 年高温：2019 年 7 月 16 日至 8 月 25 日，湖南省出现大范围、长时间的高温天气，主要有以下特点：一是多地出现极端高温，平均气温位居历史同期第三高位，除桂东和南岳外，全省其余 95 县(市)均出现日最高气温≥35 ℃的高温天气，其中，90 县(市)过程最高气温≥37 ℃，21 县(市)过程最高气温≥39 ℃，过程最高气温为 39.9 ℃(安化，8 月 17 日)；石门、澧县、汉寿、隆回、株洲、祁东、武冈等 7 县(市)过程最高气温达到极端高温事件标准。7 月 16 日至 8 月 25 日全省平均气温 29.7 ℃，较常年偏高 1.6 ℃，居 1951 年以来历史同期第二高位(仅次于 2013 年的 30.1 ℃，与 2010 年、1998 年和 1953 年并列)，其中，汉寿、安乡、赫山等 18 个县(市)气温偏高 2.0 ℃以上。二是高温持续时间长，累计高温日数位居历史同期第一高位：7 月 16 日至 8 月 25 日，全省共 93 县(市)出现高温热害，其中，有 51 县(市)出现中度高温热害，临湘、张家界、华容等 26 县(市)达到重度高温热害标准，高温最长连续时间为 23 d(祁东、衡南，8 月 3—25 日)；全省平均累计高温日数为 28.3 d，较常年偏多 14.8 d，位居 1951 年以来历史同期第一高位，最大值为 37 d(祁阳)；桑植、张家界、石门等 45 县(市)的高温持续时间达到极端事件标准，龙山、城步、花垣、靖州、保靖高温持续时间破历史极值。在高温影响期间，各地电网负荷屡创新高：7 月 26 日，衡阳地区气温不断攀升，持续出现高温天气，用电负荷增长迅猛，7 月 25 日 11 时 30 分，衡阳电网日最大负荷达到 245.8 万 kW，创夏季负荷历史新高；娄底出现持续晴热高温天气，娄底电网迎来最强“烤”验，7 月 30 日晚间，娄底电网最高负荷 171.7 万 kW，创夏季历史新高，较 2018 年同期最大值增长 3.49%。

(6)2021 年高温：2021 年湖南省年平均高温日数共计 52.1 d，较常年(22.6 d)偏多 1 倍，其中，株洲、湘潭、衡阳、永州北部、郴州北部等地 33 个县(市、区)累计高温日数超过 70 d，71 个县(市、区)创历史极值。资兴市高温日数最多达 94 d，其次为祁阳市 93 d，打破全省年高温日数历史极值(1963 年茶陵 83 d)。期间出现两段长时间高温天气，第一段为 7 月 19 日至 8 月 9 日，第二段为 8 月 29 日至 10 月 5 日，秋老虎异常“凶猛”，出现史上最热国庆节，打破历史上 10 月最高气温极值纪录(10 月 5 日衡南县 39 ℃)。

(7)2022 年高温：2022 年 7 月 8 日至 8 月 30 日，湖南省出现历史罕见的持续性晴热高温天气，多地最长高温持续时间及极端最高气温平或破历史极值，综合考虑高温持续时间、平均高温强度及平均高温影响范围，此次高温过程综合强度指数居 1961 年以来第一高位。主要有以下特点：一是高温持续时间长。全省平均高温日数 41.6 d，攸县、祁阳、常宁、安仁、茶陵、永兴、资兴 7 个县(市)累计高温日数最多达 51 d；祁阳、常宁、耒阳、安仁高温持续时间最长达 42 d(7 月 19 日至 8 月 29 日)，龙山、桑植、张家界、石门、澧县、临澧、南县、华容、安乡、岳阳、花垣、保靖、古丈、吉首、泸溪、桃源、常德、宁乡、平江、凤凰、麻阳、新晃、芷江、溆浦、涟源、邵阳市、邵东、韶山、攸县、株洲、邵阳县、常宁、耒阳、永兴、桂东、道县、资兴等 49 个县(市、区)高温持续时间平或破当地历史极值。二是范围广、强度大、极端性强。全省各县(市、区)均出现 35 ℃以上高温天气，共有 62 个县(市、区)出现 40.0 ℃以上高温；期间有 31 d 日高温覆盖面积超过 15 万 km^2，其中，8 月 16 日高温覆盖面积最广，8 月 18 日 40 ℃以上高温面积最大；龙山、桑植、石门、澧县、临澧、临湘、花垣、永顺、古丈、泸溪、桃源、常德、汉寿、沅江、浏阳、永兴、道县、蓝山等 20 个县(市、区)极端最高气温平或破当地历史记录，8 月 16 日安化、8 月 20 日常德极端最高气温达 41.7 ℃。

4.4 冷空气(寒潮)

冷空气过程是指在一定区域范围内气温下降达到一定幅度且至少持续 2 d 的降温过程。

4.4.1 监测评价指标

冷空气过程监测所用资料为国家级气象观测站的逐日(前一日 20 时至当日 20 时)最低气温资料。监测时段为全年除 6—8 月外的所有时段。

冷空气监测产品应对冷空气过程进行概述,同时需绘制两张图,一张是冷空气等级分布图,另一张是全省最低气温过程降温幅度图(如有需要可添加最高气温降幅和平均气温降幅图形),同时需对冷空气过程进行定量化分析,对区域冷空气过程的影响面积、强度及综合强度指数作出说明,并对区域冷空气过程作出历史排位。

(1)单站冷空气监测指标

单站冷空气:某站一定时间内降温幅度达到一定程度的降温现象。

单站冷空气等级:依据单站降温幅度(表 4.8)和日最低气温确定该站的冷空气强度等级。其强度分为 3 级,如表 4.9 所示:

中等强度冷空气:单站的 6 ℃≤ΔT_{48}<8 ℃的冷空气。

强冷空气:单站的 ΔT_{48}≥8 ℃的冷空气。

寒潮:单站的 ΔT_{24}≥8 ℃或 ΔT_{48}≥10 ℃或 ΔT_{72}≥12 ℃,且日最低气温≤4 ℃的冷空气(其中,48 h 和 72 h 内的气温必须是连续下降的)。

表 4.8 冷空气监测指标

降温幅度	日最低气温(T_{min})的降低程度(ΔT)
24 h 内降温幅度(ΔT_{24})	前一日与当日的日最低气温之差
48 h 内降温幅度(ΔT_{48})	前 48 h 内的日最低气温的最大值与当日的日最低气温之差
72 h 内降温幅度(ΔT_{72})	前 72 h 内的日最低气温的最大值与当日的日最低气温之差

表 4.9 单站冷空气强度等级划分

单站冷空气强度等级	判定指标	
	降温幅度(ΔT)	日最低气温(T_{min})
中等强度冷空气	6 ℃≤ΔT_{48}<8 ℃	
强冷空气	ΔT_{48}≥ 8 ℃	
寒潮	ΔT_{24}≥8 ℃ 或 ΔT_{48}≥10 ℃ 或 ΔT_{72}≥12 ℃	T_{min}≤4 ℃

(2)区域冷空气过程的监测和评估指标

1)判定条件

主要依据降温幅度、范围(可为一个行政区或气候相近的自然区)和持续时间来判定某次冷空气过程是否达到一次区域性冷空气过程的标准。具体指标为:每日监测区域内有 20%及以上观测站单站出现中等及其以上冷空气,且持续不少于 2 d,判定为出现一次区域冷空气过程。

2）区域冷空气过程开始时间

满足区域冷空气过程判定条件的首日为区域冷空气过程开始日。

3）区域冷空气过程结束时间

区域冷空气过程开始后，单日监测区域内＜20％的监测站出现中等及其以上强度的单站冷空气的首日为区域冷空气过程结束日。

此外，在一次区域冷空气过程监测中，计算逐日 24 h 降温幅度≥6 ℃的站点数时，若出现其随时间减少后又增加的情况，则此过程应被判定为 2 次过程，站点数出现增加的前一日为前一次过程结束日，而站数出现增加的当日为后一次过程开始日。

4）区域冷空气过程强度指数

依据某次区域冷空气过程中达到不同强度等级的单站比率确定该次冷空气过程的强度指数（以 I 表示）。具体计算公式为：

$$I = \frac{5N_5 + 4N_4 + 3N_3 + 2N_2 + N_1}{N} \tag{4.9}$$

式中，N_1 为监测区域内出现中等强度冷空气的站数；N_2 为监测区域内出现强冷空气的站点数；N_3 为监测区域内出现寒潮的站数；N_4 为监测区域内出现强寒潮的站数；N_5 为监测区域内出现超强寒潮的站数，N 为监测区域内监测站总数。

依据某次区域冷空气过程强度指数（I）确定其强度等级，并划分为中等强度冷空气过程、强冷空气过程和寒潮过程，详见表 4.10。

表 4.10　区域冷空气过程强度等级划分

冷空气过程等级	强度指数
中等强度冷空气过程	$1.00 \leqslant I < 1.70$
强冷空气过程	$1.70 \leqslant I < 1.95$
寒潮过程	$1.95 \leqslant I$

5）区域冷空气过程综合强度

依据某次区域冷空气过程中强度和范围确定该次区域冷空气过程的综合强度，计算公式如下：

$$M = I \times \sqrt{\frac{N_5 + N_4 + N_3 + N_2 + N_1}{N}} \tag{4.10}$$

式中，M 为区域冷空气过程的综合强度指数。

4.4.2　时空分布特征

（1）单站冷空气

湖南省年平均冷空气次数为 10.8 次。较强冷空气入侵湖南后，沿湘江河谷快速南下，抵达南岭后受阻而易在其北部停留堆积，导致湖南南部受中等强度以上的冷空气影响次数比北部多、持续时间长、降温幅度大。湘西北大部分地区都在 6～10 次，湖南中部及南部地区大部分地区在 10 次以上，其中，桂东达 16.9 次为全省最多（图 4.25a）。

湖南省年平均寒潮次数为 1 次。与上述分布相类似，寒潮次数也是湖南南部多于北部。湘西北大部分地区在 0.2～0.7 次，湘南的南岭山脉一带和湘东的部分山地在 1.2 次以上，其中，桂东达 3.7 次为全省最多，其他地区在 0.7～1.2 次(图 4.25b)。

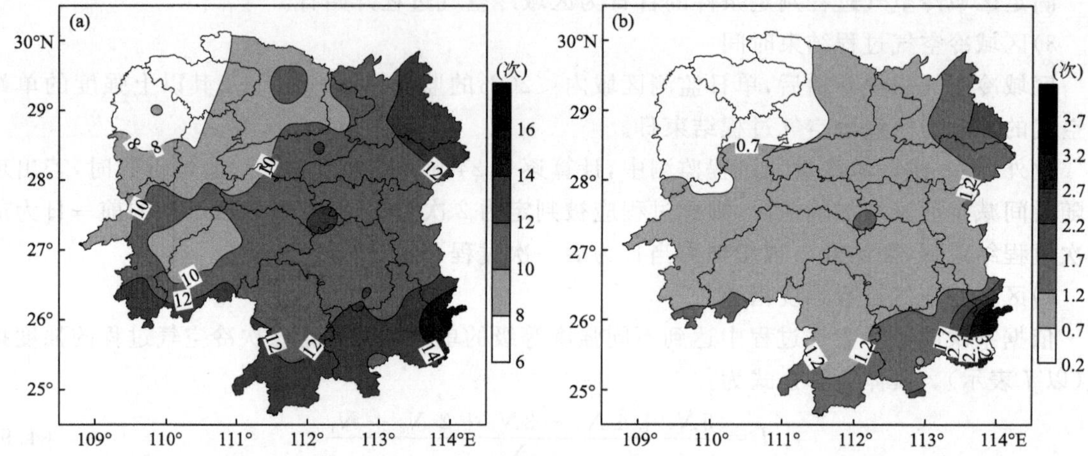

图 4.25　1991—2020 年湖南省年平均冷空气(a)及寒潮(b)次数空间分布

1961—2020 年，湖南省受冷空气影响次数整体呈下降趋势，其中，1969 年平均冷空气次数最多达 26.2 次，1975 年平均冷空气次数最少仅 8.6 次(图 4.26)。

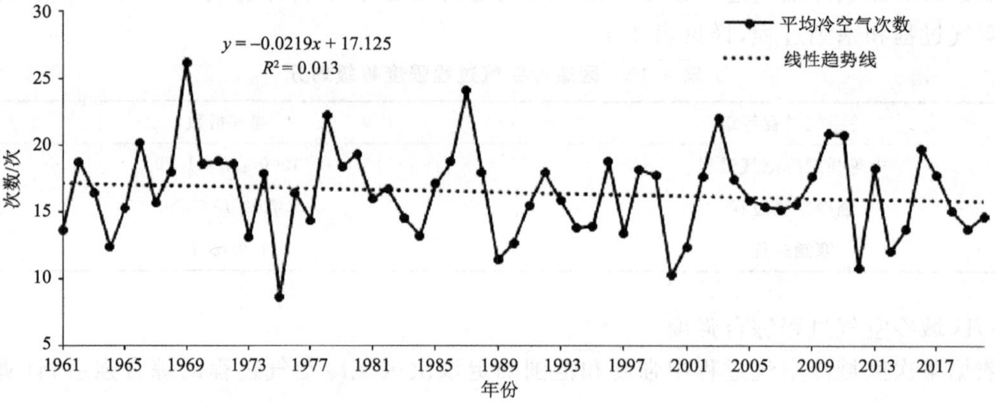

图 4.26　1961—2020 年湖南省平均年冷空气次数年际变化

湖南省寒潮多发生于 10 月下旬至次年 4 月上旬。据统计，1961 年以来，最早出现寒潮的日期在 10 月 12 日(1971 年，通道、炎陵)，最晚出现在 4 月 16 日(2000 年桂东)，寒潮一般持续 1～4 d。随着全球变暖，湖南寒潮次数整体呈下降趋势，1992 年平均寒潮次数最多，达 3.58 次，而 2018 年平均寒潮次数最少，仅 0.05 次(图 4.27)。

(2)区域性冷空气过程

1961—2020 年，湖南省共发生区域性冷空气过程 507 次，其中，中等强度冷空气过程最多，共 310 次，占 61%；其次为寒潮过程 103 次，占 20%；强冷空气过程最少为 94 次，占 19%。

从每 10 年的变化来看，区域性冷空气过程次数的年代际变化规律不明显，最多的是 20 世纪 60 年代，共出现 91 次区域性冷空气过程，最少的是 20 世纪 90 年代，共出现 78 次区域性冷空气过程。值得注意的是，21 世纪以来，强冷空气过程次数逐渐减少，但寒潮次数变化不大(表 4.11)。

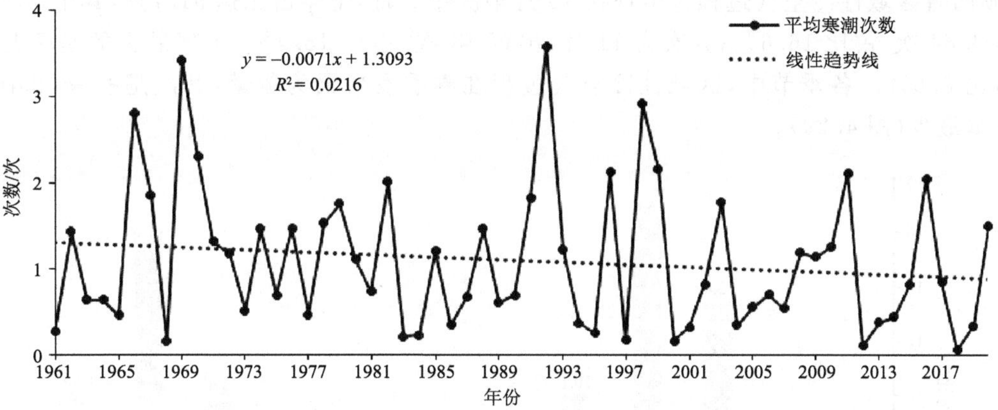

图 4.27　1961—2020 年湖南省平均年寒潮次数年际变化

表 4.11　不同等级区域性冷空气过程次数年代统计

年份	总次数	中等强度冷空气	强冷空气	寒潮
1961—1970	91	33	12	20
1971—1980	84	30	9	14
1981—1990	82	29	10	11
1991—2000	78	16	13	15
2001—2010	90	36	9	15
2011—2020	82	30	8	14

1961—2020 年，湖南省区域性冷空气过程平均每年发生 8.5 次，1968 年、1969 年、1971 年、1974 年、1978 年、1987 年、2009 年、2010 年、2011 年和 2016 年湖南出现 10 次以上区域性冷空气过程，全省区域性冷空气过程次数整体表现为缓慢减少的趋势(图 4.28)，每 10 年减少约 0.05 次，但未通过 $\alpha=0.05$ 显著性检验，表明减少趋势不显著。出现区域性冷空气次数最多的年份为 1969 年(15 次)，最少的年份为 1975 年(1 次)。

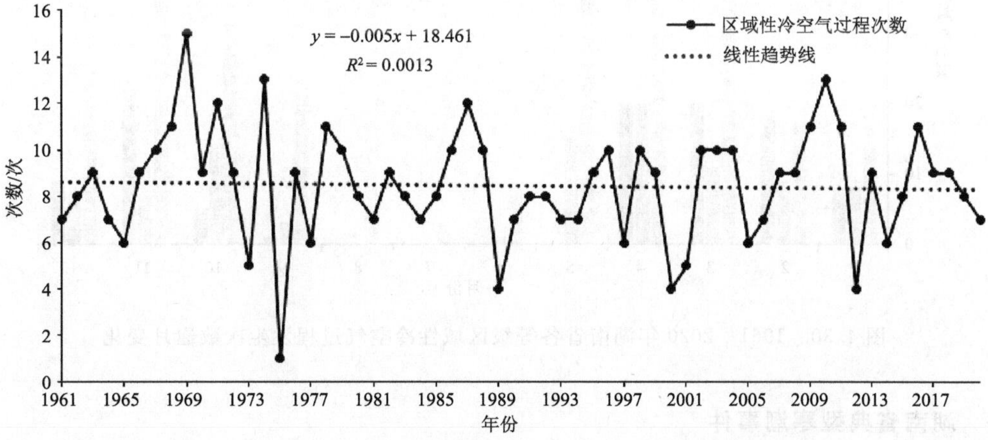

图 4.28　1961—2020 年湖南省区域性冷空气过程次数年际变化

湖南省区域性冷空气过程多出现在10月至次年5月，全年占比达91.7%，其中，4月出现最多，达84次，占比16.6%；其次为11月，出现78次，占比15.4%；出现最少的是7月，仅3次，占比0.6%。各季节中，区域性冷空气过程在春季发生最为频繁，其次是秋季，再次是冬季，夏季最少(图4.29)。

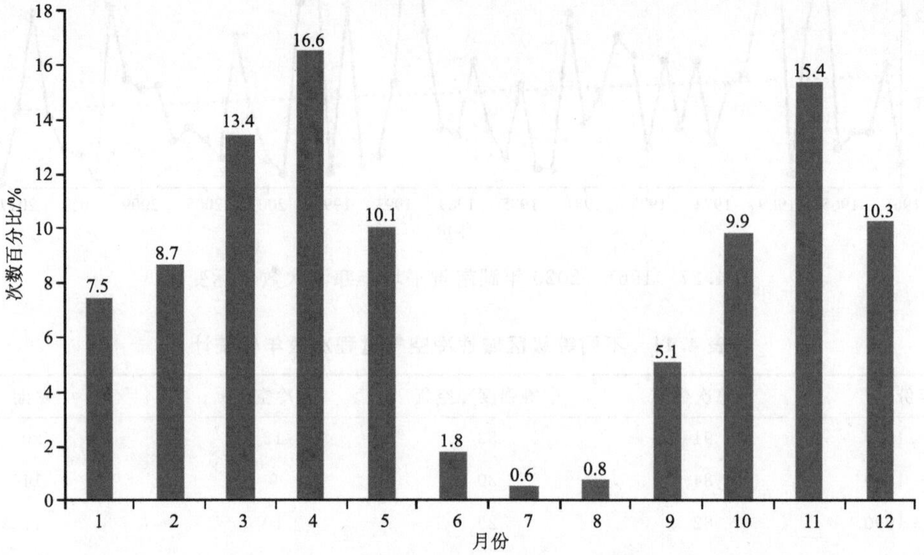

图4.29　1961—2020年湖南省区域性冷空气过程次数占比逐月变化

各等级区域性冷空气过程中，中等强度冷空气和寒潮过程均以11月出现最多，分别为49次和22次，强冷空气过程出现最多的月份为4月，共20次(图4.30)。

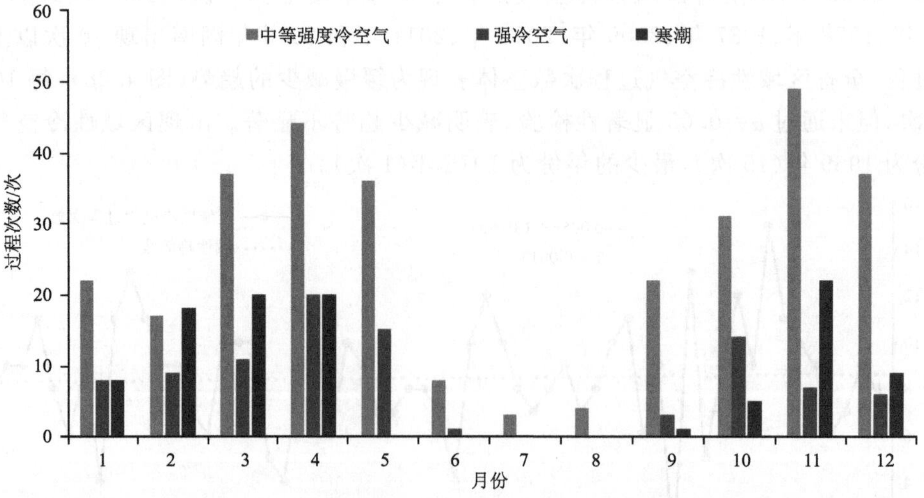

图4.30　1961—2020年湖南省各等级区域性冷空气过程发生次数逐月变化

4.4.3　湖南省典型寒潮事件

(1)2010年寒潮：2010年1—2月，湖南省共出现3次寒潮天气过程，其中，1月3—5日，全省48 h平均降温达14.2 ℃,桃源降温幅度最大(20.3 ℃),有69个县(市)达寒潮天气标准,其中,29个县(市)达强寒潮天气标准,同时有20个县(市)出现积雪、40个县(市)出现冰冻;1月20—22日,全省48 h平均降温达14.4 ℃,最大降温幅度达21.9 ℃(耒阳),有67个县(市)达寒潮天气标准,其中,45个县(市)达强寒潮天气标准,23日城步、冷水江、武冈、南岳出现冰冻;2月11—17日,全省共57个县(市)达寒潮天气标准,其中,38个县(市)达强寒潮天气标准,38个县(市)出现冰冻天气,其中,临湘、城步、桂东、桂阳和汝城达中等强度冰冻标准。

(2)2016年寒潮:2016年11月20—24日,受强冷空气影响,湖南省出现一次降温、降雨天气过程,72 h内(11月22—24日)全省平均最低气温下降14.7 ℃。根据冷空气过程监测规范,本次降温过程达到区域寒潮过程标准,长沙、岳阳、郴州、常德、湘潭等97县(市)先后达到寒潮标准。

(3)2020年寒潮:2020年12月以持续性低温、少雨天气为主,湖南省平均气温6.6 ℃,较常年同期偏低1.0 ℃;降水量15.5 mm,较常年同期偏少45.4%。其中,2020年12月28—31日,全省出现入冬以来最强的大风寒潮天气过程,全省最低气温平均下降10.9 ℃,最大下降幅度为15.4 ℃(桂东),共有9个县(市、区)达到强寒潮标准、32个县(市、区)达到寒潮标准、38个县(市、区)达到强冷空气标准,常德、长沙等县(市、区)8级以上大风持续7~9 h,常德市区最大风速达25.7 m/s(10级,29日07时13分),对设施农业造成不利影响。

4.5 连阴雨

4.5.1 监测指标

连阴雨天气是连续几天至几十天的阴雨天气过程,连阴雨期间可有短暂的晴天,降水强度可以是小雨、中雨、大雨或暴雨。具体定义为日降水量≥0.1 mm连续7 d或以上,且过程日平均日照时数≤1 h的天气过程。将连阴雨划分为三个等级:①轻度连阴雨:连阴雨天气持续7~9 d;②中度连阴雨:连阴雨天气持续10~12 d;③重度连阴雨:连阴雨天气持续13 d或以上。

4.5.2 时空分布特征

连阴雨的主要特点是温度低、日照少,但雨量并不大,连阴雨过程常常与低温过程相伴。湖南省连阴雨的时空分布呈现出明显的地域性与季节性,发生次数大体呈北少南多的趋势,多发区主要位于湘南及湘西南地区,其中,郴州北湖区出现阴雨次数最多,年均达5.3次(图4.31a)。全省常见的连阴雨有春季连阴雨、初夏梅雨季节的连阴雨、秋季连阴雨、冬季连阴雨(雪)等。连阴雨过程以冬季出现最多,占35.3%;春季次之,占34.3%;夏季出现较少,占13%(图4.31b)。

春季出现连阴雨过程往往伴随低温,有的甚至造成“倒春寒”天气,严重危害早稻、棉花、小麦等农作物的生长发育。春季低温连阴雨多出现在3—4月,全省冷空气频发,细雨连绵,此时正值湖南省中稻和棉花播种育苗阶段,很容易遭受低温连阴雨的危害。

夏季连阴雨多指6月至7月上旬发生的梅雨天气过程,期间暴雨、大暴雨天气过程频繁,降雨连绵不断,多雨闷热容易生霉。期间多发暴雨会导致山洪暴发、水库垮坝、江河横溢、房屋

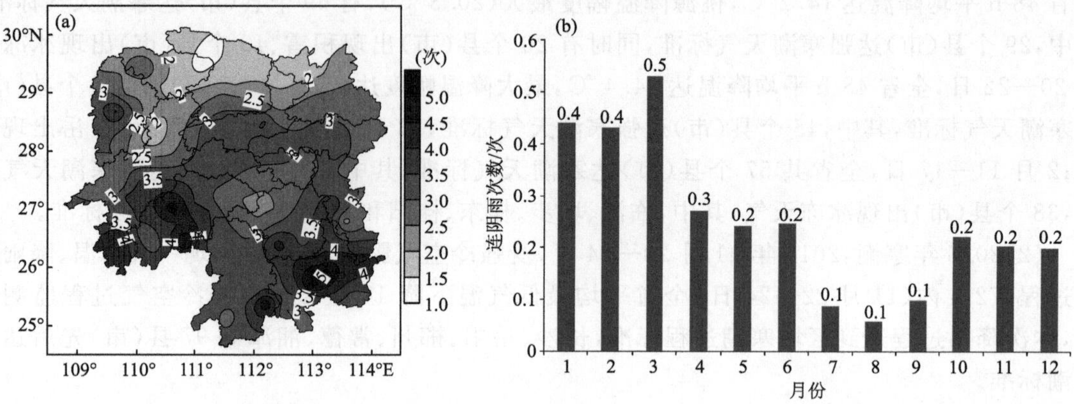

图 4.31　1991—2020 年湖南省年平均连阴雨次数空间分布(a)及平均连阴雨次数逐月分布(b)

被冲塌、农田被淹没、交通和电讯中断，不仅影响工农业生产，而且可能危害人民的生命，会给国民经济和人民的生命财产带来严重危害。

秋季连阴雨多出现在 10—11 月，长秋雨是一种对农业生产影响较严重的天气过程，秋季连阴雨过程对农业破坏严重，尤其对晚稻、棉花的影响较大。

冬季连阴雨多出现在 1—2 月，冬季连阴雨天气过程最早开始出现在 12 月上旬，最晚开始出现在 1 月下旬。从 1 月上旬至 2 月下旬是湖南省冬季连阴雨天气过程的多发期，8 成以上的连阴雨过程发生在这一时期。湖南省冬季连阴雨的平均持续天数为 9～10 d，冬季连阴雨日数分布具有湘北少、湘西南及湘南多的特点(图 4.32)。

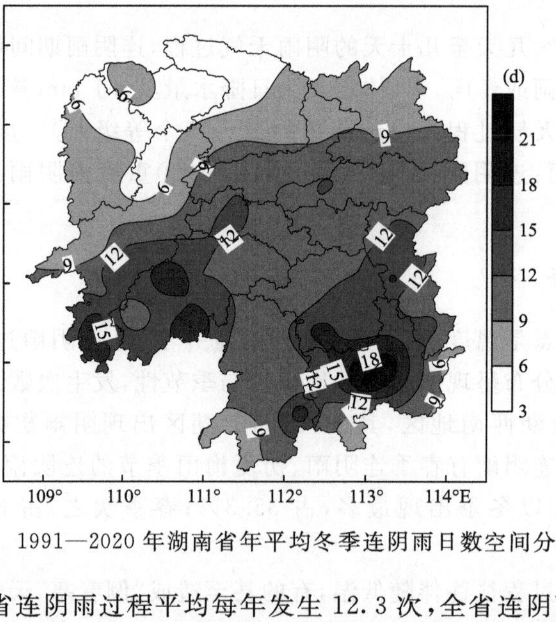

图 4.32　1991—2020 年湖南省年平均冬季连阴雨日数空间分布

1961—2020 年，湖南省连阴雨过程平均每年发生 12.3 次，全省连阴雨过程次数整体表现为缓慢增多的趋势(图 4.33)，每 10 年增加约 0.1 次，出现连阴雨次数最多的年份为 1993 年和 1994 年(17 次)，最少的年份为 2007 年(7 次)。

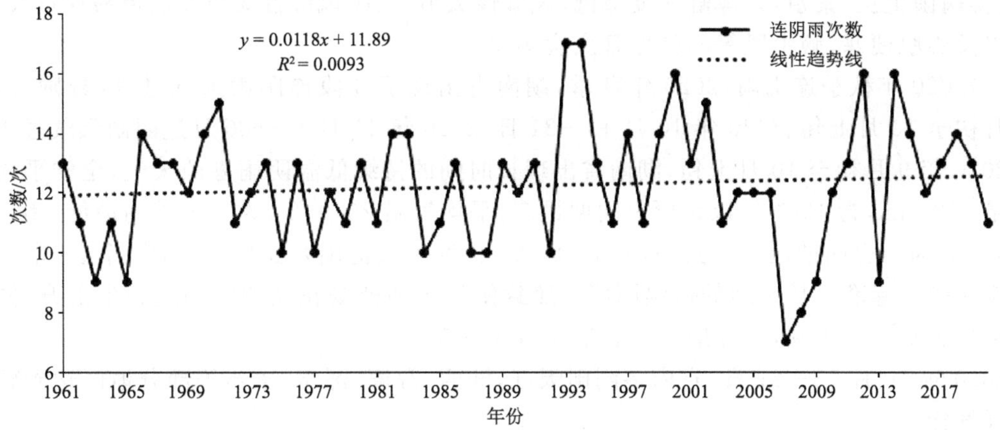

图 4.33　1961—2020 年湖南省连阴雨次数年际变化

4.5.3　湖南省典型连阴雨事件

(1)2018/2019 年冬季连阴雨：2018/2019 年冬季(2018 年 12 月至 2019 年 2 月)我国南方地区出现罕见的持续低温阴雨寡照天气。湖南省平均降水日数为 56.5 d，较常年同期偏多 18.1 d，为历史同期第二高位，仅次于 1964 年同期的 56.7 d；平均累计日照时数仅 68.0 h，较常年偏少 148.8 h，为 1951 年有连续气象记录以来同期最低值。期间共出现 3 次连阴雨过程，分别为：2018 年 12 月 1—11 日，2018 年 12 月 19 日至 2019 年 1 月 18 日，2019 年 2 月 7 日至 3 月 10 日。

2018 年 12 月 1—11 日湘中以北大部分地区出现连阴雨，湖南省共 55 县(市)达连阴雨标准(持续 7 d 或以上)，其中，18 县(市)达中度连阴雨标准(持续 10～12 d)。

2018 年 12 月 19 日至 2019 年 1 月 18 日，湖南省出现第二次连阴雨，期间平江、长沙、新晃等 25 县(市)无日照，全省日照时数为 1951 年以来同期最低。按连阴雨监测标准，本次过程全省共 69 县(市)达连阴雨标准，其中，古丈、辰溪、浏阳等 19 县(市)为重度连阴雨，安化、长沙、凤凰等 27 县(市)为中度连阴雨，华容、安乡等 23 县(市)为轻度连阴雨。此次阴雨寡照天气过程持续时间之长刷新 1951 年有连续气象记录以来的冬季记录。

2019 年 2 月 7 日至 3 月 10 日，湖南省出现第三次阴雨寡照天气，全省共有 81 县(市)出现连阴雨天气(不包含南岳)，其中，岳阳、临湘等 44 县(市)达到重度连阴雨标准，南县、华容等 27 县(市)达到中度连阴雨标准，安化、麻阳等 10 县(市)达到轻度连阴雨标准。全省平均日照时数为 19.4 h，较常年同期偏少 51.4 h，刷新 1951 年有连续气象记录以来的同期最低值，26 县(市)日照时数刷新历史同期最低值，其中，嘉禾无日照；全省平均有效降水日数为 25.4 d，较常年同期偏多 8.9 d，为 1951 年有连续气象记录以来的同期第一高位。

长时间的低温阴雨寡照天气影响范围广，对交通、电力、通信、农业、林业等各行各业和人民生产生活造成重大影响，特别是对农业生产的影响较大：一是油菜遭受湿渍害，部分地区感染菌核病，越冬蔬菜叶片发黄，枯叶、死叶数增多；二是蔬菜生长迟缓，上市量减少，批发价格有所上涨；三是烟苗长势较差，生育期推迟。此外，雨天较多，道路湿滑，对交通运输特别是对春运产生不利影响，影响公众出游，许多露天作业都无法进行，耽误工程进度；阴雨连绵，空气潮湿，使得病菌生长、繁殖，人体舒适度降低，风湿性关节炎、类风湿性关节炎病情易加重或恶化，流感以及心肌梗塞、脑中风等心脑血管疾病多发。

(2)2020 年秋季连阴雨：2020 年秋季，湖南省出现了 3 段连阴雨天气过程，分别为：2020 年 9 月初至 10 月上旬、2020 年 10 月 13—21 日、2020 年 11 月 16—30 日连阴雨天气过程。

2020 年 9 月初至 10 月上旬，湖南省出现长时间的持续低温阴雨寡照天气，全省平均累计降水量 248 mm，为 1961 年以来历史同期最多；平均气温 20.9 ℃，为历史同期最低；累计日照时数 49 h，为历史同期最少。其中，9 月 14—29 日发生大范围寒露风天气，24 个县(市、区)达到重度寒露风标准。长时间的低温阴雨寡照致使处于抽穗扬花期的晚稻空壳率上升，同时对一季稻的收晒极为不利，部分地区一季稻在田间发芽。

2020 年 10 月 13—21 日，省内多阴雨天气，湘西、常德、郴州、永州等部分地区达到轻度连阴雨天气标准。

2020 年 11 月 16—30 日，省内大部分地区以持续阴雨天气为主，11 月下旬湘北湘西州、常德、张家界、岳阳、益阳等部分地区达到连阴雨天气标准，连阴雨持续天数在 7～12 d。

整个秋季，湖南省共有 114 个县(市、区)出现连阴雨天气，洪江市、古丈县、花垣县等 44 个县(市、区)为重度连阴雨，其中洪江连阴雨天数持续达 28 d(9 月 2—30 日)。

(3)2021 年春季连阴雨：2021 年春季，湖南省平均累计日照时数仅 183.7 h，为 1961 年以来历史同期最少，大部分地区日照时数偏少 100 h 以上。全省平均雨日达 58.1 d，长沙、岳阳、邵阳等地的 15 个县(市、区)雨日超过 65 d，平江县、新化县、攸县雨日数创历史极值；期间出现 3 段连阴雨过程：2021 年 2 月 24 日至 3 月 15 日(湘南)、2021 年 3 月 30 日至 4 月 28 日、2021 年 5 月 16 日至 6 月 4 日，其中，第二段过程(3 月 30 日至 4 月 28 日)全省 54 个(占 44%)县(市、区)连阴雨持续 10 d 以上，常宁市、攸县、靖州县等 27 个县(市、区)持续 13 d 以上，最长持续时间达 26 d(新化县，4 月 4—29 日)，达重度连阴雨标准。

4.6 低温雨雪冰冻

低温雨雪冰冻是低温(最低气温≤0 ℃)、冻雨、雪、冰冻的总称，主要由强冷空气南下引发的寒潮天气造成，常伴随雨雪天气，由于温度过低，造成地表、植物或者生产生活设施表面的水分冷却冻结成冰引发的灾害，是湖南省冬季主要气象灾害，对农业、林业、电力、交通、通信等行业及人民生产生活的各个方面危害极大(丁一汇 等，2008；高辉 等，2008；叶成志 等，2009b；廖玉芳 等，2011；姚蓉 等，2012)。

4.6.1 低温

湖南省低温日数年平均为 11.4 d，呈北多南少、东多西少的分布趋势，但桂东由于海拔高，年低温日数最多，达 27 d(图 4.34a)。湖南省日平均气温≤0 ℃的天数平均每年为 2.1 d，日平均气温≤0 ℃的天数空间分布与低温日数相似，日平均气温≤0 ℃的天数最少宜章(0.57 d)，桂东最多(4.43 d，图 4.34b)。

湖南省低温多出现在 12 月至次年 2 月，随着全球变暖，1961—2020 年，全省平均年低温日数呈明显减少趋势，平均每 10 年减少约 1.9 d。1969 年全省平均年低温日数最多(34.4 d)，而 2015 年最少(3 d，图 4.35)。

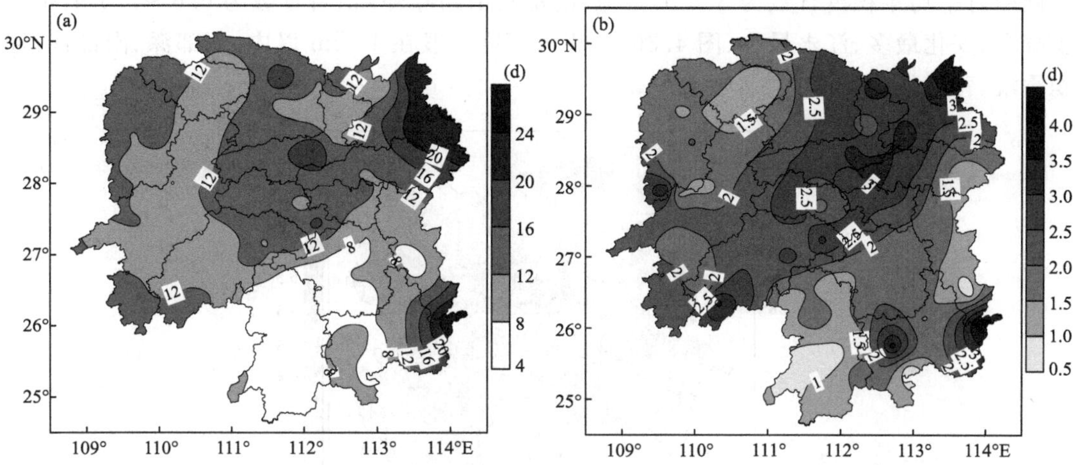

图 4.34　1991—2020 年湖南省年平均低温日数(a)及日平均气温≤0 ℃天数(b)空间分布

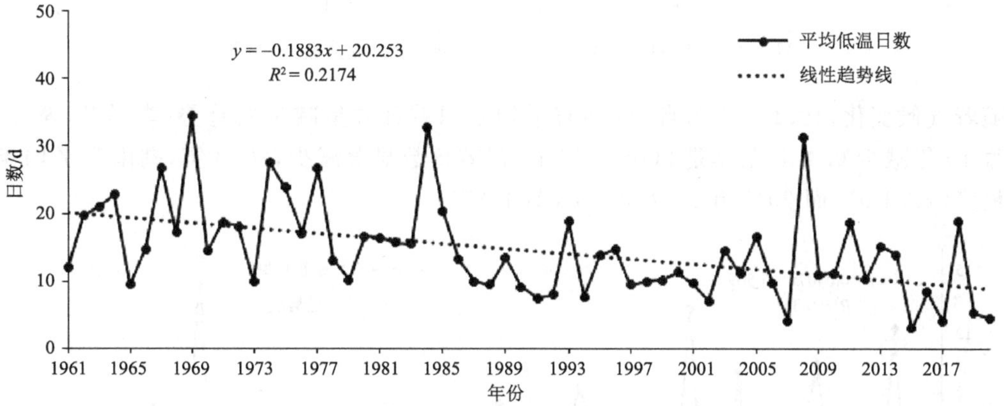

图 4.35　1961—2020 年湖南省平均年低温日数年际变化

4.6.2　积雪

湖南省冬季遭遇强寒潮影响时，各地均可降雪。根据湖南省地方标准《天气术语》(DB43/T 232—2004)，按照降雪强度，可将降雪分为小雪、中雪、大雪和暴雪四个等级：小雪是指 24 h 降雪量在 0.1～2.4 mm；中雪是指 24 h 降雪量达 2.5～4.9 mm；大雪是指 24 h 降雪量达 5.0～9.9 mm；暴雪是指 24 h 降雪量≥10 mm。降雪量是指气象观测人员用标准容器将采集到的雪化成水后，测量得到的数值，以毫米(mm)为单位。北方的雪较为疏松，而南方的雪较紧实，一般而言，10 mm 降雪在北方地区可形成的积雪深度有 8～10 cm，而南方地区积雪深度为 6～8 cm。

降雪期的年际差异和地区差异都较明显，初雪一般最早可在 11 月中、下旬出现，但有的地区 11 月上旬即可出现初雪，如长沙初雪最早在 11 月 7 日(1937 年)出现；终雪最晚一般在 3 月发生，但有的地区至 4 月才断雪，如常德最晚断雪在 4 月 13 日(1943 年)。就全省平均而言，从北到南的降雪初日分别在 12 月上旬到 1 月上旬；降雪终止日期南部地区在 2 月中下旬，其他地区在 3 月上旬。

湖南省平均年积雪日数为 3.6 d,各地(南岳高山站除外)积雪日数为 0.6~7.5 d,呈北多南少分布,安化最多、江永最少(图 4.36)。积雪深度一般在 10 cm 以内,北部深、南部浅,迎风处积雪浅、背风处积雪深。

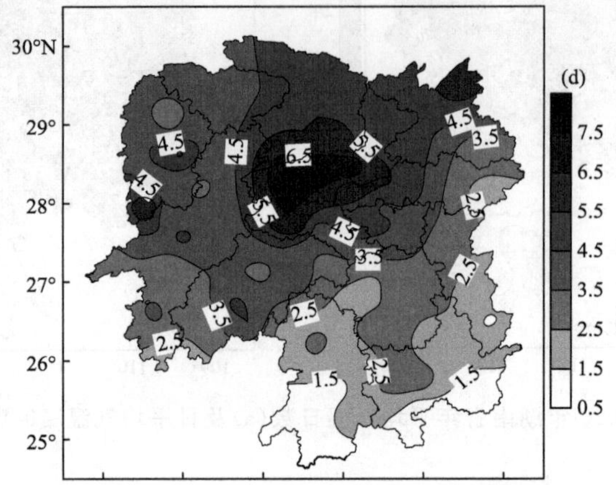

图 4.36　1991—2020 年湖南省年平均积雪日数空间分布

随着气候变化,1961—2020 年,湖南省平均年积雪日数呈减少的趋势(李易芝 等,2023),平均每 10 年减少 0.4 d,尤其是 2008 年以来,积雪日数显著减少,2008 年,湖南省平均年积雪日数最多(15.4 d),而 2017 年最少(0.1 d,图 4.37)。

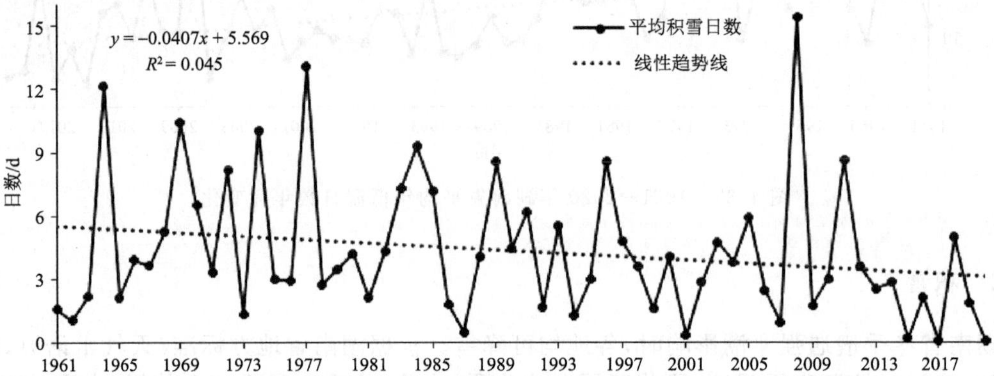

图 4.37　1961—2020 年湖南省平均年积雪日数年际变化

4.6.3　冰冻

冰冻是空气中过冷却雨滴、毛毛雨滴或雾滴以及冻结雪附着在寒冷的电线、树木枝叶、房屋、农作物等近地面物体上形成的一种冻结物。冰冻是对雨凇、雾凇和冻结雪的总称。

冰冻是湖南省冬季常见的灾害性天气之一,俗称桐油凌,其出现次数在全国仅次于贵州省,其危害程度在冻害中居首位,这是全省独特的地理地貌条件所致(徐辉 等,2010;姚蓉 等,2012)。全省的地形特点是东、南、西三面环山,山高一般在 1000 m 以上,极有利于冷空气从东北方向侵入,并在境内滞留堆积,形成冷空气垫;南面来的暖湿气流在沿冷空气垫爬升过程中形成降雨，雨滴穿过冷空气垫时变成过冷却雨滴，降落到地物表面后直接冻结成粘附其上的外表光滑的冰层，且能边降边冻、越积越厚形成雨凇，习惯上湖南称之为冰冻。因此，当近地层有冷空气侵入，地面气温降至≤−1 ℃，而上空有强的暖湿平流时，常常形成雨凇天气。

冰冻监测产品应对冰冻过程进行概括性描述，同时一般需绘制一张冰冻等级分布图，以不同色标图案分别表示轻度、中度、重度的冰冻发生区域。当冰冻监测指标(过程持续时间、过程电线积冰厚度、过程日平均气温≤0 ℃日数和过程最低气温)达到《湖南极端冰冻事件监测方法与判别指标》规定标准时，需在冰冻监测产品中增加极端冰冻事件监测，内容包括各冰冻监测指标达到极端标准及超历史极值的分布图，以不同颜色的圆点分别代表达到极端标准及超历史极值的台站。同时，需进行定量化分析，对区域冰冻过程的持续时间、影响面积、强度及综合强度指数作出说明，并对区域冰冻过程作出历史排位。

(1)冰冻类型

湖南省冰冻以雨凇为主，雾凇、冻结雪及其混合物(如雨凇＋冻结雪、雨凇＋雾凇等)也有出现。据统计，全省大部分地区75%以上的冰冻灾害是由雨凇和雨凇＋冻结雪造成的；湘西、湘南山地雨凇冻害占50%～60%。雾凇是指在空气层中，水汽直接凝华，或过冷却雾滴直接冻结在地物迎风面上的乳白色冰晶。雾凇多出现在山区及高寒山地，湘西、湘南山地出现频率30%～45%；滨湖地区则多在20%以下。南岳山各类冰冻出现频率分别为：雾凇32%，雨凇26%，雨凇＋雾凇41%，而雨凇＋冻结雪或单纯冻结雪很少出现。

(2)冰冻分布形式

湖南省冰冻过程中的冰冻分布有两种形式：一种是零散分布，约占总过程次数的28.3%，这类过程主要是在形成冰冻的物理条件尚不够稳定的情况下出现，冰冻常分布在洞庭湖区、湘南山地和雪峰山区等地，维持时间很短，危害小；另一种为成片分布，是在形成冰冻的物理条件比较稳定的情况下出现，约占冰冻总次数的71.7%。据统计，成片的雨凇位于湘西地区(雪峰山附近或以西)、湘东地区(沿湘江流域)的比例分别占11.7%和5%，冰冻区位于湘北地区(以洞庭湖区为中心)和湘中、湘南地区的比例分别占16.7%、15%和23.3%。

(3)冰冻强度

冰冻从开始形成到消融的整个过程称为一次冰冻。冰冻的强度是以一次冰冻的持续时间长短来衡量的，根据《湖南省天气气候若干标准暂行规定》：一次冰冻持续时间≤3 d的为轻度冰冻；持续4～6 d的为中等强度冰冻；持续时间≥7 d的为重度冰冻。

1961—2020年，湖南省以持续1～3 d的轻度冰冻出现最多，占冰冻总日数的54%；中等强度冰冻和强冰冻日数分别占29%和17%(图4.38)。冰冻过程越强，影响的范围也越大，一般来说，持续1～3 d的弱冰冻过程或过程发生的最初两天只能影响局部或部分地区；如果过程持续3 d，便可影响湖南三分之一的测站；持续4～6 d可影响50多个测站；如果过程持续7 d或7 d以上，几乎可影响全省。从冰冻的地理分布来看，湘南、湘中大片丘陵地区和湘西谷地，一次冰冻持续的时间通常较短，不足5 h的占30%以上，在一天内消失的占60%～80%，湘北湖区和高山地区持续时间一般较长，持续1 d以上的占40%。

(4)冰冻的冻结厚度

冰冻最大冻结厚度大小一般与持续时间长短相关，持续时间长的冰冻最大冻结厚度较大，持续时间短的较小。冰冻最大冻结厚度的地理分布表现为北部比南部厚、东部比西部厚、湖区平原比山地厚的特点，湖南省最大冰冻厚度除高山地区达100～200 mm外，以湘北湖区最大，

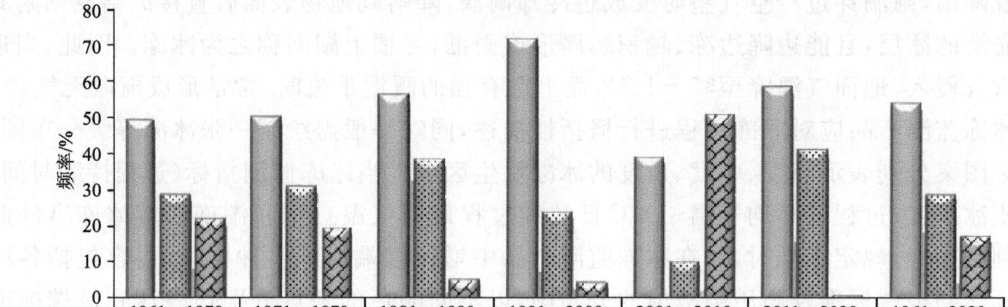

	1961—1970	1971—1970	1981—1990	1991—2000	2001—2010	2011—2020	1961—2020
轻冰冻	49	50	56	72	39	58	54
中等冰冻	49	31	38	24	10	41	29
强冰冻	22	19	5	5	50	1	17

图 4.38　1961—2020 年各年代不同强度冰冻出现的频率

长沙、常德、桑植一线以北以及永州市在 50～70 mm，沅江曾达 120 mm；湘中一带为 30～50 mm，株洲曾达 151 mm；邵阳、郴州仅 15 mm 左右。

(5)冰冻年频数分布

冰冻发生的年频数(或日数)总的分布趋势是北少南多，山地多平原少。以 28°N 线为分界线，此线以南的湘南、湘中的频数(或日数)都比湘北多。但在 28°N 线以北，湖区平原比山地容易出现冰冻；而在 28°N 线以南的情况则相反，山地比丘陵地区容易形成冰冻。在南部山区中，又以北坡地区比南坡地区容易出现冰冻，尤其资兴、桂阳、城步等地是湖南省的冰冻多发区。这些统计规律充分显示出地形对冰冻形成的影响。

湖南省雨凇冰冻年频数(各站雨凇出现年数除以建站年数)分布趋势是：沅水西北面的湘西北和湘江东侧地区出现较少，平均 10 年内有 3～5 年出现雨凇，其中，尤以龙山最少。其他大部分地区平均 10 年内有 6～7 年出现雨凇，其中，又以城步、桂东、汝城等地最多。但从湘西南到湘东南，雨凇年份多的地区与少的地区有相间交错分布的特点，并呈锯齿状向东北方向伸展，这与这些地区呈西南—东北走向的山地相间交错排列非常吻合，表明山地走向对雨凇地域分布有一定影响。

湖南省年平均冰冻日数为 1.7 d，各地年平均冰冻日数为 0.3(龙山)～4.9(桂阳)d，空间分布上呈现出三条高值带，一条是南北走向的湘江流域高值带；第二条是东北—西南走向的雪峰山高值带；另一条是近东西走向的南岭高值带(图 4.39)。

1961—2020 年，湖南省平均年冰冻日数呈减少趋势(图 4.40)，平均每 10 年减少 0.4 d，平均年冰冻日数最多的年份为 2008 年(15.2 d)，最少的年份为 1962 年和 2017 年(0 d)。

4.6.4　湖南省典型低温雨雪冰冻事件

湖南省出现持续性低温雨雪冰冻天气的主要年份有 1929 年、1954 年、1956 年、1964 年、1969 年、1974 年、1977 年、1984 年、2005 年和 2008 年，其中，2008 年 1 月 12 日至 2 月 8 日的过程最为严重。

(1)1929 年 12 月至 1930 年 2 月，湖南省自北而南发生严重雨凇冰冻(时俗称“桐油凌”“油光凌”)，各地奇寒，大雪冰冻数旬不解，商业萧条，百物昂贵，牲畜冻死，菜蔬枯萎，河溪皆

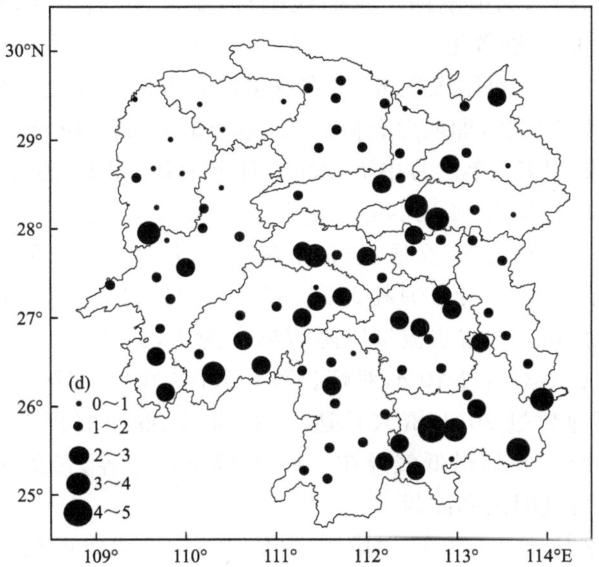

图 4.39　1991—2020 年湖南省年平均冰冻日数空间分布

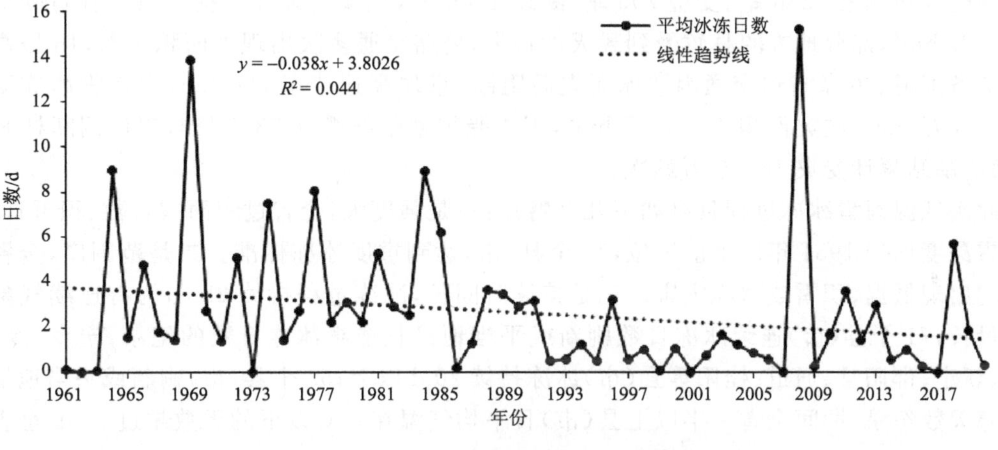

图 4.40　1961—2020 年湖南省平均年冰冻日数年际变化

冰，损坏船只百余，水陆交通完全中断。此次冰冻尤以湘南地区最重，持续 1 月有余，冰厚 2 尺(66.67 cm)多，出现了“融冰当水用，楼板当柴烧，冰雪封门，滴水成冰”的情况；湘北地区圹、河冰冻 20 余天，从湘阴磊石到岳阳九华山之间洞庭湖湖面冰厚尺许，人可步行，冻土深达 1 尺(33.33 cm)多。

(2)1954 年 12 月 26 日至 1955 年 1 月 14 日，湖南省出现了 1929 年以来罕见的严重雨凇冰冻，普遍冰冻超过 10 d，湖区和“四水”下游持续半个多月，常德达 20 d，湘中 10～15 d，湘南 10 d 左右，南岳高山长达 31 d。各地气象台站从离地面约 2 m 高的专用雨凇架上测得电线覆冰最大厚度为：丘陵平原地区超过 10 mm，洞庭湖区达 50～70 mm，南岳高山达 320 mm，南岳高山气象站还测得 1 m 长电线上覆冰的最大重量为 16.4 kg。不少地区溪河圹坝封冻，人可步行，岳阳至城陵矶洞庭湖湖面封冻，解冻时在城陵矶湖区出口处形成冰坝，全省水陆交通中断 6～7 d，安乡长达 1 个月，湘中电网严重断线倒杆，供电、电信中断，树木楠竹大量折断，柑橘、橙树冻死，衡山、溆浦、辰溪等地 1955 年柑橙减产 80%以上，常德板门洲橘园毁灭，沅陵冻死耕牛 5100 余头。此次冰冻对国民经济、工农业生产和人民日常生活造成极大损失和影响。

(3)1956 年底至 1957 年初，湘西北普降大雪，地面最大雪深 14 cm，常德、凤凰、澧县、慈利等地出现中等强度冰冻。1957 年 1 月中下旬和 2 月上中旬，湘中、湘南相继出现冰冻天气，一般持续 5～6 d，长沙、双峰、衡山、衡南、祁东、邵阳、武冈、永兴、汝城等地冻害严重，电线、树木、楠竹断损甚多，部分地方道路封冻，交通、通信中断，长沙最低气温－8.4 ℃。

(4)1976 年 12 月底至 1977 年 1 月初、1977 年 1 月中旬、1977 年 1 月底至 2 月初先后 3 次出现持续低温冰雪，洞庭湖区和澧水流域以降雪冰冻为主，其他地区以雨凇冰冻为主。株洲、新化、黔阳一线以南雨凇冰冻超过 10 d，双峰、衡山、武冈、城步、邵阳、零陵(今永州)、常宁、郴州、嘉禾、临武、汝城等地超过 20 d，资兴长达 30 d；湘北、湘西北积雪 15～18 cm，花垣达 36 cm；慈利、桃源、临澧、桃江、花垣最低气温在－15 ℃以下。华容、安乡、醴陵、沅江沟池圹坝皆封冻，沅江南洞庭湖及内河湖汉亦冰封。

(5)2008 年 1 月 12 日至 2 月 8 日，湖南省遭受了新中国成立后最严重的低温雨雪冰冻天气，低温、冰冻、严寒期等多项低温冰冻评估指标创新中国成立以来极值，综合评估为特大型气象灾害。因灾直接经济损失 680 多亿元，对电力、林业、交通、农业与通信等造成的损失严重。全省输电线路倒塔 2246 基、变型 706 基、断线 1046 处，光缆断缆和受损 65 条，林竹受损面积达 453 万 hm^2，部分地方的林竹受到毁灭性损失，公路交通多次出现大面积中断，16 段高速公路和 7 条国道、36 条省道交通因结冰而先后阻断，京珠高速堵车 300 km，农作物冰冻受灾面积 253.3 万 hm^2，成灾面积 193.3 万 hm^2，因灾受损通信线缆 9553.8 km，累计倒断杆 8.9 万根，通信基站累计受灾 15.86 万站次。

此次低温雨雪冰冻过程具有如下几个特点：一是强度大，全省过程雨雪日数、积雪日数、最大积雪深度均居 1951 年以来前三位，74 个县(市)达到重度冰冻标准。二是范围广，全省各县(市)均出现低温、积雪或冰冻灾害。三是持续时间长，冰冻过程持续 28 d，为有连续气象记录以来最长，71 个县(市)连续冰冻日数刷新或平当地最长连续冰冻日数的纪录，宁乡、冷水江、湘乡、新宁、邵阳县、通道、桂阳等县(市)冰冻持续 20 d 以上；59 个县(市)刷新或平当地最长连续严寒天数纪录，期间全省一半以上县(市)日平均气温在 0 ℃以下的天数超过 17 d，全省除桂东、宁远、炎陵、道县 4 县(市)外均出现了日平均气温连续 5 d≤0 ℃的严寒期；桃江、安化积雪日数达 26 d，有 79 个测站积雪日数在 10 d 以上(最大积雪深度 19 cm，有 25 个测站最大积雪深度 10 cm 以上)。

(6)2018 年 1 月，遭遇两轮低温雨雪冰冻天气过程：1 月 3—8 日、24—31 日。其中，第二次过程冰冻范围居 21 世纪以来的第二位，仅次于 2008 年，过程全省平均气温为 0.4 ℃(位居历史同期第三低位)，过程最低气温为－6 ℃(临湘，1 月 30 日)；共 73 县(市)出现积雪，其中，沅江积雪深度最大，为 8 cm。全省共 92 县(市)出现冰冻，其中，慈利、平江、会同等 36 县(市)出现轻度冰冻，安乡、桃源、常德等 55 县(市)出现中等冰冻，长沙、马坡岭、衡阳县、永兴、双牌等 8 县(市)冰冻持续天数 6 d，南岳重度冰冻；最大电线积冰厚度为 29 mm(郴州，1 月 28 日、29 日和 31 日)。安化、保靖、长沙等 47 县(市)过程最低气温达到极端事件标准，安化、常德、衡阳等 83 县(市)过程日平均气温≤0 ℃日数达到极端事件标准。受冰雪天气影响，怀化、湘西等地道路受阻，无法通行，吉怀高速上 4000 余辆车因冰雪受阻，拥堵长度近 20 km，上万名乘客和司机滞留在冰雪中的高速路上，滞留时间最长达 22 h；包茂高速怀化中方县竹田村到麻阳县石羊哨乡，近百千米路段车辆通行缓慢，拥堵 20 余小时；多地电线积冰，电力设施受损严重。两次低温雨雪冰冻天气过程造成农作物受灾面积达 11.36 万 hm^2，倒房 88 户 186 间，直接经济损失 14 亿元。

(7)2018 年 12 月 27 日至 2019 年 1 月 2 日，湖南省出现大范围低温雨雪冰冻天气过程，共有 85 个县(市)出现降雪，58 县(市)出现大雪以上量级降雪，21 县(市)出现暴雪；80 县(市)出现积雪，最大积雪深度为 20 cm(南县)；过程极端最低气温为 −8.3 ℃(12 月 31 日，临澧)，张家界、石门、慈利等 15 县(市)日最低气温达到极端事件标准；46 县(市)出现轻度冰冻，15 县(市)出现中等冰冻，最长持续天数 6 d，最大电线积冰厚度为 10 mm(汝城，12 月 31 日)。低温雨雪冰冻过程造成地面积雪、道路结冰，给交通造成较大影响。1 月 2 日，磁浮快线停运，岳临、厦蓉、武靖、洞新、邵坪 5 条高速公路出现积雪或结冰，全省国省道积雪或结冰路段共 12 处，23 个收费站实行临时交通管制，5 条主干道实行临时交通管制。据湖南省民政厅统计(截至 2019 年 1 月 3 日 17 时)，全省除郴州外，13 个市(州)74 县市区均不同程度受灾，受灾人口 86.86 万，无因灾死亡(含失踪)人员，紧急转移安置 5038 人，需紧急生活救助 38986 人，农作物受灾面积 7.95 万 hm^2，绝收 0.52 万 hm^2；倒房 59 户 142 间，严重损房 101 户 253 间；直接经济损失 8.12 亿元，其中，农业损失 5.40 亿元，洪江市的柑橘、油菜等农作物受灾较为严重。

(8)2021 年 12 月 24—27 日，湖南省出现明显的低温雨雪冰冻天气过程。怀化、湘西州南部、娄底、益阳、湘潭、长沙等地共 34 个县(市、区)出现暴雪，其中，怀化市区、洪江、芷江、溆浦、会同、凤凰、安化、冷水江 8 个县(市、区)大暴雪，怀化市区积雪最厚达 23 cm；29 个县(市、区)出现 1～3 mm 轻度冰冻。本轮低温雨雪冰冻灾害造成长沙、湘潭、邵阳、张家界等 10 个市(州)39 个县(市、区)发生雪灾灾害，其中，吉首市、凤凰县、花垣县、醴陵市等县(市)受灾严重。

4.7 春寒(倒春寒)

每年 3 月中旬至 4 月下旬，是湖南省早稻大面积播种、育秧、插秧和棉花播种、育苗、移栽以及油菜开花、结荚、壮籽及收割的重要农事季节。正常情况下这段时间的气温是逐渐回升的，但这时冷空气活动仍较频繁，如果遇到势力相当的暖湿气流，冷暖气团的交界面(气象学上称为锋面)在华南徘徊或静止，江南形成长时间的低温阴雨天气，气温非但没有继续转暖反而比前期还低，当达到一定程度时，即称“春寒(倒春寒)”。“春寒(倒春寒)”能造成水稻烂种烂秧，棉花烂种死苗，油菜授粉不足、结荚率降低、阴荚率升高，小麦赤霉病滋生和蔓延，严重时影响农业收成。

4.7.1 监测指标

湖南省地方标准《气象灾害术语和分级》(DB43/T 234—2004)给“春寒”的定义是：3 月中旬至 4 月下旬任意连续 10 d 平均气温低于历年同期平均气温 2 ℃或以上的天气现象，若低于前 10 d 平均气温，则为“倒春寒”。以 ΔT 代表出现春寒或者倒春寒的 10 d 平均气温与历年同期平均气温的差，根据差值幅度不同，可将春寒或倒春寒分为三级：①轻度春寒或倒春寒：$-3.5\ ℃<\Delta T\leqslant -2\ ℃$；②中度春寒或倒春寒：$-5.0\ ℃<\Delta T\leqslant -3.5\ ℃$；③重度春寒或倒春寒：$\Delta T\leqslant -5.0\ ℃$。

4.7.2 时空分布特征

倒春寒是大尺度天气系统产生的天气过程，一般情况下都是成片出现且有一定规模，影响范围较大。一次倒春寒过程的影响可以波及全省或全省大部分地区。

湖南省倒春寒出现的概率呈北少南多的分布特征，全省南半部受倒春寒影响的概率明显大于北半部(图 4.41a)。全省西部及东南部轻度倒春寒多于其他地区(图 4.41b)，全省西北部及东南部中度倒春寒分布明显少于其他地区(图 4.41c)，重度倒春寒南部多于北部(图 4.41d)。因此，湘南受倒春寒影响较为严重。

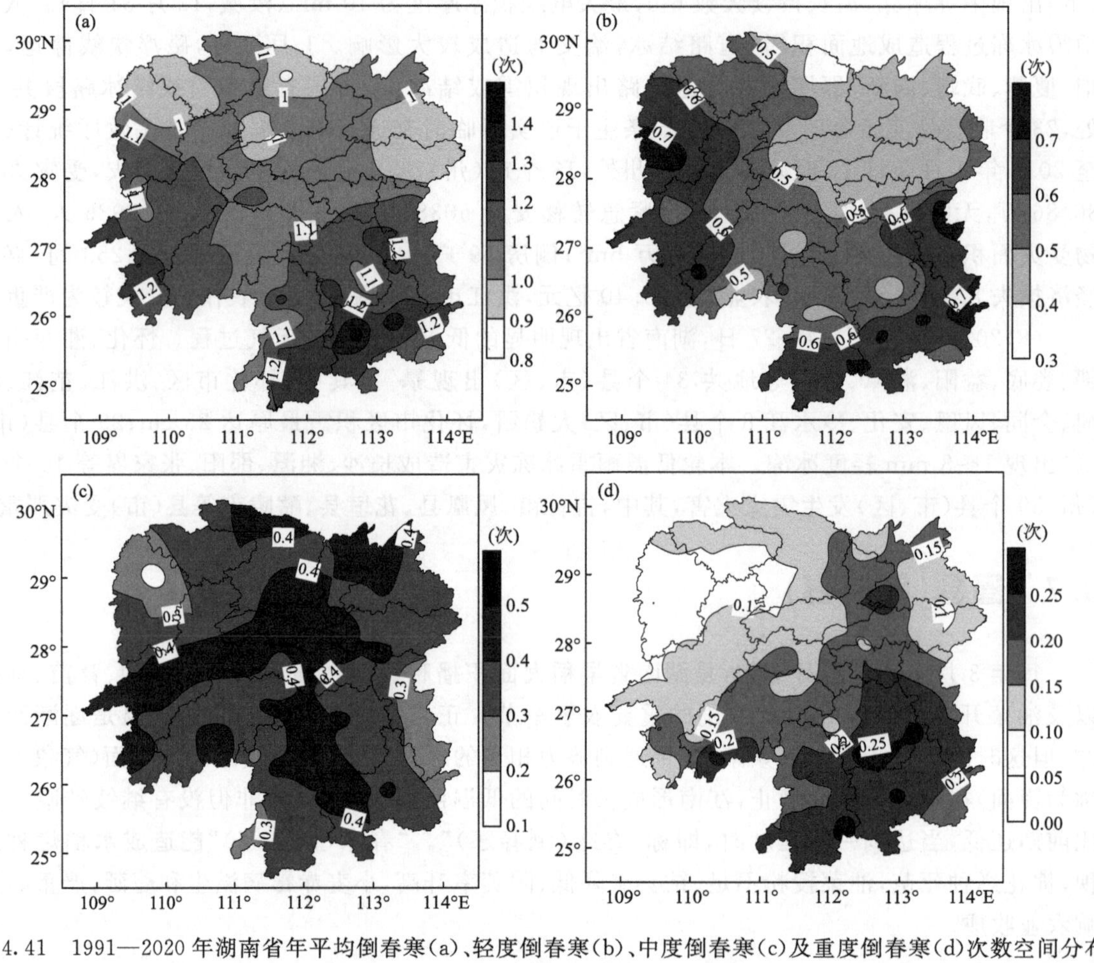

图 4.41　1991—2020 年湖南省年平均倒春寒(a)、轻度倒春寒(b)、中度倒春寒(c)及重度倒春寒(d)次数空间分布

湖南省各地从 3 月中旬到 4 月下旬都可能出现倒春寒，全省倒春寒多发生在 3 月下旬至 4 月下旬，其中，3 月下旬出现次数最多，占倒春寒总次数的 30.1%，其次有 27.9%和 18.2%的倒春寒分别出现在 4 月下旬及 4 月中旬(图 4.42)。

一年出现两次倒春寒的情况也时有发生，且南部出现的年数明显多于北部。如 1972 年 4 月上旬全省出现倒春寒，4 月下旬湘中及其以南再次出现倒春寒；2022 年 3 月下半月全省大部分地区出现倒春寒天气，4 月下旬再次遭遇全省性的轻度至中度倒春寒过程。同一地区一年出现两次倒春寒对作物的影响尤为严重。

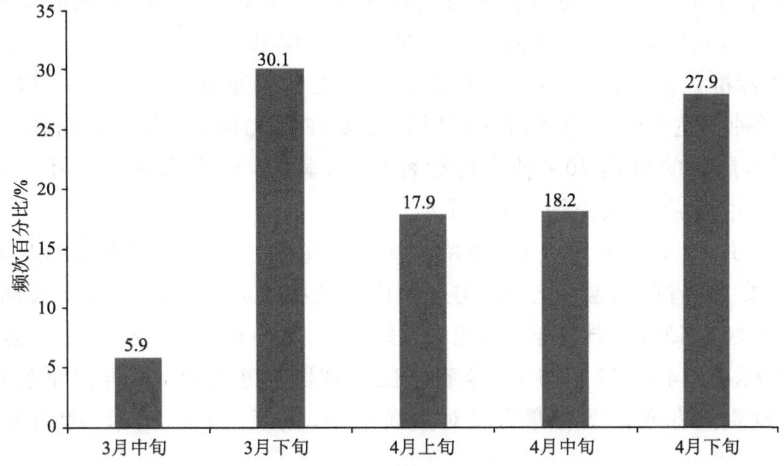

图 4.42　1991—2020 年湖南省平均倒春寒次数百分比逐旬变化

倒春寒常会连年出现，而且湘南连续出现倒春寒的年数远多于湘中和湘北。1987—1992 年，衡阳连续 6 年出现倒春寒；1982—1988 年，道县连续 7 年出现倒春寒；1965—1972 年，通道连续 8 年出现倒春寒；1991—1999 年，永州连续 9 年出现倒春寒；1982—1994 年，炎陵和郴州连续 13 年出现倒春寒。

1961—2020 年，湖南省春寒(倒春寒)频次呈显著减少趋势，20 世纪 60 年代、80 年代及 90 年代倒春寒频次偏多，2000 年之后倒春寒频次偏少(图 4.43)。

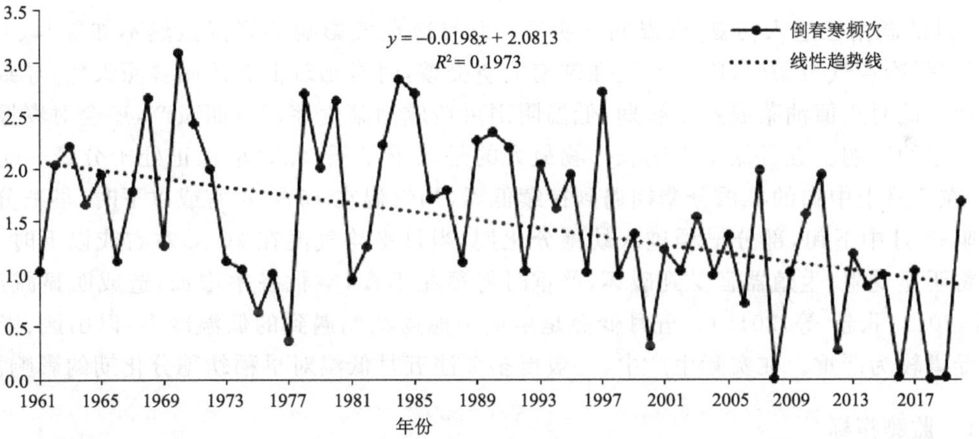

图 4.43　1961—2020 年湖南省年平均春寒(倒春寒)频次年际变化

4.7.3　湖南省典型春寒(倒春寒)事件

(1)1992 年 3 月 16—30 日，出现全省性重度倒春寒天气，湘北、湘中、湘西大片地区气温偏低 4～7 ℃，油菜、小麦严重死株死苗，早稻烂种烂秧严重。

(2)2010 年 3 月 7—17 日，出现全省性中度春寒(倒春寒)天气，其中，8 个县(市)达重度标准；4 月 14—23 日再次出现倒春寒天气，有 93 个县(市)达中度以上倒春寒标准，其中，21 个县(市)达重度倒春寒标准，对早稻、油菜等农作物造成不利影响。

(3)2015 年 4 月 5—14 日,湖南省平均气温为 13.2 ℃,较常年同期偏低 2.9 ℃,较前 10 d 平均气温低 6.3 ℃,其中,7—9 日连续 3 d 日平均气温偏低 5.0 ℃以上,全省大部分地区达到中度倒春寒天气标准。此次过程造成 3 月底至 4 月上旬前期播种育秧的早稻(约占早稻面积 1 成左右)烂秧烂种率达 5%～15%,直播早稻(主要在湘北地区,占早稻面积 2%～3%)烂种率达 30%～50%,严重的可达 70%或全部烂种死苗,其中,常德约有 3.7 万 hm^2 农作物受灾,0.44 万 hm^2 成灾,直接经济损失约 3600 万元。

(4)2020 年 3 月 27 日至 4 月 6 日,受持续冷空气影响,湖南省平均气温仅为 11.3 ℃,较常年同期偏低 3.0 ℃,全省所有县(市、区)均达到倒春寒标准,其中,湘中以南大部分地区为重度倒春寒,郴州北湖区、苏仙区、桂阳县、临武县、汝城县、衡阳南岳区、永州蓝山县、宁远县、江华县达重度倒春寒标准。4 月 17—26 日,全省再次出现倒春寒过程,湘西和湘东南地区共 61 个县(市、区)再度发生倒春寒。倒春寒天气对直播早稻、蔬菜、油菜、玉米、烤烟等作物造成明显影响。

(5)2021 年 4 月 1—12 日,湖南省气温持续偏低,其中,70 个县(市)气温比常年偏低 2 ℃以上,主要发生在湘西州南部、张家界、怀化、益阳南部、娄底、邵阳、衡阳等地,苏仙区、北湖区偏低最大达 3.4 ℃。省内共有 113 个(93%)县(市、区)出现了倒春寒,怀化、郴州、长沙、岳阳等地的 29 个县(市、区)达到中度倒春寒标准,持续低温阴雨天气对早稻育秧、春播等农业生产造成了较大影响。

4.8 五月低温

5 月的湖南已进入初夏,气温回升明显。此时冷空气影响的降温虽然不如 3 月、4 月那么强,但当强冷空气造访时,冷暖空气在湖南上空交绥,时常出现低温阴雨寡照天气,导致气温持续低迷。此时正值油菜成熟收获期,低温阴雨可造成油菜生芽霉变而减产,还会对春播作物生长有一定的影响。五月低温影响农作物最大的是双季早稻,此时早稻正处于分蘖—幼穗分化期,如在 5 月上中旬的早稻分蘖期遇到持续低温,当气温在 15 ℃左右或以下时,早稻分蘖会明显受阻;5 月中下旬,部分早稻进入幼穗分化期,当日平均气温在 20 ℃左右或以下时,早稻穗发育将明显受阻,生殖器官受到破坏,严重时将颖花不育,空秕谷率增加,造成明显减产(陆魁东 等,2011;张超 等,2015)。五月低温是早稻孕穗扬花期遇到的低温冷害,以山区、半山区双季稻受害较为严重。在实际生产中,一般更多关注五月低温对早稻幼穗分化期的影响。

4.8.1 监测指标

根据湖南省地方标准《气象灾害术语和分级》(DB43/T 234—2004),将五月低温定义为:5 月连续 5 d 或以上日平均气温≤20 ℃的天气现象。根据低温幅度和持续时间不同,对五月低温分级如下:

轻度五月低温:日平均气温为 18～20 ℃连续 5～6 d;

中等五月低温:以下二条,达到其中任意一条:①日平均气温 18～20 ℃连续 7～9 d;②日平均气温为 15.6～17.9 ℃连续 7～8 d;

重度五月低温:以下二条,达到其中任意一条:①日平均气温 18～20 ℃连续 10 d 或以上;②日平均气温≤15 ℃连续 5 d 或以上。

4.8.2　时空分布特征

湖南五月低温出现次数整体由东向西递增，处于湘西的凤凰和古丈年平均次数最多达 0.87 次（图 4.44a）。重度五月低温的出现概率同样为西部大于中部和东部（图 4.44b），这说明湖南西部受五月低温的影响远大于东部。

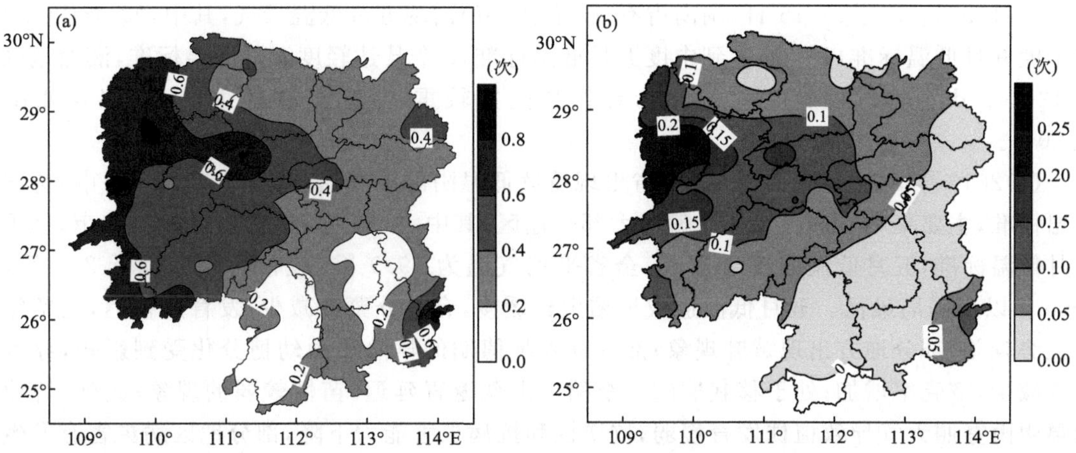

图 4.44　1991—2020 年湖南省年平均五月低温(a)及重度五月低温(b)次数空间分布

五月低温开始时间普遍集中在 5 月上中旬，约占总次数的 94%，其中，5 月上旬最多，占 60%；5 月下旬开始的五月低温只占 6%。有的年份出现两次五月低温，如 2002 年湘西、湘北部分地区，2014 年湘西地区，2019 年湘西、湘西北地区。

五月低温也有连续多年出现的现象，1984—1989 年通道、1988—1993 年吉首、2009—2014 年凤凰分别连续 6 年出现五月低温，1957—1964 年通道连续 8 年出现五月低温。

1961—2020 年，湖南五月低温发生频次呈减少趋势（图 4.45），其中 1979 年发生频次最高（1.7 次），1969 年、2000 年、2007 年、2015 年和 2018 年发生频次最低（0 次）。

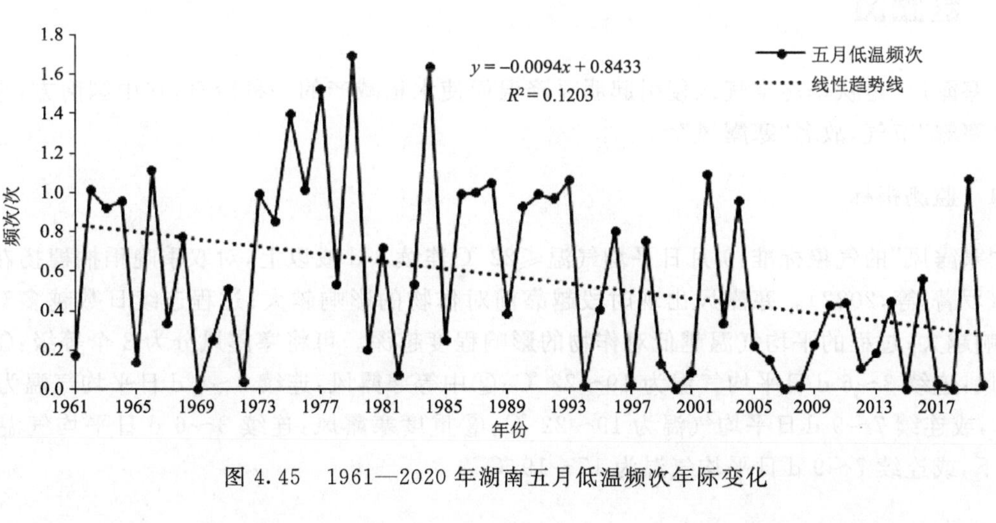

图 4.45　1961—2020 年湖南五月低温频次年际变化

4.8.3 湖南省典型五月低温事件

(1)1975 年 5 月 1—12 日，湖南省有 92 个县(市)出现五月低温天气，其中，61 个县(市)达到重度五月低温标准，12 个县达到中度五月低温标准，19 个县达轻度五月低温标准，湘中及以北地区连续 10～12 d 平均气温在 20 ℃以下，过程平均气温仅 15～17 ℃，造成早稻不发蔸、棉花死苗。

(2)1991 年 5 月 1—15 日，湖南省有 95 个县(市)出现五月低温天气，其中，92 个县(市)达到重度五月低温标准，1 个县达到中度五月低温标准，2 个县达轻度五月低温标准，湘西地区连续 12～15 d 平均气温在 20 ℃以下，春作物受灾较重，早稻烂秧率达 30%，棉花死苗率达 20%。

(3)2016 年 5 月 14—29 日，湖南省出现持续低温阴雨天气，省内先后有 52 县(市)达五月低温标准，主要集中在湘西及湘中偏北大部分地区，其中，凤凰、泸溪、韶山等 30 县(市)达重度五月低温标准，五月低温强度创新高，全省平均气温为 19.9 ℃，较常年同期偏低 2.6 ℃，为 1960 年以来同期最低。五月低温造成早稻生长缓慢，有效分蘖数减少，发育期推迟，与常年相比长势较差，部分地方出现黄叶现象；部分进入孕穗期的早熟品种幼穗分化受到影响，导致穗粒数减少，空壳率增加；处于移栽期的一季稻也出现返青延迟，苗情较弱的现象；此外，持续的低温阴雨寡照天气导致植株发育瘦弱，抗逆性和抗病虫害能力下降，部分地区病虫害有发生发展的趋势。

(4)2021 年 5 月 16—29 日，湖南省平均气温 20.1 ℃，较常年同期偏低 2.6 ℃，其中，湘中大部分地区、湘北局地偏低 3 ℃以上，衡山偏低最大达 4.2 ℃，居 1961 年以来历史同期第三低位(仅次于 2016 年 19.8 ℃和 1975 年 20.06 ℃)，86.9%的县(市、区)达到五月低温标准，其中，有 61.5%的县(市、区)达到中度五月低温标准，主要位于益阳、岳阳、长沙、娄底、湘潭、邵阳、怀化中南部等地。五月低温导致早稻秧苗，蔬菜、烤烟等农作物生产缓慢，长势差，植株瘦弱，抗逆能力差，早稻秧苗移栽和一季稻播种进度都推迟，同时也严重影响油菜灌浆，造成油菜籽灌浆不饱满、千粒重下降。

4.9 寒露风

“寒露风”是秋季冷空气入侵引起明显降温而使水稻减产的一种冷害，在中国南方，它多发生在“寒露”节气，故名“寒露风”。

4.9.1 监测指标

“寒露风”的气象标准：9 月日平均气温≤22 ℃连续 3 d 或以上，对双季晚稻抽穗扬花造成危害(罗菁 等，2022)。寒露风出现时段越靠前对作物的影响越大；过程连续日数越多对作物的影响越大；过程的平均气温越低对作物的影响程度越深。可将寒露风分为 3 个等级：①轻度寒露风：连续 3～6 d 日平均气温为 19～22 ℃；②中等寒露风：连续 3～6 d 日平均气温为 17～19 ℃，或连续 7～9 d 日平均气温为 19～22 ℃；③重度寒露风：连续 3～6 d 日平均气温为 17 ℃以下，或连续 7～9 d 日平均气温为 17～19 ℃。

4.9.2　时空分布特征

近年来，湖南省寒露风年均日数整体呈西多东少、北多南少的分布特征，全省西部年均寒露风日数在 3 d 左右，南部年均寒露风日数在 2 d 以下，而位于全省东南角的桂东县由于其海拔高度较高，年均寒露风日数达 7.8 d(图 4.46a)。年均重度寒露风日数分布同样是由西向东、由北往南递减的(图 4.46b)，可见全省西部、北中部受寒露风的影响大于东南部(桂东除外)(黄晚华 等，2011；罗伯良 等，2015；宋忠华 等，2022)。

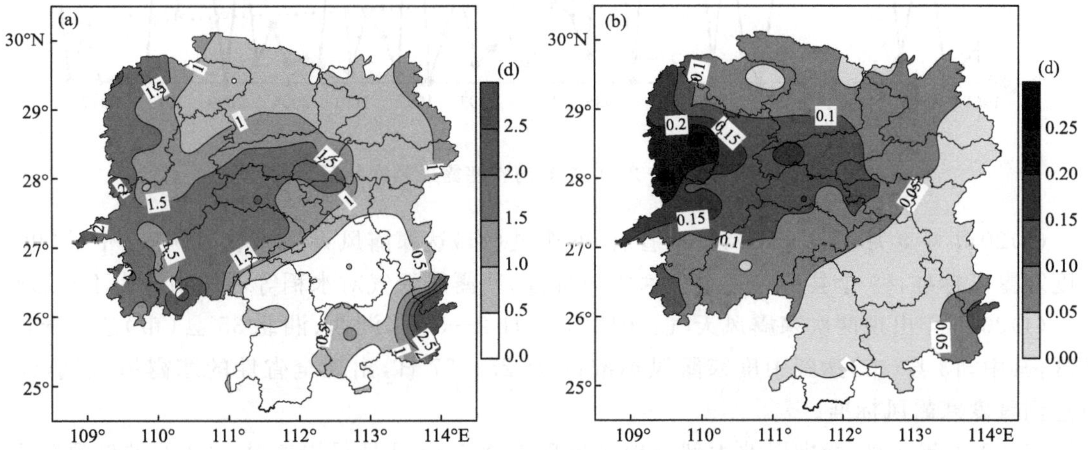

图 4.46　1991—2020 年湖南省年平均寒露风(a)和重度寒露风(b)日数空间分布

根据定义，一次寒露风的连续时间至少为 3 d，但实际情况却往往多于 3 d，寒露风连续天数越多对作物的影响也越严重。据统计，1961 年以来，寒露风过程连续天数最多可达 19 d，分别出现在 1965 年(桂东)及 2020 年(保靖)。

9 月上、中、下三旬均可出现寒露风，出现在各旬的比例分别是上旬 6%、中旬 29%、下旬 65%。但是从对作物影响程度来看，出现越靠前影响越严重。

一年内出现两次以上寒露风过程的情况常有发生，同一年内出现的寒露风过程越多，对作物的影响也越严重。连续 3～4 年出现寒露风的情况各地均有出现，连续多年出现寒露风的情况也常有发生，如邵阳、永州、衡阳、郴州 1967—1972 年连续 6 年出现寒露风，石门、岳阳、安化 1967—1974 年连续 8 年出现寒露风，通道 1963—1974 年连续 12 年都出现寒露风。

1961—2020 年，湖南省寒露风发生频次呈减少趋势(图 4.47)，其中，1997 年发生频次最多(2.1 次)，1975 年和 2009 年发生频次最少(0 次)。

4.9.3　湖南省典型寒露风事件

(1)1997 年 9 月中旬，湖南省出现有气象记录以来持续时间最长、危害最严重的寒露风天气，从 9 月中旬开始全省至月末，大部分地区持续 10～15 d 的寒露风天气，导致当年的晚稻产量减产 5%～10%，个别稻田出现绝收现象。

(2)2010 年 9 月 22—30 日，湖南省有 77 个县(市)先后受到寒露风天气影响，其中，有 63 个县(市)达重度标准(重度寒露风县(市)数为 1951 年以来第三高位)，寒露风造成晚稻灌浆期延长，成熟期推迟，千粒重下降，对油菜播种出苗也有不利影响。

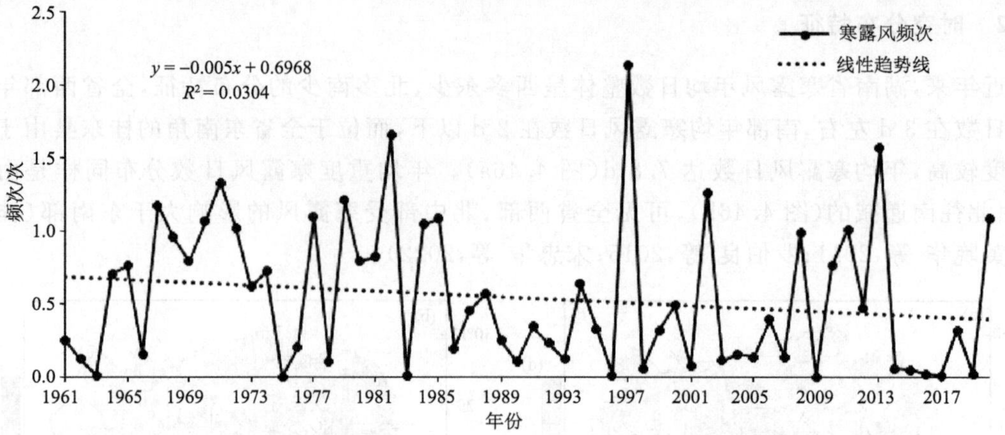

图 4.47　1961—2020 年湖南省寒露风频次年际变化

(3)2011 年 9 月 18—25 日，湖南省有 96 个县(市)达寒露风天气标准，其中，7 个县(市)达中度寒露风标准，89 个县(市)达重度寒露风标准，寒露风天气对水稻等农作物造成不利影响。

(4)2013 年出现两次寒露风天气：2013 年 9 月 2—5 日，湘西、湘北 35 县(市)达到寒露风标准，其中，13 县(市)达到中度寒露风标准；9 月 25—27 日，出现全省性的寒露风天气，55 县市达到重度寒露风标准。

(5)2014 年 9 月，湘中以北大部分地区出现连续 3～8 d 日平均气温≤22 ℃的低温阴雨天气，达到杂交稻受害的寒露风标准，其中，17—19 日常德南部出现连续 3 d 日平均气温低于 20 ℃的寒露风天气。寒露风对值在抽穗期的晚稻产生了明显影响，导致抽穗扬花受阻、结实率下降、空壳率增加。

(6)2020 年 9 月 14—29 日，湖南省出现大范围寒露风天气，9 月 28 日寒露风影响达到顶峰，全省晚稻种植区有 71 个县(市、区)达到寒露风标准，其中，47 个县(市、区)达到中度寒露风标准，邵阳、娄底、益阳、湘潭等市(州)的 24 个县(市、区)达到重度寒露风标准。长时间的低温阴雨寡照致使处于抽穗杨花期的晚稻空壳率增加，同时对一季稻的收晒极为不利，部分地区一季稻在田间发芽。

4.10　8 月低温

由于进入 21 世纪以来，一季中稻种植范围明显扩大，而 8 月一季中稻正处于孕穗抽穗扬花期，此时若有台风低压槽与北方南下的冷空气在全省上空交汇，容易造成持续低温阴雨寡照天气，对一季稻抽穗扬花和灌浆会造成不利影响，因此，8 月低温对一季稻的影响成了日益凸显的问题，引起了普遍的关注，8 月低温已成为一种新的湖南气象灾害(黄晚华 等，2009；陆魁东 等，2015)。

4.10.1　监测指标

根据低温对一季中稻的影响，“8 月低温”是指 8 月(一般指一季中稻抽穗杨花期)连续 3 d 或以上日平均气温≤23 ℃的低温天气。低温往往伴随着阴雨天气，对一季稻抽穗扬花和灌浆会造成不利影响。农业生产部门称之为“倒秋雨”天气。8 月低温可分为 3 个等级如下：

轻度 8 月低温：日平均气温为 21～23 ℃连续 3～5 d；

中等 8 月低温：以下二条，达到其中任意一条：①日平均气温 21～23 ℃连续 6～8 d；②日平均气温 19～21 ℃连续 3～5 d；

重度 8 月低温：以下三条，达到其中任意一条：①日平均气温 21～23 ℃连续 9 d 以上；②日平均气温 19～21 ℃连续 6～8 d；③日平均气温 19 ℃以下连续 3～5 d。

4.10.2　分布特征

近年来，湖南省 8 月低温年均日数整体呈西多东少、北多南少的分布特征，全省西部年均 8 月低温日数在 0.8 d 以上，南部年均 8 月低温日数在 0.4 d 以下，而桂东县由于海拔高度较高，其年均 8 月低温日数最多(7.1 d，图 4.48)。

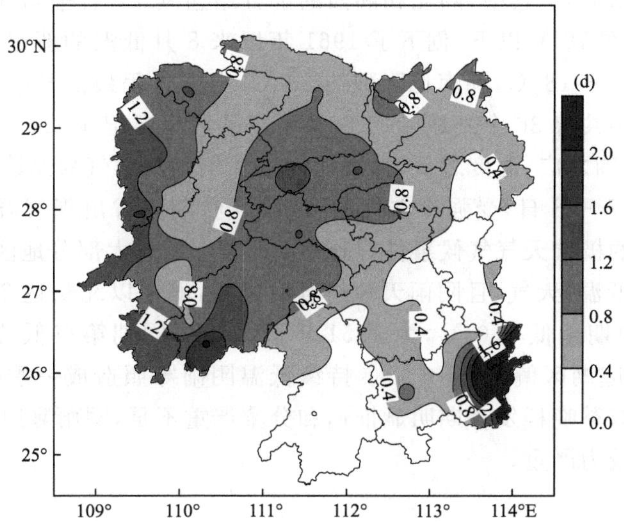

图 4.48　1991—2020 年湖南省年平均 8 月低温日数空间分布

4.10.3　湖南省典型 8 月低温事件

(1)1980 年 8 月中旬中期，湘西、湘中等 39 站出现 8 月低温。湘西部分站持续 4～7 d，其他多为 3～4 d，平均为 4.1 d，其中，龙山达 11 d；过程日平均气温仅为 21.8 ℃，其中，龙山和城步过程日平均气温降到 20 ℃以下，过程最低日平均气温为 19.5 ℃(城步)。

(2)1982 年 8 月下旬前中期，湘北、湘西等地共 27 个站出现 8 月低温。低温持续 4～7 d，平均为 5.2 d；过程日平均气温为 21.4 ℃，其中，有 7 个站过程日平均气温降到 20 ℃以下，过程最低日平均气温为 19.6 ℃(花垣)。

(3)1988 年 8 月中旬中后期，湘西、湘中和湘北的部分地区共 58 个站出现 8 月低温，8 月低温严重程度仅次于 2005 年和 2002 年，位居第三。过程平均持续天数达 5.8 d，其中，湘西、湘中部分地区 5～10 d，凤凰持续天数最多达 10 d，过程日平均气温有 9 个站降到 20 ℃以下，其中，过程最低日平均气温为 18.9 ℃(武冈)。

(4)1993 年 8 月下旬末，湘西、湘中和湘北的部分地区共 63 个站出现 8 月低温，8 月低温严重程度次于 1988 年，位居第四，发生站次数位列第三。过程平均持续天数 3.6 d，其中，桑植为 6 d，其他大部分地区为 3 d，由于发生在 8 月下旬，对一季稻的影响较小。

(5)2002 年 8 月 10—16 日，湖南省 8 月低温严重程度仅次于 2005 年。湘中以北出现大范围的低温阴雨天气，湘北、湘西、湘中和湘南的 83 个县站出现 8 月低温。全省平均低温持续 6.8 d，其中，湘北和湘西及湘中部分地区普遍持续 7～12 d，湘中、湘南持续 3～8 d，其中，龙山、保靖持续时间最长(12 d)。过程日平均气温仅 21.6 ℃，有 10 个站过程日平均气温降到 20 ℃以下，过程最低日平均气温仅 19.2 ℃(凤凰)。从持续天数上看，2002 年超过了 2005 年，但 2002 年发生范围略小于 2005 年。

(6)2005 年 8 月 18—24 日，湖南省出现自 1961 年以来最严重的 8 月低温，除永州大部分、郴州部分及株洲南部个别县外，全省 96 个气象站共有 89 个站出现了 8 月低温。过程平均持续天数达 6.0 d，其中，湘北和湘西持续了 5～8 d 低温，湘中持续 4～7 d、湘南持续 3～6 d。过程日平均气温仅 20.7 ℃，其中，湘北和湘西的部分站连续 3 d 日平均气温≤20 ℃，有些地区甚至 3 d 日平均气温在 19 ℃以下，创下了 1961 年以来 8 月低温的新纪录。过程最低日平均气温湘北、湘西降到 17～18 ℃，湘南也降到约 20 ℃，全省过程最低日平均气温为 17.0 ℃(保靖)。洞庭湖区及湘中共有 36 个站刷新了 8 月极端最低气温纪录，24 个站为历年同期次低。此次 8 月低温影响范围之广、温度之低、持续时间之长均为全省气象站建站以来之最。

(7)2014 年 8 月 7—18 日，受强冷空气的持续影响，湖南省出现气温显著偏低、日照严重偏少、降雨局地特多的极端天气气候事件，11—14 日湘中以北大部分地区出现连续 3 d 日平均气温≤23 ℃的“8 月低温”天气，且阴雨天数持续时间长，湘中以北长达 8～11 d。全省平均气温 25.0 ℃，较常年同期偏低 3.0 ℃，为 1951 年以来历史同期第三低位(2002 年 23.4 ℃和 1980 年 24.4 ℃)，洞庭湖区偏低 4～6 ℃。持续低温阴雨寡照造成一季中稻抽穗扬花严重受阻和影响籽粒灌浆，双季晚稻发育期明显推迟和分蘖严重不足，阴雨寡照天气还导致棉花夏桃减少、葡萄裂果落果较为严重。

4.11 强对流

强对流天气是指发生突然、强度剧烈，常伴有短时强降水、雷电、大风、冰雹、龙卷等强烈对流性灾害的天气，水平尺度一般小于 200 km，有的仅有几千米，其生命期约为 1 h 至十几小时。强对流天气具有历时短、局地性强、天气剧烈、破坏性强等特点。强对流天气来临时，经常伴随着电闪雷鸣、风大雨急等恶劣天气，致使房屋倒毁，庄稼、树木受到摧残，电信、交通设施受损，甚至造成人员伤亡等。

4.11.1 雷暴

雷电是自然大气中强烈的放电现象，俗称闪电，在气象学上又称为雷暴，一般发生于雷雨云(又称雷暴云、积雨云)中。闪电可分为云际闪和云地闪(或地闪)，而对人类造成雷击灾害的主要是云地闪，俗称“落地雷”。如果“落地雷”击中建筑物、树木或人畜，就会造成建筑物、树木的破坏或人畜的受伤、死亡。人们称这种自然灾害现象为“雷击”。

雷击灾害可分为直接雷害和间接雷害。直接雷害是雷击点直接由云地闪引起的雷害，可导致人员伤亡、物体燃烧、爆炸、腐蚀、变形和其他因强电流、电磁力(电动力)、高气压冲击波引起的结构性破坏。这类破坏一般都留下十分明显的痕迹。间接雷害，就一次雷击而言，由于脉冲放电，使占有很宽频带的强脉冲电流通过主通道，这个强电流脉冲必然会产生电磁效应，造成电磁辐射，这些电磁现象作用在电气系统上就可能造成永久性破坏或扰乱正常工作，还可能产生火花；在易燃易爆环境中因电气系统受破坏还可能引发更为强大的能量介入（如电源短路），导致更大的灾害发生。

（1）时空分布特征

湖南省属于强雷暴区，年平均雷暴日数为 32.9 d（1991—2020 年气候平均值，下同），各地年平均雷暴日数在 22.2～47.9 d，安乡最少，临武最多。总体而言，雷暴日数空间分布湘南多于湘北，山地多于丘陵，丘陵多于平原，湖区最少，雪峰山、幕阜山及南岭山区为多发区（周明薇 等，2018），沿南岭山脉、雪峰山脉为两条雷暴日数高值带（图 4.49a），有名的“雷击村”（溆浦山背村）就位于雪峰山高值带内。

湖南省雷暴在一年中各月均可出现，多发生在春季和夏季，其中，春季平均雷暴日数为 12.6 d，占比 38.3%；夏季平均雷暴日数为 15.9 d，占比 48.4%，且 8 月雷暴日数最多，为 6.0 d（图 4.49b）。2—6 月的雷暴与冷空气活动有关，常成带状自北向南推进，以夜间到清晨出现较多；7—8 月多为热对流性雷暴，范围小，呈点状分布，常自西向东或沿山脉、河谷移动，主要出现在晴天的午后到黄昏（姚蓉 等，2017）；9 月至次年 2 月雷暴较少。

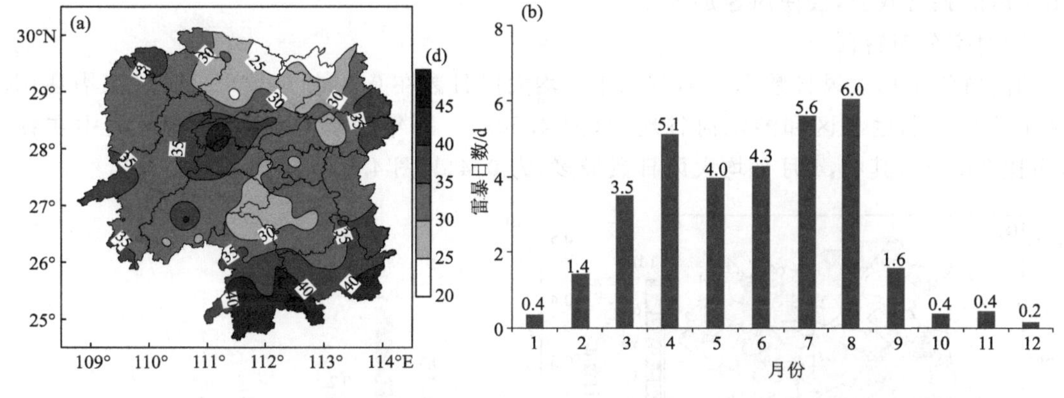

图 4.49　1991—2020 年湖南省年平均雷暴日数空间分布(a)及雷暴日数逐月变化(b)

雷暴过程的持续时间各不相同，有时可达几小时，有时仅闻雷一声，一般白天雷暴过程持续时间较短，夜间较长。就全年雷暴平均持续时间而言，湖南省各地都在 1 h 左右，但连续最长的可达 6～7 h，常德 1954 年 8 月 30 日一次雷暴达 520 min。

（2）雷击灾害

湖南省几乎每年都有雷击现象发生，但雷击出现次数的多少以及损害程度的大小各年都不相同，以 1973 年雷暴最频繁，出现雷击灾害也最多，全省共发生雷击灾害 44 起，遭受 3 次以上雷击的地区有常德、汉寿、邵阳、洞口、新宁、新邵、零陵等地，其中，洞口和新宁达 7 次之多，这年因雷击死 57 人、伤 162 人。尤其是 7 月就有 12 d 出现了雷击灾害，造成 38 人死亡、120 人受伤。

据不完全统计，自 2002 年以来，湖南省因雷击造成事故 11509 起，导致 253 人死亡、302 人受伤，经济损失超 4 亿元，雷击事故发生率列居全国第八位。雷电对易燃易爆行业、电力系统，办公室场所、景区、中小学校等人员密集区域，农村民居等防雷措施较为薄弱的场所造成了较为严重的人员伤亡和设备损失。

4.11.2　大风

大风是指瞬时风力达到或超过 8 级(≥17.2 m/s)的天气现象，湖南省各地一年四季均有发生。全省的大风按照成因可分为三类：即雷雨大风(包括飑线和龙卷)、冷锋后偏北大风、热低压大风或副高边缘偏南大风。其中，以雷雨大风成灾最多，以龙卷的破坏力最大，冷锋后偏北大风影响范围最广。大风出现时常伴随冰雹、雷电、暴雨、龙卷，尤其是大风夹冰雹的情况十分频繁。大风灾害一年四季均可发生，但以春夏居多，秋冬较少。由于大风来势迅猛，风力强，易造成倒屋翻船、断线倒杆，对交通、航运、电力、工农业生产以及人民生命财产的安全都有很大影响。

大风的形成、分布与天气条件和地理因素密切相关，湖南省各地均有遭大风袭击成灾的情况，洞庭湖区、“四水”下游以及湘江河谷地带为风灾多发区(郭凌曜 等，2018)，沅水中上游和湘东、湘南丘陵山地则较少，这是因为全省地势三面环山，北部低平，“四水”河谷多呈南北或东北—西南走向，有利于冷空气入侵，冷空气南下后，洞庭湖区首当其冲，滨湖平原和水面摩擦力小，风力较其他地区明显偏大，大风遇山脉、丘陵阻挡，风速迅速减小，而南北向的湘江河谷地带由于风的狭管效应，会使风速加大。

(1)时空分布特征

湖南省年平均大风日数 1.9 d，各地年平均大风日数在 0.2(祁东县)～13.1(江华县)d，大值区主要位于洞庭湖区和湘江河谷地带(图 4.50a)。一年四季均可出现，相对集中在春、夏季，占比 76.3%，其中，4 月平均大风日数最多，为 0.4 d(图 4.50b)。

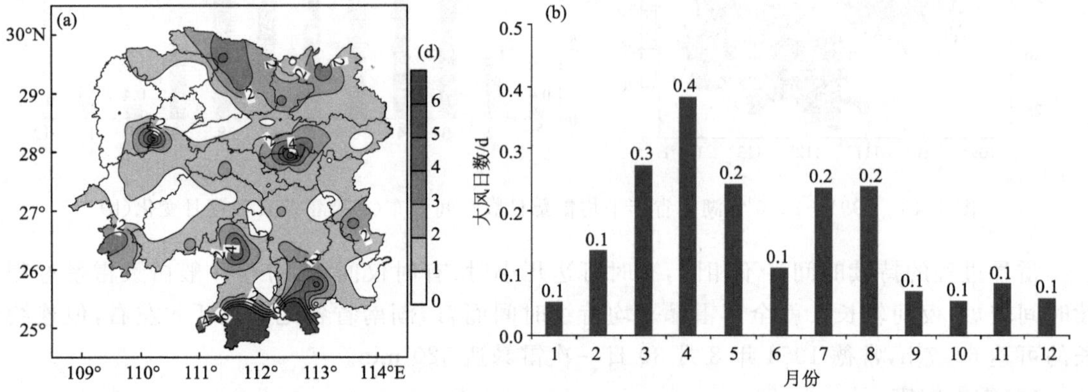

图 4.50　1991—2020 年湖南省年平均大风日数空间分布(a)及大风日数逐月变化(b)

1961—2020 年，湖南省平均年大风日数呈下降趋势，平均每 10 年减少 1.5 d。20 世纪 60 年代大风日数较多，其中，1967 年平均大风日数最多(11.7 d)，之后逐渐减少，2011 年平均大风日数最少，仅 0.69 d(图 4.51)。

(2)湖南省典型大风灾害事件

1)2013 年春季，湖南省共出现大风 124 站次，雷暴 969 站次。其中，2013 年 3 月 19—20 日出现了春季影响范围最大的一次强对流天气，16 个县(市)出现雷暴大风，其中，道县瞬时最

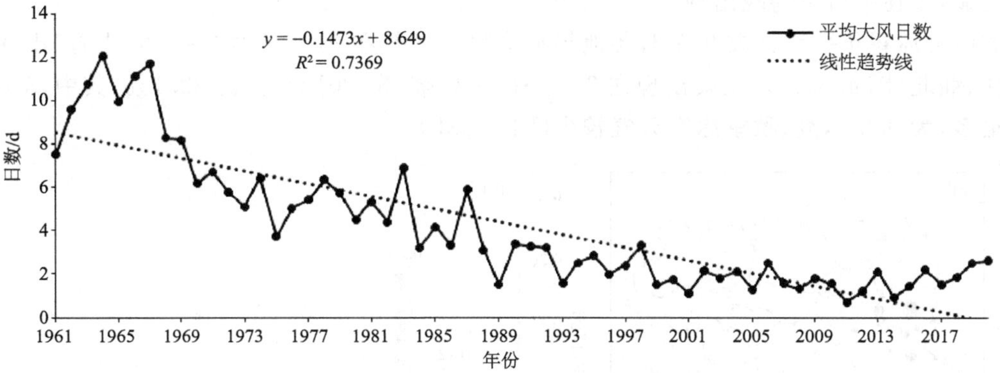

图 4.51　1961—2020 年湖南省平均年大风日数年际变化

大风速达 30.7 m/s(相当于 11 级大风)，为当地有气象观测记录以来的最大风力。据初步统计，这次过程共造成全省 81.9 万人受灾，其中，极端地面大风造成道县 3 人死亡、52 人受伤，直接经济损失共计 7.2 亿元。据不完全统计，2013 年春季强对流天气共造成全省 188.55 万人受灾，死亡 13 人，紧急转移安置 3.61 万人；农作物受灾面积 14.39 万 hm^2，绝收面积 1.59 万 hm^2；倒塌房屋 0.39 万间，损坏房屋 1.5 万间；因灾直接经济损失 20.21 亿元。

2)2020 年 2 月 13 日开始，湖南省长沙市、益阳市、张家界市、邵阳市、怀化市、常德市、岳阳市相继出现强对流天气，强对流天气带来的大风造成益阳、常德、岳阳等部分地区塑料大棚、养殖场等农业设施受损，浏阳、衡阳局地油菜出现倒伏。截至到过程结束，农作物受灾面积 1672 hm^2，成灾面积 1464 hm^2，绝收面积 66.71 hm^2，耕地面积毁坏 1 hm^2。

3)2021 年 5 月 11 日 14 时 30 分前后，新田县新圩、陶岭、石羊、三井、新隆等乡镇突遭历史罕见的暴雨、大风、冰雹袭击，烤烟大面积受损。2021 年 5 月 15—16 日再次出现风雹天气，沅陵、浏阳、涟源、冷水江、岳阳市区、南岳等县(市、区)瞬时大风超过 10 级，岳阳县中洲乡 15 日 20 时 23 分极端风力达到 12 级(36.9 m/s，为历史第二高位，仅次于 2002 年 4 月 1 日新晃 39.6 m/s)。强对流导致部分地区房屋倒塌或破损、农业大棚设施受损、树木断折等。

4.11.3　冰雹

冰雹简称“雹”，它是一种坚硬的球状、锥状或形状不规则的固态降水，由多层透明和不透明相间的冰层包裹着一个不透明的雹核而成。冰雹降自发展强烈的积雨云中，这种云又称“冰雹云”，其厚度大、含水量高、上升气流强。冰雹的大小差异较大，直径一般大于 5 mm，最大雹块直径可达十几厘米。雹块越大，下落速度和破坏力也越大。如直径 3 cm 的雹块质量约为 13 g，降速可达 25 m/s，会给农作物造成很大的损害。冰雹过程维持时间不长，多为几分钟到几十分钟。降雹范围一般不大，为长几千米到几十千米，宽几十米到几千米的狭长地带。但冷涡等天气扰动所伴随的降雹，可以不连续地出现在很大范围内。冰雹通常伴随着狂风暴雨而来，冰雹下落时以特大的动能碰撞地物，能毁坏庄稼、果园、房屋，甚至打伤、打死人畜，是一种严重的自然灾害。

(1)时空分布特征

冰雹天气有如下规律：冰雹出现频率总分布趋势是西北多、东南少，并由西北向东南递减；湖南省降雹季节性明显，冰雹大多出现于春季(曾志云 等，2008；许霖，2011)；冰雹的日变化也十分明显，多在午后至傍晚出现。

湖南省冰雹年平均日数 0.5 d，各地年平均冰雹日数在 0（双峰县）～1.9（吉首）d，主要位于湘西、湘北（图 4.52a）。主要出现在 2—4 月（郭凌曜 等，2018），占比 82.1%，其中，3 月冰雹日数最多，为 0.2 d，夏、秋季冰雹天气较少（图 4.52b）。

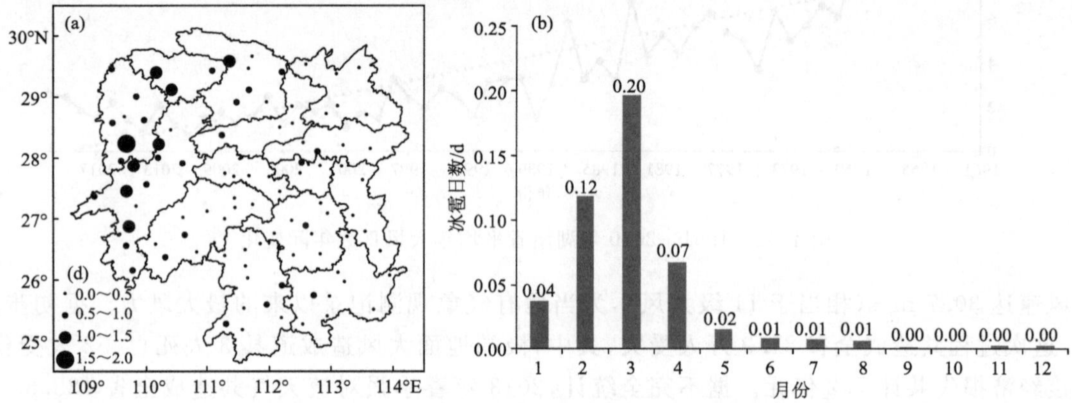

图 4.52 1991—2020 年湖南省年平均冰雹日数空间分布（a）及冰雹日数逐月变化（b）

1961—2020 年，湖南省平均年冰雹日数在 0.01（2017 年）～2.23（1988 年）d，整体呈略减少趋势。20 世纪 60 年代到 80 年代前期全省平均冰雹日数较平稳；20 世纪 80 年代后期到 90 年代初期，全省平均冰雹日数迅速增多；1992 年之后冰雹日数呈逐渐减少趋势，仅 2020 年冰雹日数较多（图 4.53）。

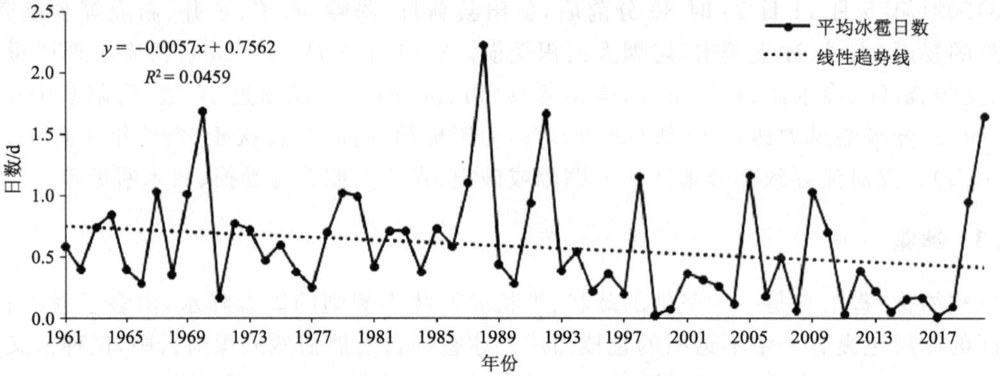

图 4.53 1961—2020 年湖南省平均年冰雹日数年际变化

（2）湖南省典型冰雹灾害事件

1）2013 年 3 月 19—20 日，湖南省出现一次大范围的风雹天气过程，共计 12 个县（市）出现冰雹，最大冰雹直径达 50 mm（相当于鸡蛋大小，位于湘西南的靖州），16 个县（市）出现雷暴大风，其中，道县瞬时最大风速达 30.7 m/s（相当于 11 级大风），创当地有气象观测记录以来的最大风力。据初步统计，本次过程共造成全省 81.9 万人受灾，其中，极端地面大风造成道县 3 人死亡、52 人受伤，直接经济损失共计 7.2 亿元。

2）2015 年 4 月 2—4 日，湖南省出现一次大范围混合性强对流天气过程，雷雨大风、冰雹及暴雨等多种强对流天气共存。湘北出现较大范围冰雹，慈利出现直径达 15 mm 的冰雹，岳阳最大风速达 21.5 m/s,3 日 20 时至 4 日 08 时 12 h 累计雨量达 218.3 mm,创当地历史极值。本次大范围混合性强对流天气过程共导致全省 42.15 万人受灾,直接经济损失 4.84 亿元,岳阳北部部分市县出现了严重的城市内涝和城乡积涝。

3)2020 年 3 月 21—24 日,长沙市、常德市、湘西州、怀化市、益阳市、张家界市等遭遇风雹袭击,3 月 21 日 20 时 48 分,G56 杭瑞高速沅陵段 1090～1094 km 处突降冰雹,实行交通管制;3 月 22 日,平洞高速益马段,桃花江,大栗港、马迹塘收费站因下冰雹实行交通管制。此次风雹天气共造成全省约 22.9 万人受灾,紧急转移安置 1991 人,需紧急救助 2159 人;农作物受灾面积为 2.89 万 hm^2,农作物成灾面积 1.54 万 hm^2,绝收面积 4460 hm^2;倒塌房屋共计为 109 户 269 间,严重损坏房屋共计 1379 户 4232 间,一般损坏房屋户数共计 1.79 万户 3.71 万间;直接经济损失 5.01 亿元。

4.12 大雾

大雾是指在近地面气层中悬浮有大量的水汽凝结物使水平能见度降低到 1 km 以下的自然现象。雾里的水汽凝结物称为雾滴,浓雾中雾滴浓度可达 500 个/cm^3,湖南的雾滴多为小水滴,能反射各种波长的光,因此雾呈乳白色,雾里水平能见度很低(可至 0 m)。大雾强度分为三级,水平能见度在 1000～500 m 时为一般大雾,500～50 m 时为浓雾,≤50 m 时为强浓雾。

湖南省植被丰富多样,具有亚热带湿润季风气候特征,非常有利于大雾的生成和维持。

大雾的危害主要体现在对交通的影响上:在航空运输方面,当出现大雾时,一般应关闭机场;在江河航运方面,当出现大雾时,船只应就地停航并鸣笛亮灯;在公路运输方面,当水平能见度低于 50 m 时,应局部或全部关闭高速公路,禁止车辆上路行驶。此外,被人类活动污染了的城市或工矿区的雾中含有各种酸、碱、盐、胺、苯等有毒有害微粒以及灰尘和病原微生物,这些物质可伤害树木和农作物,被吸入人体后可危害人们的健康。大雾还是输电网络的破坏者,雾不仅是因为潮湿,更因其中含有的多种化学腐蚀剂,易使输电设备绝缘性能下降,导致短路和跳闸,造成大面积停电。

4.12.1 大雾的分类

根据大雾形成的物理机制和气象学原理,将大雾主要分为辐射雾、平流雾、团雾、锋面雾、蒸发雾等五类。湖南省以辐射雾居多,平流雾等占的比率很小(李学敏 等,2015)。

辐射雾:主要出现在秋冬季节,由于夜间地表面的辐射冷却而形成的雾,多出现于晴朗、微风、近地面水汽比较充沛且比较稳定或有逆温层存在的夜间和早晨。

平流雾:春夏季节在我国沿海一带经常出现的海雾,大多属于平流雾,是暖而湿的空气作水平运动,经过寒冷的地面或水面逐渐形成的雾。它生成的时间没有明显的日变化规律,持续的时间较长,有时可超过 1 d。它的厚度较大,往往有几百米厚甚至和低云连在一起。这种雾对航空运输和环境质量影响较大。

团雾:又名坨坨雾。多发于秋冬季节,团雾外视线良好,团雾内一片朦胧,被称作交通安全的“隐形杀手”。团雾大多属于辐射雾,主要发生在雨过天晴的天气,因局部近地层空气受辐射降温增湿引起。尤其是雨后 1～2 d,如果天气晴好就比较容易出现。与市区相比,郊区和乡村地带容易出现团雾，尤其是部分比较空旷的高速公路路段。由于团雾与局部小气候环境关系密切，而高速公路路面白天温度较高，昼夜温差更大，更有利于团雾形成。

锋面雾：冷空气到来之前会有锋面雾，但时间很短。常发生在冷暖空气交界的锋面附近，随锋面降水相伴而生，一般持续时间短，不受日变化影响。

蒸发雾：深秋或者初冬的早晨在河面、湖面上出现的雾。范围小，因冷空气流经温暖水面而形成。

4.12.2　时空分布特征

湖南省年平均大雾日数为 22.4 d。空间分布上，各地年平均大雾日数在 2.3～83.2 d，祁东最少，保靖最多，湘西北和湘西南多于湘北和湘南（姚蓉 等，2008），山地多于丘陵，丘陵多于平原（图 4.54a）。时间分布上，在一年中各月均可出现大雾，但以冬季发生频率最高，占 33.4%，其中，12 月大雾日数最多，为 3.0 d；其次为春季和秋季，占比分别为 26.6%和 26.2%（图 4.54b）。

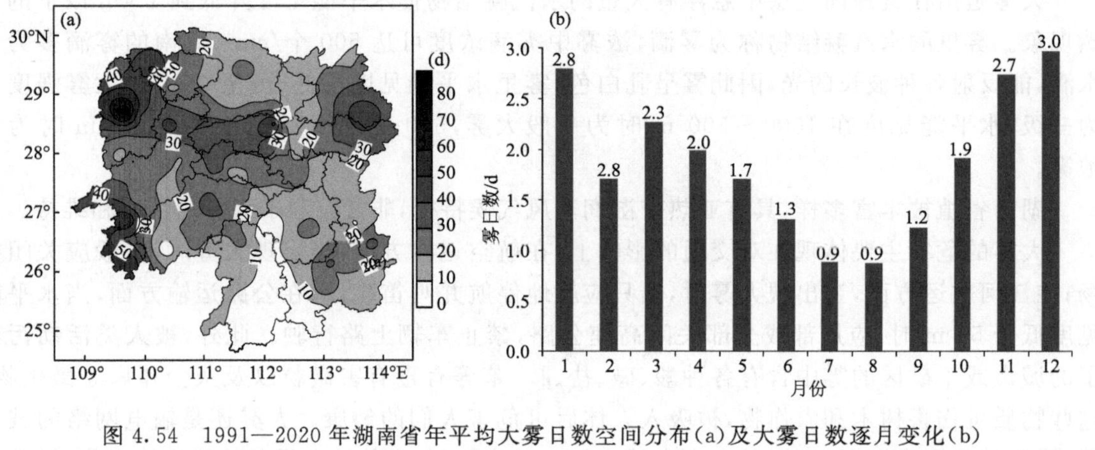

图 4.54　1991—2020 年湖南省年平均大雾日数空间分布(a)及大雾日数逐月变化(b)

1961—2020 年，湖南省平均年大雾日数在 11.7（2012 年）～36.3（2016 年）d，整体呈下降趋势，具体来看，20 世纪 60 年代到 80 年代全省平均大雾日数逐渐增多；20 世纪 90 年代到 21 世纪 00 年代全省平均大雾日数逐渐减少；2012 年起，全省平均大雾日数再次增多（图 4.55）。

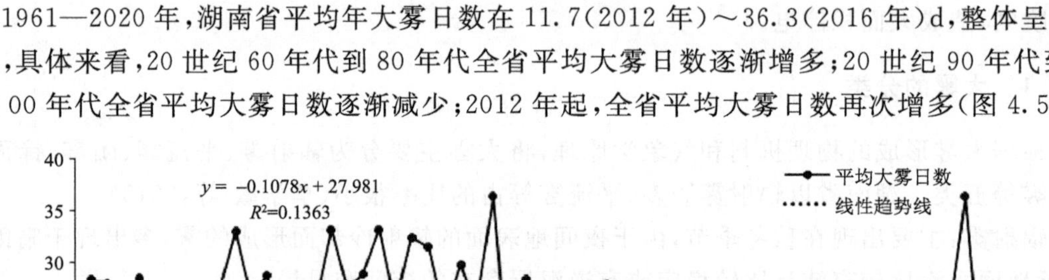

图 4.55　1961—2020 年湖南省平均年大雾日数年际变化

4.12.3　湖南省典型大雾灾害事件

(1)2000年12月大雾：2000年12月31日，高空500 hPa为两槽一脊形势，地面为高压后部均压场，洞庭湖区、湘西北部和湘中部分地区出现成片大雾，湘西局部地区最低能见度为150 m，洞庭湖局部地区最低能见度为0 m。当日黄花机场有数个航班因能见度过低而推迟起飞，长常高速公路也因浓雾而被迫临时关闭。

(2)2013年大雾：2013年1月10日清晨大雾给湖南省内交通带来一定影响，长沙大雾笼罩，能见度不足30 m，加上低温天气造成部分路段结冰，导致交通事故频发，给早高峰交通添堵。长沙火车南站附近的花侯路6车接连追尾，其中，包括4辆公交车；木莲路圭塘河桥发生交通事故，货车上满载的氧气瓶滚落一地；06时开始，醴潭高速关闭4 h；黄花机场64个航班受到影响。

1月13日早晨，受大雾天气影响，京港澳高速和沪昆高速在湖南境内的路段、常张高速、长潭西等多条高速发生了交通事故，部分路段一度实行交通管制。13日06时许，沪昆高速邵怀段因大雾造成1起汽车自燃事故及3处共16台车连环相撞交通事故，导致1人死亡、9人受伤；13日早上，京港澳高速长潭段浓雾弥漫，一辆大货车因刹车不及时与前车追尾，驾驶室起火。13日下午，记者从湖南高速交警长潭大队了解到，08—17时，初步统计有约50起交通事故。大雾还导致长沙黄花国际机场74个航班出现延误。

1月14日08时，京港澳高速湖南湘潭段南向北方向，6车连环相撞，事故造成9人受伤，其中，3人重伤。

1月25日，一场雾又让黄花机场航班一时无法起降，导致数十个航班晚点，机场及时启动了航班延误黄色预警。

1月29日，大雾天气造成一台挂江苏牌照的大客车在怀新高速上与一台挂四川牌照的小车追尾，造成3人当场死亡、8人受伤；多条高速公路临时管制。

2月11日，受大雾影响，湖南厦蓉高速公路平和收费站附近采取封闭措施。

2月15日，大雾天气对高速出行造成了一定的影响，常张、常吉高速实行交通管制，10时前后才解除管制；潭耒段耒阳至公平收费站，因车流量大和发生事故，导致通行缓慢。

3月27日早晨，长沙、株洲、湘潭等多个城市出现浓雾，京港澳高速距离长沙雨花收费站4 km左右处发生近20辆车的连环追尾事故，致14人受伤。

3月29日早晨，大雾导致长沙黄花机场进出港航班全部延误。

4月26日，湖南省有47县(市)出现大雾，受其影响，长沙黄花机场46个航班取消；京港澳高速杨梓冲收费站附近向南方向因雾连续发生多起事故，导致交通严重堵塞，拥堵时间长达7 h，京港澳高速临长段、长潭段、耒宜段，以及沪昆高速醴潭段、邵怀段，长永高速全线管制；湘江长沙综合枢纽停止通航5 h，约50条船舶受到影响。

5月1日06—07时，受大雾影响京港澳高速潭耒段连续发生8起交通事故，其中，1名货车司机受伤。

11月17日，湖南省高速公路出现大范围浓雾，09时，京港澳高速与衡枣高速互通向南500 m处多车连环追尾，6人被困。

(3)2017年秋季大雾：2017年11月8日早晨，湖南省部分地区浓雾笼罩，个别市县能见度仅100 m，全省多条高速公路实行交通管制，截至当天08时，杭瑞高速常德段所有收费站、二广高速常德境内所有收费站、长张高速斗姆湖收费站、常德西收费站、架桥收费站实行只出不进的临时交通管制；二广复兴厂收费站向南主干道实行临时交通管制；长张高速石门桥互通往二广向北方向匝道施行实时交通管制。

11 月 9 日早晨，受大雾天气影响，杭瑞高速岳阳段、怀化段能见度低，沿线多个收费站实行临时交通管制，车辆只出不进，截至 10 时，上述路段交通管制解除。

11 月 26 日早晨，衡阳境内衡邵高速全线收费站，南岳高速南岳、新场市、杨山收费站，泉南高速全线，京港澳高速大浦收费站，娄益衡高速洪市收费站；邵阳境内衡邵高速全线收费站，沪昆高速邵东至隆回收费站，二广高速新邵西、邵阳西收费站；娄底境内沪昆高速双峰收费站，娄怀高速扶州、娄底南、娄底西收费站，娄益衡高速双峰西收费站；湘潭境内岳临高速全线收费站，韶山高速韶山收费站均因起雾，能见度低，实行临时交通管制，车辆只出不进。

(4)2019 年春季大雾：2019 年 3 月中下旬，湖南省出现多次大雾天气，多条高速公路通行受到影响，部分高速公路、主干道实行临时交通管制。

4 月 5 日，长沙、怀化、益阳、娄底、湘潭、岳阳、衡阳、邵阳、株洲境内均出现起雾现象，省内 24 条高速公路通行受到影响。

4 月 15 日早晨，受大雾天气影响，G4 京港澳高速岳阳段、S61 岳临高速岳阳段、S11 平汝高速岳阳段道路封闭。

4 月 17 日清晨，衡阳、郴州、长沙、娄底、怀化、邵阳出现大雾，省内 12 条高速公路通行受到影响，2 条主干道、44 个收费站实施了车辆只出不进的交通管制措施。

(5)2020 年秋季大雾：2020 年 10 月 10 日，沪昆高速潭邵段廉桥、邵东、邵阳东、邵阳南收费站入口因大雾能见度低实行交通管制，S91 洞城高速武冈西、大水、高沙收费站，因大雾能见度低实行交通管制，湖南高速公路邵阳地区 G59 呼北高速司马冲、新宁、八角寨、武冈东收费站因大雾实行临时管制。

10 月 19 日，华常高速益阳段，长张高速、二广高速、杭瑞高速常德境内共 21 个收费站因大雾进行管制。

10 月 22 日沪昆高速邵阳段因起雾能见度低，对洞口、黄桥收费站实行临时交通管制。

11 月 17 日上午，衡阳、常德、株洲、益阳辖区高速公路出现大雾，省内 10 条高速公路通行受到影响，55 个收费站采取了临时交通管制措施。

4.13　霾

霾是指大量粒径为几微米以下的气溶胶粒子使能见度小于 10 km、空气普遍浑浊的一种天气现象，主要是 $PM_{2.5}$ 和 PM_{10}。它和雾一样也是一种视程障碍类的灾害性天气。严重的霾常常导致重污染天气，危害公众的身体健康。

4.13.1　时空分布特征

湖南省年平均霾日数为 19.2 d。空间分布上，各地年平均霾日数在 1.4(桂东)～94.0(新化)d，位于湘中一带的娄底、益阳、长沙、湘潭及湘北的张家界和常德等地霾日数较多，湘西及湘南出现霾日数较少(图 4.56a)。时间分布上，在一年中各月均可出现霾，但以冬季发生频率最高，占 46.9%，其中，12 月霾日数最多，为 3.6 d；其次为秋季，占比 29.6%(图 4.56b)。

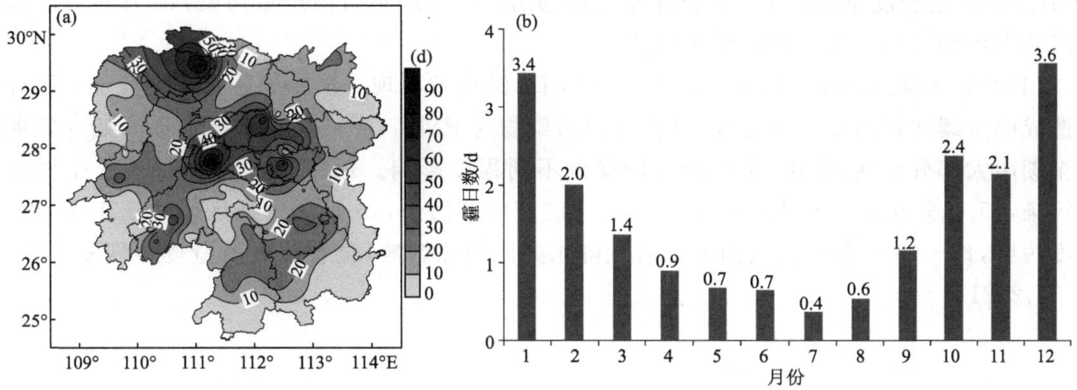

图 4.56　1991—2020 年湖南省年平均霾日数空间分布(a)及霾日数逐月变化(b)

1961—2020 年，湖南省平均霾日数在 2.0(1964 年)～59.3(2014 年)d，整体呈增多趋势，平均每 10 年增加 3.7 d(图 4.57)。

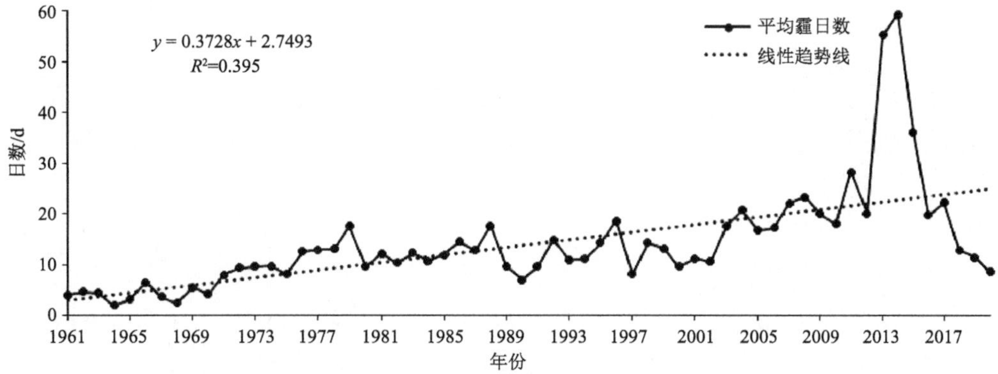

图 4.57　1961—2020 年湖南省平均年霾日数年际变化

4.13.2　湖南省典型霾天气事件

(1)2013 年霾天气：2013 年湖南省平均霾日数 55.4 d，以 12 月霾日最多，其次是 10 月，全省平均霾日数分别达 10.9 d 和 9.3 d，其中，12 月 20—26 日，连续 7 d 有超过 50%的县(市)出现霾。霾天气对交通、人体健康等都造成了较大的影响。

(2)2017 年深秋霾：2017 年 10 月下旬至 11 月上旬，湖南省出现大范围、持续性霾天气，出现霾范围达 30 个县以上的日数有 17 d，其中，11 月 4 日有 80 个县出现霾。据《三湘都市报》消息，11 月 16 日，湖南省环保厅在长沙就长沙—株州—湘潭地区特护期大气污染防治召开新闻通气会，10 月进入特护期以来，长沙—株州—湘潭地区空气质量明显下降，重度污染天气频发，频发的重污染天气对人体健康造成了一定的不利影响。

(3)2018 年初冬霾：2018 年 11 月 30 日至 12 月 2 日，受本地静稳天气叠加外源输入的共同影响，湖南省出现了一次持续性重污染天气过程，此次过程有以下特点：一是覆盖范围广，全省共 9 个城市(长株潭、岳阳、常德、娄底、邵阳、怀化和衡阳等)出现重度以上污染，4 个城市(张家界、吉首、怀化和永州)中度污染；二是过程持续时间长，长沙地区持续重度污染以上达到

63 h；三是污染程度重，12 月 1 日长株潭三市均出现空气质量日值严重污染，12 月 1 日长沙和湘潭两市启动重污染天气黄色预警应急响应。

(4)2019 年霾天气：2019 年 12 月 12—16 日，湖南省出现一次本地静稳天气叠加上游外来源造成的持续性重污染天气过程，过程首要污染物为 $PM_{2.5}$，污染物从湘中地区开始并发展扩大至湖南大部分地区，全省 14 个城市均受到不同程度影响。14 日湘中区域出现 4 个城市重度污染，15 日全省有 6 个城市重度污染，6 个城市中度污染，16 日湘中地区仍有 3 个城市持续重度污染，17—18 日受冷空气南下和有效降水共同清除影响，全省空气质量逐步恢复优良(唐杰 等，2021)。

第 5 章　气候监测与影响评价业务流程

5.1　气候监测业务流程

综合运用天擎地面气象监测资料、卫星遥感资料及各相关部门收集到的灾情信息等，依托《湖南省气候影响定量化评估业务平台系统》和《湖南决策气象服务（气候监测）一体化平台》，对省、市、县三级的气候演变特点进行动态跟踪分析，开展省、市、县暴雨、干旱、高温、低温雨雪冰冻、冷空气等极端天气气候事件过程的监测预警和主要灾害过程的影响分析，结合后期气候趋势预测，提出防灾减灾对策，制作相应监测产品，并向决策部门及相关用户提供服务。

5.1.1　数据来源

（1）湖南省地面气象观测站（国家级及区域级）自建站以来的逐日气温（平均气温、最高气温、最低气温）、降水、日照时数、水汽压、相对湿度、蒸发量、风速等资料。

（2）湖南省地面气象观测站沿革资料。

（3）CLDAS 产品资料：CLDASV2.0 产品资料。区域（0°—65°N，60°—160°E），0.0625°×0.0625°经纬度，1 h 分辨率。包括 2 m 气温、2 m 比湿、10 m 风速、地面气压、降水、短波辐射、地表温度、土壤湿度（0～5 cm、0～10 cm、10～40 cm、40～100 cm 和 100～200cm）、土壤温度分析产品（5 cm、10 cm、40 cm、100 cm 和 200 cm）和土壤相对湿度分析产品（0～10 cm、0～20 cm 和 0～50 cm）等。

（4）湖南省地面区域气象站相关地理属性。

（5）湖南 1∶5 万地理高程资料。将 1∶5 万高程资料重采样为 500 m×500 m 格距的高程矩阵，并利用 GIS 技术制作 500 m×500 m 格距的坡度、坡向矩阵。

5.1.2　系统维护

气候监测值班人员要每天检查气候影响定量化评估业务平台系统及湖南决策气象服务（气候监测）一体化平台的运行状态，发现异常应及时处理或上报科室领导，确保业务系统的运行正常。特别是要每天 08 时以后和 20 时以后检查业务系统中数据的更新情况；如遇数据更新不及时或数据缺测等问题需及时手动更新数据或手动补数据入库；若遇到疑似错误数据应联系信息与技术保障中心或县（区）相关技术人员，核实数据的真实性，并在系统中加以修正。

5.1.3　业务会商

严格业务会商制度，业务值班人员每天按时参加早间全国和全省会商发言，在监测预警及气候灾害影响分析初步意见形成后，要主动与国家气候中心、区域气候中心及相关区县相关业务技术人员进行充分讨论会商，切实保证部门上、下气候监测结果的一致性和准确性。

5.1.4 产品制作及发布

密切关注天气气候的演变情况，及时跟踪气候事件进展，统一应用业务系统制作各类过程的监测和预警产品。

(1)产品制作

密切关注天气气候的演变情况，及时跟踪气候事件进展，统一应用业务系统制作各类过程的监测和预警产品。

在省委、省政府及和省有关部门临时提出服务要求时，值班业务人员要积极提供相关的服务材料。在中国气象局和省政府启动气象灾害应急响应时，值班人员要按照职责进入应急响应工作状态，保证个人通讯联络 24 h 畅通，做到随叫随到。

产品内容包含干旱、暴雨、高温、低温雨雪冰冻、冷空气等气象灾害过程监测。且灾害过程监测应整体描述全省过程发展情况。当达到各类气象灾害预警条件时，应与领导部门及国家气候中心沟通，并制作《气象灾害预警信息》，报中心领导签发，同时加密发布气象灾害监测产品。在气象灾害应急响应期间，需双岗值班值守，实时按要求更新灾害监测产品内容，同时需要进行灾害的影响评估。

(2)产品发布

气候监测产品在经过校对、审核、领导签阅后按要求及时上传到气象服务产品客户端、业务内网、公共气象产品数据库及民政、农业、林业等部门；《气象灾害预警信息》需通过湖南省预警信息发布平台发布。当发布《气象灾害预警信息》后，应参加省气象台天气预报会商，与气象灾害发生区域的地(市)气象局会商并加强气象灾害监测服务指导；及时联系民政、农业、林业等部门，收集各类灾害灾情和影响数据。

气候监测产品反映的是全省气候的实时演变特点，与经济社会发展和人民生活密切相关，直接涉及政府气象防灾减灾甚至赈灾、安全生产组织管理。为提高气候监测业务服务的严肃性、时效性与服务效果，需规范监测产品的类别、名称、发布时间及发布对象。

5.2 气候影响评价业务流程

5.2.1 气候影响评价技术规范

气候影响评价，是运用现代气候学原理和方法，对某一时期气候条件给人类社会、经济发展、自然生态等各方面带来的影响所进行的科学分析与评价，定性判断其利弊影响，可为政府决策部门和社会公众提供气候影响评价服务信息。气候影响评价的内容包括对气候条件本身的评价以及气候条件对人们的社会活动与经济活动影响两部分。其中，对气候条件的评价主要是针对当年或某一时期的光照、气温、降水等基本气象要素及干旱、暴雨、高温热浪、大风、冰雹、连阴雨等重大灾害性天气进行综合分析，做出当年或某一时期的气候条件是属于正常、基本正常、不正常、异常等评价，并由此得出气候条件对国民经济建设，特别是对农业生产活动的影响程度。

(1)摘要(或综述)

简明扼要地对评价时段的气候特点、气候异常和主要天气气候事件及其影响进行综合评述。

(2)气候概况

主要包括气温、降水和日照等气候要素的时空变化特征分析,重点分析这些要素与常年同期的偏离程度、与上年或典型年同期比较、与历史同期记录比较、历史排位等。当某要素出现极值时,应当评述极值出现的时间、地点及其强度等。

1)气温

描述全省平均气温及其与常年同期比较(距平)的情况,各县(市、区)时空分布特点。可以采用文字、时间演变图等表示,对其成因做简单的天气学或气候学描述。极值评述应包括极值出现时间、地点、历史排位及其强度(极端气候事件、重现期)等。

气温总体特征可以用"气温整体偏高(低)""气温持续偏高(低)""气温前高(低)后低(高)""气温两头高(低)中间低(高)""气温西高(低)东低(高)""冷暖起伏大""阶段性差异明显"等描述,并绘制全省平均气温的空间分布图、气温距平的空间分布图、时间序列图等。

气温的分析同时包含对平均气温、最高气温、最低气温偏离程度的分析;冷暖起伏大可以对升温幅度、降温幅度、变幅的历史排位和极端情况等描述;四季的分析包括入季日期、与历史比较情况、简要分析其原因;夏季单站日最高气温≥35.0 ℃定义为高温日,过程阐述包括高温开始时间、持续天数、高温日数、高温程度、高温日数和持续天数排位及其极端气候事件,根据高温日持续天数对高温过程进行分级;冷空气过程的识别根据中国气象局相关规定,将冷空气过程的次数与历史同期进行比较。

2)降水

描述全省平均降水量及其与常年同期比较(距平百分率)的情况,各县(市、区)时空分布特点,主要降水过程,是否出现旱涝,旱涝与前期的联系等。可以采用文字、时间演变图表示,对其成因做简单的天气学或气候学描述。极值评述应包括极值出现时间、地点、历史排位及其强度(极端气候事件、重现期)等。

降水总体特征可以用"降水整体偏多(少)""降水持续偏多(少)""降水前多(少)后少(多)""降水东多(少)西少(多)""降水南多(少)北少(多)""降水呈多(少)—少(多)—多(少)的阶段性分布特征""降水空间分布不均"等描述,并绘制全省降水量的空间分布图、降水距平百分率的空间分布图、时间序列图等。降水偏多偏少的分析可以采用同期距平、历史排位、极端情况等描述,同时加上降雨(暴雨)日数的同期距平、历史排位、极端情况等一并阐述。

夏季降水过程主要描述全省性强降水、区域性强降水、局地强降水出现的时间、县(市、区)数、强降水中心及范围。

降水过程的分析还要考虑前期旱情,若前期有旱情,可结合农业气象气工作,适当分析描述降水对前期旱情的影响。降水集中期评价时,还应分析强降水是否产生暴雨洪涝,中小河流洪水、地质灾害等。

强对流过程描述还应该包括雷暴、大风、冰雹等出现的时间、地点及次数。

对典型低温雨雪过程从最长连续低温日数、极端低温、雨雪量、最长连续雨雪日数、最大积雪深度等多种指标进行分析,综合描述该次低温雨雪过程。

3)日照

描述全省平均日照时数及其与常年同期比较(距平)的情况,各县(市、区)时空分布特征。可以采用文字、时间演变图表示。极值评述应包括极值出现时间、地点、历史排位及其强度(极端气候事件、重现期)等。

日照总体特征可以用"日照整体偏多(少)""日照持续偏多(少)""日照前多(少)后少(多)""日照东多(少)西少(多)""日照南多(少)北少(多)""日照阶段性差异明显"等描述,必要时也可结合阴天日数描述,并绘制全省日照时数的空间分布图、日照时数距平的空间分布图等。

日照偏多偏少的分析可以采用同期距平、历史排位、极端情况等描述。同时加上阴天日数的同期距平、历史排位、极端情况等一并阐述。

(3)主要气候事件(气象灾害)及其影响评价

描述月/季/年异常气候事件或极端气候事件及出现的气象灾害,如区域性强降雨、强对流天气、连阴雨、干旱、高温、强冷空气(寒潮)、低温冷害、低温雨雪冰冻、大雾、霾、倒春寒、五月低温、寒露风等,对其天气过程(发生范围、强度、持续时间、天气气候背景成因)历史定位给予评价,对其影响(对象和经济损失等)做出评价,并绘制相关的时空、强度分布和时间序列图,主要天气气候事件及气象灾害应突出重点。

1)区域性强降水

区域性强降水应从起止时间、范围、过程雨量、强度、暴雨及以上县(市、区)数、极值、极端事件等方面进行对比,并对主要的区域性强降水进行阐述;过程评估包括区域强降水过程特点、极端事件、暴雨引发洪涝程度、暴雨引发的淹没范围及水深;影响评估需评估强降水对农业、生产生活的影响以及由暴雨引发的山洪滑坡、泥石流等地质灾害及城市内涝。

2)强对流天气

强对流天气评价着眼于强对流发生的时间、地点、范围、强度和特点;评价强对流天气对人民生命财产的影响。

3)连阴雨天气

连阴雨可采用持续降水日数、日照、雨量等指标综合分析,必要时可与上一年或历年同期连阴雨过程进行对比分析,包括连阴雨强度、灾害程度的比较;评价对在田作物生长、病虫害发生发展的影响。

4)干旱

干旱评价应从前期降水追踪溯源,采取降水距平、历史排位、极端事件、MCI 指数等,对旱情露头、旱情发展、旱情缓解等方面详细描述,把握干旱发生发展的特征,分析其成因,必要时与历史相似情况对比异同;评价干旱对农业生产、人畜生活用水、塘库蓄水及江湖水量的影响。

5)高温

高温一般从开始时间、范围变化、持续天数、高温强度等方面进行分析,同时可结合天气形势分析其成因;过程评价着重分析高温特点、各段高温间的异同、高温强度范围、极端事件等方面;评价高温对人体健康、电力能源等方面的影响以及高温叠加干旱对农业的影响。

6)低温雨雪冰冻

低温雨雪冰冻过程评估一般从灾害起止时间、灾害演变过程、灾害造成损失等方面进行分析;评价其对农业、交通、能源、居民生活等方面造成的影响。

7)倒春寒、五月低温、寒露风

一般根据倒春寒、五月低温、寒露风的相应标准，定量评估其过程的严重程度及历史定位；主要评价其对农业造成的影响。

8)大雾、霾

雾、霾的评价需指出雾、霾过程的频次、主要发生区域，同时分析近年同期情况，并简要分析其原因；主要评价其对交通及人体健康的影响。

(4)气候专题影响评价

依据年度内发生的主要天气气候事件(或气象灾害)，以及收集到其他各行业的相关信息资料，利用物理模型、行业影响评价指标等，从利弊等方面评价气候对各行业的影响，重点评价那些对气候较敏感的行业和对象包括农业、林业、电力、水利、交通运输、生态环境、人体健康和旅游等，至少选择3个行业，对各行业的影响评价既要评价天气气候不利的一面，造成的损失和可能的影响，也要评价天气气候有利的一面，促进经济增长和积极的影响，年度评价产品中，评价的内容和对象原则上要保持连续性。

1)气候对农业的影响

农业是对气候变化反应最为敏感的部门之一，农业生产与气候条件的关系密切，气候变化会使农业生产的不稳定性增大，产量波动增大，农业生产布局和结构将出现变化。

主要评价各类气象灾害对农业的影响，对农业影响的主要气象灾害有高温干旱、强降水、大风、连阴雨、寒露风、倒春寒、五月低温、低温雨雪冰冻等。

根据中华人民共和国国家标准《农作物气候年型划分标准》(GB/T 21986—2008)，农作物气候年型依据农业年度或农作物生育期内气象要素(气温或积温、降水量、日照时数)异常度的不同组合划分。

气温、积温、日照异常度的计算公式如下：

①平均值计算

$$Y_p = \frac{1}{n}\sum_{i=1}^{n} Y_i \tag{5.1}$$

式中，Y_i为农业年度或农作物生育期气温(℃)、积温(℃)、日照(h)要素值；Y_p为相应时段内气温(℃)、积温(℃)、日照(h)要素平均值；n为资料序列样本年数。农业年度资料取近3个年代，$n=30$；农作物生育期资料取近10年或以上，$n \geqslant 10$。

②标准差计算

$$s = \sqrt{\frac{1}{n}\sum_{i=1}^{n}(Y_i - Y_p)^2} \qquad i = 1,2,\cdots,n \tag{5.2}$$

式中，s为标准差。

③异常度计算

$$C = \frac{Y_i - Y_p}{s} \tag{5.3}$$

式中，C为异常度。

④等级划分

气温、积温及日照异常度划分见表5.1和表5.2。

表 5.1 气温和积温异常度分级

异常度	$C \geqslant 1.9$	$1 \leqslant C < 1.9$	$-1 \leqslant C < 1$	$-1.5 \leqslant C < -1$	$C < -1.5$
气温	高	较高	正常	较低	低
积温	多	较多	正常	较少	少

表 5.2 日照异常度等级划分

异常度	$C \geqslant 1.0$	$-1.0 \leqslant C < 1.0$	$C < -1.0$
日照	多	正常	少

降水异常度以降水距平百分率(ΔR)表示,其等级划分见表 5.3。

表 5.3 降水异常度等级

异常度	$30\% \leqslant \Delta R$	$15\% < \Delta R < 30\%$	$-15\% \leqslant \Delta R \leqslant 15\%$	$-30\% < \Delta R < -15\%$	$\Delta R \leqslant -30\%$
降水	多	偏多	正常	偏少	少

⑤农作物气候年型划分方法

农作物气候年型依据农业气象要素异常度的不同组合划分,具体见表 5.4。

表 5.4 农作物气候年型划分

气候年型	气温(积温)	降水	日照
高温年	高(多)	正常、偏多或偏少	正常或多
高温少雨年	高(多)	少	正常或多
低温年	低(少)	正常、偏多或偏少	正常或少
低温寡照多雨年	低(少)	偏多或多	少
多雨年	较高(较多)、正常、较低(较少)	多	正常或少

2)气候对林业的影响

根据《全国森林火险天气等级》(LY/T 1172—95),分析火险天气等级的时空分布特征,结合气温、降水等要素的变化和主要天气气候事件,分析气候条件对林业的影响。

除人为因素外,森林火灾与气象要素关系密切,气温偏高、湿度偏小、风力较大,为森林火灾多发时段。考虑到以上因素,特引入森林火险气象指数:根据气象要素(包括温度、湿度、风速、云量、降水量)对火险指数进行计算,并计算分级。具体计算公式如下:

$$\mathrm{Is} = \mathrm{Is}_1 + \mathrm{Is}_2 + \mathrm{Is}_3 + \mathrm{Is}_4$$

以上各项规定如下(TS、VVS、f、RS、CS 分别指最高气温、最大风速、最小相对湿度、降水量、云量):

①Is_1:若 $\mathrm{TS} \geqslant 34.0$ 或 $\mathrm{TS} \leqslant -4.0$,则计 4 分;若 $34.0 > \mathrm{TS} \geqslant 22.0$,则计 3 分;若 $10.0 > \mathrm{TS} > -4.0$,则计 3 分;其他情况计 2 分。

②Is_2:若 $\mathrm{VVS} \geqslant 10.0$,则计 4 分;若 $10.0 > \mathrm{VVS} \geqslant 3.0$,则计 3 分;其他情况计 2 分。

③Is_3:若 $f \leqslant 30.0$,则计 5 分;若 $50.0 \geqslant f > 30.0$,则计 4 分;若 $75.0 \geqslant f > 50.0$,则计 3 分;若 $90.0 \geqslant f > 75.0$,则计 2 分;其他情况计 1 分。

④Is_4:若 $\mathrm{RS} \geqslant 1.0$,则计 1 分;若 $\mathrm{CS} \geqslant 0.9$ 或 $1.0 > \mathrm{RS} \geqslant 0.1$,则计 2 分;若 $0.9 > \mathrm{CS} >$

0.1，则计 3 分；其他情况计 4 分。

分级方法如表 5.5。

表 5.5　森林火险气象指数分级

等级	Is 指数	火险气象条件
一级	≤7	难燃
二级	8～10	较难燃
三级	11～12	可燃
四级	13～16	易燃
五级	≥17	极易燃

3）气候对电力的影响

电力对气候的敏感时期一般出现在夏季高温酷暑和冬季低温严寒期间，冬季及春季乍暖还寒气温较低时，用电负荷明显增大，夏季高温炎热，用电需求也急增。为了更好地评价气象要素和制冷、取暖等第三产业和居民生活用电需求的关系，引入气象敏感用电量条件指数（MSPI）和等级（MSPIG）划分。根据中华人民共和国气象行业标准《电网运行气象预报预警产品服务》（QX/T 325—2016）电网运行气象预报预警服务产品规定，气象敏感用电量条件指数（MSPI）的计算公式如下：

$$\mathrm{MSPI}=\begin{cases} T+\dfrac{7.5}{T_{\max}-T_{\min}}+\dfrac{U-50}{15}-\dfrac{V-2.0}{3.0} & T\geqslant 31.0\ ℃ \\ T+\dfrac{U-60}{15}-\dfrac{V-2.0}{3.0} & 21.0\ ℃\leqslant T<31.0\ ℃ \\ T-\dfrac{V-2.0}{3.0} & 11.0\ ℃\leqslant T<21.0\ ℃ \\ T-\dfrac{U-60}{30}-\dfrac{V-2.0}{3.0} & T<11.0\ ℃ \end{cases} \tag{5.4}$$

式中，MSPI 为日气象敏感用电量条件指数；T 为日平均气温（℃）；U 为日平均相对湿度（%）；V 为日平均风速（m/s）；$T_{\max}$ 为日最高气温（℃）；$T_{\min}$ 为日最低气温（℃）。

气象敏感用电量条件指数等级（MSPIG）可分为四个等级，如表 5.6 所示。

表 5.6　气象敏感用电量条件指数等级（MSPIG）划分

等级	名称	强度解释	MSPI 范围	表征颜色
一级	低敏感用电量条件指数	基本用电量或低敏感用电量	[10.0,26.0]	蓝
二级	较高敏感用电量条件指数	较高敏感用电量	[−1.0,9.0]或[27.0,29.0]	黄
三级	高敏感用电量条件指数	高敏感用电量	[−14.0,−2.0]或[30.0,33.0]	橙
四级	尖峰敏感用电量条件指数	最高敏感用电量	(−∞,−15.0]或[34.0,+∞)	红

4）气候对水利与水资源的影响

根据国家气候中心规定，年降水资源量计算方法为：

$$R_i=S_i\times\frac{1}{\mathrm{ns}}\sum_{s=1}^{\mathrm{ns}}R_s\qquad s=1,2,3,\cdots,\mathrm{ns} \tag{5.5}$$

式中，R_i 为省（区、市）年降水资源量；R_s 为单站年降水量；ns 为省（区、市）内的气象站数；S_i 为省(区、市)面积。年降水资源基本服从正态分布,按照年降水资源量偏离多年平均值的程度,将年降水资源划分为5个等级(表5.7),进行降水资源丰枯评定。

表5.7　年降水资源丰枯评估标准

年型	判别式
异常丰水年	$RS > \overline{R} + 1.5\sigma$
丰水年	$\overline{R} + 0.7\sigma \leqslant RS \leqslant \overline{R} + 1.5\sigma$
正常年	$\overline{R} - 0.7\sigma < RS < \overline{R} + 0.7\sigma$
枯水年	$\overline{R} - 1.5\sigma \leqslant RS \leqslant \overline{R} - 0.7\sigma$
异常枯水年	$\overline{R} - 1.5\sigma > RS$

注:RS、$\overline{R}$、σ 分别为全国或各省(区、市)的年降水资源、1991—2020年多年平均值、均方差。

5)气候对交通的影响

天气变化与交通息息相关,一般而言有气象灾害发生时,对道路安全、交通出行的影响程度相对较大。

为了能够较好地了解气候条件与交通的关系,定量分析气候条件对交通的影响程度,特引入交通气象指数(TMI)和等级(表5.8),其计算公式如下:

$$TMI = 5\times R + 30\times F + 22\times I + 12\times H + 8\times D + 8\times W \tag{5.6}$$

式中,R 指降水(无降水为0、小雨为1、中雨为2、大雨为3、暴雨及以上为4);F 指大雾(未出现为0、出现为1);I 指道路结冰(未出现为0、出现为1);H 指高温(非高温日为0、高温日为1);D 指最低气温降幅(降幅<4 ℃为0、降幅≥4 ℃为1);W 指大风(未出现为0、出现为1)。

表5.8　交通气象指数分级

等级	交通气象指数范围	对交通影响的相关提醒
一级	61～70	气象条件对车辆行驶影响不大,正常行驶
二级	71～75	气象条件对车辆行驶有一定影响,司机注意观察前方路面情况,小心驾驶
三级	76～80	气象条件对车辆行驶有不利影响,司机需高度集中精神,减速慢行
四级	81～85	气象条件对车辆行驶很不利,司机应注意避让行人和非机动车辆,减速慢行,谨慎驾驶
五级	>85	气象条件对车辆行驶极为不利,车辆行驶困难,交通受阻,应尽量减少车辆出行

6)气候对人体健康的影响

①舒适度指数

人体舒适度指数是根据湖南省地方标准《气象指数》(DB43/T 235—2004),从气象角度来评价在不同气候条件下人的舒适感,基于人类机体与大气环境的热交换而制定的生物气象指标。一般而言,气温、相对湿度、风速三个气象要素对人体感觉影响最大,因此人体舒适度指数以这三项要素的数值来计算。计算公式如下:

$$K = 1.8\times T - 0.55\times(1.8\times T - 26)\times(1 - RH) - 3.2\times\sqrt{V} + 32 \tag{5.7}$$

式中,K 为人体舒适度指数;T 为日平均气温(℃);RH 为日平均相对湿度;V 为日平均风速(m/s)。舒适度指数分级如表5.9,舒适度指数在二级以上感觉热、不舒服,在负二级以下感觉冷、不舒服。

表 5.9　人体舒适度指数分级

等级	人体舒适度指数 K	描述
负四级	＜20	很冷、极不舒适
负三级	20～40	冷、很不舒适
负二级	41～50	凉、不舒适
负一级	51～60	凉爽、较舒适
零级	61～70	舒适
一级	71～75	温暖、较舒适
二级	76～80	暖、不舒适
三级	81～85	热、很不舒适
四级	＞85	很热、极不舒适

②中暑指数

夏季在高温高湿或强辐射热的气象条件下，人们长时间在户外活动，容易导致身体温度调节功能滞后，进而发生中暑情况。引入中暑指数(统计时段 5—9 月)：

$$F_{zss} = 0.42 \times T_3 + 0.33 \times T_{-35} + f \tag{5.8}$$

其中，$T_{-35} = \sum_{i=1}^{N}(T_i - 35), N = 1,2,3,\cdots,n$

式中，F_{zss} 为中暑指数；T_3 为连续 3 d 的平均气温；f 为 14 时相对湿度对中暑指数的修正值；T_i 为到当天为止连续出现的高温日的最高气温(只要日高温＜35 ℃，则记为 0)，中暑指数分五个等级如表 5.10 所示。

表 5.10　中暑指数的分级说明

级别	中暑指数	等级说明
一级	≤−1.0	不会中暑
二级	−1.0～0.0	不易中暑
三级	0.0～2.0	较易中暑
四级	2.0～4.0	容易中暑
五级	＞4.0	极易中暑

③风寒指数

冷热是人们的一种主观感觉，它与实际温度不完全是一回事。冬天，南方阴雨天，人们感到透心的冷；北方刮大风，人们感到刺骨的寒。这告诉人们冷热感觉不仅与温度有关，还与湿度、风速有关。风寒指数又称风冷力指数，是在冷应力区间表示失热的指标，适用于室外寒冷环境下，反映风速及气温对人体的影响。根据气象要素预报量(包括温度、风速)，对风寒指数进行计算、分级(表 5.11)。计算公式如下：

$$q = (10\sqrt{v} + 10.45 - v) \times (33 - T_{max}) \tag{5.9}$$

式中，q 为风冷力指数，T_{max} 为日最高气温(℃)，v 为日平均风速(m/s)。

表 5.11 风寒指数的分级说明

级别	指数范围	等级说明
一级	≤300	感觉较为舒适
二级	301～400	感觉有点凉
三级	401～500	感觉有点冷
四级	501～600	感觉冷
五级	>600	感觉很冷

7)气候对旅游的影响

旅游在全球是一项庞大的产业，气象条件影响到旅游活动的舒适性、质量和满意度，利用科学、标准的方法对于旅游气象条件进行分级评价，有助于旅游景区、旅行社和旅游者评判旅游的气象适宜程度，进而决定是否开展相关旅游活动。引入旅游气象指数(TMI)概念，通过考虑热体感因素、湿度因素、雨量因素、风速因素等，构建旅游气象指数的 TMI 计算公式如下：

$$\mathrm{TMI} = 8 \times I_t + 6 \times I_{RH} + 3 \times I_R + 3 \times I_W$$

式中，TMI 旅游气象指数；I_t 为气温指数；I_{RH} 为相对湿度指数；I_R 为降雨量指数；I_W 为风速指数。旅游气象指数等级及各指数算法如表 5.12 至表 5.16。

表 5.12 旅游气象指数等级划分

级别	旅游气象指数	等级说明
一级	TMI≥90	非常适宜
二级	70≤TMI<90	适宜
三级	50≤TMI<70	基本适宜
四级	30≤TMI<50	不适宜
五级	TMI<30	非常不适宜

表 5.13 旅游气象不同温度条件下的风速指数

	风速/(m/s)	0～0.7	0.8～1.5	1.6～2.5	2.6～3.3	3.4～5.4	5.5～6.7	6.8～7.9	8～10.7	10.8～17.1	17.2～24.4	≥24.5
风速指数	$T_{max}[15,33)$	2	2.5	3	4	5	4	3	2	0	−6	−10
	$T_{max}[33,+\infty)$	2	1.5	1	0.5	0	−1	−2	−3	−4	−6	−10
	$T_{max}[-\infty,15)$	5	4.5	4	3.5	3	2.5	2	1	0	−6	−10

表 5.14 旅游气象气温指数

气温/℃	19<T<26	26≤T<30 或 15<T≤19	30≤T<33 或 10<T≤15	33≤T<35 或 5<T≤10	T≥35 或 T≤5
气温指数	5	4	3	2	1

表 5.15 旅游气象相对湿度指数

相对湿度/%	50<RH<70	70≤RH<80 或 40<RH≤50	80≤RH<90 或 30<RH≤40	90≤RH<95 或 20<RH≤30	RH≥95 或 RH≤20
相对湿度指数	5	4	3	2	1

表 5.16　旅游气象 24 h 降雨量指数

降雨量/mm	$R<0.1$	$0.1\leqslant R<1$	$1\leqslant R<3$	$3\leqslant R<5$	$5\leqslant R<10$	$10\leqslant R<25$	$R\geqslant 25$
降雨量指数	5	4	3	2	1	−6	−10

8)气候对生态环境的影响

①AQI 指数

AQI(Air Quality Index)是环境空气质量指数英文的缩写,描述空气清洁或者污染的程度,以及对健康的影响。数据从生态环境监测中心得到,AQI 指数分六级,如表 5.17 所示。

表 5.17　AQI 指数分级

AQI 指数	AQI 指数级别及表示颜色	对健康影响情况	建议采取的措施
0～50	一级(优),绿色	空气质量令人满意,基本无空气污染	各类人群可正常活动
51～100	二级(良),黄色	空气质量可接受,但某些污染物可能对极少数异常敏感人群健康有较弱影响	极少数异常敏感人群应减少户外活动
101～150	三级(轻度污染),橙色	易感人群症状有轻度加剧,健康人群出现刺激症状	儿童、老年人及心脏病、呼吸系统疾病患者应减少长时间、高强度的户外锻炼
151～200	四级(中度污染),红色	进一步加剧易感人群症状,可能对健康人群心脏、呼吸系统有影响	儿童、老年人及心脏病、呼吸系统疾病患者避免长时间、高强度的户外锻炼,一般人群适量减少户外运动
201～300	五级(重度污染),紫色	心脏病和肺病患者症状显著加剧,运动耐受力降低,健康人群普遍出现症状	儿童、老年人及心脏病、肺病患者应停留在室内,停止户外运动,一般人群减少户外运动
300+	六级(严重污染),褐红色	健康人群运动耐受力降低,有明显强烈症状,提前出现某些疾病	儿童、老年人和病人应停留在室内,避免体力消耗,一般人群避免户外活动

②空气污染系数

风向影响大气污染物的输送扩散方向,风速影响大气污染物的输送扩散速率和范围。污染系数是综合考虑风向和风速两因子表征污染趋势的无量纲系数,其表达式为:污染系数=风向频率/平均风速。其中,风向频率指的是风向特征的一种统计分析方法,表示特定区域内,过去某特定时间内风向出现的概率,用以推测未来风向出现的可能性。

通过污染系数玫瑰图可直观地看出污染源排放的污染物对各个方向的影响,方向代表风向,半径为污染系数,半径越大,污染越重。

(5)后期气候趋势预测(预评估)和对策建议

根据延伸期、月等多尺度气候预测结果,结合前期的气候异常特点,对未来一段时间内的气候潜在影响进行展望性评价(预评估),并针对有关社会生产、公众生活等提出合理的对策建议。

(6)资料、方法和指标说明

1)资料、指标和方法

应注明使用资料来源、气象站、缺测情况和模型技术、指标方法等。其中,所用气象站原则上选取国家级气象观测站，在对资料精度有特殊要求的情况下，如描述事件极端性等，可采用区域自动站等高精度资料。

2)气候年景评价用语

可分为好、较好、一般(正常)、较差、差等5级；评价方法可参考中华人民共和国国家标准《气候年景评估方法》(GB/T 33670—2017)。

3)气候标准值的确定

根据WMO规定，对某一气象要素采用最近3个整年代的平均值作为其气候标准值。如2021—2030年，取1991—2020年的平均值为其气候标准值。

(7)封面、封底及目录

封面：应注明产品名称(如××年××省气候影响评价，依此类推)、产品时段、发布单位、发布时间等内容。封面设计要体现产品特点并力求活泼精致。

封底：应注明主编、编写组人员姓名(或主班、副班)、编审(或审核、签发)、产品编制单位、联系方式、印制时间以及其他需要说明的事项。

目录：包括一级、二级标题及其页码。

5.2.2 业务产品内容及分类

气候影响评价产品包括定期和不定期两类产品。定期产品指月、季、年的气候影响评价产品，应包括封面、封底、目录、正文、资料方法及指标说明等主要内容。其中，正文又包括摘要(或综述)、基本气候概况、主要气候事件及其影响、气候对行业的影响评价、展望性气候影响评价(气候预评估)和对策建议等几个部分。分析时要配以必要的图表。

不定期产品根据具体服务需求确定，主要包括针对重大、高影响的极端天气气候事件所做的实时跟踪发布的气候影响评价产品等，可在参考定期产品主要内容的基础上按照服务需求进行制作。

气候影响评价业务产品应按照统一的产品命名方式、时段划分、编写内容等进行编制，且按照统一要求发布(表5.18)。

表5.18 气候影响评价产品列表

类型	产品名	发布时间	发布形式
定期产品	月气候影响评价	下月5日前	电子版上传到气象服务产品客户端、业务内网及中国气象局，电子版或印刷版根据服务需求发送至相关单位或部门
	季气候影响评价	下季度首月7日前	
	年气候影响评价	下年1月31日前	
不定期产品	重大气候事件的影响评价	实时跟踪发布	上传到国家气象业务内网，并根据服务需求发送至相关单位或部门

5.2.3 产品工作流程

气候影响评价业务工作流程包括：资料接收处理、产品制作、产品签发与发布等。

(1)资料接收处理

资料收集包括基本气象资料和社会经济资料两类。其中，基本气象资料包括地面气象资料(气温、降水、日照等)、特殊天气(大风、雷电、冰雹、积雪等)、历史气象资料(气温、降水、日照等)等。

基本气象资料的收集,主要是通过提取本局内数据库资料以及通过调查研究、资料共享等途径来实现。

社会经济资料内容非常广泛,主要包括灾害资料、经济指标资料和其他行业资料等。灾害资料指的是由于气象灾害所造成的人民生命财产的损失数据,灾情数据一般来源权威部门的统计,或主流新闻媒体的报道,必要时需附加典型的图片加以佐证。经济指标资料主要有国民总收入、工农业总产值、粮食总产量、家畜存栏量等统计数字。其他行业资料如土地利用、水文、库塘蓄水等。

(2)产品制作

利用相关资料进行气候分析评估,重点是评价时段内的基本气候特征、气象灾害活动特点、气候条件对经济社会各领域的影响以及对未来气候趋势的展望与生产建议。其中,基本气候特征评述主要分析评价时段内的气温、降水、日照的时空分布特征,通过与历史同期的要素比较来反映气候正常与否。

(3)产品签发

按照各类产品要求的时间节点,由主班撰稿、副班协助、关键岗审核、首席把关、分管领导签发,斟字酌句,及时发送中国气象局及省各相关部门。

(4)产品发送

评估产品经过审核和签发后,根据规定发送给指定服务单位。

第三篇
湖南气候预测业务

短期气候预测主要包括延伸期(10～30 d)、月、季节和年度的气候趋势预测,主要预报气象要素相较于平均状态的偏离,关注重要天气过程和极端天气气候事件及影响。在全球变暖背景下,极端天气气候事件多发频发重发,严重威胁人民生命财产安全。准确的气候预测,特别是对国民经济影响巨大的灾害性气候预测,不仅为党和政府有关部门制定国民经济发展计划和部署防汛抗旱、防灾减灾决策提供科学支撑,还对农业生产、能源供应、交通运输等各个领域的稳定运行以及公众生活的合理安排有着重要意义。

第三篇
湖南气候预测业务

第 6 章　气候预测基础

6.1　气候预测概念

6.1.1　什么是气候预测

气候预测一般是指短期气候预测，主要是超前预报延伸期（10～30 d）、月、季节和年度的气候趋势，包括气象要素相较于平均状态的偏离，关注重要天气过程和极端天气气候事件及影响。短期气候预测曾经被称为长期天气预报，但随着混沌现象的揭示，人们逐渐认识到气候系统是一个复杂的混沌系统，天气预报时效不超过两周，月以上只能作气候预测，所以改称短期气候预测。

6.1.2　气候预测与天气预报的区别

（1）时间尺度不同：天气预报的时间尺度一般是 10 d 以内。气候预测的时间长度较长，基本上包括月、季和年的时间尺度，需要预测未来 1 个月、下个季度和下一年的气候变化。时间尺度越长，不确定的因素就越多，预测的难度也就越大。

（2）对象不同：天气预报的对象是长波，即绕地球一圈大约有 4～7 个波，从天气图的角度来看，就是天气尺度、甚至中小尺度的系统，预报它们每天的变化，即每天的天气现象；而气候预测的对象至少是超长波，即绕地球一圈大约 0～3 个波，甚至大气环流的平均状态，预测它们的变化，即长期天气的统计平均状态，或者干湿冷暖及其异常状况。

（3）所依据的预报原理不同：数值天气预报、气候预测都基于相同的基本预报方程，但气候预测除了考虑依赖于大气初值外，还需要考虑下垫面状况，包括陆面、海洋、海冰的影响，以及它们之间的相互作用，甚至包含人类活动的影响。

（4）所需资料不同：气候预测涉及气候系统五大圈层的观测资料。

（5）主要难点不同：由于天气预报的难点主要在于大气观测资料，所以，像海洋、高山、沙漠地区等大气观测资料缺少的地区，天气预报就更加困难；短期气候预测的难点体现在两个方面：一是气候系统五大圈层观测资料明显不足；二是预测理论还不完善，需要进一步的研究。

6.1.3　气候预测的不确定性

第一，气候系统属于不稳定系统，其可预报性有一定限度，有一部分气候要素是不可能做出预测的，一般认为气候预测的准确率上限在 75%～85%。我国处在亚洲季风区，影响我国气候异常的因子极为复杂，气候变率大，同时我国气候受到青藏高原的强大地形的影响，增加了气候预测的复杂程度。因此,气候预测的难度和不确定性更大,且在不同区域、不同季节、不同要素可预报性是不同的。

第二,由于影响我国气候异常因子的多样性和复杂性,目前对东亚季风变异的机理认识还远远不足,尤其是年代际、年际、季节不同时间尺度、不同空间尺度以及气候系统不同影响因子间的相互作用对我国旱涝的影响还需深入研究;在气候变暖和气候年代际转折背景下,大气环流、海温、积雪等影响因子与我国气候异常的关系也发生了变化,传统的气候预测理论和方法也需要重新认识和应用;目前对极端事件的变化规律和形成机理还缺乏深入认识,这也给短期气候预测带来了极大的不确定性。

第三,目前气候预测方法具有不确定性。统计预测方法由于本身的局限性,不能完全充分描述气候异常的动力学机制,因此预测技巧不稳定,对极端事件的预测难以奏效。而动力模式由于目前科学认识水平的限制,预测也存在较大的不确定性,目前国际上所有先进的气候模式在东亚地区预测水平都不高。

第四,用于气候预测的历史和实时资料比较欠缺。气候系统作为一个整体,各圈层存在复杂的相互作用,能够获取并使用大量的气候资料是开展气候预测的基础,目前气候预测使用的资料中大气和海洋较多,其他圈层较少,这也在一定程度上限制了对气候异常的科学认识。

因此,一直以来,气候预测都是气象领域的世界性难题,气候预测不确定性较大。鉴于此,此前我国气候预测产品主要为政府和决策层提供参考信息。随着气候业务能力和预测准确率稳步提升,加之生产生活需求日益增长,从 2021 年 3 月 23 日开始,由国家气候中心和各省(区、市)气象局面向公众发布气候预测产品(刘毅,2021)。

6.2 气候影响因子分析

6.2.1 大气环流

(1)东亚季风

东亚季风是盛行于东亚地区的冬夏季风及其环流的统称。中国南海—西太平洋为热带季风区,冬季盛行东北季风,夏季盛行西南季风。东亚大陆—日本为副热带季风区,冬季 30°N 以北盛行西北季风,以南盛行东北季风;夏季盛行西南季风或东南季风(陈隆勋 等,2007)。

东亚夏季风环流系统成员主要包括:①低空成员:马斯克林高压、澳大利亚高压、索马里越赤道气流、季风槽(中国南海—西北太平洋 ITCZ)、西太副高。②高空成员:南亚高压(西藏高压)、热带东风急流。东亚冬季风环流系统成员主要包括:①低空成员:西伯利亚高压、东亚向南的越赤道气流、印尼—北澳热带辐合带(ITCZ)。②高空成员:西太平洋高压、向北越赤道气流。

常用的东亚季风指数有:

1)东亚夏季风

EASM$=U'_{850\,\mathrm{hPa}}$[10°—20°N,100°—150°E]$-U'_{850\,\mathrm{hPa}}$[25 °—35°N,100°—150°E](张庆云 等,2003),1961—2020 年东亚夏季风强度指数逐年演变如图 6.1a 所示。

2)东亚冬季风

EAWM1:西伯利亚高压强度指数(中华人民共和国气象行业标准《东亚冬季风指数》

(QX/T 144—2011))

选取西伯利亚高压气候平均位置(40°—60°N，80°—120°E)，计算该区域冬季平均海平面气压，并进行标准化，即得到西伯利亚高压强度指数。

EAWM2：冬季风指数(朱艳峰，2008)。

EAWM $=U_{500}$(25°—35°N，80°—120°E) $-U_{500}$(50°—60°N，80°—120°E)，正值为偏强，对计算得到的 EAWM 经过标准化处理。1961—2020 年东亚冬季风强度指数逐年演变如图 6.1b 所示。

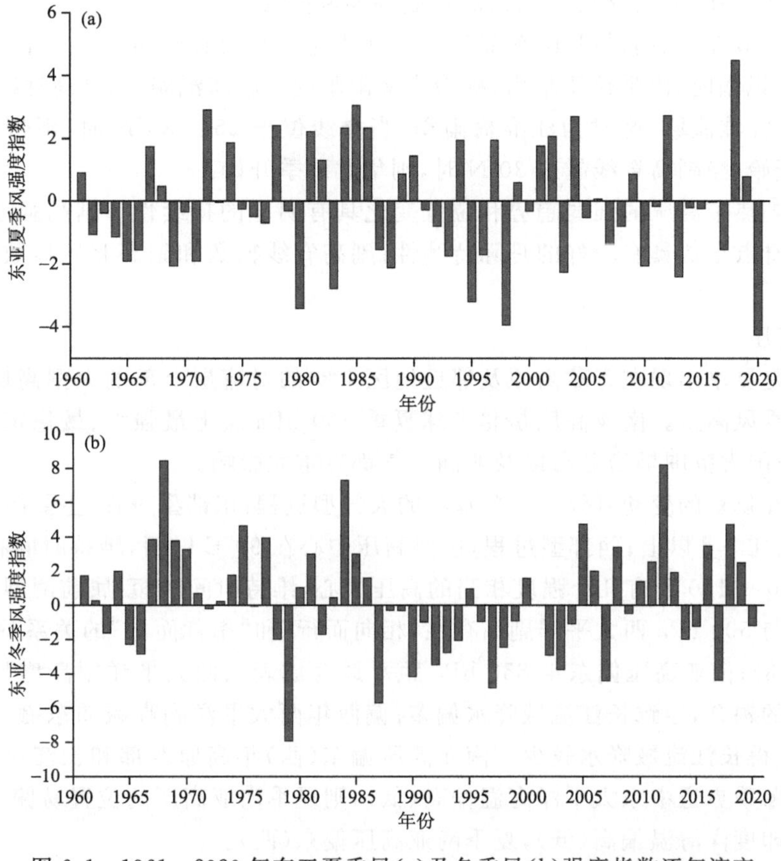

图 6.1　1961—2020 年东亚夏季风(a)及冬季风(b)强度指数逐年演变

(2)副热带高压

西太副高是指 500 hPa 月平均环流图上，西太平洋地区 588 dagpm 等值线所包围的反气旋环流(高辉 等，2017)，为了定量表征和描述西太副高的强弱和位置，对副高各指数定义如下：

1)面积指数：在 5°×10°菱形网格的 500 hPa 平均环流图上，10°N 以北，110°—180°E 范围内 588 dagpm 网格点数称西太副高面积指数，用 GM 来表示。

2)强度指数：588 dagpm 网格点上平均高度值编码(即 588 为 1，589 为 2，590 为 3，其余类推)总和定义为副高强度指数，用 GQ 来表示。

3)脊线指数：取 110°—150°E 范围内副高脊线与每隔 5° 9 条经线交点的平均纬度值定义为副高脊线指数，用 GX 表示。

4)北界指数:用副高北侧 588 dagpm 等值线(东西两个脊点之间)与每隔 5°9 条经线交点的纬度平均值定义为副高北界指数,用 GB 表示。

5)西伸脊点指数:取 90°—180°E 范围内 588 dagpm 等值线最西位置所在的经度定义为副高西伸脊点指数。

冬季西太平洋副高脊线在 15°N 附近,3 月和 4 月开始缓慢北移,达到 20°N 的平均时间是 6 月第 1 候,出现第一次北跳的时间平均是在 6 月第 4 候,脊线北跳到 20°N 以北,并稳定在 20°—25°N 1 个月左右;脊线再次北跳,越过 25°N 的平均时间是 7 月第 3 候。在 7 月底或 8 月初,副高达到 1 年中的最北位置。9 月以后,副高向南撤退。

西太副高季节性的活动与我国东部各地雨季的起止时间有密切关系。平均来说,当副高脊线位于 20°N 以南时,雨带位于华南,称为华南雨季或华南前汛期;当副高脊线位于 20°—25°N 时,雨带位于江淮流域,这时为江淮梅雨季;当脊线位于 25°—30°N 时,雨带推进至黄淮流域,黄淮雨季开始;当副高脊线越过 30°N 时,则华北雨季开始。

西太平洋副热带高压的强弱趋势和位置变化具有明显的持续性。副高强度指数、副高面积指数和西伸脊点指数具有较好的月际持续性;副高脊线指数和副高北界指数大多数月之间持续性较差。

(3)南亚高压

南亚高压是夏季出现在青藏高原及邻近地区上空的对流层上部的大型高压系统,又称青藏高压或亚洲季风高压。南亚高压是北半球夏季 100 hPa 层上最强大、最稳定的控制性环流系统,对夏季我国大范围旱涝分布以及亚洲天气都有重大影响。

南亚高压在夏季的变动可分为三个基本的天气型过程:东部型过程,主要高压中心在 90°E 以东,维持时间在 5 d 以上;西部型过程,主要高压中心在 90°E 以西,维持时间在 5 d 以上;带状型过程,在 50°—140°E 有几个强度相当的高压中心,维持时间较短,属前两型的过渡型。

南亚高压与 500 hPa 西太平洋副高存在“相向而行”和“相背而去”的关系(张琼 等,2001;金爱浩 等,2018);南亚高压偏东年 850 hPa 距平风合成表明西太平洋副高增强西伸,长江流域存在距平风的辐合,导致长江流域降水偏多;偏西年西太平洋副高减弱东撤,长江流域为距平北风控制,使得长江流域降水较少。南亚高压偏东(西)年高原西部和长江流域上升运动较强(弱)。前期冬季赤道中东太平洋海温偏高(低),则夏季南亚高压的位置易偏东(西),前期冬季到同期夏季印度洋海温偏高(低),夏季南亚高压偏东(西)。

(4)中高纬阻塞

在西风带长波槽脊的发展演变过程中,当槽不断向南加深时,高空的冷槽与北方冷空气的联系会被暖空气切断,在槽的南端形成一个孤立的闭合冷低压中心,叫作切断低压。在脊不断北伸时,其南部与南方暖空气的联系会被冷空气切断,在脊的北端出现闭合环流,形成孤立的暖高压中心,叫作阻塞高压。

阻塞高压和切断低压往往同时出现,由于其形成与维持阻挡了上游波动向下游传递,破坏了正常的西风带环流,使地面天气图上的气旋和反气旋的移动受到阻碍,所以这种环流形势称之为阻塞形势。

阻高的识别大致可以分为两类:一类是利用风场,主要根据阻塞高压存在期间西风急流分支或高压前后的经向风差异来识别;另一类是利用位势高度场的异常进行识别。由于位势高度异常比风速异常更具确定性,因此大多用第二类方法,特别是在讨论北半球阻塞高压时。

在亚洲地区，阻塞高压经常出现在乌拉尔山及鄂霍次克海地区，一般维持 8 d 左右，最短为 3～5 d。一年中，亚洲以 5 月、6 月和 7 月出现最多，以 3 月和 11 月为最少。

夏季东亚地区出现的阻塞高压对中国夏季旱涝影响很大，当夏季东亚地区有阻塞形势建立时，常常导致中纬度西风分支，南支锋区南压，西太平洋副高位置偏南，这种形势有利于我国夏季主要雨带位置偏南，以及江淮流域多雨（张存杰 等，2004；许霖 等，2020；李易芝 等，2020）。

6.2.2　海温影响

热带太平洋及印度洋等地区的海温异常可以明显地影响中高纬度地区甚至全球的大气环流和天气气候，使之发生相应的异常变化（陈丽娟 等，2013），这种异常变化引起的空间环流场的改变可能会对湖南地区气温、降水等变化产生重要影响，尤其是发生在赤道东太平洋的 ENSO 现象，作为海洋变化的强信号，对全球范围的气候异常都有明显的影响（朱益民 等，2007；袁媛 等，2014；毕宝贵 等，2017；彭艳玉 等，2023）。

（1）赤道中东太平洋海温

赤道中东太平洋海温偏高或厄尔尼诺事件发生时，青藏高原冬、春季容易多雪；亚洲季风往往偏弱，东亚夏季出现阻塞形势的可能性较大，西太副高增强、夏季位置偏南；中国夏季主要雨带位置南移；长江中下游地区入、出梅日期偏晚；华北雨季偏弱、雨期偏短；秋冬季降水北少南多，春季大范围多雨；温度变化冬暖夏凉；台风和沙尘暴偏少。

赤道中东太平洋海温偏低或发生拉尼娜事件时，青藏高原冬、春季容易少雪，亚洲季风往往偏强，东亚夏季出现阻塞形势的可能性较小，西太副高减弱、夏季位置偏北；中国夏季主要雨带位置北抬；长江中下游地区入、出梅日期偏早；华北雨季偏强、雨期偏长；秋冬季降水北多南少，春季大范围少雨；温度变化冬冷夏热；台风和沙尘暴偏多（金祖辉 等，1999；林惠娟 等，2004；袁媛 等，2016；陈文 等，2018；娄德君 等，2022）。

（2）印度洋海温

印度洋热力异常对印度洋—太平洋海温配置，及对大气环流和亚—澳季风的变异具有十分重要的作用，进而对我国夏季气候产生重要影响。印度洋异常 SST（海表温度）对我国夏季降水和亚洲夏季风环流具有重要影响（黄刚 等，2016；王黎娟 等，2018；唐红玉 等，2020）。印度洋 SST 分布的主要模态有：

1）热带印度洋全区一致海温模态（Indian Ocean Basin-Wide，IOBW）

IOBW 为热带印度洋海表温度距平（SSTA）的经验正交函数（EOF）分解第一模态，其定义为热带印度洋（20°S—20°N，40°—110°E）区域平均的海温距平。IOBW 是热带印度洋海温变化的最主要模态。IOBW 具有季节位相锁定特征，它通常在冬季开始发展，第二年春季达到最强。通过“大气桥”或印度尼西亚贯穿流等机制，也可能是印—太齿轮式耦合，赤道中东太平洋有厄尔尼诺（拉尼娜）事件发展时，在冬季至次年春、夏季，热带印度洋海温往往表现为全区一致增暖（偏冷）。因此，多数研究认为，热带印度洋全区一致增暖（偏冷）模态是对太平洋厄尔尼诺（拉尼娜）事件的滞后响应。

IOBW 正（负）相位对应着印度洋整体海温偏高（低），意味着热带印度洋低层风场以辐合（辐散）为主，同时低层盛行气旋式环流（反气旋式环流），有效促进（抑制）热带印度洋的对流活动，间接增强印澳季风环流；同时调整沃克环流异常带来的影响，从而改变副高位置、强度（一般而言正位相副高偏强偏西，反之偏弱偏东)，最终甚至能影响到我国雨带分布。

部分研究证实，IOBW 能通过 Matsuno-Gill 响应而影响南亚高压的强度，从而影响到副高的强度和位置，甚至能影响到我国雨带分布、进程。IOBW 正相位年份南亚高压偏强偏东，从而导致南亚高压外围下沉气流偏强，促使副高偏西偏强；反之，IOBW 负相位年份南亚高压偏弱偏西，使得南亚高压外围下沉气流偏弱，导致副高偏弱偏东。

2)热带印度洋海温偶极子(Tropical Indian Ocean dipole，TIOD)

TIOD 为热带印度洋海区 SSTA 的 EOF 分解第二模态，其定义为热带西印度洋(10°S—10°N，50°—70°E)的海温距平与热带东南印度洋(10°S—0°，90°—110°E)的海温距平之差。正位相年 SSTA 热带西印度洋偏高，东印度洋偏低；反之亦然。TIOD 的季节位相锁定特征表现为通常在夏季开始发展，秋季达到峰值，冬季很快衰减。

TIOD 的影响主要是通过海-气耦合作用，调控夏季风环流向冬季风环流转换期间南亚地区的南支槽脊配置。TIOD 正位相年份秋季北印度洋 SSTA 呈西高东低，从而使得伊朗高原、印度西部主要为异常脊位；印度东部、孟加拉—缅甸则盛行低槽活动，有利于水汽输送至我国西南地区。此外，由于热带东印度洋 SSTA 降低，下垫面强迫作用导致孟加拉湾出现异常反气旋，而这同样有利于向我国西南地区的水汽输送。因此 TIOD 是我国华西地区秋季降水的决定性因素之一。

此外，TIOD 和 ENSO 存在较高正相关性，是印—太齿轮(吴国雄 等，1998)耦合关系中的关键部分。沿赤道的垂直环流在太平洋地区是以沃克环流为主的，而在印度洋则成为季风纬向环流(对应 TIOD，机制和沃克环流相似)。一般情况下，沃克环流是顺时针运动，季风纬向环流是逆时针活动，二者就像一对耦合在一起的齿轮，齿合点正好在印尼群岛，当一个齿轮作顺时针方向转动时，另一个齿轮则作反时针方向转动，故命名为“印—太齿轮”。TIOD 还能通过改变沃克环流激发行星波(R/K 波)从而调控高纬度驻波，有时甚至会引发异常遥相关波列。这与 ENSO 的调控方式有异曲同工之处，不过相比之下 TIOD 与中高纬环流的相关性没那么明显。

3)副热带南印度洋偶极子(South Indian Ocean dipole，SIOD)

SIOD 是印度洋海温变化的次要模态，其定义为(45°—30°S，45°—75°E)与(25°—15°S，80°—100°E)的海表温度距平的区域平均值之差。

SIOD 同样具有显著的季节位相锁定特征，通常在初冬开始发展，次年 1—3 月达到最强，4 月明显减弱。SIOD 同样对印—澳季风环流存在明显的调控，由于西南印度洋和东南印度洋正是印—澳季风环流中关键的两个因素：马斯克林高压和澳大利亚高压，而这两个高压的强度直接影响着南亚夏季风的强度。正 SIOD 年中国江南和西南地区以及长江中下游的降水偏多，负 SIOD 年江南大部分地区降水偏少。

6.2.3　其他影响

(1)北极海冰

海冰有极高的反射率(高达 55%～85%)，北极海冰覆盖在海洋表面，犹如隔热毯铺在大气与海水之间，阻隔了大气与大洋之间的能量交换。北极海冰分布位置和多少直接关系到极圈热量收支平衡，一方面通过海冰-大气耦合过程直接影响到极地冷源堆积；另一方面通过调控极(地)—赤(道)热力梯度影响中高纬度大气环流。

北极海冰对东亚气候异常的影响近些年来在业务预报中也越来越受到重视(武炳义 等,2004;武炳义,2018;邓汝漳 等,2021)。研究表明,(71.5°—83.5°N,60.5°—149.5°E)区域平均的 9 月海冰密集度(SIC)与冬季西伯利亚高压相关显著(相关系数为 0.65,去除趋势后二者相关系数为 0.60)。9 月北极海冰密集度为预测冬季西伯利亚高压强度,进而预测冬季气温高低提供了一个前期因子。

春季(3—5 月) 白令海和鄂霍次克海海冰面积与夏季(6—7 月) 我国南方降水有很好的关系。春季少冰年与多冰年我国夏季降水的差异显示,春季白令海和鄂霍次克海海冰减少,不利于东亚夏季风向北移动,从而造成中国东南区域夏季降水增多。华南西部、贵州至长江中下游地区降水有显著的正异常,长江中下游梅雨偏强。白令海和鄂霍次克海冰的多少为汛期气候预测提供了下垫面强迫前兆信号。

(2)高原积雪

大量研究表明(张顺利 等,2001;Wu et al.,2003;段安民 等,2018;李延 等,2023),青藏高原积雪偏多会导致东亚夏季风偏弱,东亚季风系统的季节变化进程比常年偏晚。初夏华南降水偏多,夏季长江及江南北部降水偏多,华北和华南降水偏少。

青藏高原积雪影响东亚季风的物理过程可概括为青藏高原积雪多(少),春夏季青藏高原感热弱(强),感热加热引起的上升运动弱(强),青藏高原强(弱)风场不利于(有利于)高原感热通量向上输送,青藏高原上空对流层加热弱(强),对流层温度低(高),青藏高原南侧温度对比弱(强),造成夏季风弱(强),我国长江流域易涝(旱)。

6.3　气候预测方法

经过 60 多年发展,我国短期气候预测业务完成了从以物理统计为主,到以气候预测数值模式(简称气候模式)为基础、动力与统计方法相结合的转变(贾小龙 等,2013),以气候模式为代表的气候预测核心技术有了长足发展(吴统文 等,2013;程智 等,2020;李巧萍 等,2023),客观化预测水平有了很大提升,气候预测准确率稳步提高。

另外,由于气候模式在对准确模拟和预测海洋、陆地、大气、冰冻圈、生物圈等多圈层的相互作用方面还存在较大的不确定性,现代气候预测主要采用基于气候模式和物理机制诊断相结合的办法。近年来,机器学习技术的不断发展,为气候预测提供了新的思路和方法(黄超等,2022;贺圣平 等,2021;沈皓俊 等,2020),将人工智能和动力模式相结合是提高气候预测技巧的新的发展方向。

6.3.1　物理统计方法

(1)经验正交函数分解(Empirical Orthogonal Function,EOF)

经验正交函数分解最早由 Pearson(1901)提出,并在 20 世纪 50 年代中期由洛伦兹引入气象领域,目前已经广泛应用于气候研究的各个领域,相对于谐波分析、球函数分解等气象要素场的分解方法,其具有一定的优越性:①没有固定的函数形式,因而不需许多数学假设,更易符合实际;②能在不规则分布站使用;③既可以在空间不同点进行分解,也可以在同一站对不同时间点分解,还可以对同一站不同要素做分解;④分离出的空间结构具有一定的物理意义(魏凤英,2007)。

EOF分解的基本思想是把气象要素场分解为具有典型分布意义的空间特征向量场和对应时间权重系数的线性组合。空间特征向量表征某一气候变量场的变率分布结构，其空间分布形式代表了该变量场的主体分布结构，时间系数反映空间分布形式与某时间点的实际分布形式相似或相反的程度。即可以将某一区域的气象要素场序列 Y_{ij} $(i=1,2,3,\cdots,m;j=1,2,3,\cdots,m)$ 分解为时空特征线性组合，其数学表达式为：

$$Y_{ij}=\sum_{k=1}^{m}v_{ik}t_{kj}=v_{i1}t_{1j}+v_{i2}t_{2j}+\cdots+v_{im}t_{mj} \tag{6.1}$$

其矩阵形式为：

$$\boldsymbol{Y}_{m\times n}=\boldsymbol{V}_{m\times p}\boldsymbol{T}_{p\times n} \tag{6.2}$$

式中，$\boldsymbol{Y}_{m\times n}$ 为 $m\times n$ 阶的气象要素矩阵，$\boldsymbol{T}_{p\times n}$ 为 $p\times n$ 阶的时间系数矩阵，$\boldsymbol{V}_{m\times p}$ 为 $m\times p$ 阶的空间函数矩阵。那么根据正交性原则，$\boldsymbol{V}$ 和 $\boldsymbol{T}$ 要满足下列条件：

$$\begin{cases}\sum\limits_{i=1}^{m}v_{ik}v_{il}=1 & (k=l)\\ \sum\limits_{j=1}^{n}t_{kj}t_{lj}=0 & (k\neq l)\end{cases} \tag{6.3}$$

对公式(6.2)右乘 $\boldsymbol{Y}^{\mathrm{T}}$ 可以得到：

$$\boldsymbol{YY}^{\mathrm{T}}=\boldsymbol{VTY}^{\mathrm{T}}=\boldsymbol{VTT}^{\mathrm{T}}\boldsymbol{V}^{\mathrm{T}} \tag{6.4}$$

$\boldsymbol{YY}^{\mathrm{T}}$ 是实对称矩阵。那么根据实对称矩阵的分解定理一定有：

$$\boldsymbol{YY}^{\mathrm{T}}=\boldsymbol{V\Lambda V}^{\mathrm{T}} \tag{6.5}$$

式中，$\boldsymbol{\Lambda}$ 为 $\boldsymbol{YY}^{\mathrm{T}}$ 矩阵的特征值所构成的对角阵。由公式(6.4)和公式(6.5)可知：

$$\boldsymbol{TT}^{\mathrm{T}}=\boldsymbol{\Lambda} \tag{6.6}$$

由特征向量的性质可知：

$$\boldsymbol{V}^{\mathrm{T}}\boldsymbol{V}=\boldsymbol{VV}^{\mathrm{T}}=\boldsymbol{I} \tag{6.7}$$

式中，$\boldsymbol{I}$ 为单位矩阵，即满足公式(6.3)的要求。由此可知，空间函数矩阵可以从 $\boldsymbol{YY}^{\mathrm{T}}$ 中的特征向量求出，而 $\boldsymbol{V}$ 得出之后，时间系数矩阵即可求得：

$$\boldsymbol{T}=\boldsymbol{V}^{\mathrm{T}}\boldsymbol{Y} \tag{6.8}$$

(2)典型相关分析(Canonical Correlation Analysis，CCA)

CCA方法是在满足：

$$\begin{cases}v(\boldsymbol{L})=\boldsymbol{L}^{\mathrm{T}}\boldsymbol{L}=\boldsymbol{A}^{\mathrm{T}}\boldsymbol{X}^{\mathrm{T}}\boldsymbol{XA}=1\\ v(\boldsymbol{M})=\boldsymbol{M}^{\mathrm{T}}\boldsymbol{M}=\boldsymbol{T}^{\mathrm{T}}\boldsymbol{Y}^{\mathrm{T}}\boldsymbol{YB}=1\end{cases} \tag{6.9}$$

的约束条件下，使相关系数：

$$r(\boldsymbol{L},\boldsymbol{M})=\frac{\mathrm{cov}(\boldsymbol{L},\boldsymbol{M})}{\sqrt{v(\boldsymbol{L})v(\boldsymbol{M})}}=\boldsymbol{A}^{\mathrm{T}}\boldsymbol{V}_{xy}\boldsymbol{B} \tag{6.10}$$

达到最大。应用拉氏乘子法，构造 G 函数：

$$G=r(\boldsymbol{L},\boldsymbol{M})-\lambda_1(\boldsymbol{L}^{\mathrm{T}}\boldsymbol{L}-1)-\lambda_2(\boldsymbol{M}^{\mathrm{T}}\boldsymbol{M}-1) \tag{6.11}$$

求 $\dfrac{\partial G}{\partial A}=0,\dfrac{\partial G}{\partial B}=0$，得到方程组：

$$\begin{cases}\boldsymbol{V}_{xy}\boldsymbol{B}-\lambda_1\boldsymbol{V}_{xx}\boldsymbol{A}=0\\ \boldsymbol{V}_{yx}\boldsymbol{A}-\lambda_2\boldsymbol{V}_{yy}B=0\end{cases} \tag{6.12}$$

根据相关系数 $r(\boldsymbol{L},\boldsymbol{M}) = r(\boldsymbol{M},\boldsymbol{L})$，可以证明 $\lambda_1 = \lambda_2$，于是由公式(6.12)可得：

$$\boldsymbol{V}_{yy}^{-1}\boldsymbol{V}_{yx}\boldsymbol{V}_{xx}^{-1}\boldsymbol{V}_{xy}\boldsymbol{B} - \lambda^2\boldsymbol{B} = 0 \tag{6.13}$$

式中，矩阵 $\boldsymbol{V}_{yy}^{-1}\boldsymbol{V}_{yx}\boldsymbol{V}_{xx}^{-1}\boldsymbol{V}_{xy}$ 称为 X 与 Y 的线性关联阵，于是就把 CCA 方法变成求 $\boldsymbol{X}$ 与 $\boldsymbol{Y}$ 的线性关联阵的特征值和特征向量问题，对此可再化为如下广义特征值问题求解：

$$\boldsymbol{V}_{yx}\boldsymbol{V}_{xx}^{-1}\boldsymbol{V}_{xy}\boldsymbol{B} = \lambda^2\boldsymbol{V}_{yy}\boldsymbol{B} \tag{6.14}$$

解此广义特征值问题，即可求出 $\boldsymbol{B}$；代入公式(6.12)，即求出 $\boldsymbol{A}$；再代入公式(6.9)，求出 $\boldsymbol{L}$、$\boldsymbol{M}$。其中，最大特征值为满足公式(6.11) 的最大相关系数，而对应的最大特征向量为由 $\boldsymbol{X}$、$\boldsymbol{Y}$ 提取的满足公式(6.11) 的线性组合。特征值按从大到小排列，将得到的第 1 特征值对应的$(\boldsymbol{L},\boldsymbol{M})$和$(\boldsymbol{A},\boldsymbol{B})$ 记为$(\boldsymbol{L}_1,\boldsymbol{M}_1)$ 和$(\boldsymbol{A}_1,\boldsymbol{B}_1)\cdots$，第 K 特征值对应的记为$(\boldsymbol{L}_K,\boldsymbol{M}_K)$ 和$(\boldsymbol{A}_K,\boldsymbol{B}_K)$，定义：

$$\begin{cases}\overline{\boldsymbol{L}} = (\boldsymbol{L}_1,\cdots,\boldsymbol{L}_K),\overline{\boldsymbol{M}} = (\boldsymbol{M}_1,\cdots,\boldsymbol{M}_K)\\ \overline{\boldsymbol{A}} = (\boldsymbol{A}_1,\cdots,\boldsymbol{A}_K),\overline{\boldsymbol{B}} = (\boldsymbol{B}_1,\cdots,\boldsymbol{B}_K)\end{cases} \tag{6.15}$$

则：

$$\begin{cases}\overline{\boldsymbol{L}}^{\mathrm{T}}\overline{\boldsymbol{L}} = \boldsymbol{I}\\ \overline{\boldsymbol{M}}^{\mathrm{T}}\overline{\boldsymbol{M}} = \boldsymbol{I}\end{cases} \tag{6.16}$$

即由此得到的各组 $(\boldsymbol{L}_i,\boldsymbol{M}_i)(i = 1,2,\cdots,K)$ 之间是互不相关的。

(3)奇异值分解(Singular Value Decomposition，SVD)

在 SVD 方法中，约束条件为：

$$\begin{cases}\boldsymbol{A}^{\mathrm{T}}\boldsymbol{A} = 1\\ \boldsymbol{B}^{\mathrm{T}}\boldsymbol{B} = 1\end{cases} \tag{6.17}$$

求使协方差 $\mathrm{cov}(\boldsymbol{L},\boldsymbol{M}) = \boldsymbol{L}^{\mathrm{T}}\boldsymbol{M} = \boldsymbol{A}^{\mathrm{T}}\boldsymbol{V}_{xy}\boldsymbol{B}$ 达到最大的$(\boldsymbol{L},\boldsymbol{M})$ 以及$(\boldsymbol{A},\boldsymbol{B})$，即为 **SVD** 方法。应用拉氏乘子法，构造 G 函数

$$G = \mathrm{cov}(\boldsymbol{L},\boldsymbol{M}) - \lambda_1(\boldsymbol{A}^{\mathrm{T}}\boldsymbol{A} - 1) - \lambda_2(\boldsymbol{B}^{\mathrm{T}}\boldsymbol{B} - 1) \tag{6.18}$$

求 $\dfrac{\partial G}{\partial A} = 0,\dfrac{\partial G}{\partial B} = 0$，得到方程组：

$$\begin{cases}\boldsymbol{V}_{xy}\boldsymbol{B} - \lambda_1\boldsymbol{A} = 0\\ \boldsymbol{V}_{yx}\boldsymbol{A} - \lambda_2\boldsymbol{B} = 0\end{cases} \tag{6.19}$$

将约束条件公式(6.17)代入公式(6.19)可得：

$$\lambda_1 = \boldsymbol{A}^{\mathrm{T}}\boldsymbol{V}_{xy}\boldsymbol{B} = (\boldsymbol{A}^{\mathrm{T}}\boldsymbol{V}_{xy}\boldsymbol{B})^T = \lambda_2 \tag{6.20}$$

公式(6.20)按 SVD 方法的传统叙述，即对两组变量或者两个变量场间的协方差矩阵进行奇异值分解为左右特征向量，由奇异值分解计算方法，结合公式(6.19)和公式(6.20)成为：

$$\begin{cases}\boldsymbol{V}_{yx}\boldsymbol{V}_{xy}\boldsymbol{B} = \lambda^2\boldsymbol{B}\\ \boldsymbol{V}_{xy}\boldsymbol{V}_{yx}\boldsymbol{A} = \lambda^2\boldsymbol{A}\end{cases} \tag{6.21}$$

于是，对 $\boldsymbol{V}_{yx}\boldsymbol{V}_{xy}$ 或 $\boldsymbol{V}_{xy}\boldsymbol{V}_{yx}$ 进行特征值分解，最大特征值对应的特征向量 $\boldsymbol{A}$、$\boldsymbol{B}$ 以及相应的 $\boldsymbol{L}$、$\boldsymbol{M}$ 即为使公式(6.18)达到最大的值。与 CCA 方法类似，对不同的特征值，可以得到一系列的$(\boldsymbol{A},\boldsymbol{B})$及相应的$(\boldsymbol{L},\boldsymbol{M})$可用于计算 $\boldsymbol{X}$ 与 $\boldsymbol{Y}$ 同性和异性相关。特征值按从大到小排列，将 $V_{xy}V_{yx}$ 第 1 特征值对应的$(\boldsymbol{L},\boldsymbol{M})$ 和$(\boldsymbol{A},\boldsymbol{B})$ 记为$(\boldsymbol{L}_1,\boldsymbol{M}_1)$ 和$(\boldsymbol{A}_1,\boldsymbol{B}_1)\cdots$，第 K 特征值对应的记为$(\boldsymbol{L}_K,\boldsymbol{M}_K)$ 和$(\boldsymbol{A}_K,\boldsymbol{B}_K)$，定义：

$$\begin{cases}\overline{\boldsymbol{L}} = (\boldsymbol{L}_1,\cdots,\boldsymbol{L}_K),\overline{\boldsymbol{M}} = (\boldsymbol{M}_1,\cdots,\boldsymbol{M}_K)\\ \overline{\boldsymbol{A}} = (\boldsymbol{A}_1,\cdots,\boldsymbol{A}_K),\overline{\boldsymbol{B}} = (\boldsymbol{B}_1,\cdots,\boldsymbol{B}_K)\end{cases} \tag{6.22}$$

则

$$\begin{cases}\overline{\boldsymbol{A}}^{\mathrm{T}}\overline{\boldsymbol{A}}=\boldsymbol{I}\\ \overline{\boldsymbol{B}}^{\mathrm{T}}\overline{\boldsymbol{B}}=I\end{cases} \tag{6.23}$$

即由此得到的各组 $(\boldsymbol{A}_i,\boldsymbol{B}_i)(i=1,2,\cdots,K)$ 之间是正交的，但各组 $(\boldsymbol{L}_i,\boldsymbol{M}_i)(i=1,2,\cdots,K)$ 之间是相关的。

(4)合成 t 检验

在气象研究中经常使用合成分析或者差值分析，合成场或者差值场的中心(即绝对值较大的区域)认为是变化最显著的区域。但是，所分析的环流场各格点的均方差变化比较大，很不均匀时，差值图所得的关键区可能不可靠：①它有可能将均方差较小的关键区漏掉；②又可能将均方差较大的区域误认为影响显著的关键区。为了避免这种情况的发生应该对合成结果做差异显著性检验，具体方法如下：

$$t_i=\frac{\overline{x_i(1)}-\overline{x_i(2)}}{\sqrt{\dfrac{n_1\sigma_{1i}^2+n_2\sigma_{2i}^2}{n_1+n_2-2}}\sqrt{\dfrac{1}{n_1}+\dfrac{1}{n_2}}}=\frac{\overline{x_i(1)}-\overline{x_i(2)}}{\sigma_i\sqrt{\dfrac{1}{n_1}+\dfrac{1}{n_2}}} \tag{6.24}$$

式中，n_1、n_2 分别表示两组样本的长度；$\overline{x_i(1)}$、$\overline{x_i(2)}$ 分别为两组样本的平均值；σ_i 表示第 i 个站(或者格点)的均方差；σ_{1i}、σ_{2i} 分别表示两组样本的均方差。计算出的 t_i 与自由度为 n_1+n_2-2 的临界值比较(查 t 检验分布表)，大于信度的标准站(或者格点)组成的区域为显著区域或关键区域。

(5)相关分析

用来描述两个时间序列间相互关系的方法，用相关系数

$$r_{kl}=\frac{1}{n}\sum_{i=1}^{n}\left(\frac{x_{ki}-\overline{x}_k}{S_k}\right)\left(\frac{x_{li}-\overline{x}_l}{S_l}\right) \tag{6.25}$$

式中，S_k、S_l 分别表示第 k、第 l 个变量的标准差；r_{kl} 的绝对值越大，表示两者的关系越密切。

6.3.2 模式释用方法

目前常用的气候动力模式释用方法有统计释用和动力释用两种。

统计释用方法，要素的预报准确率密切依赖于形势预报的准确率以及形势与要素之间的统计关系。通过对月动力延伸期预报的 500 hPa 环流特征量进行分析发现，部分环流特征量(西太副高面积与强度、极涡面积与强度、高原高度场以及经纬向环流指数)的预报技巧高于环流形势场的预报水平，用这些预报技巧较高的环流特征量作为预报因子进行预报有一定效果。气候动力模式是短期气候预测的一个重要发展方向，将会有很大的发展前途，对短期气候预测工作将产生深远的影响。

动力释用方法是根据长期天气过程的特点和超长波系统的特征，从大尺度大气动力学方程组出发得到距平形式的方程组来预测某地降水距平的方法。

(1)相似动力方法

一般来讲，数值预报是作为偏微分方程的初值问题提出来的，可表示为

$$\begin{cases}\dfrac{\partial\psi}{\partial t}+L(\psi)=0\\ \psi(x,t_0)=\psi_0(x)\end{cases} \tag{6.26}$$

式中，$\psi(x,t)$ 为模式预报变量；x 和 t 分别表示空间坐标向量和时间；L 是 ψ 的微分算子，对应于实际的数值模式；t_0 为初始时刻；ψ_0 为初值。$t > t_0$ 时刻的值可由初值进行数值积分得到 ψ 或者其泛函 $P(\psi)$ 。实际大气所满足的模式表示为：

$$\frac{\partial \psi}{\partial t} + L(\psi) = E(\psi) \tag{6.27}$$

式中，E 为模式的误差算子，反映模式中未知的总误差项，即模式误差。

数值模式是大气实际运动的一种近似，现有的模式离足够精确还相距甚远，多年来人们一直在努力使模式尽可能精确完善。这种努力一般是从正面来进行的，即考虑如何使模式具有更可靠的物理基础及更精确的数值方法，以此来减小模式误差 $E(\psi)$ 。但无论模式怎样发展，误差仍将是客观存在和相当可观的。实际上，尽管无法知道控制大气运动的精确方程，但气候预测所用到的大量观测资料实际上是满足大气运动方程的一系列特解。因此，可从反问题的角度利用这些观测资料所提供的信息来弥补模式的缺陷，达到减小模式误差的目的。

大气是一个强迫耗散的非线性系统，存在着系统状态向外源适应。长期业务预报的经验表明，在相似的初始场和边界条件下，大气状况的演变往往也相似。因此，对于任一初值 ψ，可考虑使用与 ψ 相似的历史实况 $\tilde{\psi}$ 所提供的模式误差信息，把预报场视为叠加在历史相似上的一个小扰动，引入历史相似对应的预报误差信息来估计当前的模式预报误差，将动力预报问题转化为模式预报误差的估计问题。

(2)EOF 分析迭代法

该方法是一种场对场的预测方法，能将随时间变化的要素场分解为空间函数场(主分量)和时间函数，空间函数场能反映不同样本之间自然协调的多重关系，时间系数能反映年代际和年际变化。通过 EOF 分析，不需要了解各样本之间复杂的关系，通过不断循环迭代，可以导出所需要站的预报信息，最终得到包含了复杂关系在内的预报。

(3)BP 典型相关法

该方法利用 EOF 和典型相关相结合，是一种场对场的统计降尺度方法。在该方法中使用 EOF 分析方法对原始资料场进行截断处理，保留方差贡献较大的 k 个主分量信息作典型相关分析，由于前 k 个主分量保留了原始资料场大尺度空间分布的主要信息，滤去了小尺度空间扰动的作用，能够充分反映原始资料场变化的主要特征，因此，可以对预报因子场和预报对象场的相关性进行分析，并建立预测模式，对预测对象场的变化趋势进行讨论。而典型相关分析是研究两组变量整体关系的统计方法，它可从两组变量的相关关系中提取主要信息，达到简化分析的目的，最终利用 EOF 和典型相关的结合实现模式产品的降尺度预测结果。

6.4　气候预测相关资料

气候资料，指对某一地区各种气候要素长期观测得到的连续性记录数据，是气象业务、科研和服务工作的重要基础信息，是气象事业长期建设发展积累起来的宝贵财富。在现代气象业务建设、公共气象服务发展和气象防灾减灾、气候资源开发利用、应对气候变化能力提升等方面起着基础的核心支撑作用。

预测常用资料包括气象要素资料、环流指数资料、再分析资料、常用动力模式解释应用资料等。气候资料主要来源于针对大气系统进行的观测。随着现代科学技术的进步，气候研究由传统的大气领域向气候系统各组分领域拓展，气候观测的内容将日益丰富，气候资料概念会逐步向气候系统资料概念转变。气候资料或气候系统资料的工作，一般均包括资料的采集与传输、加工与处理、存储归档及业务服务等环节。资料工作的关键在于数据完整、准确可靠、规范标准、存储安全、服务及时。

6.4.1 气象要素资料

主要以实况观测资料为主(包括地面气温、降水、日照、天气现象等)：湖南省 97 个国家级气象观测站及 3600 多个区域自动气象观测站的资料，来源于湖南省气象信息中心。

6.4.2 再分析资料

再分析资料是对观测资料(包括地面观测、卫星，还有雷达、探空、浮标、飞机、船舶等)进行质量控制，然后再同化入全球模式后所获得的资料。一定程度上可以近似地认为这就是实际的大气状况。

主要用到 NCEP/NCAR 再分析的海平面气压场、位势高度场、风场、海温场的逐日和逐月格点资料，水平分辨率为 2.5°×2.5°，垂直层数为 12 层，开始时间为 1948 年 1 月(海温场开始时间为 1854 年 1 月)；空间范围为全球(Kalnay et al.，1996)。

6.4.3 环流资料

来源于国家气候中心的 144 项环流指数，包括海洋特征指数、遥相关指数、大气环流因子、青藏高原积雪指数等。

6.4.4 常用动力模式资料

针对不同预报时间尺度，常用的模式如下：

延伸期及月预报模式主要有：DERF2.0、NCEP_CFSv2、EC 和 APCC 等。

季节预报模式主要有：CMME、NMME、BCC_CPSv3、NCEP_CFSv2、JMA、APCC、Frontier 等。

6.5 气候预测业务系统

全球气候模式是目前气候预测最有效的工具，它能很好地预测一些大尺度气候的平均特征，但受限于模式误差、初值误差、有限分辨率等问题的影响，模式对个别气候现象及要素的预测能力非常有限，而且对区域气候特征的描述尤为不足。利用国家级气候动力模式预测产品，借助气候统计学方法，建立大尺度气候预报因子与区域气候要素的统计函数关系，可以实现对动力模式产品进行统计降尺度解释应用。这实质上是气候统计学与动力方法的有机结合，相互取长补短，是提高短期气候预测准确率的有效方法之一。

降尺度气候预测方法就是对气候模式输出的大尺度气候信息进行分析利用，通过嵌套区域气候模式或结合区域观测要素和统计方法得到更高分辨率的区域气候预测。降尺度方法包括动力降尺度方法、统计降尺度方法和动力-统计相结合的降尺度方法，它们的共同点是都需要全球气候模式提供大尺度气候信息(陈丽娟 等，2003；孙建奇 等，2018；王昱 等，2021)。

其中，动力降尺度预测是将低分辨率全球气候模式输出的大尺度信息作为输入量驱动较高分辨率的区域气候模式，产生区域高分辨率的气候模式输出信息，对区域气候进行预测。统计降尺度预测则是利用历史的观测资料建立大尺度气候状况与区域气候要素的统计关系，并利用独立的观测资料检验这种关系是否显著，然后把这种关系应用于全球气候模式输出的大尺度气候信息，对未来的气候状态及其趋势进行预测。

(1)多模式解释应用集成预测系统(Multi-Model Downscaling Ensemble Prediction System，MODES)

由于气候系统自身的混沌性特征，模式预测对初始值误差和模式自身误差敏感。采用多个模式进行集合预报时，能够同时减少模式不确定性和初值不确定性，从而成为有效的解决方案(Krishnamurti et al.，1999；Wang et al.，2009；康红文 等，2012；刘长征 等，2013)，并因此得到广泛应用。

2011 年，基于中国国家气候中心(NCC)、美国国家环境预报中心(NCEP)、欧洲中期天气预报中心(ECMWF)、东京气候中心(TCC)的气候模式，中国气象局国家气候中心牵头开展现代气候业务建设试点工作之“多模式气候预测产品解释应用”，结合多种集合方法以及统计降尺度方法，建立了多模式解释应用集成预测系统(MODES)。2011 年以来，MODES 版本逐步升级，在湖南省实现逐月运行，在月、季气候预测业务中发挥作用。

(2)动力-统计相结合的季节气候预测系统(Forecast System on Dynamical and Analogy Skills，FODAS)

动力-统计相结合是提高短期气候预测准确率的有效途径之一(丑纪范，1986；陈丽娟 等，2003；任宏利 等，2005；郑志海 等，2009；封国林 等，2013，2015；李维京 等，2013；赵俊虎 等，2015)。2008 年以来，中国气象局公益性行业(气象)科研专项“由历史资料改进动力季节预测的关键技术研究”，利用国家气候中心的季节预报业务模式和较全面的历史资料，发展了利用相似年的模式误差信息实现对预报年气候模式预报误差预报的汛期降水动力-统计客观定量化预测方法，并利用两类动力-统计预测方案，建立了动力与统计集成的季节降水预测系统(FODAS1.0)。

随着 FODOS 在全国范围内推广，FODOS 于 2014 年开始应用于湖南省气候预测业务，并发挥重要作用。

(3)第二代月动力延伸预测模式业务系统(Dynamic Extended Range Forecast operational System Version 2.0，DERF2.0)

国家气候中心在 BCC_AGCM2.2 版的基础上建立了第二代月动力延伸预测模式业务系统 DERF2.0(何慧根 等，2014)。第二代月动力延伸预测模式业务系统从模式结果本身、分辨率等方面与第一代相比进行了较大的调整。该系统性能稳定，2014 年开始应用于预测业务。DERF2.0 的大气初始场采用 NCEP 一日 4 次的再分析资料，资料使用张弛逼近方法输入到模式，海表温度初始场采用 NOAA 的 OISST 再分析资料，包括月平均资料和周平均资料，在资料能够获取的情况下使用最近的周平均资料，在模式中保持初始海温异常持续。湖南省气候中心在对 DERF2.0 回算数据的环流场和气温降水预测的检验基础上，基于历史回算数据和实时下发数据开展了解释应用工作，用于预测湖南的月气温、降水趋势和开展延伸期过程预测。其中，月气温、降水的月动力解释应用方法主要包括最优线性回归、逐步回归、支持向量机和决策树分类等；重要天气过程预测为基于时间集成的湖南延伸期强降温、强降水过程概率预测。

(4)湖南省次季节—季节尺度(Sub-seasonal to seasonal,S2S)多模式预测效果评估及解释应用系统

由世界气象组织(WMO)的世界天气研究计划(WWRP)/全球观测系统研究与可预报性试验(THORPEX)和世界气候研究计划(WCRP)联合发起的次季节—季节尺度预测计划(S2S Project)(齐艳军 等,2014;胡星 等,2020)。湖南省气候中心基于 S2S 模式的数据开展了解释应用的工作。

主要对欧洲中期天气预报中心、美国、日本、英国以及中国 5 家次季节－季节模式(S2S)产品,一是利用模式历史回报结果,对主要气象要素气温和降水及大气环流进行综合评估,针对湖南及周边区域,对多时间尺度气候要素的预测效果进行检验,内容包括:1～10 d、11～20 d、21～30 d、1～30 d 和 11～40 d 的气温、降水预测效果以及 1～40 d 强降水、高温及强降温过程预测效果,对以上内容进行 PS 评分、ACC 评分、TCC 评分、CS 评分和 ZS 评分,比较不同起报时间的预报技巧差异;二是基于订正方法对模式进行解释应用;三是采用多种集合方法,实现预测产品的自动集成;四是实现评估检验以及模式产品及解释应用产品的多样化自动显示。

第 7 章　气候预测技术流程

7.1　延伸期气候趋势预测

根据业务服务需求，确定延伸期预报对象。预报对象一般有降水过程、冷空气过程、降水趋势、气温趋势等。延伸期一方面要看趋势，后期降水、气温的逐周或逐旬的趋势预测；另一方面再看单站的降水过程可能出现的时段、降温可能出现的时段。

7.1.1　模式旬、周的降水、气温趋势预测

可参考的产品有美国 CFSv2 网站上逐日更新的逐周预测产品、TCC 网站每周五更新的逐周预测产品，本地化的 CFSv2 的模式解释应用的逐旬降水趋势，欧洲中期天气预报中心的每周更新两次的逐周预测产品。具体网址如下：

(1)https://www.tropicaltidbits.com/analysis/models/

(2)https://charts.ecmwf.int/

(3)http://forecast.bcccsm.ncc-cma.net/web/channel-122.htm

(4)https://ds.data.jma.go.jp/tcc/tcc/products/model/index.html

7.1.2　模式单站的降水、气温趋势预测

单站的降水是 CFSv2 模式产品解释应用到单站的预测产品，每日更新，通过跟踪订正，确定可能的降水时段。这里以 2016 年入梅时间预报为例。2016 年 6 月 2 日进行全国梅雨会商时，根据近期延伸期模式预报产品，得到 6 月中旬后期有持续性降水过程，认为 6 月中旬后期入梅的可能性较大。结合趋势预测确定降水的强度和可能出现的时间。

单站的气温是 CFSv2 模式产品解释应用到单站的预测产品，每日更新，通过跟踪订正，确定可能的低温时段或高温时段。

7.2　月气候趋势预测

进行月气候趋势预测时，在了解气候特征的基础上，主要参考动力模式结果，以客观化产品和统计结果去修正。在采用动力模式结果时，需考虑两个方面：一是模式对于气温、降水的预测；另一个方面是模式对于环流的预测。下面以 2019 年 10 月预测为例。

7.2.1　气候特征分析及异常成因诊断

(1)气候特征

1981—2010 年 10 月湖南省降水量及雨日均从湘西北向湘东南递减，降水湘西大部分地区为 90～120 mm，雨日为 12～16 d，其他大部分地区除湘东南外降水为 70～90 mm，雨日为 10～12 d，湘东南降水为 70 mm 以下，雨日在 10 d 以下。气温则从湘西北向湘东南递增，湘东南为 19～21 ℃，其余大部分地区为17～19 ℃(图 7.1)。

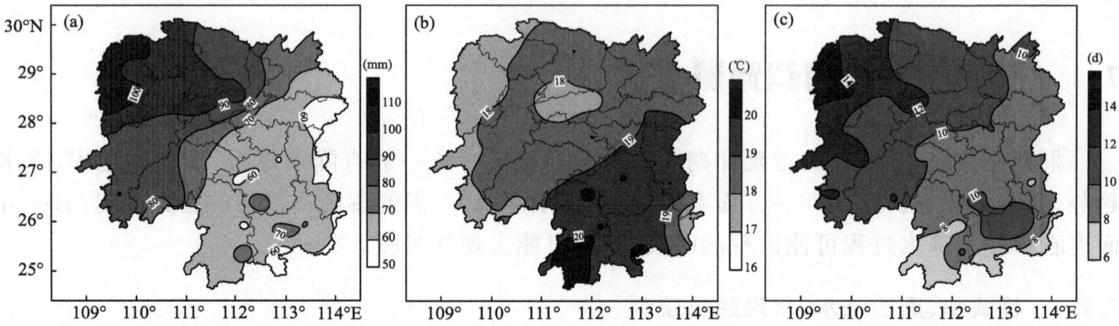

图 7.1　湖南省 1981—2010 年 10 月降水(a)、气温(b)及雨日(c)气候值空间分布

(2)要素分型(降水为例)

对湖南省 96 站 1981—2018 年 10 月的降水距平百分率进行 EOF 分析，前 3 个主成分的累计方差贡献率达 81.5%，各模态的解释方差见表 7.1，第一模态高达 58%，能基本反映 10 月降水的时空变化主要信息，所以这里取前 3 个主成分分析湖南省 10 月降水的变化特征。第一模态为全省一致型，第二模态为南北反向型，第三模态为南北少中间多型(图 7.2)。

表 7.1　湖南省 1981—2010 年 10 月降水 EOF 中各主成分的贡献率

	EOF1	EOF2	EOF3
方差贡献率/%	58.0	14.2	9.3
累计贡献率/%	58.0	72.2	81.5

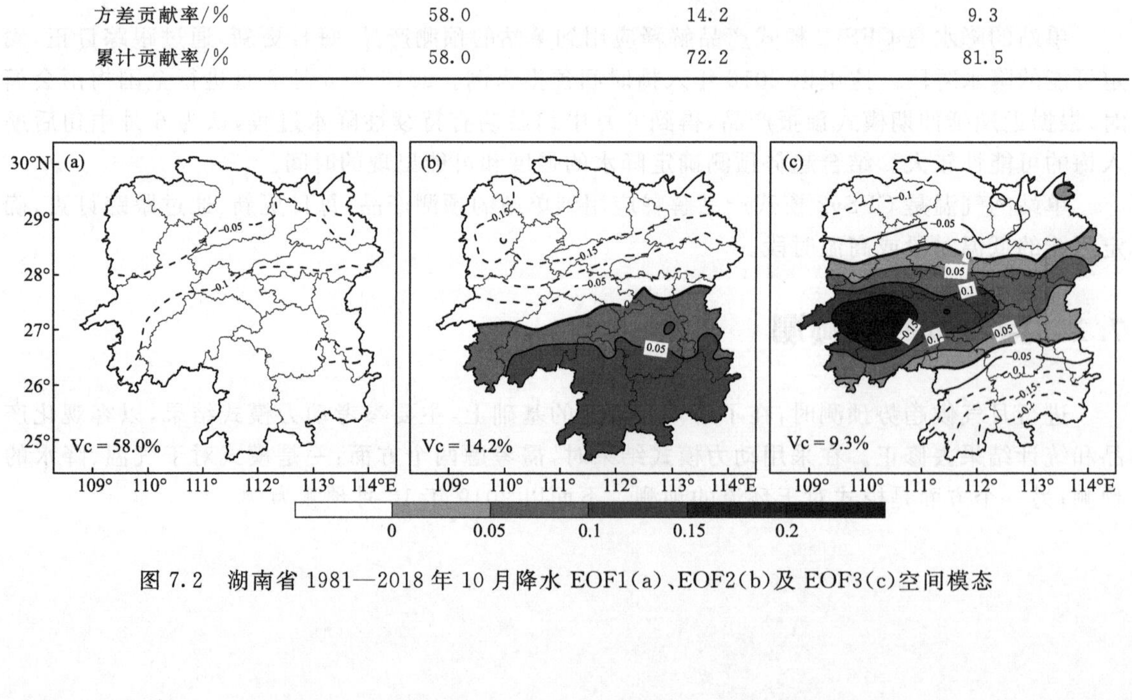

图 7.2　湖南省 1981—2018 年 10 月降水 EOF1(a)、EOF2(b)及 EOF3(c)空间模态

(3)建立要素与物理量场的相关关系

通过将各模态对应的前期及同期海温进行对比,以第一模态为例,总体来讲,前期 8 月及同期 9—10 月赤道中东太平洋偏冷及澳大利亚东侧海温偏高,湖南省降水易偏少,特别是湘中及以南地区偏少明显(图 7.3)。

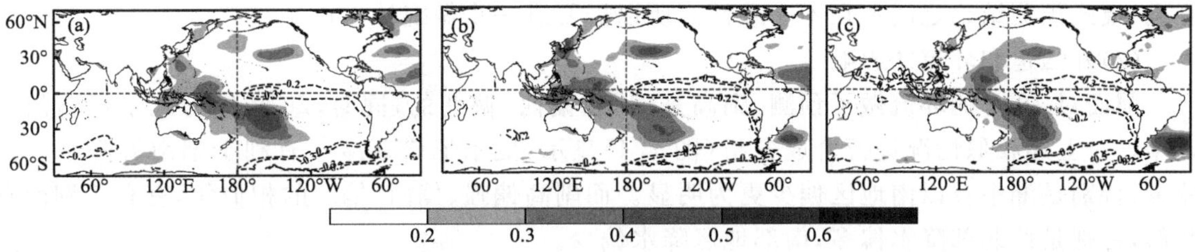

图 7.3　湖南省 1981—2018 年 10 月降水 EOF1 与 8 月(a)、9 月(b)及 10 月(c)海温场的相关系数分布

7.2.2　环流形势预测

以 TCC、BCC 及 CFS 对 2019 年 10 月 500 hPa 高度场预测为例,结果显示亚洲大陆中高纬度地区呈现西低东高的分布,东亚大槽与印缅槽均偏弱,西太副高偏强、偏西偏北。这种环流形势不利于冷空气南下,水汽输送也偏弱,湖南省气温偏高,降水偏少。

对于湖南省降水预测而言,西太副高的强度、位置对降水的多寡有重要的影响。所以需要进一步对西太副高的预测结论做统计订正。由 10 月副高各指数与前期的自相关(表 7.2)可见,有利于 10 月副高强度继续偏强,面积偏大,脊点偏西。

表 7.2　10 月副高各指数与前期的相关系数

	7 月	8 月	9 月
强度	0.26	0.28	0.28
面积	0.23	0.30	0.38
脊点	−0.08	−0.01	−0.10
脊线	0.09	−0.07	0.10

前期海温相似年,即厄尔尼诺衰减年的统计(表 7.3)显示,有利于副高偏强、偏北,这与模式的预测结论是一致的。

表 7.3　厄尔尼诺衰减年副高指数

	1983 年	1988 年	1992 年	1995 年	1998 年	2003 年	2005 年	2007 年	2010 年	2016 年
脊线	偏北	偏北	正常	偏北	偏北	偏南	偏北	偏北	偏北	偏北
强度	强	弱	弱	强	强	强	强	强	强	强

综合模式结论和统计分析的结果,最终预测 10 月环流形势为:西太副高面积偏大、强度偏强、脊点偏西、脊线偏北,东亚大槽与印缅槽均偏弱,亚洲大陆中高纬度地区以纬向环流为主。

7.2.3 要素预测

(1)模式要素预测

参考国内外气候模式的预测结论，BCC 与 CFS 模式预测湖南省降水以偏多为主，TCC、Frontier、EC 与 NCC 模式则显示主要多雨区在我国北方地区，湖南省降水以一致偏少为主。可见，模式预测结论之间存在不一致性。所以需要进一步做统计订正。

(2)外强迫和环流的影响

前面对 10 月的环流做了预测，副高是偏强、偏西、偏北的，同时，2019 年为厄尔尼诺的衰减年。对上述相似情况进行合成分析(图 7.4)显示，厄尔尼诺衰减年有利于湖南省降水一致偏少，特别是湘中及以南地区偏少更为明显。而副高偏强、偏西、偏北的相似年，有利于湖南省北部，特别是西北部降水偏多，南部地区降水偏少。

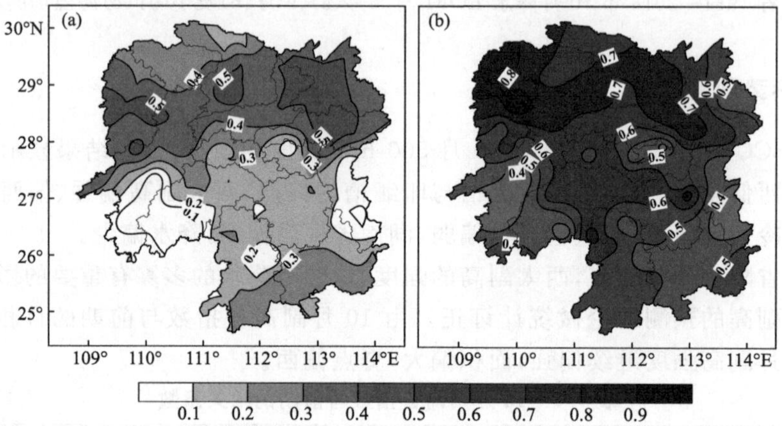

图 7.4　1981—2018 年厄尔尼诺衰减年(a)及副高偏强、偏西、偏北年(b)10 月降水正距平率合成

(3)典型年合成

分别选择降水 EOF 第一模态与气温 EOF 第一模态的异常年(图 7.5)可见，湖南省 10 月异常温高少雨年的 500 hPa 高度场合成结果与模式预测结果较为相似，亚洲大陆中高纬度地区呈现西低东高的趋势，东亚大槽与印缅槽均偏弱，西太副高偏强、偏西、偏北。说明 2019 年 10 月降水偏少、气温偏高的概率较大。

7.3 季气候趋势预测

(1)需要了解预测时段的前期状况。一是关注外强迫信号。与大气相比，海表温度具有更长时间的可预测性，所以通常利用海温强迫来开展季节预测。大气对海洋热力强迫的响应滞后 3 个月左右，那么需关注前期海温异常信号。另外，海冰、积雪等下垫面外强迫因子状况也需关注。二是分析前期环流、气候要素异常对外强迫信号的响应情况。找出异常的外强迫信号后，与前期环流对比分析，查看环流是否对外强迫有响应，从而体现出气候要素异常。

(2)综合得到模式的环流预测场。基于国内外模式的环流预测产品，考虑外强迫异常信号的影响，分析各家模式的结论的变化特征，综合得到环流预测。

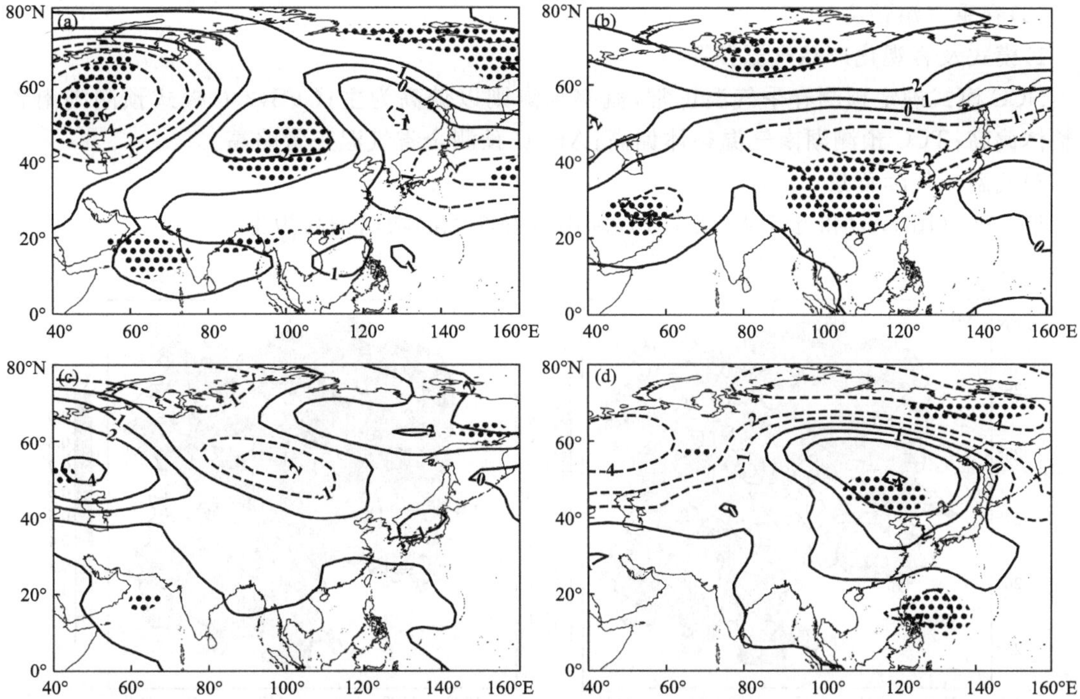

图 7.5　1981—2019 年湖南省温高雨多年(a)、温低雨多年(b)、温高雨少年(c)、温低雨少年(d)的 500 hPa 高度场距平合成(单位:dagpm)

(3)分析气温/降水的模式预测产品。基于环流要素对气温/降水的可能影响分析,得到在预判环流的影响下气温/降水预测结论的订正。

(4)物理统计得到气温/降水等要素预测。统计分析气温/降水的可能演变,主要是进行气候背景、EOF 分析、前期气温/降水特征相似合成。

这里给出春季、夏季、秋季和冬季具体预测技术流程。

7.3.1　春季气候预测

春季预测指的是 3—5 月气温、降水趋势预测。

制作春季预测时,在对春季气候特征分析及异常成因诊断的基础上,参考季节模式产品,分析外强迫(海温、积雪、海冰等)影响,统计前期气候异常对应后期的可能演变,综合得到预测结论。

另外,由于春季是转换季节,所以需关注季节进程的快慢:北方系统的衰减速度的快慢、南方系统的加强北推速度快慢,及两者的配置。

为了更详尽地了解预报流程步骤。以 2020 年春季预测为例,给出具体实施情况。

(1)春季环流预测

环流预测主要以国内外模式的预测结果为主。TCC、NCC、CFSv2、APCC 均能给出 2020 年春季的环流预测结果。

各家模式的预测结果较为一致,亚洲中高纬度为西低东高环流形势,我国东部为高度场正距平；东亚槽偏弱；西太副高偏强、偏西，水汽输送条件比较好。

(2)春季气温预测

1)模式及客观化产品气温预测

NCC 模式确定预测春季气温正常，概率预测则以偏高为主；CFSv2.0 模式预测湖南省气温整体偏高；TCC 预测湖南气温整体偏高；APCC 预测全省气温正常略高。

2)气温年代际背景

近 10 年(图 7.6)和近 5 年(图 7.7)，湖南省春季气温均以偏高为主。

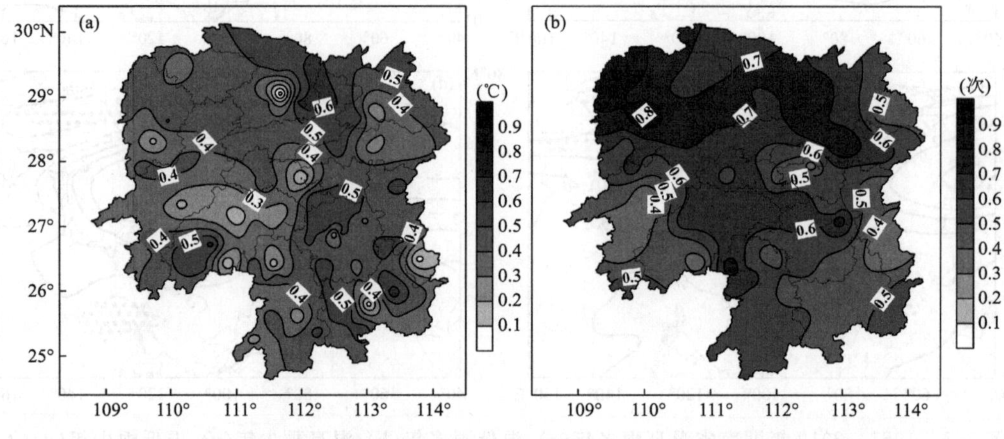

图 7.6　2010—2019 年湖南省春季气温距平平均(a)及正距平频次(b)分布

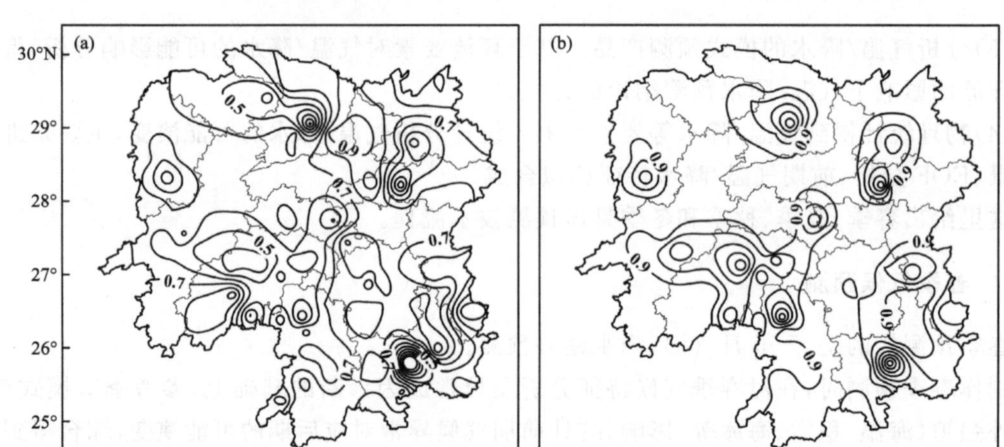

图 7.7　2015—2019 年湖南省春季气温距平平均(a)及正距平频次(b)分布

3)气温 EOF 分型

春季气温 EOF 第一模态(图 7.8a)为一致偏暖/冷型，方差贡献率 90.5%，从时间系数(图 7.9a)来看，20 世纪 90 年代以来一直处于增暖的年代际背景中；第二模态(图 7.8b)为南北反相型，方差贡献率 4.7%，从时间系数的序列(图 7.9b)可以看出这一模态年际变化显著，但近 10 年多为北低南高的分布态势。

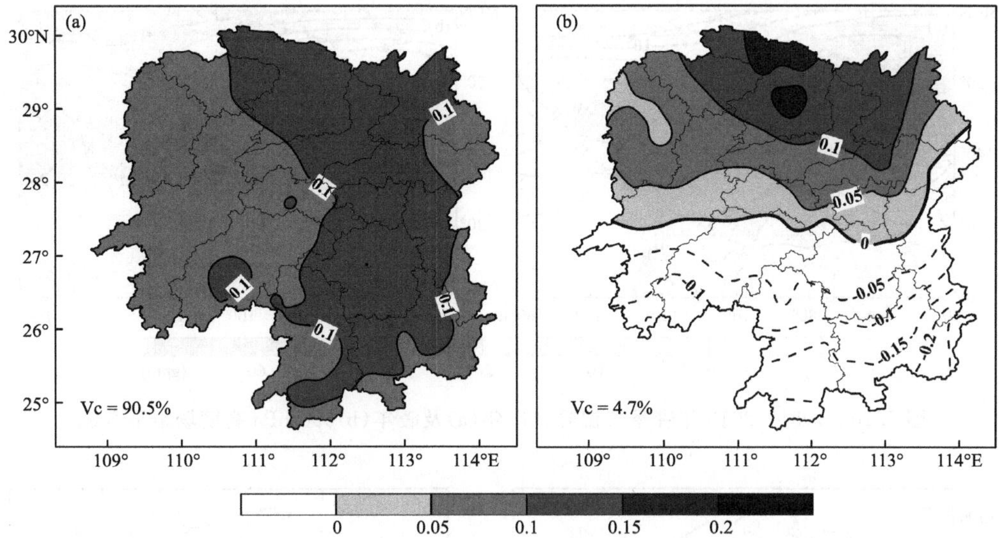

图 7.8　1981—2019 年春季气温 EOF 前两个模态空间分布
(a. EOF1, b. EOF2)

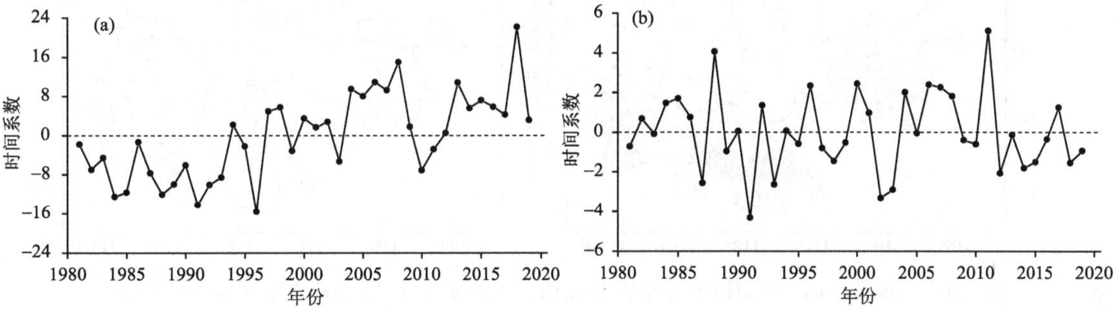

图 7.9　1981—2019 年春季气温 EOF 前两个模态的时间系数
(a. PC1, b. PC2)

4)异常冷暖年环流特征

对湖南省 3—5 月环流进行冷暖年分型(图 7.10),暖年欧亚中高纬度地区为"－ ＋ －"分布型,冷年相反为"＋ － ＋"型。冷/暖年具有显著差异的区域为乌拉尔山地区与贝加尔湖地区的正负距平分布,暖年为北负南正,冷年为北正南负。根据模式对 2020 年春季环流场的预测,与暖年较为相似。

5)外强迫——海温对气温的影响

影响较为显著的海温有以下几点:厄尔尼诺事件衰减年、印度洋海温持续偏高、北大西洋三极子持续正位相("－ ＋ －"),对同时满足这三点的相似年进行合成(图 7.11),结果显示春季气温大部偏高。

6)主要环流因子对气温的影响

西伯利亚高压:提前 1 个月查看模式对海平面气压场的预测,若西伯利亚高压偏强,则可能偏冷;反之,则可能偏暖。

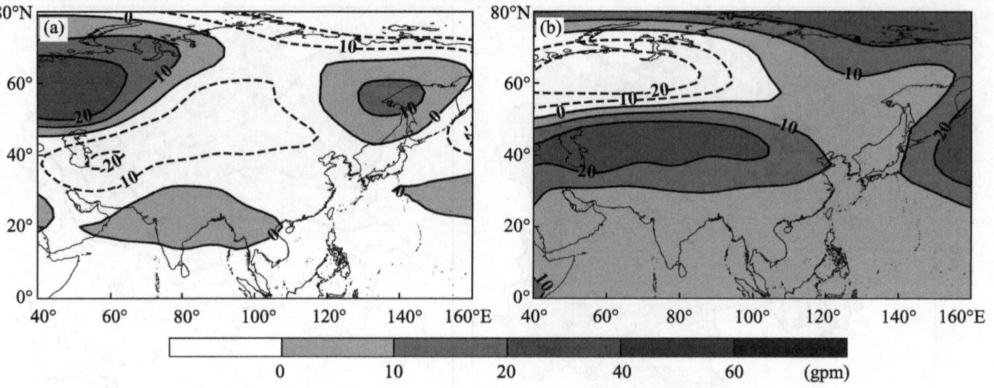

图 7.10　1981—2019 年春季气温异常冷年(a)及暖年(b)500 hPa 高度场距平合成

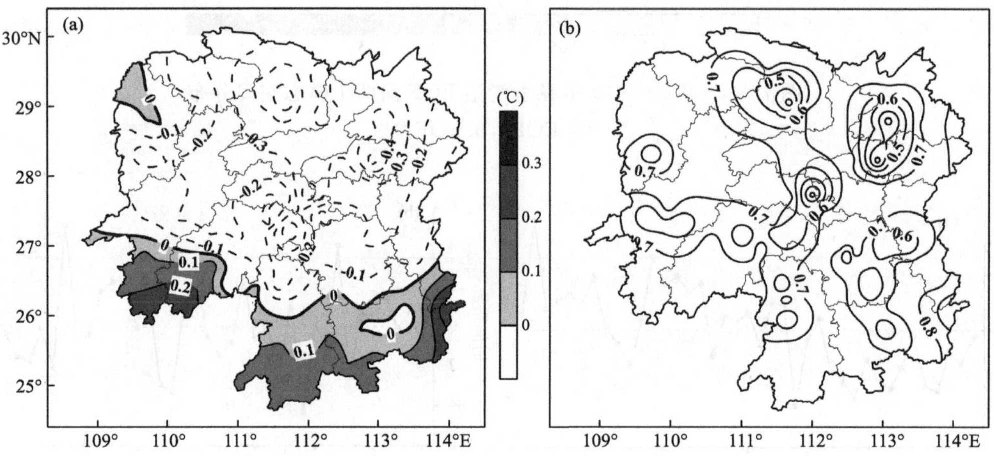

图 7.11　1981—2019 年湖南省春季海温相似年气温距平平均(a)及正距平频次(b)合成

西太平洋副高:根据前面模式环流预测,2020 年春季副高略偏强、偏北。对相似年进行合成(图 7.12),结果显示春季气温大部分地区偏低,湘南地区气温偏高。

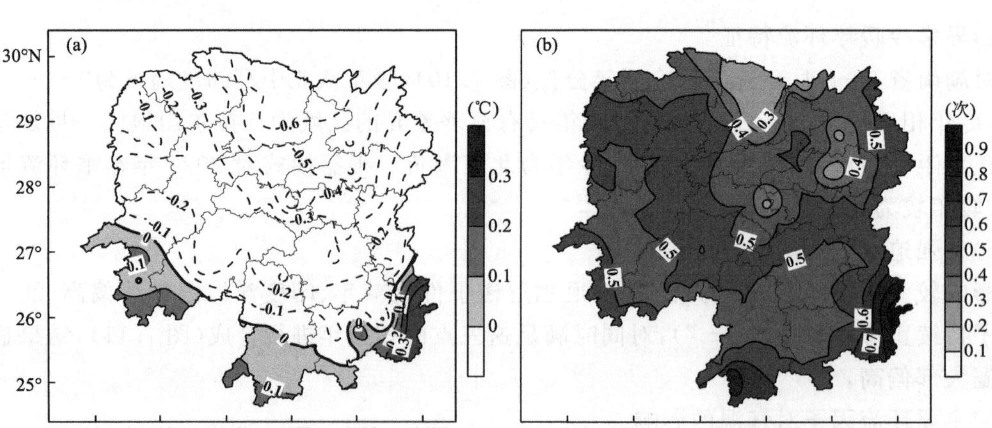

图 7.12　1981—2019 年湖南省春季副高相似年气温距平平均(a)及正距平频次(b)合成

(3)春季降水预测

1)模式及客观化产品降水预测

DERF2.0模式确定性预测春季降水偏多,概率性预测降水全省大部分地区偏多;CFSv2.0模式预测湖南省降水大部分地区偏多,南部偏多更明显;TCC模式预测降水全省偏多;APCC预测全省大部分地区降水接近常年,湘南偏多;JAMSTEC预测降水全省大部分地区降水偏多;ECMWF模式预测全省大部分地区降水偏多。

2)降水年代际背景

近10年(图7.13),湖南省春季降水大部分地区偏少,仅湘东北、湘西北以及湘东南部分地区偏多;近5年(图7.14),降水分布形势湘西与湘南大部分地区偏多,湘中与湘东以偏少为主。

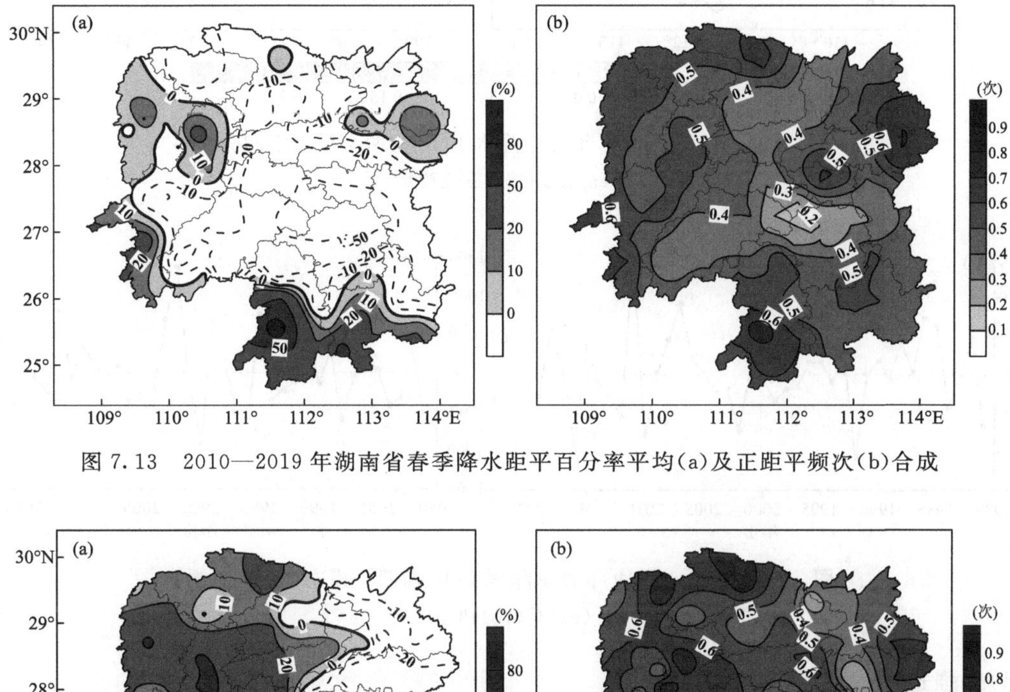

图7.13　2010—2019年湖南省春季降水距平百分率平均(a)及正距平频次(b)合成

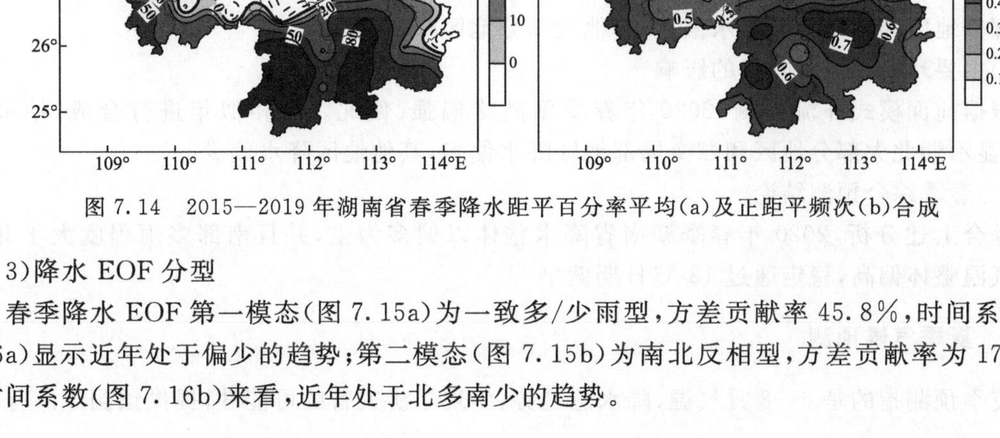

图7.14　2015—2019年湖南省春季降水距平百分率平均(a)及正距平频次(b)合成

3)降水EOF分型

春季降水EOF第一模态(图7.15a)为一致多/少雨型,方差贡献率45.8%,时间系数(图7.16a)显示近年处于偏少的趋势;第二模态(图7.15b)为南北反相型,方差贡献率为17.5%,从时间系数(图7.16b)来看,近年处于北多南少的趋势。

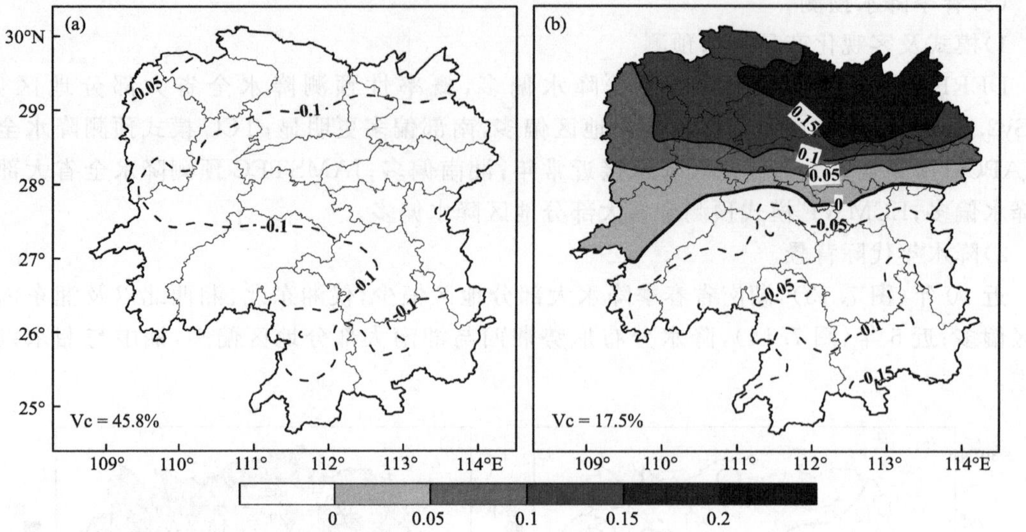

图 7.15　1981—2019 年春季降水 EOF 前两个模态空间分布

(a. EOF1, b. EOF2)

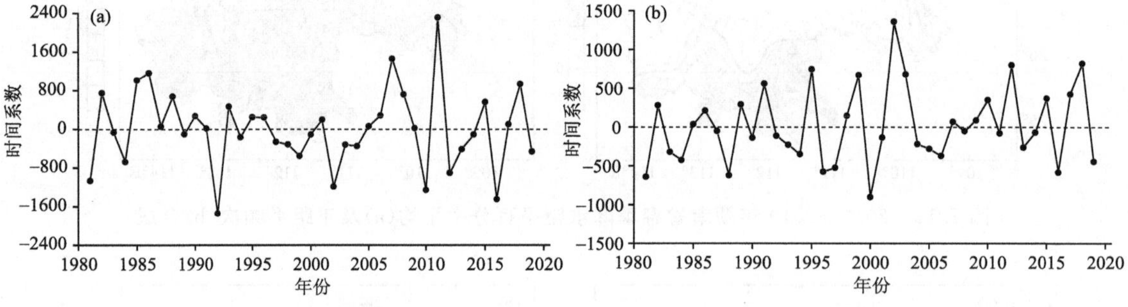

图 7.16　1981—2019 年春季降水 EOF 前两个模态的时间系数

(a. PC1, b. PC2)

4)外强迫——海温对降水的影响

影响较为显著的海温有以下几点:强厄尔尼诺事件衰减年、印度洋海温持续偏暖、北大西洋三极子持续正位相("－ ＋ －"),对同时满足这三点的相似年进行合成(图 7.17),结果显示湘北部分地区和湘南局部降水偏多,其他大部分地区降水偏少。

5)主要环流因子对降水的影响

根据前面模式环流预测,2020 年春季副高略偏强、偏北。对相似年进行合成,结果(图 7.18)显示湘北大部分地区和湘南局部地区降水偏多,其他地区降水偏少。

(4)春季综合预测结论

综合上述分析,2020 年春季湖南省降水整体以偏多为主,并且南部多雨程度大于北部。春季气温整体偏高,稳定通过 12 ℃日期偏早。

7.3.2　夏季气候预测

夏季预测指的是 6—8 月气温、降水总趋势,出现旱涝灾害的可能性,提供预测产品有 3 个

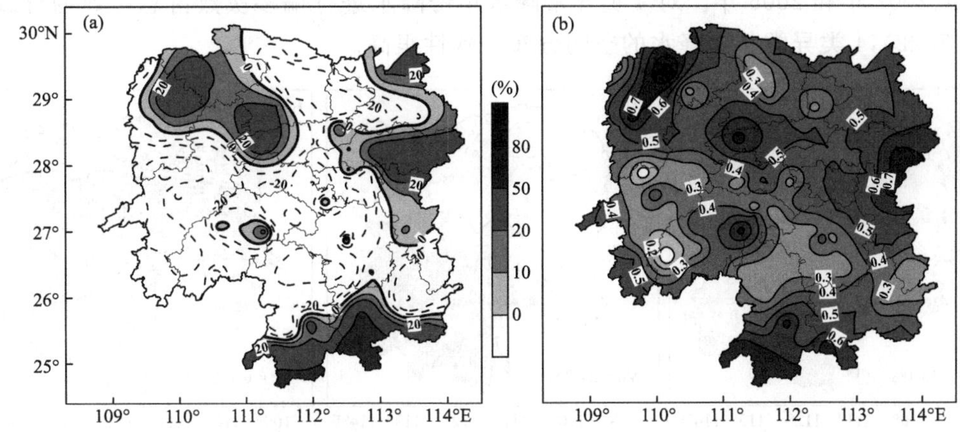

图 7.17　1981—2019 年湖南省春季海温相似年降水距平百分率平均(a)及正距平频次(b)合成

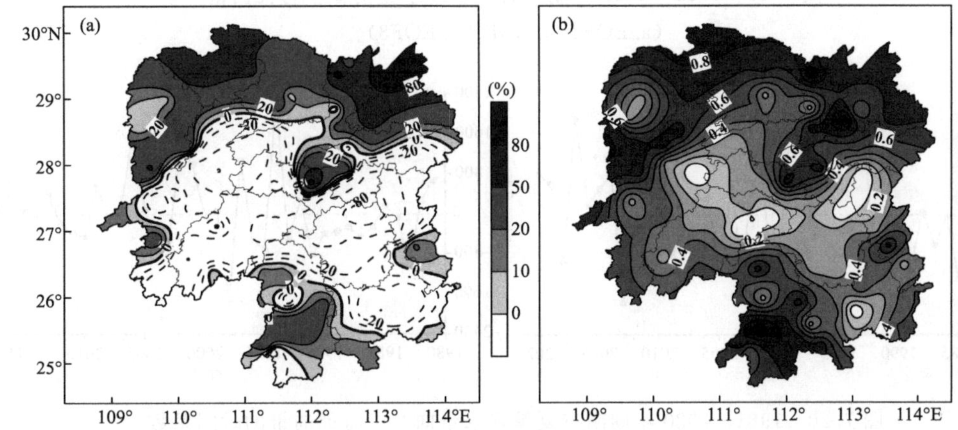

图 7.18　1981—2019 年湖南省春季副高相似年降水距平百分率平均(a)及正距平频次(b)合成

时间段：前一年 11 月、当年 3 月和当年 5 月。那么，根据不同的提前时间，采用的流程不同。

前一年 11 月制作夏季预测时，主要基于年代际的背景，考虑年际变化，主要参考海温外强迫(ENSO、南印度洋偶极子等)的影响，给出夏季趋势展望。

当年 3 月制作夏季预测时，参考季节模式产品，分析外强迫信号(海温、积雪、海冰等)影响，统计冬季气候异常对应夏季主要环流可能演变，综合得到预测结论。

当年 5 月制作夏季预测时，跟踪季节模式产品变化，分析春季环流演变对外强迫信号的响应关系，考虑夏季雨带变化的可能等细节，指出夏季预测的不确定性，订正 3 月预测结论。

(1)湖南省夏季气候特征分析

分别对湖南省夏季降水进行 EOF 分析(图 7.19)，得到前 10 个空间模态，其中，前 3 个空间模态的累计方差贡献率达到 67.4%。第一模态为全区一致型，占 42%，第二模态为南北反相型，占 19.3%。分别挑选前两个模态时间系数 $\geqslant 1.4|\delta|$ 年份作为异常年份(图 7.20)，得到 4 类异常降雨分布型，其中，一致偏涝年为 1969 年、1993 年、1994 年、1996 年、1999 年和 2002 年；一致偏旱年为 1963 年、1972 年、1978 年、1981 年、1984 年、1985 年、2003 年和 2013 年；北涝南旱为 1969 年、1980 年、1983 年和 1998 年；南涝北旱年为 1961 年、1968 年、1994 年、1997

年、2001 年、2002 年和 2006 年。对 4 类异常降水年份降水进行偏多次数占总次数的合成（图 7.21 和图 7.22），4 类异常年份降水的空间分布一致性很高。

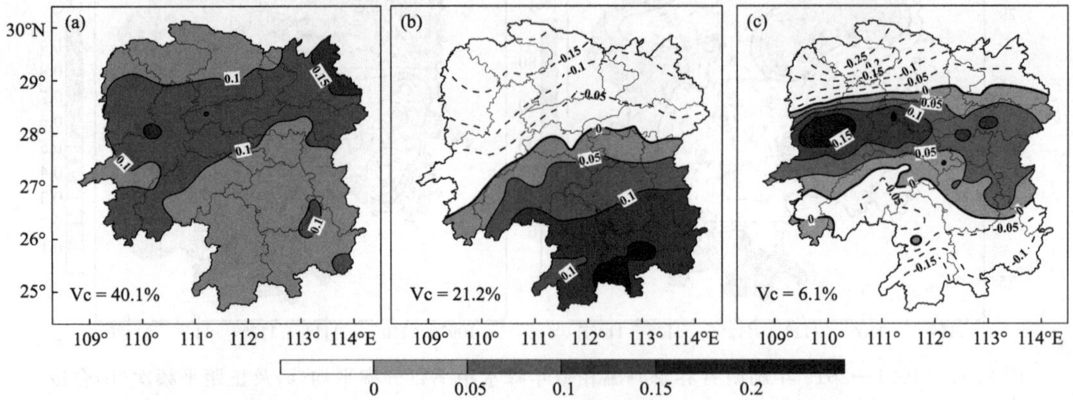

图 7.19　1981—2020 年湖南省夏季降水量前 3 个特征向量

（a. EOF1，b. EOF2，c. EOF3）

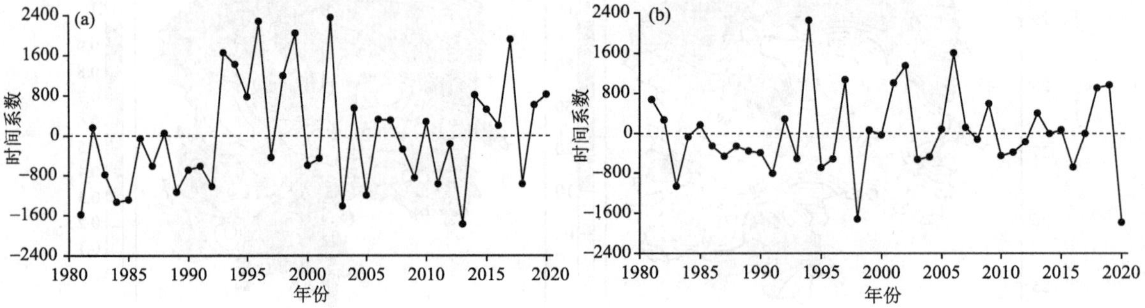

图 7.20　1981—2020 年湖南省夏季降水量前 2 个特征向量的时间系数

（a. PC1，b. PC2）

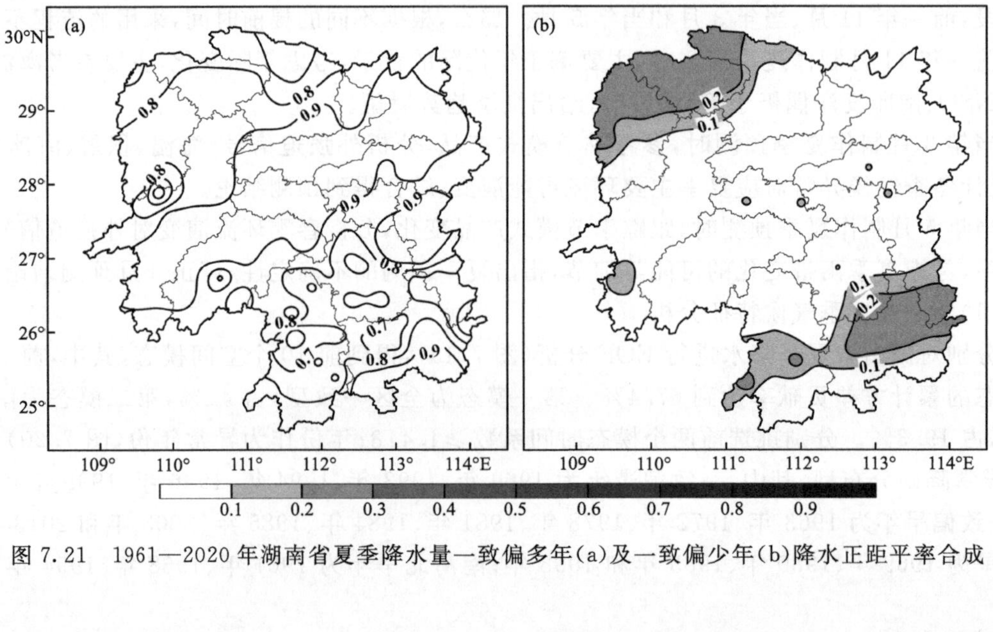

图 7.21　1961—2020 年湖南省夏季降水量一致偏多年（a）及一致偏少年（b）降水正距平率合成

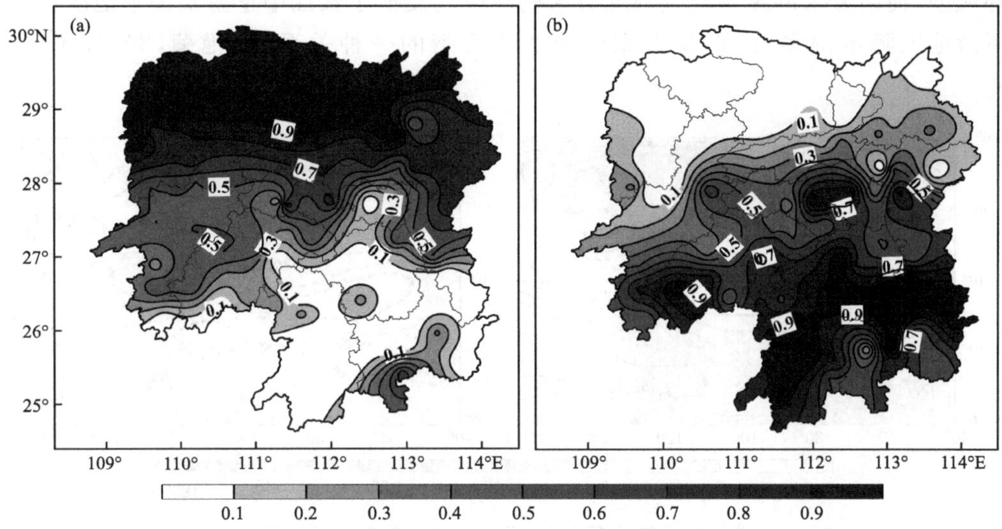

图 7.22　1961—2020 年湖南省夏季降水量北多南少年(a)及北少南多年(b)降水正距平率合成

(2)夏季气候异常成因诊断

1)旱涝年 500 hPa 高度场对比分析

从旱年的 500 hPa 高度场距平合成(图 7.23b 和图 7.24b)来看：北半球为大范围负距平所覆盖，表明北半球高度场以偏低为主；东亚地区从高纬到低纬表现为典型的"－ ＋ －"的遥相关距平型；东亚中高纬度地区为负距平区，表明阻塞高压不显著；西太副高面积偏小、强度偏弱、脊线位置即正常偏北。

从涝年的 500 hPa 高度场距平合成(图 7.23a 和图 7.24a)来看，其主要特征与少雨年正好相反：北半球为大范围正距平所覆盖，表明北半球高度场整体偏高；东亚地区从高纬度到低纬度表现为典型的"＋ － ＋"的遥相关距平型；东亚中高纬度地区为很强的正距平控制，表明阻塞高压发展，东亚中低纬度地区是一个明显的负距平带，即从朝鲜半岛到日本一带高度偏低表明中纬度低槽十分活跃；30°N 以南的西太平洋地区高度场显著偏高，偏高的范围还向西包括中国南海及中南半岛地区，说明西太副高偏强，位置偏西，西太副高面积偏大，强度偏强，脊线位置正常偏南的状态。高度场的这种特征反映出东亚地区低纬度异常的反气旋及中纬度异常

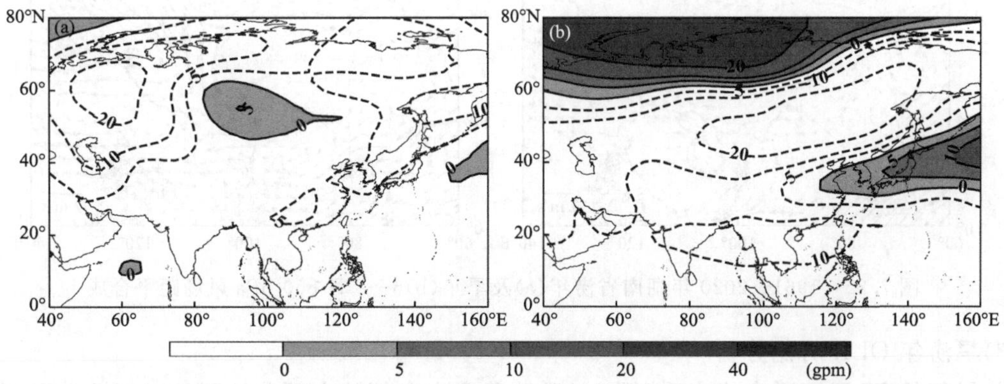

图 7.23　1961—2020 年湖南省涝年(a)及旱年(b)6—8 月 500 hPa 高度场距平合成

气旋环流型，使南方来的暖湿空气与北方来的冷空气交汇于长江中下游及偏东地区，有利于长江中下游地区降水偏多，这也是大家已经非常清楚的一种关系（柳艳菊，2008；龚道溢 等，2000）。

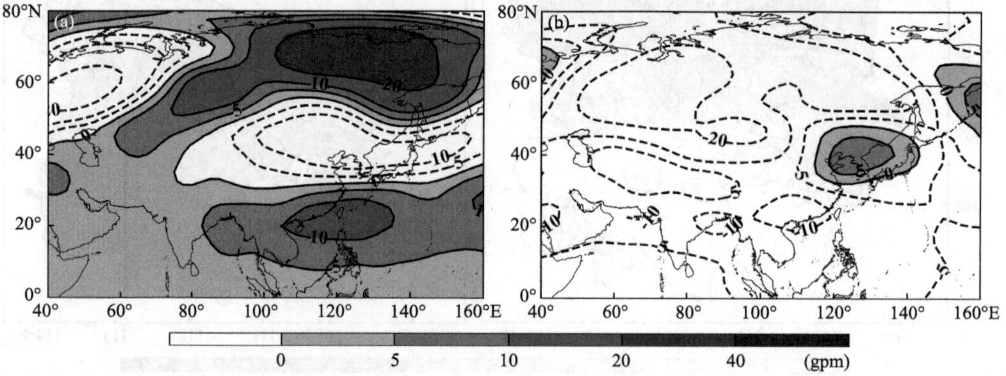

图 7.24　1961—2020 年湖南省北涝南旱年(a)及北旱南涝年(b)6—8 月 500 hPa 高度场距平合成

2）旱涝年 850 hPa 风场对比分析

从旱年的 850 hPa 风场距平合成（图 7.25b 和图 7.26b）来看，中国南海和西太平洋呈气旋环流异常，我国北方到日本为反气旋环流异常，表示西太副高位置偏北偏东。东亚地区的异常环流也具有明显波列的形式。对流层中高层的中高纬度贝加尔湖到鄂霍次克海地区为气旋异常环流。200 hPa 青藏高原上为异常东风，高原的北面有较强反气旋环流异常，表明青藏高压位置偏北、强度偏强。而涝年（图 7.25a 和图 7.26a）与旱年刚好相反，西太平洋地区有一对距平涡旋。中国南海和西太平洋呈反气旋环流异常，西北太平洋为气旋环流异常，湖南省位于两距平涡旋西侧异常偏南气流和异常偏北气流的交汇处。200 hPa 青藏高原南部为反气旋环流异常，高原的西北和东北侧各有一较强气旋环流异常，表明青藏高压位置偏南、强度偏弱，另外，中国南海和西太平洋与低空相反，呈气旋环流异常，因此，中国南海和西太平洋的距平涡旋具有斜压性（杨辉 等，2003）。

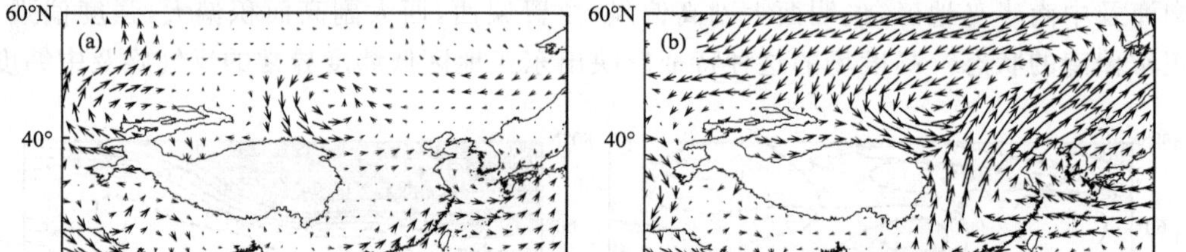

图 7.25　1961—2020 年湖南省涝年(a)及旱年(b)6—8 月 850 hPa 风场距平合成

3）旱涝年 OLR 对比分析

从旱年的 OLR 距平合成来看（图 7.27b），我国中东部的大部分地区的对流活动受到了抑制，我国南海及西太平洋地区对流活跃，而涝年，在长江流域到朝鲜、日本半岛对流活跃，而我

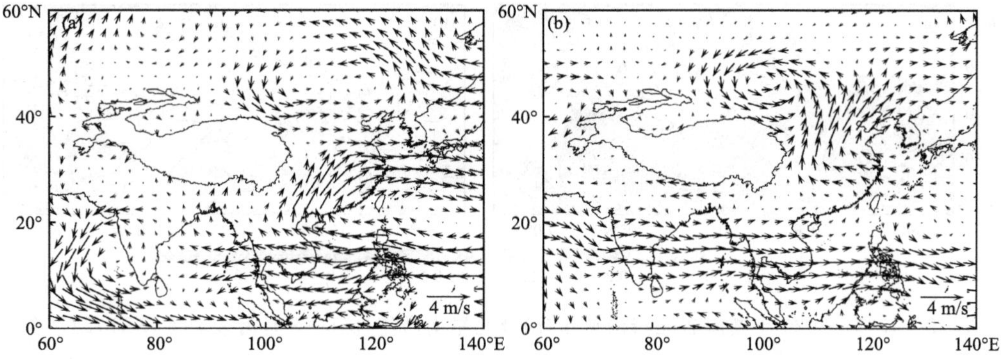

图 7.26　1961—2020 年湖南省北涝南旱年(a)及北旱南涝年(b)6—8 月 850 hPa 风场距平合成

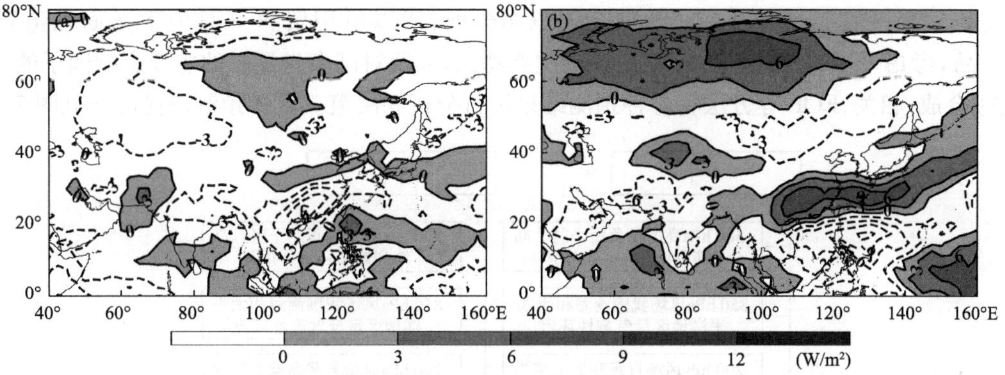

图 7.27　1961—2020 年湖南省涝年(a)及旱年(b)6—8 月 OLR 距平合成

国南海至菲律宾及其以东的西太平洋地区的对流活动受到抑制(吕俊梅 等,2007)。

4)旱涝年海表温度对比分析

对比旱涝年 6—8 月海表温度距平及环流异常,在副热带及中纬度地区,异常反气旋环流大多与正 SSTA 对应,而异常气旋环流大多与负 SSTA 对应。即旱年的海表温度距平在印度洋、我国南海和西太平洋暖池地区为负距平,中东太平洋大部分为负距平,仅北太平洋的中北部为正距平,而南半球澳大利亚东侧海域为负距平区。而涝年的海表温度距平在中东太平为正海温距平,在印度洋及我国沿海的海域至日本东部海域均为正距平,南半球澳大利亚东侧海域也为正距平,仅在西太平的暖池地区及北太平洋的中部为微弱的负距平(图 7.28 和图 7.29)。

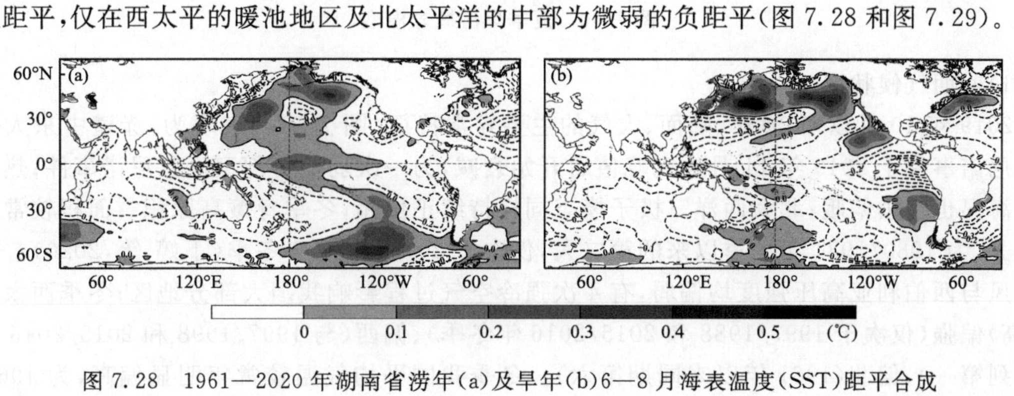

图 7.28　1961—2020 年湖南省涝年(a)及旱年(b)6—8 月海表温度(SST)距平合成

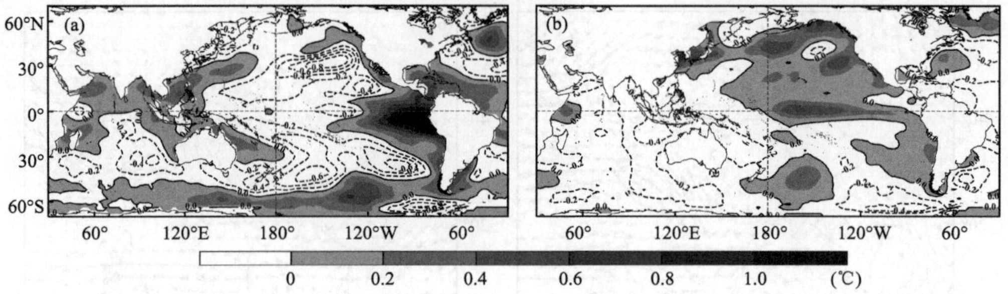

图 7.29　1961—2020 年湖南省北涝南旱年(a)及北旱南涝年(b)6—8 月海表温度(SST)距平合成

(3)夏季预测个例

为了更详尽地说明预报流程步骤。以 2020 年夏季预报为例，给出具体实施情况。

夏季预测一般 3 月底 4 月初参加全国汛期会商，所以所用资料一般为下垫面强迫资料和模式产品，考虑季节的遥相关关系，冬季的主要特征，以及对湖南省夏季的主要影响因子的预测强度，通过合成、相关、EOF 等方法将各种预测结果进行分析和决策。具体预测旱涝因子见图 7.30。

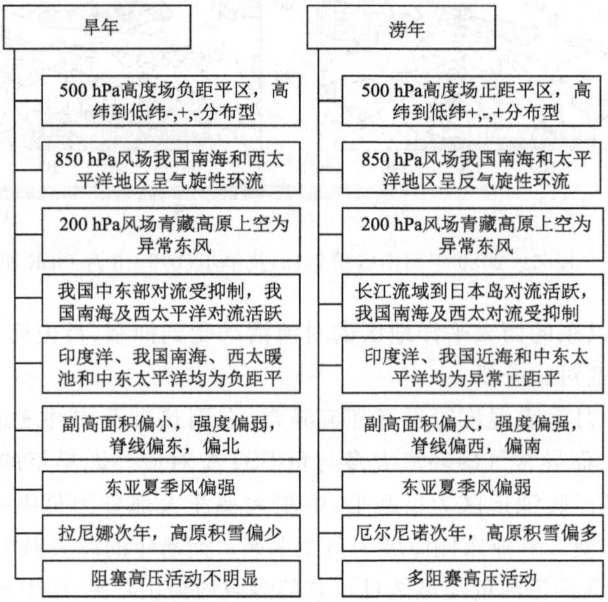

图 7.30　夏季旱涝概念模型

1)前期气候状况

2019 年 10 月以来，海洋、陆面、大气的主要异常特征(图 7.31a)表现为：赤道中东太平洋厄尔尼诺事件于 2019 年 11 月达到峰值后开始衰减，为一次弱的中部型厄尔尼诺事件；热带印度洋海温也持续偏暖；北大西洋三极子模态同样持续正位相；冬季青藏高原积雪面积较常年显著偏大，为 1980/1981 年冬季以来的第二大，仅次于 2018/2019 年冬季(丁婷 等，2020)。东亚冬季风与西伯利亚高压强度均偏弱，有 4 次强冷空气过程影响我国大部分地区；冬季西太副高(副高)偏强(仅次于 1997/1988 和 2015/2016 年冬季)、偏西(与 1997/1998 和 2015/2016 年冬季并列第一)、偏北(1961 年以来同期第六)。冬季我国平均气温较常年明显偏高，为 1961 年以来同期第五高值;全国平均降水较常年同期明显偏多,同样为 1961 年以来同期第五多,东部地区除华南沿海偏少外,其余大部分地区偏多。

2019 年冬季海温的最强信号就是厄尔尼诺事件,从 2019 年 10 月开始发展,于 2020 年 3 月结束,持续了 5 个月,峰值强度为 0.6 ℃,为一次弱的中部型厄尔尼诺事件(图 7.31b)。由历史统计数据可知,厄尔尼诺次年长江中下游流域汛期容易降水偏多。

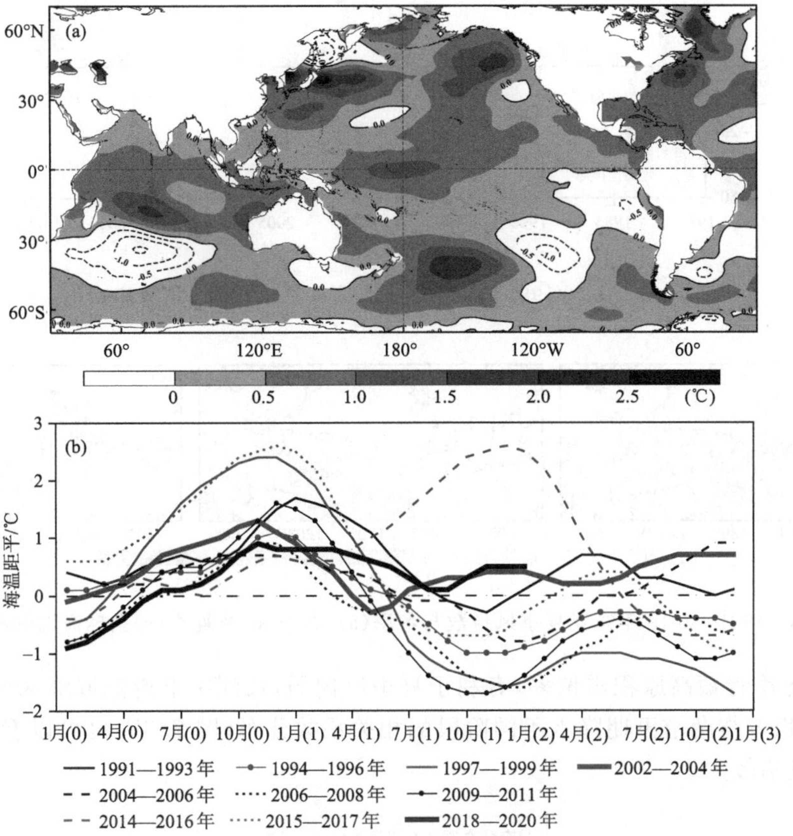

图 7.31　2019/2020 年冬季海表温度距平(a)及赤道中东太平洋海温相似年(b)

除了海温异常信号外,2020 年前冬另一个显著的外强迫信号是青藏高原积雪,国家气候中心监测数据显示 2019/2020 年冬季的青藏高原积雪面积指数为 1980/1981 年冬季以来的历史第二多(图 7.32)。而冬季青藏高原积雪偏多,通过热力和动力异常的作用,有利于后期东亚夏季风偏弱,使得汛期长江流域降水偏多。

2)模式产品

参照国内外环流模式产品,针对上面研究得到的相关较好的环流指数所在关键区,分析得出预报季节的环流形势:欧亚中高纬度为纬向环流;西太副高偏强偏西;东亚夏季风偏弱。

3)外强迫对环流的预测

夏季风指数与海温的相关分布(图 7.33)表明,冬季赤道中东太平洋海温对次年夏季风强度的影响最为显著,厄尔尼诺次年东亚夏季风强度偏弱有利于长江中下游流域降水偏多。

厄尔尼诺与夏季降水的相关也表明夏季易出现江淮和长江类雨型,但较强厄尔尼诺事件下多雨区更易出现在长江流域。

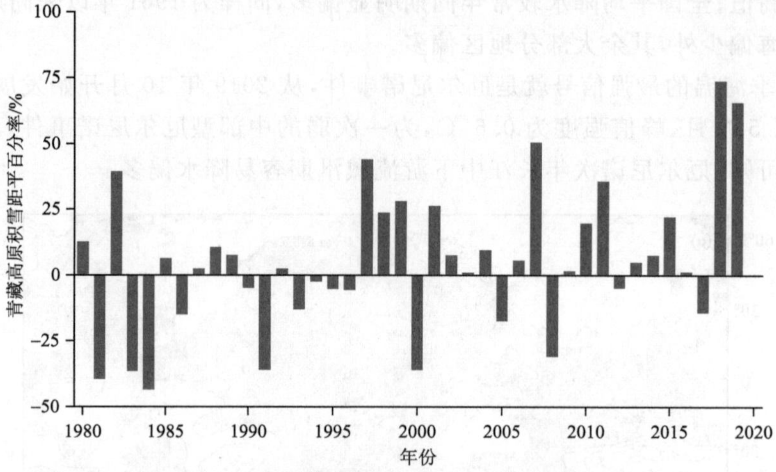

图 7.32　1980/1981 年以来冬季青藏高原积雪距平百分率变化

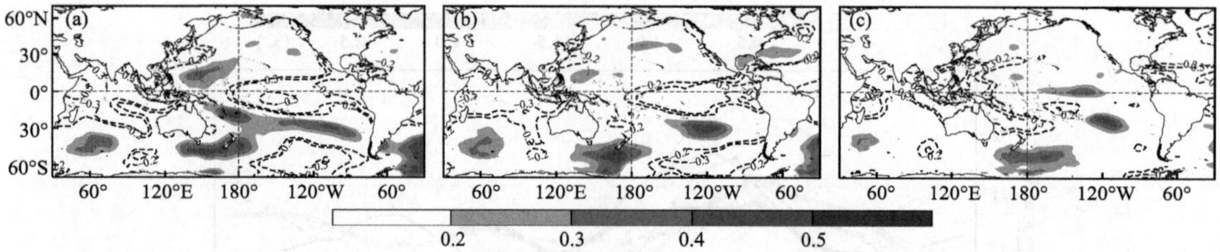

图 7.33　1981—2019 年东亚夏季风指数与冬季(a)、春季(b)及夏季(c)全球海温的相关系数

2019 年冬季青藏高原积雪偏多,有利于夏季风偏弱,长江中下游流域降水偏多(图 7.34)。同时,从高原积雪与湖南汛期降水不同阶段的相关系数分布(图 7.35)也可以看到湖南中北部降水偏多的概率较大。

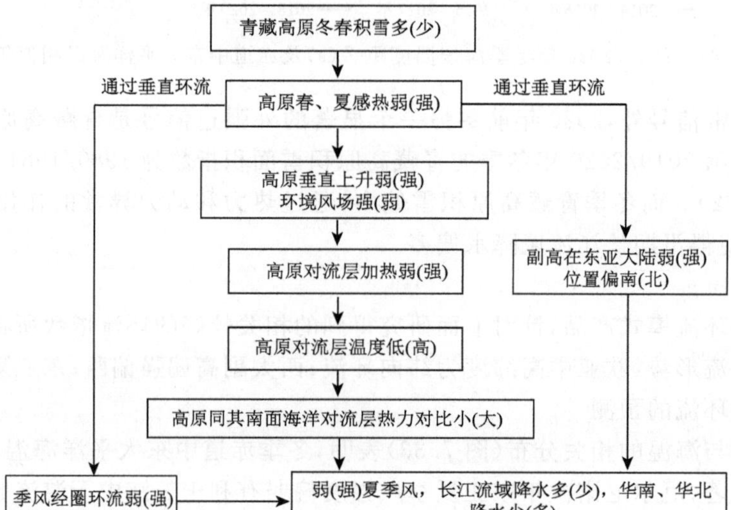

图 7.34　冬季积雪对汛期降水的影响

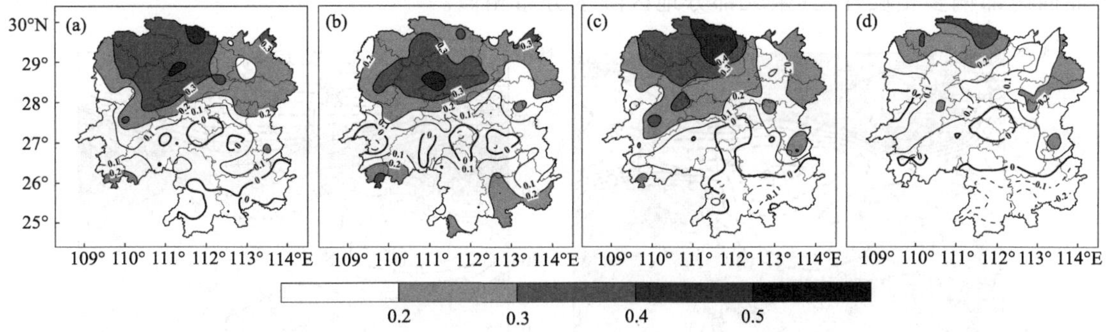

图 7.35　1981—2019 年冬季积雪与湖南汛期 4—9 月(a)、4—6 月(b)、6—8 月(c)及 7—9 月(d)降水的相关系数

2019 年冬季 IOBW 正异常特征明显，相似年合成湖南省北部降水偏多概率较大。同时考虑是厄尔尼诺衰减年，多雨范围略有扩大。

4)个例总结

根据上述海洋、陆面、大气的异常特征以及我国天气气候特点，结合动力气候模式预测结果和物理机制分析，得出：2020 年夏季(6—8 月)，东亚夏季风较常年偏弱；西太平洋副高强度较常年偏强，西伸脊点较常年偏西，南北位置接近常年到偏南；夏季全省降水偏多，以涝为主，气温以偏高为主。

(4)汛期 5 月滚动会商

汛期滚动订正会商由于在 3 月的会商中对外强迫的影响以及夏季的主要影响因子都做了分析，那么 5 月会商重点关注是：模式产品的更新，环流形势和雨带有没有较大的调整；外强迫有没有发生较大的变化；近期大气环流和降水、气温对前期外强迫有没有发生预期的响应；其他本地特色的因子指标。以 2020 年 5 月汛期滚动会商为例做说明。

1)模式产品更新变化

当前，中高纬度大气由前期纬向型环流向经向调整，动力模式预计汛期维持经向型环流，有利于冷空气南下，加之副高持续性偏强，有利于冷暖空气在长江中下游交汇。

通过对多家模式结果的对比，长江中游的雨带仍然维持，并且美国 CFSv2 模式预报长江中游降水概率增大，本地客观化预测结果显示华中大部分地区降水偏多。

2)外强迫因子变化

主要有：①2019 年 10 月至 2020 年 3 月发生一次弱的中部型厄尔尼诺事件，4 月下旬以来，赤道中东太平洋海温呈现快速下降的趋势，夏季达到中性偏低的概率较大。②热带印度洋海盆一致模持续正位相，并持续到夏季。③3—4 月青藏高原积雪面积偏大，排 1981 年以来第五位。青藏高原冬春季积雪偏多，春夏二季感热减弱，垂直上升运动减弱，使得高原对流层加热减弱，导致高原对流层增暖不明显，高原同其南面海洋对流层热力对比减弱，东亚夏季风偏弱。④其他因子(略)。在考虑年代际气候背景的前提下，根据不同外强迫信号的强弱和配置关系，对年际和季节尺度先兆信号的气候影响进行研判。

上述因素支持 3 月对环流的预测。

3)前期环流和气温、降水对海温的响应

通过 2020 年 3 月环流和降水与典型厄尔尼诺年 3 月的环流(图 7.36)和降水(图 7.37)对比分析，2020 年的环流对厄尔尼诺的响应并不明显，即环流差异较大，但降水的响应较好，除了湘西南部偏多相反外，其余大部分地区降水分布相似。

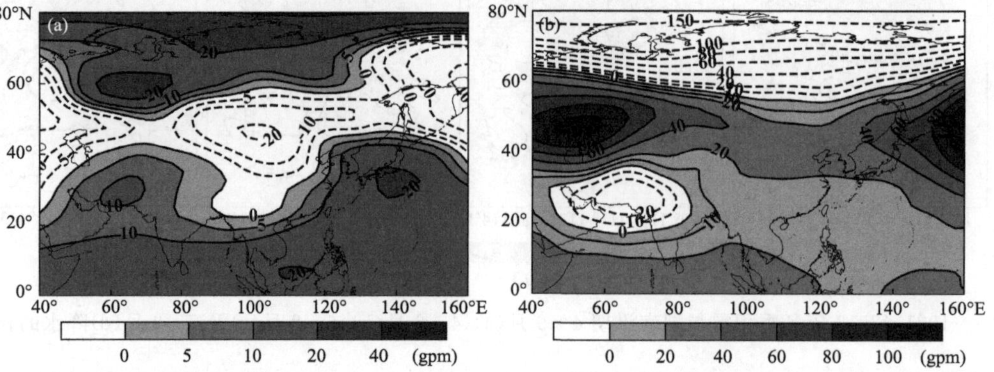

图 7.36　1981—2019 年厄尔尼诺年 3 月 500 hPa 高度场距平合成(a)及 2020 年 3 月 500 hPa 高度场距平(b)

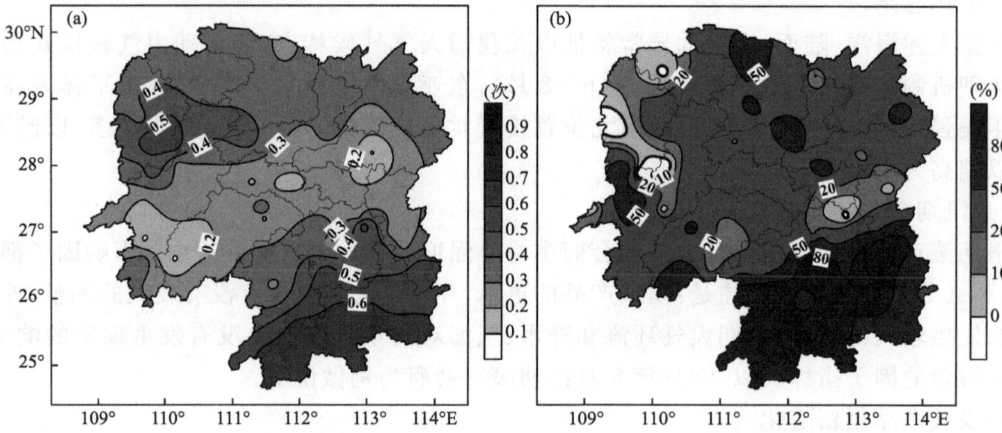

图 7.37　1981—2019 年厄尔尼诺年 3 月降水正距平频次合成(a)及 2020 年 3 月降水距平百分率(b)

对比分析相似年与 2020 年 4 月环流(图 7.38)及降水(图 7.39)发现，环流差异有所减小，主要是异常中心稍有移动，降水除湘西差别较大外，大部均以偏少为主，说明环流整体在向着对厄尔尼诺的响应方向调整。

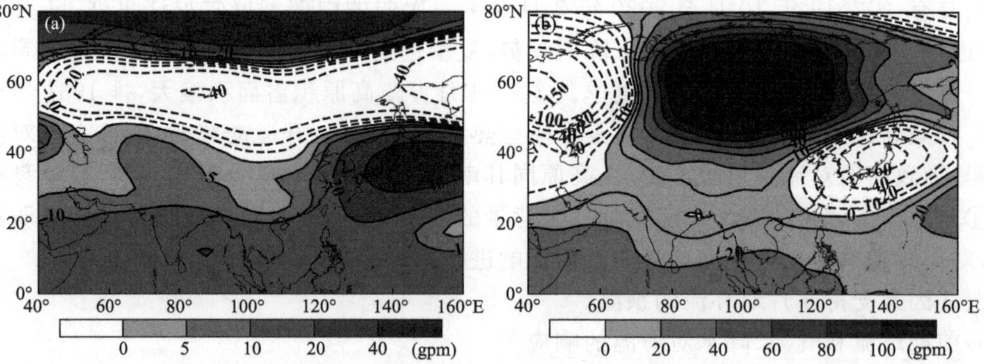

图 7.38　1981—2019 年厄尔尼诺年 4 月 500 hPa 高度场距平合成(a)及 2020 年 4 月 500 hPa 高度场距平(b)

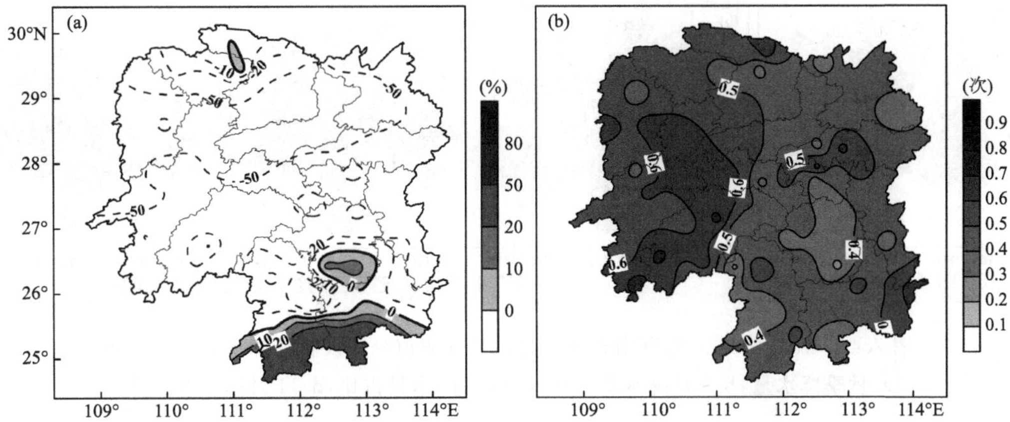

图 7.39　2020 年 4 月降水距平百分率(a)及厄尔尼诺年 4 月降水正距平频次合成(b)

4)预测小结

无论模式或是环流演变都有利于湖南省北部降水偏多,不确定的是随着时间的推移雨带是北移或是在长江流域维持?具体意见如下:

客观化:多家模式预测长江中游的雨带仍然维持,并且美国 CFSv2 的模式报长江中游降水概率在增大;本地客观化预测结果显示湖南省北部降水偏多。

春季环流演变:3 月大气环流对厄尔尼诺响应不明显,但是 4 月大气环流和气候异常对厄尔尼诺有所响应,有利于湖南降水大部分地区偏多。

本地指标的不确定性为:长江流域多雨,对应 3 月低温,但 2020 年气温异常偏高,与 2010 年相似,需考虑雨带的移动;后期不确定性因子,副高持续偏强偏西与预期一致,但夏季副高脊线位置的不确定性大,月际变化可能很大,需关注是否出现脊线由偏南向正常转变的情况,雨带随之可能北移。

7.3.3　秋季气候预测

湖南省秋季预测时段为 9—11 月。秋季是夏半年向冬半年的转换季节,南方系统南退,北方系统建立需要重点考虑。制作秋季预测时,在对秋季气候特征分析及异常成因诊断的基础上,参考季节模式预报产品,分析外强迫影响(海温、积雪、海冰等),统计前期气候异常对后期演变的可能影响,综合得到预测结论。

(1)湖南省秋季气候特征分析

湖南省秋季(1991—2020 年),全省平均降水量为 227.8 mm,各县(市)在 118.2(新田)~289.0(桃江)mm,呈北多南少的空间分布。各月降水量分布占秋季总降水量的比重以 10 月最大,湘中、湘北大部分地区在 35%以上,湘西大部分地区超 40%;其次是 9 月,大部分地区在 30%以上;11 月占比最小,东部在 30%以上,西部在 30%以下(图 7.40)。

湖南省秋季降水近 1991—2020 年(30 年,图 7.41)呈略上升趋势,由近 10 年降水正距平频次合成分析(图 7.42)可知,仅湘东南局地的降水偏少外,其余大部分地区降水偏多,目前正处于秋季降水偏多的年代际背景下。

湖南省秋季(1991—2020 年),全省平均气温为 18.6 ℃,各县(市)在 16.8(桂东)~20.4

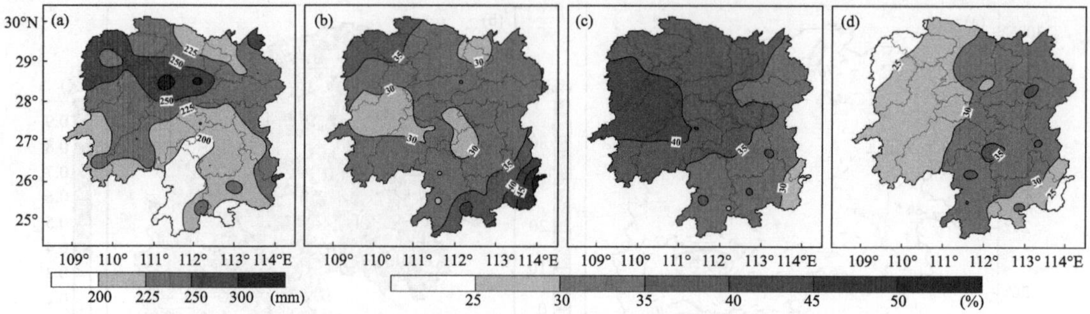

图 7.40　1991—2020 年湖南省秋季降水量气候值分布及各月降水量占比分布
(a. 秋季降水量, b. 9 月降水量占比, c. 10 月降水量占比, d. 11 月降水量占比)

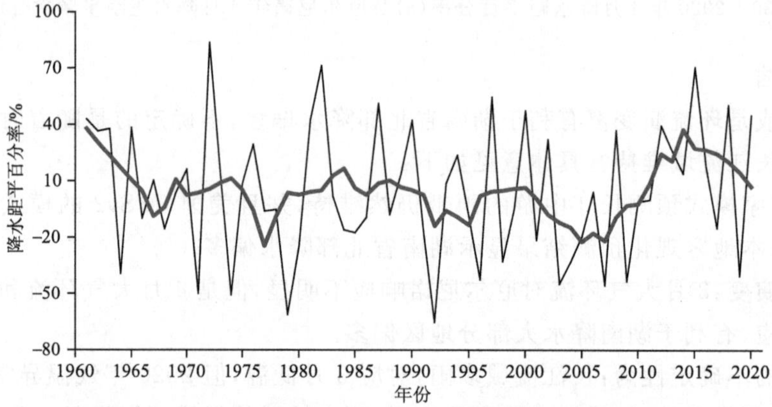

图 7.41　1961—2020 年湖南省秋季平均降水量距平百分率变化

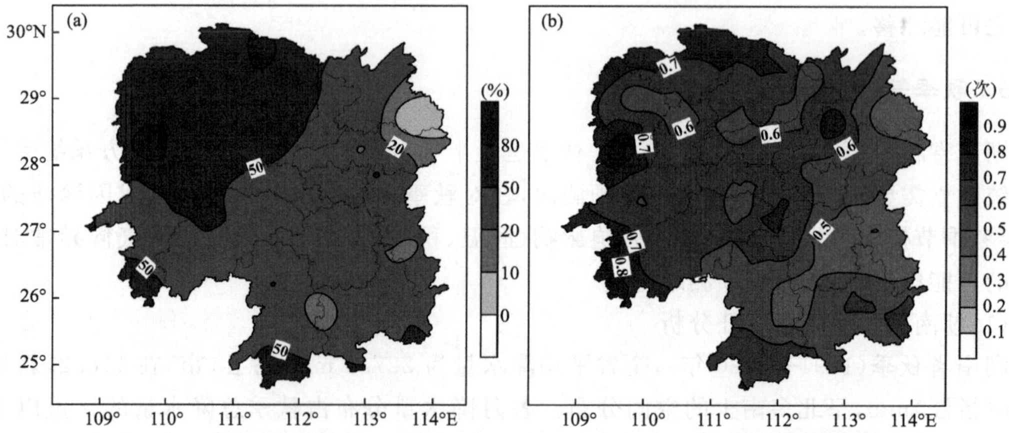

图 7.42　2011—2020 年近 10 年降水距平百分率合成(a)及降水正距平频次合成(b)

(道县)℃，呈北低南高的空间分布，湘东南大部分地区在 19 ℃以上(图 7.43)。

湖南省秋季平均气温近 30 年(1991—2020 年)呈明显上升趋势(图 7.44)，由近 10 年(2011—2020 年)平均气温正距平频次合成分析(图 7.45)可知，各县(市)均呈升高趋势，尤其是东部地区。

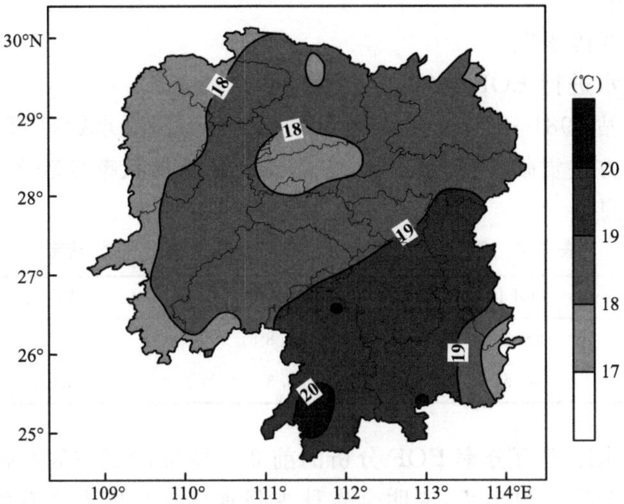

图 7.43　1991—2020 年湖南省秋季平均气温

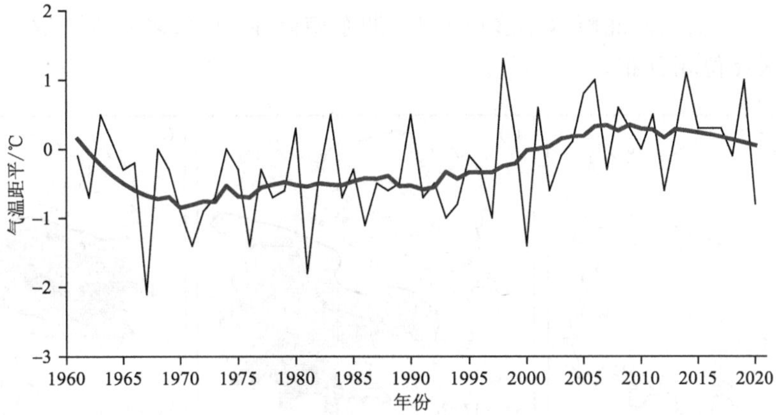

图 7.44　1991—2020 年湖南省秋季平均气温距平变化

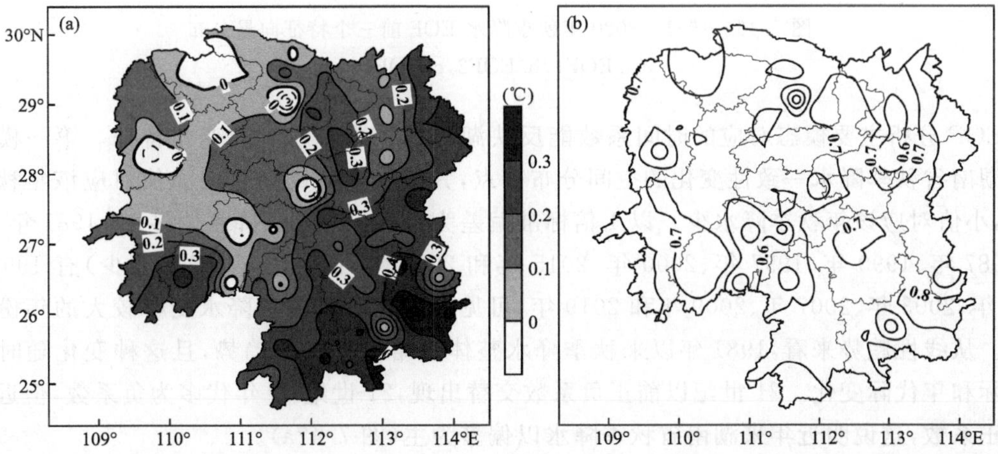

图 7.45　2011—2020 年近 10 年气温距平合成(a)及气温正距平频次(b)

(2)秋季降水预测

1)秋季气候异常成因诊断

对湖南省秋季降水进行 EOF 分解，分析其前 3 个模态。

对湖南省地面台站 1981—2020 年 40 年秋季(9—11 月)降水距平百分率进行 EOF 分析，前 4 个主成分的累计方差贡献率达 84.9%，各主成分方差贡献率见表 7.4，能基本反映秋季降水时空变化的主要信息。

表 7.4　湖南省秋季降水 EOF 中各主成分的贡献率

	EOF1	EOF2	EOF3	EOF4
方差贡献率	58.5	17.8	4.9	3.7
累计贡献率	58.5	76.3	81.2	84.9

对湖南省秋季降水距平百分率 EOF 分析的前 3 个特征向量空间特征的分布情况分析(图 7.46)可见，第一模态全省一致为负，说明全省秋季降水变化总体上具有较好的一致性，即指多数年份全省秋季降水普遍多或普遍少，高值中心位于湖南南部，北部向量相对较小，反映南部是全省秋季降水主要异常分布区。第二模态空间分布表现为东南与西北反位相变化的空间分布特征，这种分布表明湘西北降水偏多(少)时，湘东南降水偏少(多)。第三模态呈湘西北、湘东南与其他地区反位相分布。

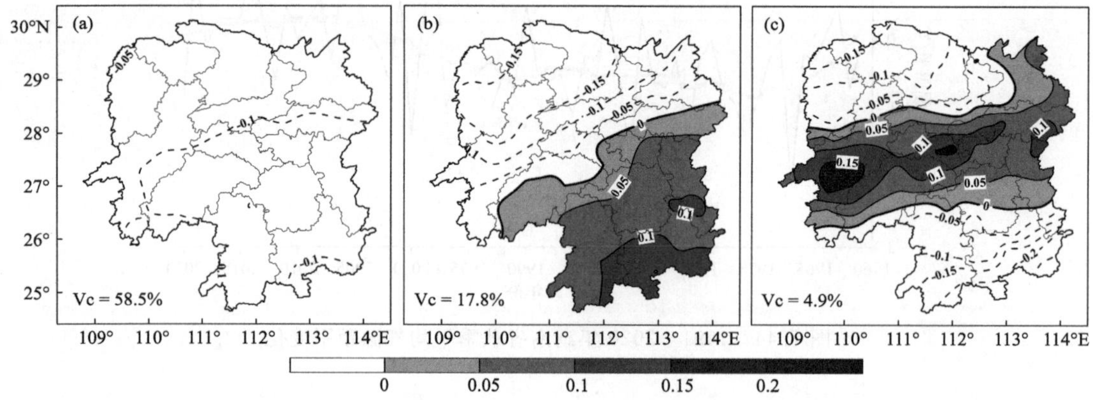

图 7.46　1981—2020 年秋季降水 EOF 前三个特征向量分布
(a. EOF1，b. EOF2，c. EOF3)

EOF 分析主要模态对应的时间系数能反映湖南省秋季降水时间变化特征。第一模态揭示了湖南省秋季降水一致性变化的空间分布特点，其时间系数的变化中大值对应该年秋季降水多，小值对应该年秋季降水少。以 1 倍标准偏差为标准，小值年(降水偏多)有 1981 年、1982 年、1987 年、1990 年、1997 年、2000 年、2015 年和 2018 年，而大值年(降水偏少)有 1992 年、1996 年、2003 年、2007 年、2009 年和 2019 年，可见这些年与湖南省降水变率较大的年份比较一致。从线性趋势来看，1981 年以来秋季降水整体呈略微下降的趋势，且这种变化随时间存在年际和年代际变化。21 世纪以前正负系数交替出现，21 世纪 00 年代多为负系数，但近 5 年多为正系数，这说明近年来湖南省秋季降水以偏多为主(图 7.47a)。

第二模态的时间系数也存在年际和年代际变化，该模态系数正值越大，其所对应年份的降水则越接近于 EOF 第二特征场的分布，即西北少东南多的特征，第二时间系数负值越大，其所对应年份的汛期降水越接近于 EOF 第二特征场的反向分布，即西北多东南少的分布特征。从其时间系数的变化可知，1995—2007 年湖南省秋季多雨区域主要位于东南部，西北部少雨（图 7.47b）。从第三特征向量和第四特征向量对应的时间系数演变特征（图略）可知，这两种分布型均主要表现为年际变化特征。

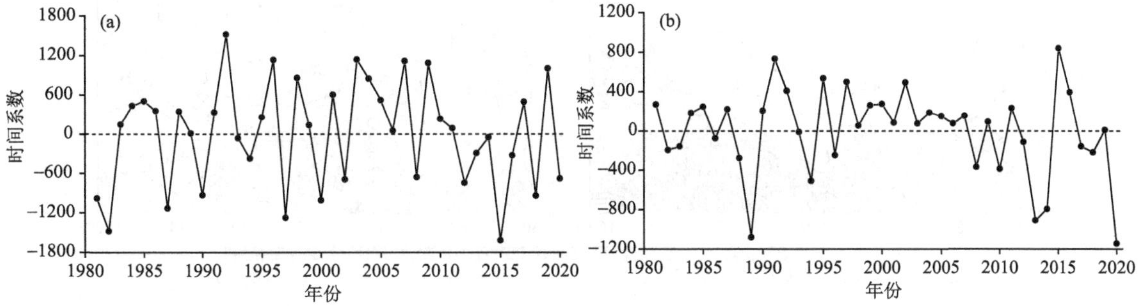

图 7.47　1981—2020 年秋季降水 EOF 前两个模态对应时间系数
（a. PC1，b. PC2）

2）典型旱、涝年环流特征分析

湖南省降水偏多年和偏少年与同期中东赤道太平洋海表温度对应关系很好，偏多年海温偏高，偏少年海温偏低（图 7.48）。湖南省降水典型偏多年同期的 OLR 分布场上，菲律宾群岛至我国南海、印度洋西部以及西太平洋地区为明显的正异常中心，与之相反的是在中太平洋地区以及我国中东部大部分地区为明显的负异常中心（图 7.49）。对应的典型环流场为 500 hPa 的高度场在欧亚中高纬度地区为北正南负（图 7.50）；850 hPa 的高度场在欧亚中高纬度地区为北部为明显正异常，南部异常不明显（图 7.51）。500 hPa 高度场中高纬度地区的正异常中心位于欧洲北部至极地地区，负异常中心位于巴尔喀什湖至贝加尔湖地区的亚洲区域（图 7.52），这种分布形势有利于高纬度的冷空气南下，为降水的形成提供了较为有利的冷空气条件；对应西太副高正常，对应 850 hPa 风场上中国东南沿海以反气旋环流为主，湖南省同时受西太副高西侧的偏南气流及来自印缅地区的西南气流影响，水汽输送较为充沛。冷暖空气的配合以及充沛的水汽输送最终利于湖南省降水偏多。

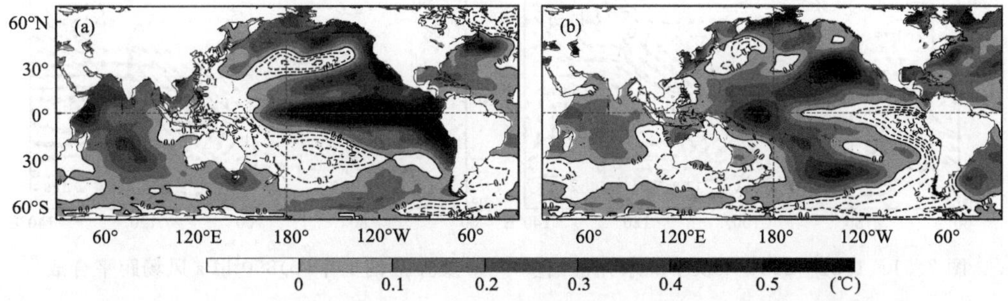

图 7.48　1981—2020 年秋季降水异常偏多年（a）及异常偏少年（b）海温距平合成

而在湖南省秋季降水典型偏少年，同期 OLR 场在中国大陆东南部地区为明显的正异常中心。对应的典型环流场最为明显的特征是中高纬度自西向东为“－＋－”波列分布，以纬向环流为主。中国大陆为异常不明显，且对应的西太副高以偏弱为主，这种特征是自 500～850 hPa 都存在。850 hPa 风场距平场上西太平洋地区存在着明显的气旋性环流，全省盛行明显的偏北气流，最终不利于降水的偏多。

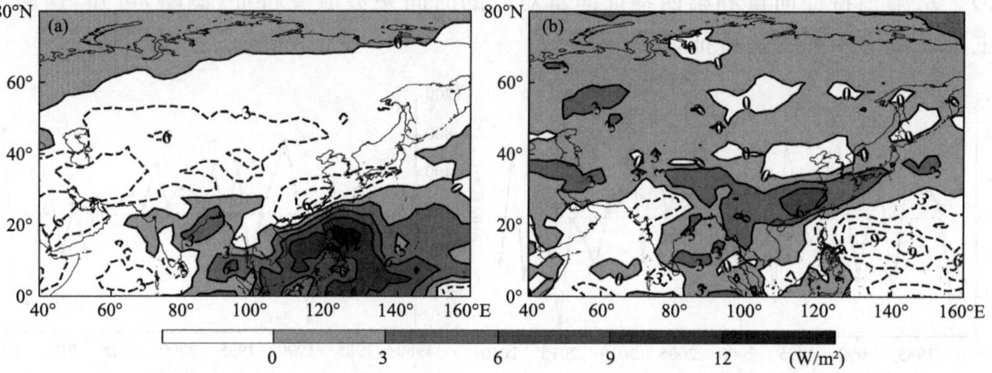

图 7.49　1981—2020 年秋季降水异常偏多年(a)及异常偏少年(b)OLR 距平合成

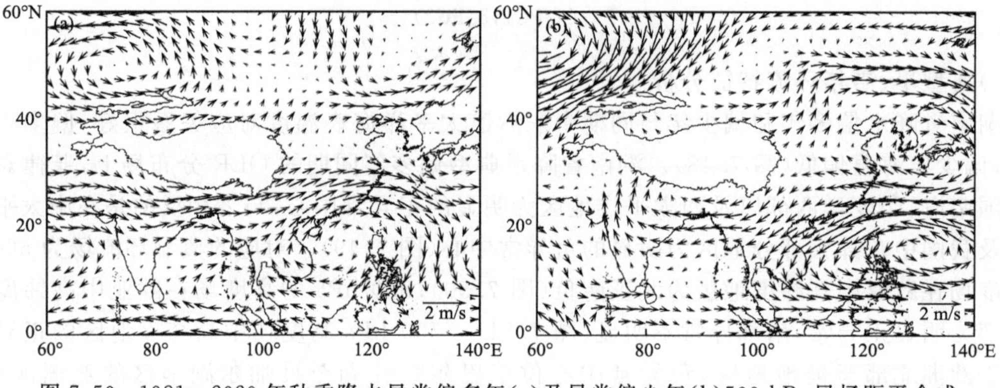

图 7.50　1981—2020 年秋季降水异常偏多年(a)及异常偏少年(b)500 hPa 风场距平合成

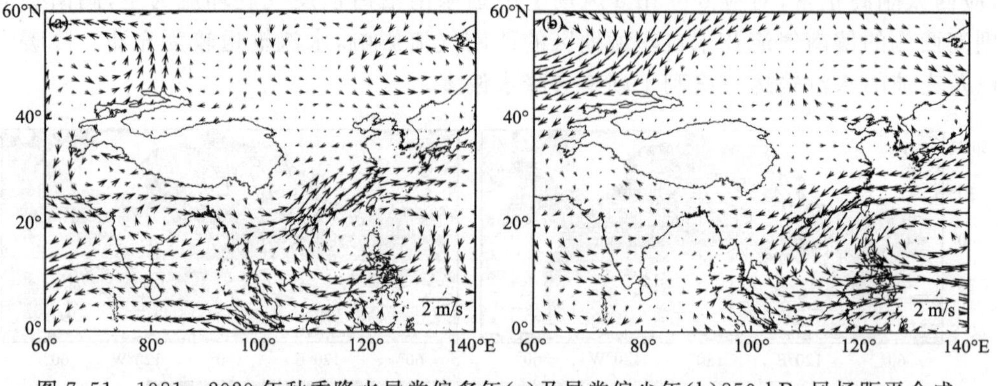

图 7.51　1981—2020 年秋季降水异常偏多年(a)及异常偏少年(b)850 hPa 风场距平合成

从统计旱涝年西太副高各特征量来看，涝年副高的变化规律都不是很一致。涝年一半的年份副高面积偏大、强度偏强、脊线偏南和西伸脊点偏西；1998 年以后的旱年面积偏大、强度偏强，其余指数变化规律不一致。

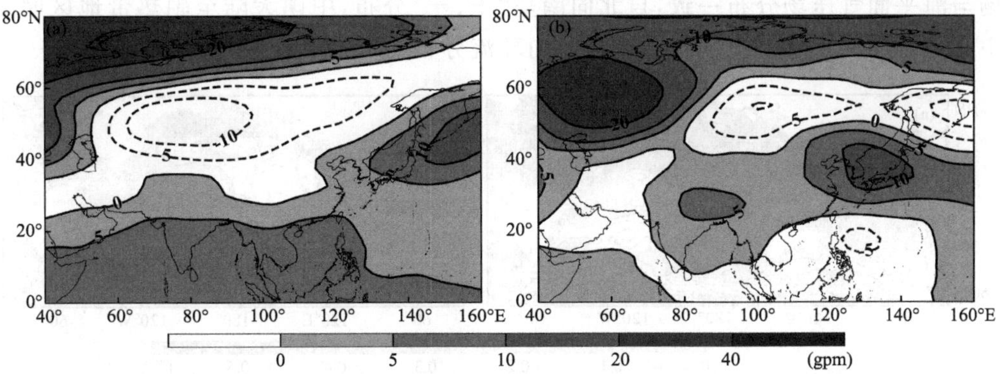

图 7.52　1981—2020 年秋季降水异常偏多年(a)及异常偏少年(b)500 hPa 高度场距平合成

(3)秋季气温预测

1)气温 EOF 分析

对湖南省地面台站 1981—2020 年 40 年秋季(9—11 月)气温进行 EOF 分析，第一模态主成分的方差贡献率达 86.9%，能反映秋季气温变化总体上具有很好的一致性，即多数年份全省秋季气温普遍偏高或偏低，没有明显的异常高、低值中心。以第一空间模态时间系数 1 倍标准偏差为标准，可以看出，高值年有 1998 年、2005 年、2006 年、2008 年、2014 年和 2019 年，而低值年有 1981 年、1986 年、1993 年、1997 年和 2000 年，可见这些年与湖南省气温变率较大的年份比较一致。从线性趋势来看，秋季气温整体呈升高趋势(图 7.53)。

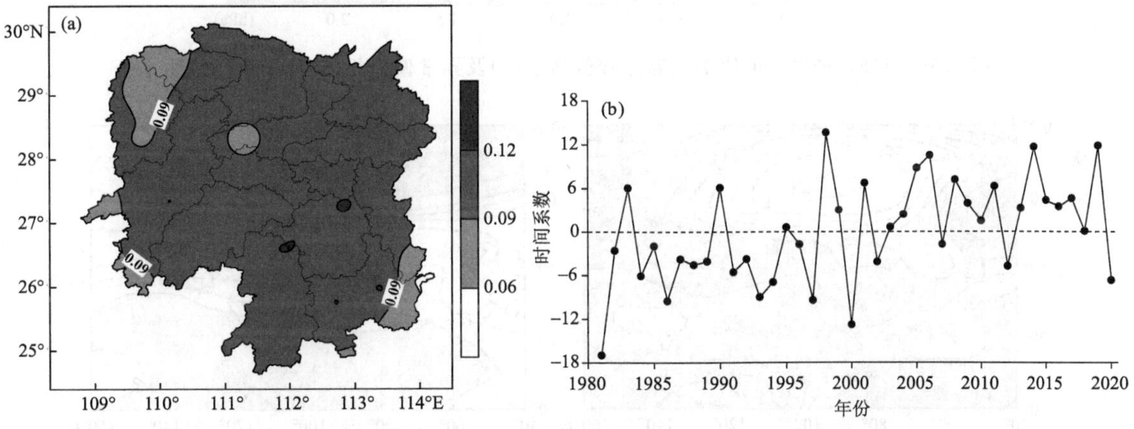

图 7.53　1981—2020 年湖南省秋季气温 EOF 第一特征向量分布(a)及对应的时间系数(b)

2)典型冷、暖年环流特征分析

湖南省秋季典型高温年，北半球中高纬度太平洋同期的海温呈东高西低分布(图 7.54)，对应的海平面气压场在西伯利亚地区以偏弱为主，来自北方的冷空气偏弱(图 7.55)，500 hPa 高度场距平自北向南呈“＋－＋”的分布(图 7.56)，这种分布说明中高纬度地区以纬向环流为主，而副热带系统又偏强，利于湖南省大部分地区以温度偏高为主。

湖南省秋季典型低温年同期海温大部分地区以偏低为主，其中，异常低温中心位于西北太平洋，而中东平洋大部分地区偏暖为主的“类厄尔尼诺”分布。海平面气压场在欧亚大陆中高纬度地区为明显的正异常中心，西伯利亚高压以偏强为主，利于冷空气南下。同期的 500 hPa

高度场与海平面气压场分布一致，自北向南呈"＋、－"分布，中国大陆至副热带地区明显的负异常中心也说明副热带系统偏弱。这种经向环流分布利于湖南省秋季温度偏低。

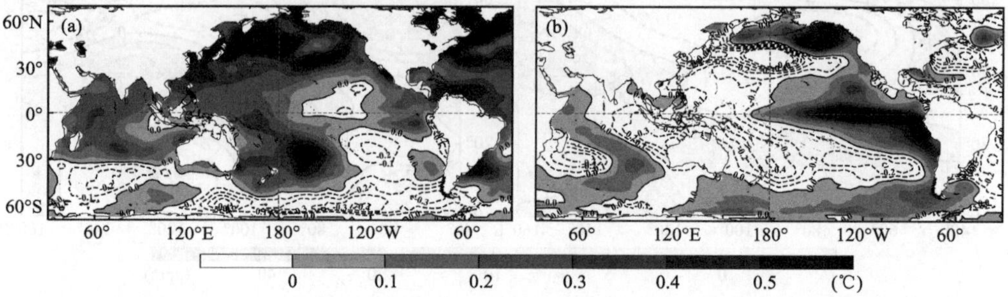

图 7.54　1981—2020 年秋季气温异常偏高年(a)及异常偏低年(b)海温距平

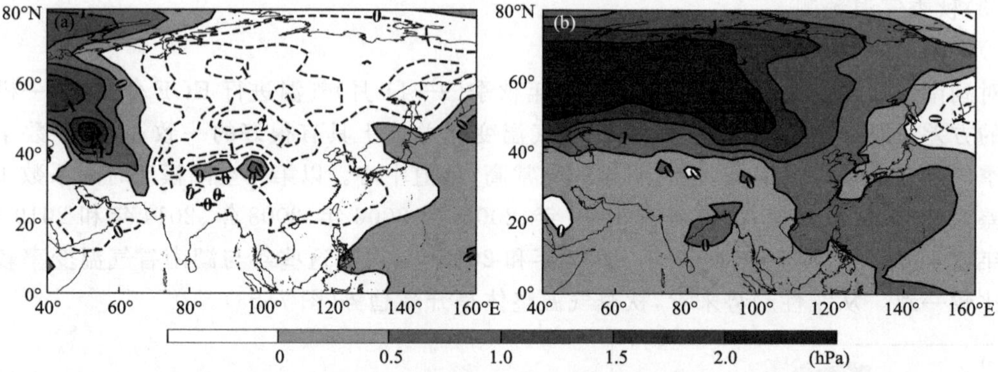

图 7.55　1981—2020 年秋季气温异常偏高年(a)及异常偏低年(b)海平面气压距平

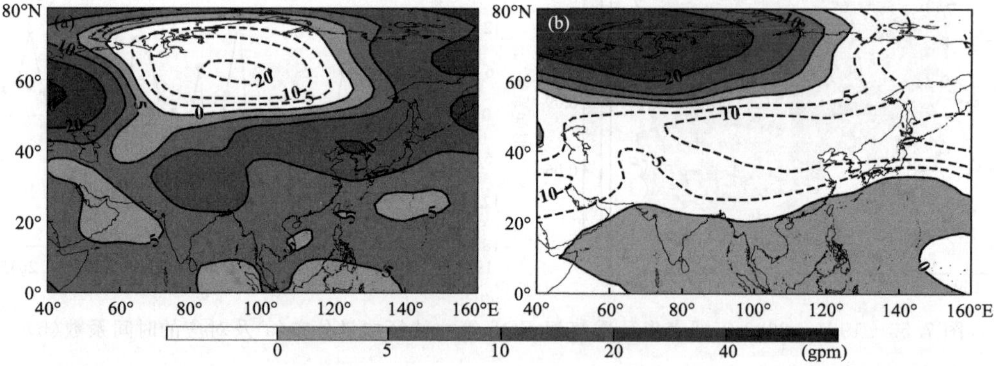

图 7.56　1981—2020 年秋季气温异常偏高年(a)及异常偏低年(b)500 hPa 高度场距平

从统计的冷、暖年西太副高各特征量来看，典型暖年副高面积偏大、强度偏强、西伸脊点偏西，脊线位置不一致。典型冷年副高的各项指数表现不一致。

(4)秋季个例预测

为了更详尽地说明预报流程。以 2020 年秋季预报为例，给出具体实施情况。

1)环流预测

环流预测主要以国内外模式的预测结果为主，结合物理统计进行订正。

季节模式产品显示，欧亚中高纬度为纬向环流；东亚地区为正高度场距平，东亚大槽偏弱；副高偏强、偏西、脊线略偏北（表 7.5）。

表 7.5　2020 年厄尔尼诺结束年相似对副高各指数影响

年份	强度	西伸脊点/°E	脊线/°N
2020	113	121	22.8
1958	33	150	22.3
1966	28	153	23.2
1973	76	134	22.8
1983	180	118	22.6
1988	85	119	22.7
1992	20	149	23.2
1995	138	120	22.4
1998	151	117	23
2003	160	102	23.5
2010	177	120	23.4
影响	偏强	偏西	正常/偏北

此次强厄尔尼诺于 2020 年 3 月结束，预计秋冬季可能发展为弱的拉尼娜事件，考虑历史上海温相似年份副高的各种特征以及前期夏季副高自身的偏强、偏西、偏南的特征对后期秋季副高的影响，预计副高偏强、偏西、脊线正常略偏北（图 7.57）。

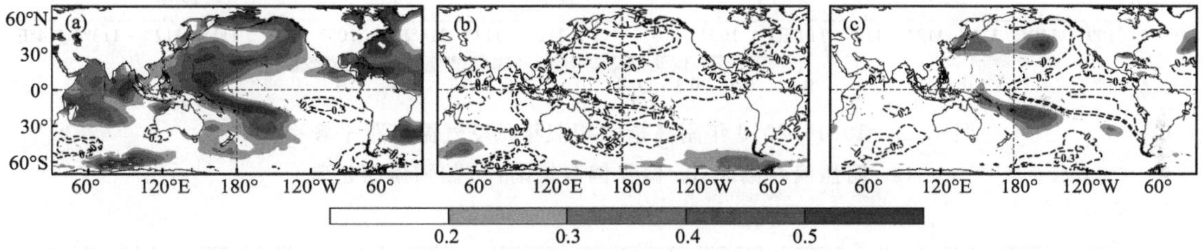

图 7.57　2020 年厄尔尼诺相似年副高强度(a)、西伸脊点(b)及副高脊线(c)与海温的相关系数

2）温度预测

各家模式对于秋季温度预测较为一致，表现为偏高。

MODES 产品结合解释应用结果显示 2020 年秋季气温偏高。

海温相似年结果显示，厄尔尼诺结束年和厄尔尼诺转拉尼娜年秋季气温均以偏高为主（图 7.58）。同时，西太副高偏强偏北也有利于湖南秋季气温偏高（图 7.59）。

3）降水预测

各家模式预计湖南省降水以偏少为主。

MODES 产品结合解释应用结果，2020 年秋季降水偏少。海温相似年结果显示，厄尔尼诺结束年和厄尔尼诺转拉尼娜年秋季降水以偏少为主（图 7.60）。副高偏强、偏北降水以偏少为主，副高偏强、偏南降水以偏多为主（图 7.61）。

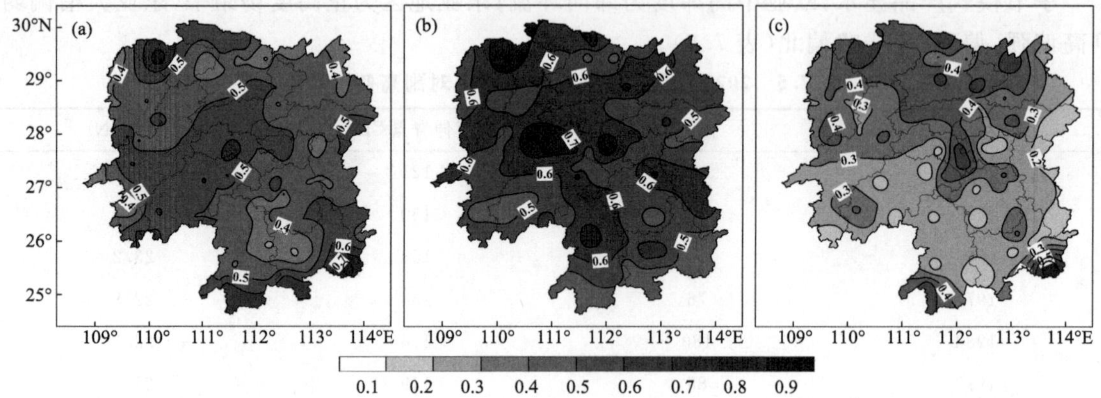

图 7.58　1981—2019 年厄尔尼诺相似年秋季气温正距平频率合成

（a. 厄尔尼诺次年；b. 1981 年以来厄尔尼诺次年；c. 厄尔尼诺转拉尼娜年）

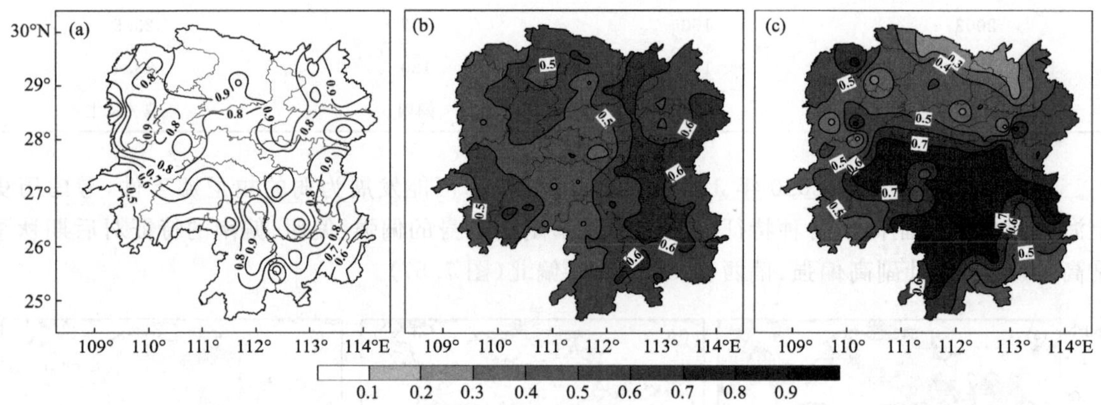

图 7.59　1981—2019 年副高指数相似年秋季气温正距平频率合成

（a. 偏强偏西偏北；b. 偏强偏西偏南；c. 偏强偏西正常）

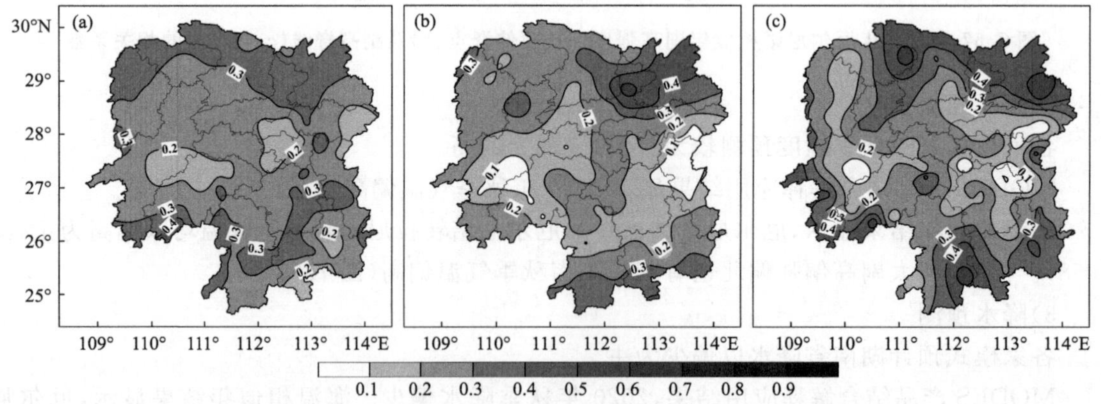

图 7.60　1981—2019 年厄尔尼诺相似年秋季降水正距平频率合成

（a. 厄尔尼诺次年；b. 1981 年以来厄尔尼诺次年；c. 厄尔尼诺转拉尼娜年）

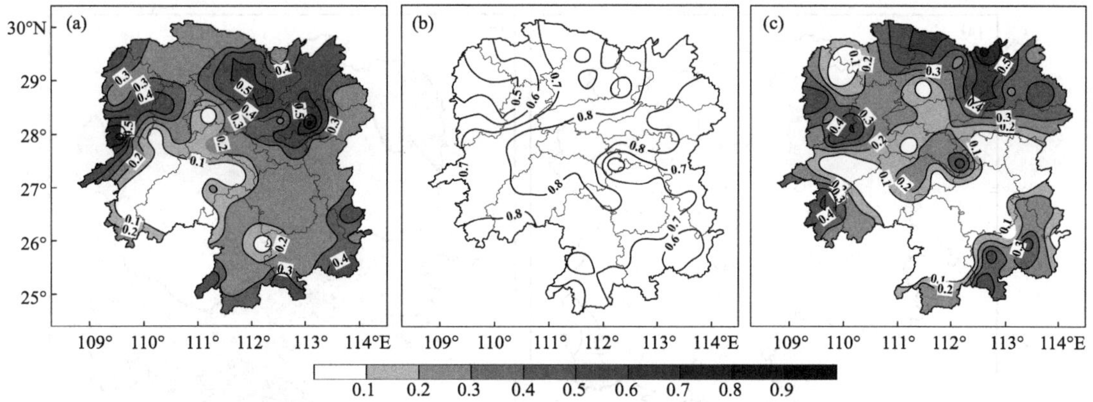

图 7.61 1981—2019 年副高指数相似年秋季降水正距平频率合成
(a. 偏强偏西偏北；b. 偏强偏西偏南；c. 偏强偏西正常)

4)预测总结

综合以上分析得出预测结论如表 7.6。

表 7.6 秋季模式预测及统计分析小结

要素		降水	气温
模式结果		少	高
MODES		少	高
统计分析	年代际背景	多	高
	外强迫	少	高
	西太副高	少	高
总结		少	高

7.3.4 冬季气候预测

冬季指 12 月至次年 2 月，这一时期包括了春运时段。冬季气候趋势预测也往往包括春运趋势预测。

制作冬季气候趋势预测时，在了解冬季气候特征及异常成因诊断的基础上，参考季节模式预测产品，分析外强迫影响(海温、积雪、海冰等)，统计前期气候异常对后期演变的可能影响，综合各种预测结论。

(1)冬季气候特征

对冬季气温进行 EOF 分解(图 7.62)，前 4 个模态的方差累计贡献率高达 98%。冬季湖南气温主要有四种空间型：全省一致型、三面环绕型、西北—东南型与东—西反向型。

对比各模态同期 500 hPa 高度场情况(图 7.63)可见：①全省一致型(第一模态)，即全省气温一致偏高或偏低。当同期 500 hPa 图上欧亚中高纬度高度场呈现北低南高分布时，有利于湖南省气温一致偏高；反之，欧亚中高纬度高度场呈现北高南低分布时，有利于湖南省气温一致偏低。②三面环绕型，表现为马蹄形盆地与西、南、东三面环山区反位相的分布。当同期环流特征显示为 500 hPa 贝加尔湖至巴尔喀什湖之间、中国东部至日本海及以东洋面、美国西海岸为“－ ＋ －”的波列分布时，有利于洞庭湖地区沿湘江流域至衡(阳)—邵(阳)盆地气温偏低而其西、南部较高海拔山区气温偏高；反之亦然。③西北—东南型，即西北与东南反位相

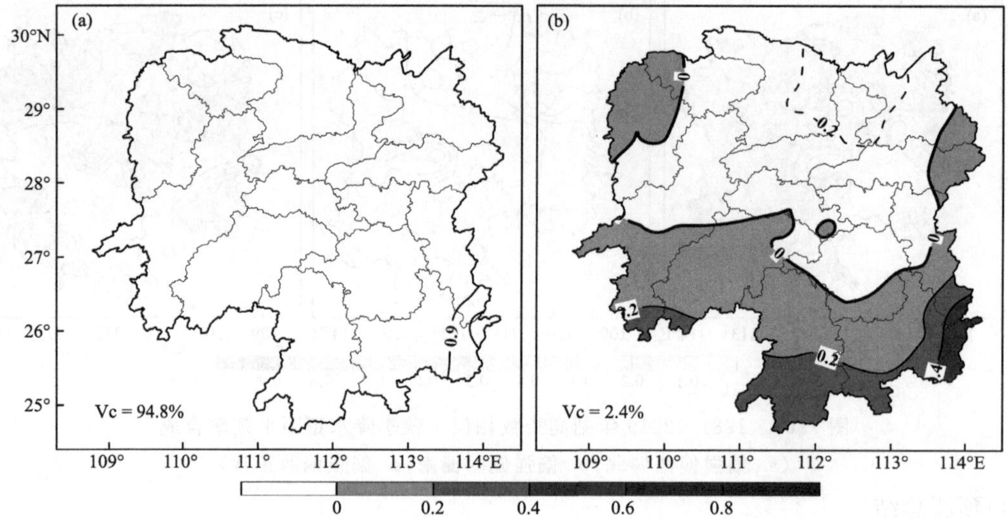

图 7.62　1961—2019 年湖南省冬季气温 EOF 分解前两个模态空间分布

(a. EOF1，b. EOF2)

的分布。从时间系数看，该模态在 20 世纪 80 年代发生了明显的转折，80 年代之前气温北低南高，80 年代之后特别是 90 年代至 21 世纪 00 年代前期北部增暖，而南部或增暖幅度不如北部或表现为变冷的趋势。同期环流特征显示 500 hPa 热带地区高度场为正距平，有利于湖南省气温北高南低，反之亦然。④东—西反位相型，从时间系数可看出，该模态在 20 世纪 70 年代至 80 年代前期，湖南冬季气温西高东低，80 年代中期至 90 年代，该模态表现不明显，21 世纪 00 年代中期以来湖南冬季气温转变为西低东高。与同期 500 hPa 高度场相关关系不明显。

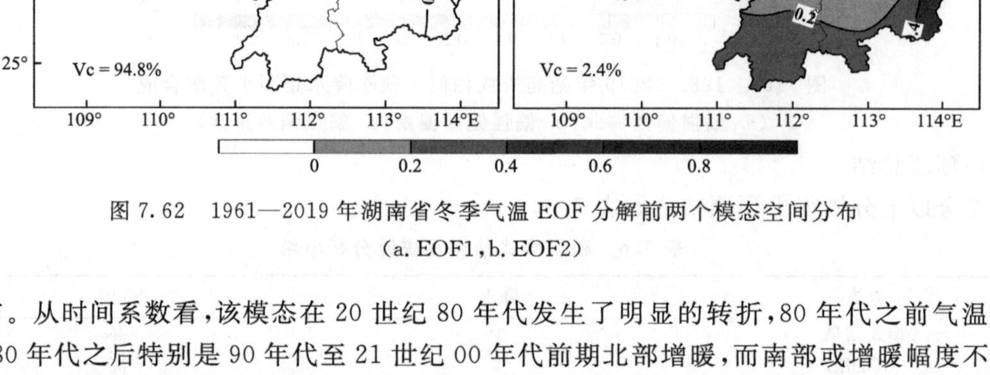

图 7.63　1961—2019 年湖南省冬季气温前两个模态与同期 500 hPa 高度场的相关系数

(a. EOF1，b. EOF2)

比较各模态前期 9 月的海表温度(图 7.64)可知：第一模态与中东太平洋海表温度异常显著正相关；第二模态与热带印度洋及我国东部沿海海温存在显著的负相关。

(2)冬季气候分型

根据气温距平和降水距平百分率进行分类，湖南省 1960—2019 年冬季气候可分为温低雨

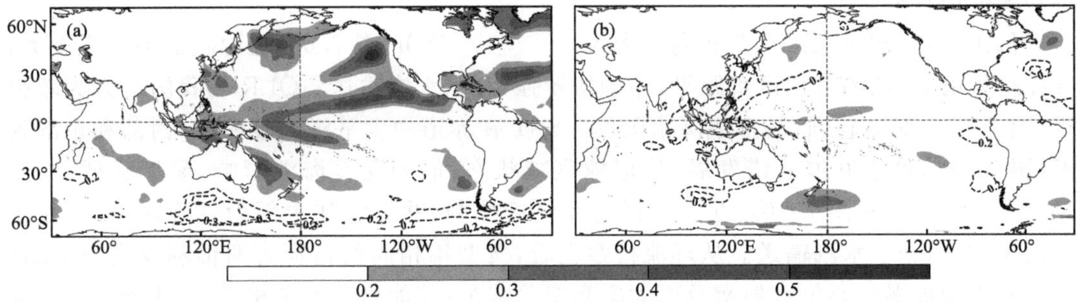

图 7.64　1961—2019 年湖南省冬季气温前两个模态与前期 9 月海温场的相关系数

多型、温低雨少型、温高雨多型以及温高雨少型 4 类(图 7.65),以温低雨少型为主,有 21 年,占总年数的 35%;其次是温高雨少型,有 16 年,占总年数的 26.7%;温低雨多型、温高雨多型分别有 13 年、8 年;有 2 年(1962/1963 和 2018/2018 年)冬季为单纯少雨,气温正常。从年代际分布看,20 世纪 60—80 年代以温低雨少型为主,占总年数的一半;90 年代为调整期,由温低雨少向温高雨多转换;2000 年以来则转为以温高雨少型为主(占总年数的 45%,9/20)。

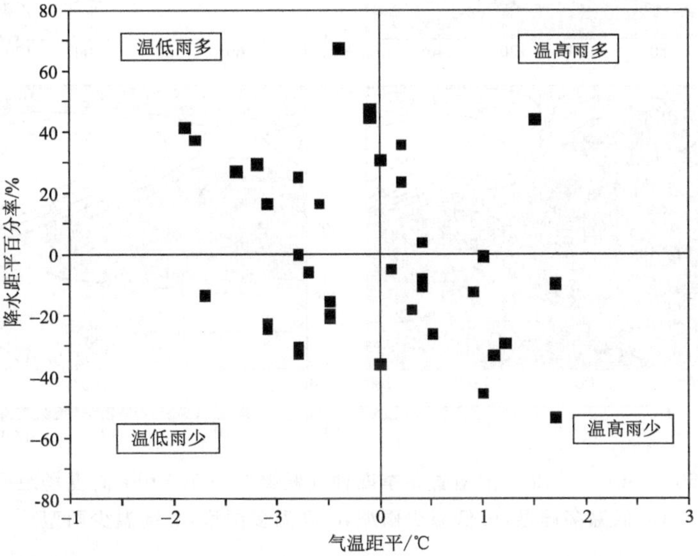

图 7.65　1961—2019 年湖南省冬季气温、降水位相分布

根据上述分型,选取各类的典型年份如表 7.7。

表 7.7　1961—2019 年冬季气温降水分型典型年份

类型	气温距平	降水距平百分率	典型年份
温低雨多型(共 11 年)	$\Delta T\leqslant -0.5$ ℃	$\Delta R\geqslant 20\%$	1982,1984,1989,2004,2018
温低雨少型(共 21 年)	$\Delta T\leqslant -0.5$ ℃	$\Delta R\leqslant -20\%$	1967,1973,1975,1976,1983,1985,1987,1995,1999
温高雨多型(共 8 年)	$\Delta T\geqslant 0.5$ ℃	$\Delta R\geqslant 20\%$	1992,2015,2019
温高雨少型(共 15 年)	$\Delta T\geqslant 0.5$ ℃	$\Delta R\leqslant -20\%$	1964,1978,1986,1998,2008,2009,2014,2016

1)温低雨多型

温低雨多年,欧亚地区自西北向东南为"＋ － ＋"分布(图 7.66),且高、低中心强度大,利于强冷空气南下;低纬度地区负距平,印缅槽较强,利于水汽输送。OLR 场我国南方为较强负距平(图 7.67),对流较强,易形成降水天气。SST 在赤道中太平洋为暖海温,西部和东部为冷海温(图 7.68),处于厄尔尼诺发展、拉尼娜衰减状态,但仍受冷海温影响,易形成低温天气。风场上看(图 7.69 和图 7.70),北太平洋为反气旋控制,欧亚大陆中部为气旋性环流,湖南省为西南风控制,利于水汽输送。从环流指数上看,典型年相同的特征为西伯利亚高压偏弱(图 7.71)、北半球极涡中心位置偏南及西太副高偏北偏东;其他指数大多相反,而出现这一现象的原因可能正是 20 世纪 70 年代后期气候调整,发生了明显年代际转折。

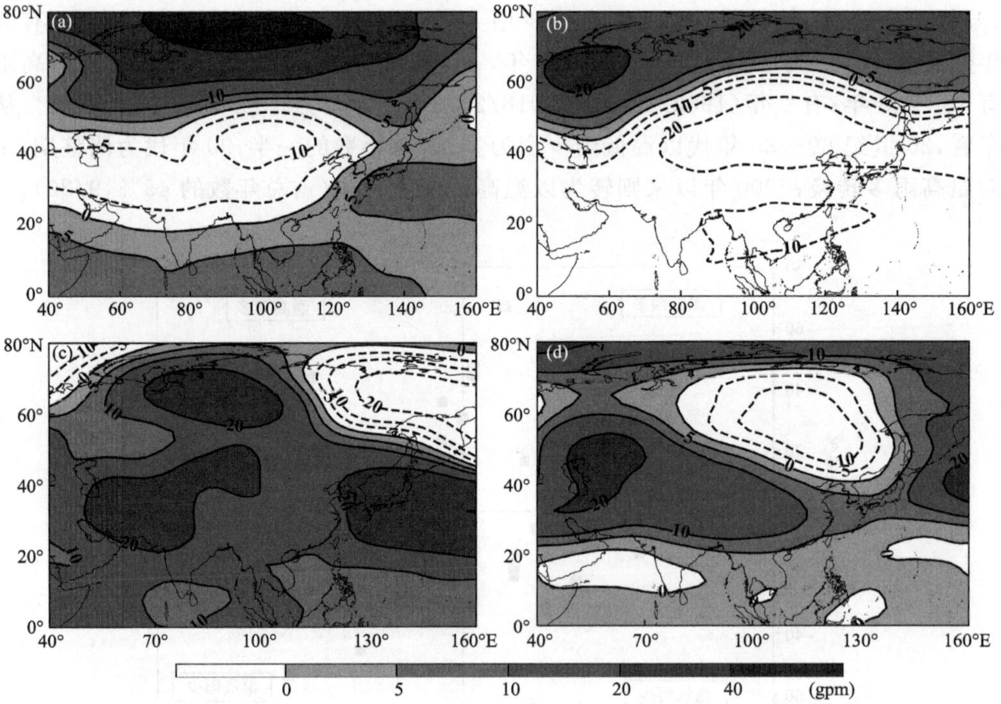

图 7.66　1961—2019 年湖南省冬季四种气候类型的 500 hPa 高度场距平合成
(a. 低温多雨型,b. 低温少雨型,c. 高温多雨型,d. 高温少雨型)

总体来说,这一型的环流冷空气及水汽条件均较好,易形成低温多雨天气。

2)温低雨少型

温低雨少年,北极涛动(AO)负位相,极涡面积偏大、强度偏弱,西伯利亚高压和冬季风均偏强,500 hPa 高度场北高南低的分布十分有利于冷空气南下。赤道中东太平洋海温明显偏低,呈明显拉尼娜状态,易发生低温。从 OLR 上看,欧亚大陆大部分地区为正,不利于降水发生。低层风场在湖南省上空为反气旋距平,也不利降水形成。

总体上这一分布型易形成低温天气,但降水条件不理想。

3)温高雨多型

温高雨多年的情况下,AO 以正位相为主,极涡面积偏小、强度偏强,西伯利亚高压和冬季风偏弱,500 hPa 高度场自北向南为"＋ － ＋"分布,我国大部分地区由高压控制,冷空气路径

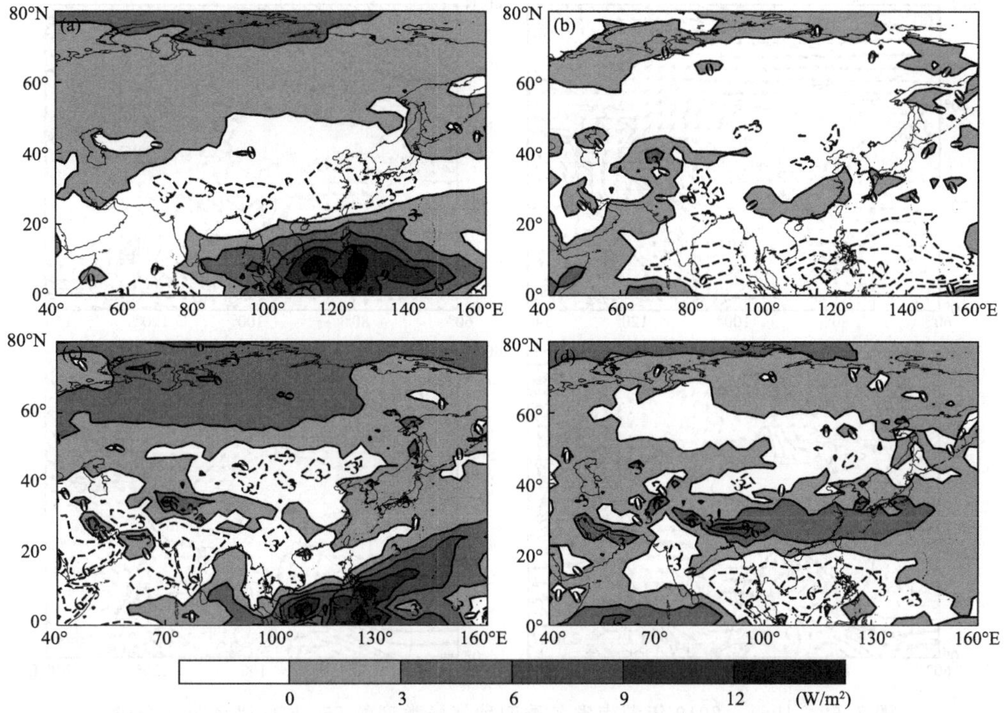

图 7.67　1961—2019 年湖南省冬季四种气候类型的向外长波辐射场距平合成

(a. 低温多雨型，b. 低温少雨型，c. 高温多雨型，d. 高温少雨型)

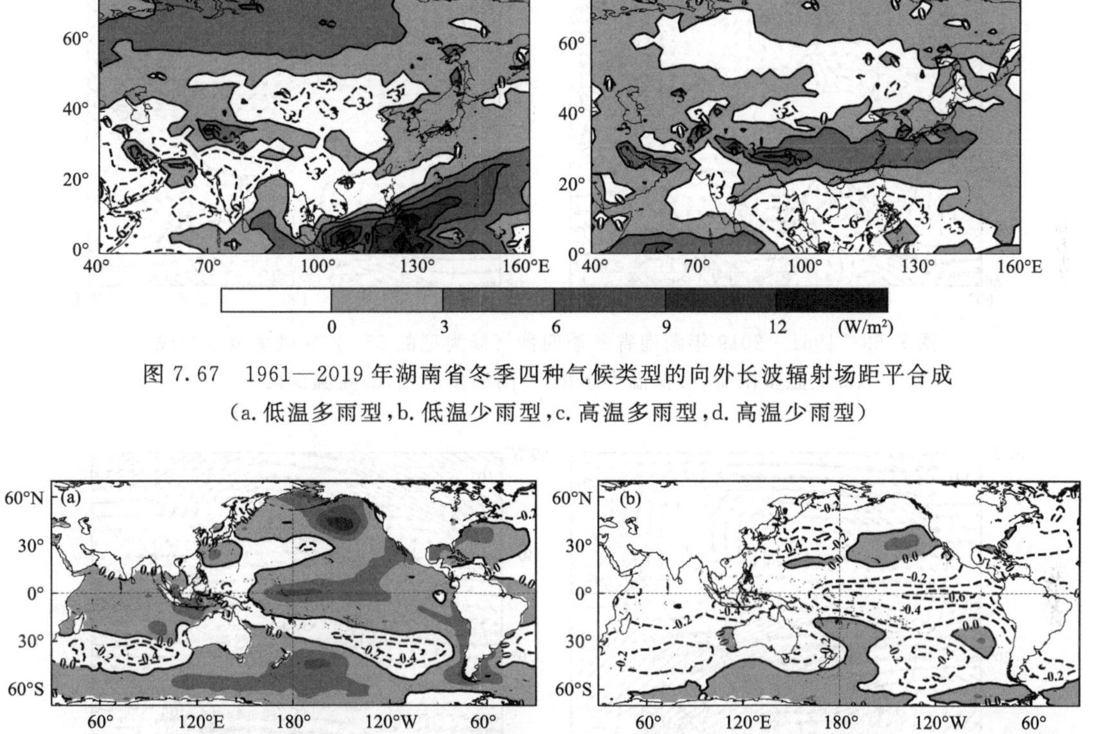

图 7.68　1961—2019 年湖南省冬季四种气候类型的海表温度场距平合成

(a. 低温多雨型，b. 低温少雨型，c. 高温多雨型，d. 高温少雨型)

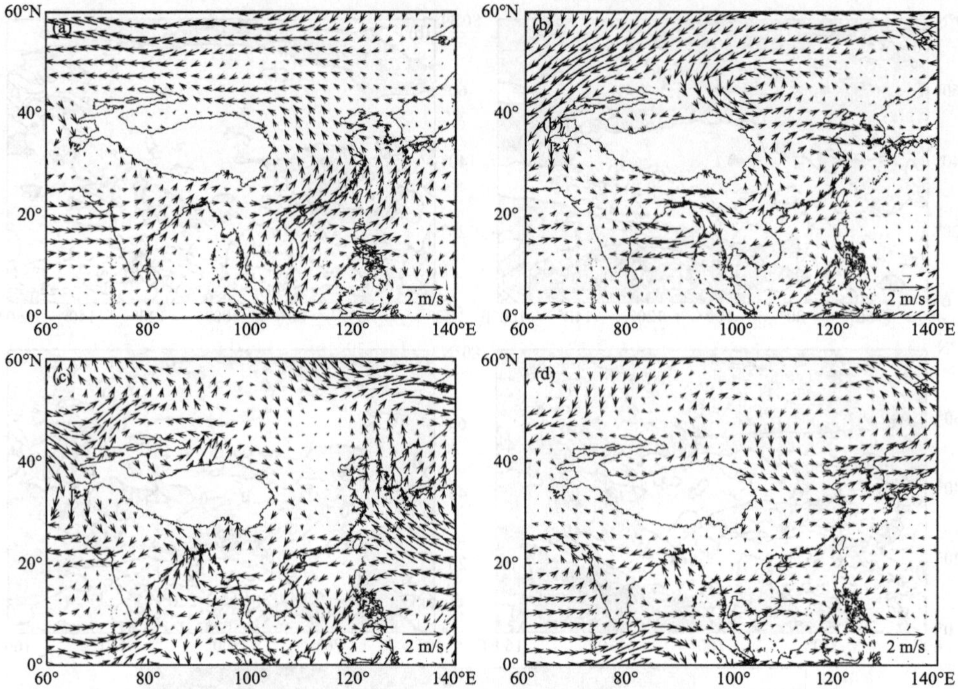

图 7.69　1961—2019 年湖南省冬季四种气候类型的 850 hPa 风场距平合成
（a. 低温多雨型，b. 低温少雨型，c. 高温多雨型，d. 高温少雨型）

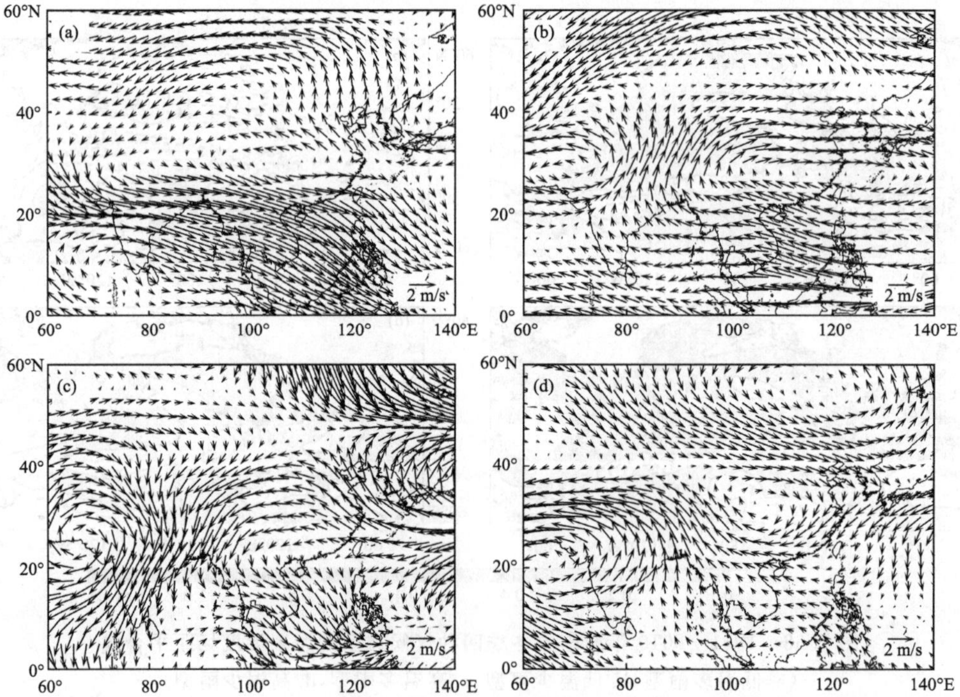

图 7.70　1961—2019 年湖南省冬季四种气候类型的 200 hPa 风场距平合成
（a. 低温多雨型，b. 低温少雨型，c. 高温多雨型，d. 高温少雨型）

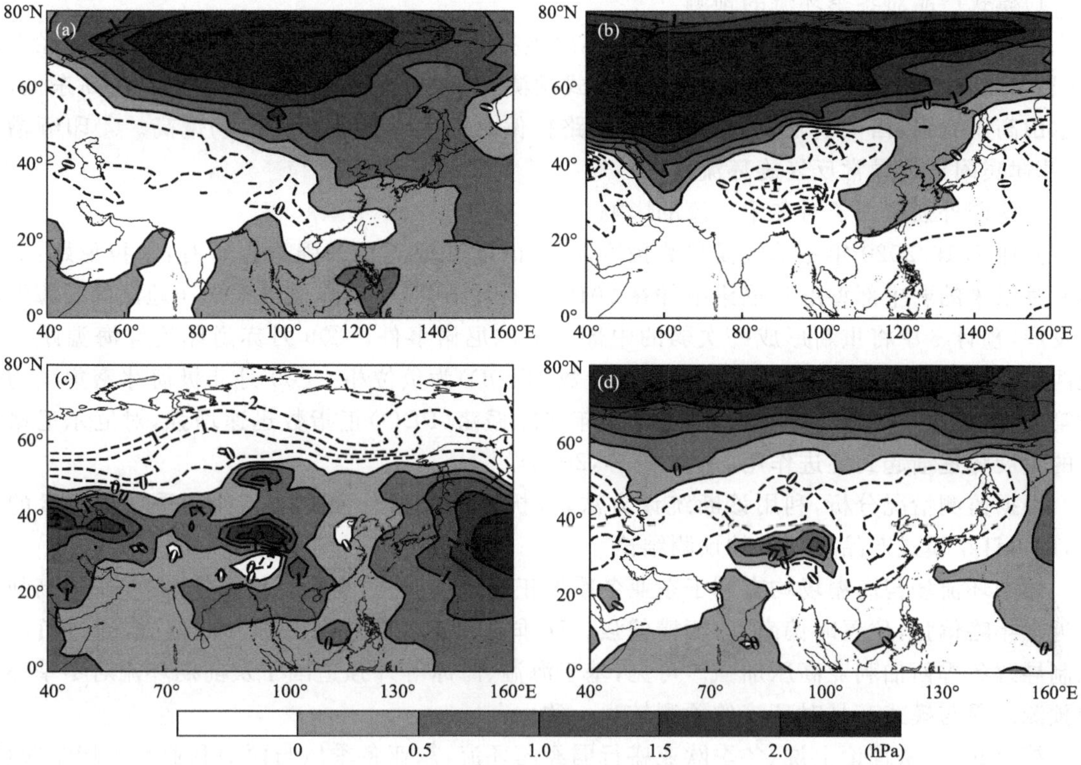

图 7.71　1961—2019 年湖南省冬季四种气候类型的海平面气压场距平合成
（a. 低温多雨型，b. 低温少雨型，c. 高温多雨型，d. 高温少雨型）

偏北，不易南下影响我国；另外，南极地区在冬季高温年为负高度场距平，低温年则为明显的正高度场距平。海温场上，北太平洋中低纬度西高东低，与前面低温年的西低东高正好相反。OLR 距平为负，有利降水偏多。

这一型一般不会出现长时间低温天气，湖南省冬季气温以偏高为主；有一定量降水。

4)温高雨少型

高温雨少年，极涡偏东、偏强，欧亚大陆 500 hPa 高度场距平北负南正，冷空气不易南下。北太平洋的海表温度距平仍呈西正东负的分布。虽然 OLR 场有利降水生成，但极地冷空气供应不足仍是少雨的原因。

归纳前面分析的湖南省冬季不同类型年份主要异同点如下：

低温年 AO、AAO 均为正位相，中国 500 hPa 高度场偏低；其中，多雨年西伯利亚高压偏弱，冬季风偏弱，少雨年均偏强。高温年 AO、AAO 以负位相为主，中国 500 hPa 高度场偏高，OLR 为负距平，极涡偏小、偏强，其中，少雨年极涡偏东。

(3)湖南冬季个例预测

为了更详尽地说明预测流程。以 2019/2020 年冬季预测为例，给出具体实施情况。大气环流状况是影响气候的直接因素，其中，北极涛动、西伯利亚高压、东亚槽、青藏高原高度场等决定湖南冬季气温的高低，而印缅槽、西太副高等决定冬季南来水汽输送条件与湖南降水量的多寡。

1)模式产品对冬季环流的预测

基于国内外环流模式预测产品,分析得出预报季节环流形势:①AO负位相,北美经向环流强,东亚以弱经向环流为主(但NCEP模式预测中高纬度纬向环流)。②东亚西高东低,乌拉尔山高压脊强,西伯利亚高压强,冷空气路径偏北。③青藏高原高度场偏高。④印缅槽偏强,菲律宾附近为异常反气旋环流。

2)前期外强迫因子对冬季环流的影响

制作2019/2020年冬季气候趋势预测,关注的前期或近期外强迫因子有:①拉尼娜:2018年9月以来的弱中部型厄尔尼诺事件在2019年6月结束,目前赤道中太平洋地区的暖海温再度发展,预计冬季将重新形成一次弱的中部型厄尔尼诺事件。②9月赤道印度洋海温距平呈现西高东低的分布形势,热印度洋偶极子指数(TIOD)为负位相。③9月北极海冰密集度为历史第三少,仅次于2012年同期。④太平洋年代际振荡(PDO)正指数迅速增强,对厄尔尼诺事件的发展将逐渐起到促进作用(朱益民 等,2003)。

根据监测情况分析,利用诊断统计方法,分析显著海温外强迫因子和冬季环流要素的关系,用于订正模式产品对环流的预测结论。

前期环流场与海温场均有利于东亚冬季风正常或略偏强,高原高度场偏高,冬季副高强度接近常年略偏强,位置略偏南,印缅槽偏强。秋季巴伦支—喀拉海北部海冰偏少,通过负反馈机制导致冬季西伯利亚高压加强。可见,基于海温、海冰等外强迫因子及前期环流对冬季环流的预测结果与模式产品对环流的预测较为一致。

综合起来,从理论上说,冬季欧亚盛行弱经向环流,东亚冬季风与西伯利亚高压均略偏强,但高原高度场偏高,西太副高偏强,不利于冷空气深入南下,将导致影响湖南省的冷空气较常年偏弱,气温偏高;冬季西太副高偏强、略偏南,我国东部多为偏南风控制,印缅槽偏强,将使得湖南省南来的水汽输送较常年偏强,冬季降水量偏多。

3)要素预测

综合多家国内外气温、降水预报产品及模式本地化应用产品,分析各家结论之间的异同。模式气温预报产品显示2019/2020年湖南冬季偏暖,这一结果与上一部分的环流预测结果相同;模式对于降水预报产品显示2019/2020年冬季湖南降水一致偏多。

从气候背景分析中得到预报季所在年代际的气候背景,2019年冬季处在温高雨少的年代际背景下。

结合上述EOF分析,对比环流预报形势与各模态的同期500 hPa高度相关场,寻找可能出现的气温模态。以2019/2020年冬季环流预报形势与第一模态的同期500 hPa高度场类似,欧亚中高纬度均是呈现北低南高的分布形态,有利于湖南省出现气温一致性偏高。

利用相关或相似合成等方法,查看影响冬季气候的主要环流要素影响下湖南省气温的空间分布显示,高原高度场偏高,有利于全省出现冬季气温一致偏高;查看这些环流要素影响下全省降水的空间分布显示,厄尔尼诺背景下,副高偏强、略偏北,印缅槽偏强,全省大部分地区尤其是北部地区降水偏多的概率大。

综合上述分析,得到湖南省2019/2020年冬季气候趋势预测结论:湖南省冬季降水偏多、气温偏高。

7.4 其他重要气候事件预测

7.4.1 冷暖冬

在制作冬季预测时,需要判断是否达到冷暖冬标准。下面给出冷暖冬定义及预测方法。

(1)冷暖冬定义

1)冷冬标准

根据中华人民共和国国家标准《冷冬等级》(GB/T 33675—2017),冷冬在空间上划分为单站、区域和全国 3 个范围等级,在强度上划分为弱冷冬、强冷冬 2 个等级。

①单站冷冬指标和等级划分

单站冬季平均气温距平(ΔT)小于或等于冷冬阈值,定义为单站冷冬。其中,偏冷和偏暖的边界阈值分别为-0.43δ和0.43δ(δ为冬季平均气温标准差),定义-0.43δ为单站冷冬阈值,定义-1.29δ为单站强冷冬阈值。单站冷冬指标和等级划分见表 7.8。

表 7.8 单站冷冬指标和等级划分

等级指标	等级名称
$-1.29\delta<\Delta T\leqslant-0.43\delta$	单站弱冷冬
$\Delta T\leqslant-1.29\delta$	单站强冷冬

②区域冷冬指标和等级划分

区域范围内冷冬站数超过站总数的 50%,定义为区域冷冬。在区域冷冬年,区域内强冷冬站数超过冷冬站总数的 50%,定义为区域强冷冬。

2)暖冬标准

根据中华人民共和国国家标准《暖冬等级》(GB/T 21983—2020),暖冬在空间上划分为单站、区域和全国 3 个范围等级,在强度上划分为弱暖冬、强暖冬两个等级。

①单站暖冬指标和等级划分

单站冬季平均气温距平(ΔT)大于或等于暖冬阈值,定义为单站暖冬。其中,偏冷和偏暖的阈值分别为-0.43δ和0.43δ(δ为冬季平均气温标准差)。单站暖冬划分为弱和强两个等级,单站暖冬指标和等级划分见表 7.9。

表 7.9 暖冬标准

等级指标	等级名称
$\Delta T\geqslant1.29\delta$	单站强暖冬
$0.43\delta\leqslant\Delta T<1.29\delta$	单站弱暖冬

②区域暖冬指标和等级划分

区域范围内暖冬站数超过有效站点总数的 50%,定义为区域暖冬。在区域暖冬年,区域范围内强暖冬站数超过有效站总数的 25%,定义为区域强暖冬,反之为区域弱暖冬。

根据上述冷、暖冬的标准,计算出湖南省 1961—2019 年冬季(当年 12 月至次年 2 月)冷、暖冬对应年份如表 7.10。综合冷冬与暖冬发生年代可见,在 20 世纪 90 年代以前冷冬出现较为频繁，90 年代以后暖冬出现频次高于冷冬频次，而造成这种差异的原因与气候变化存在着必然的联系，而随着全球变暖，极端事件发生加剧，对于冬季而言，冷暖冬的发生在近些年也越加频繁。

表 7.10　1961—2019 年冬季冷暖分型

等级	强度	对应年份
冷冬	弱冷冬	1975、1985、1987、1988、1989、2010
	强冷冬	1963、1966、1967、1968、1971、1973、1976、1982、1983、1984、2004、2007、2011、2018
暖冬	弱暖冬	1964、1965、1978、1991、1992、1996、2000、2001、2003、2008、2009、2013、2015
	强暖冬	1986、1998、2006、2014、2016、2019

(2)冷暖冬预测方法

基于冷暖冬的年代际背景，根据冬季预测的气温趋势来判断是暖冬或是冷冬以及异常的级别。

7.4.2　梅雨

(1)梅雨各特征量指标

梅雨具体定义及检测指标等已在第 3 章描述分析过，这里不再赘述。

由湖南省出、入梅时间变化可见(图 7.72)，20 世纪 50 年代变化幅度大，60 年代入、出梅时间普遍偏晚，70 年代和 80 年代变幅大，90 年代入梅早、出梅晚，梅雨期长(图 7.73)。进入 21 世纪呈现入梅晚、出梅晚、梅雨期短的特征。由梅雨雨期长度和雨量(图 7.74)的历史变化曲线可见二者的变化趋势有较好的一致性，梅雨期长度和梅雨量在 20 世纪 50—70 年代主要以偏弱为主，80—90 年代则强度偏强，进入 21 世纪则表现为较强的年际变化。

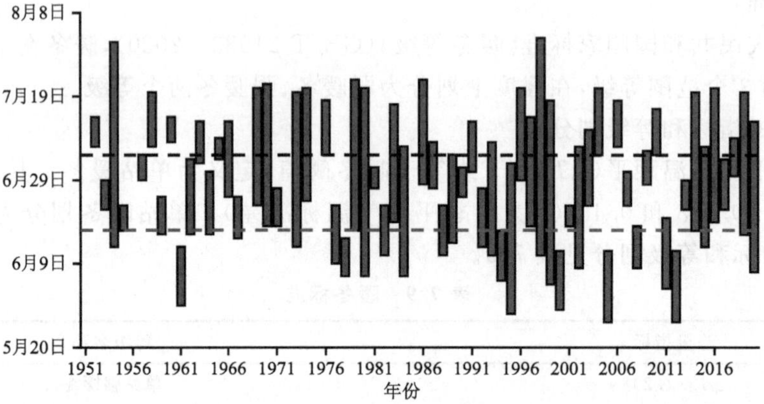

图 7.72　1951—2020 年湖南省入(柱底)、出(柱顶)梅日序列

(2)梅雨期预测方法

从梅雨各特征量指标与冬季海温场相关系数可以看到(图 7.75)，除了入梅时间与海温的相关不显著外，其余 4 个指标均与赤道中东太平洋海温呈显著正相关，即赤道太平洋海温异常偏暖，出梅时间易偏晚，梅雨期偏长，梅雨量偏多，梅雨强度偏强，即厄尔尼诺年容易梅雨综合偏强。

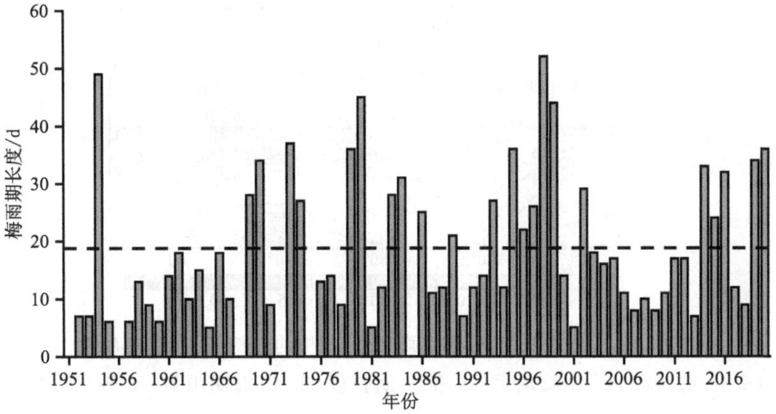

图 7.73　1951—2020 年湖南省梅雨雨期长度序列

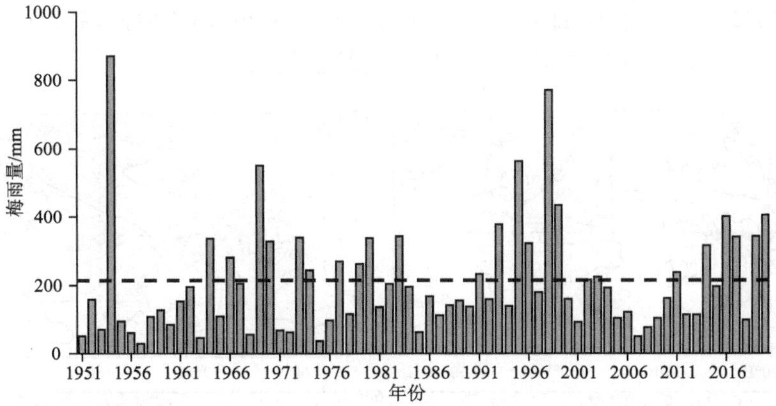

图 7.74　1951—2020 年湖南省梅雨期雨量序列

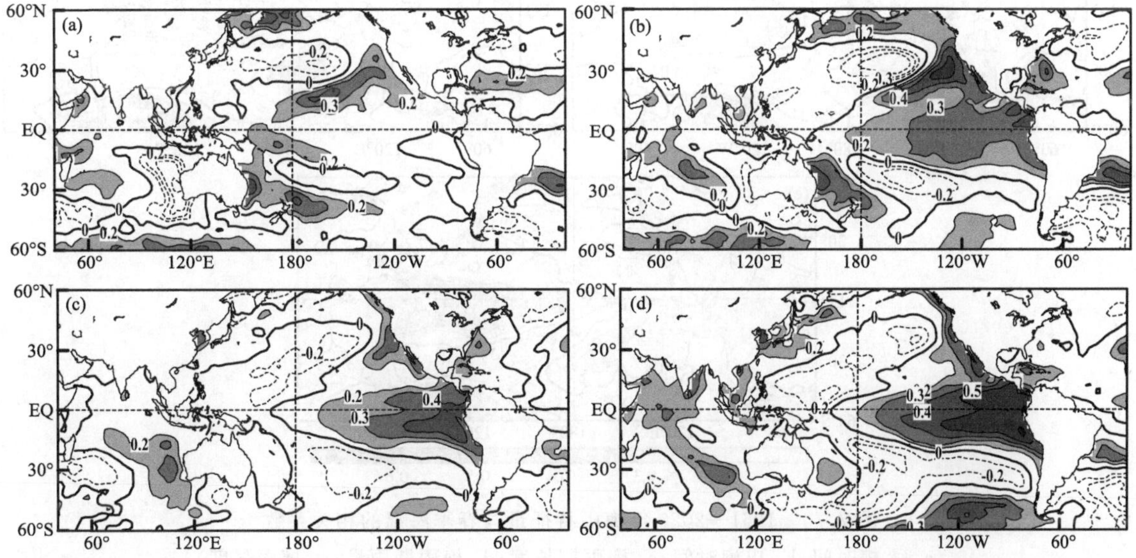

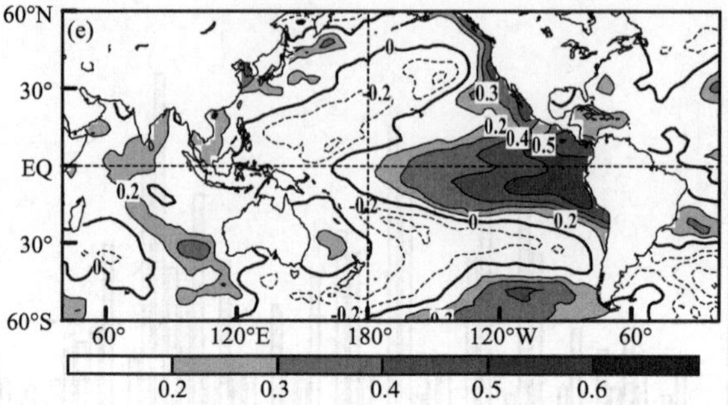

图 7.75　1961—2020 年梅雨特征量与前冬海温的相关系数

（a. 入梅时间；b. 出梅时间；c. 梅雨期长度；d. 梅雨期雨量；e. 梅雨强度）

从梅雨各特征量指标与春季海温场相关系数可以看到（图 7.76），各特征指标与海温的相关存在很好的持续性。同样，除了入梅时间与海温的相关不显著外，其余 4 个指标均与赤道中东太平洋海温均呈显著正相关，即赤道太平洋海温异常偏暖，出梅时间易偏晚，梅雨期偏长，梅雨量偏多，梅雨强度偏强，即厄尔尼诺年容易梅雨综合偏强。

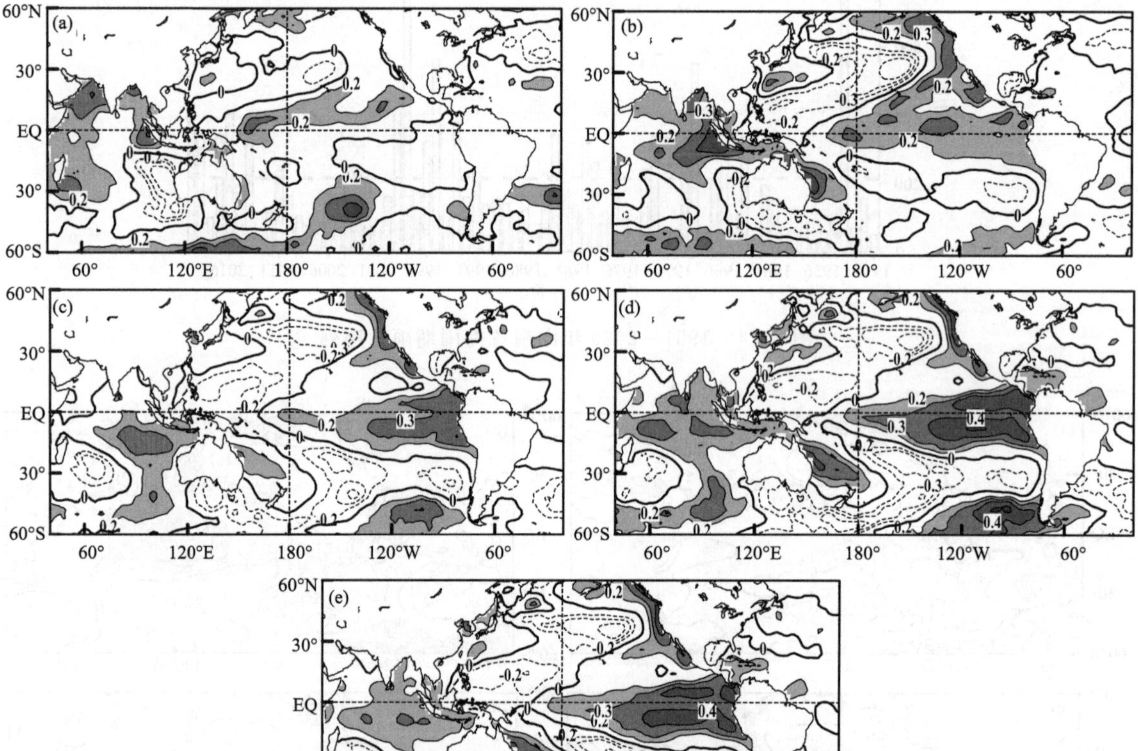

图 7.76　1961—2020 年梅雨特征量与春季海温的相关系数

（a. 入梅时间；b. 出梅时间；c. 梅雨期长度；d. 梅雨期雨量；e. 梅雨强度）

从梅雨各特征量指标与夏季 500 hPa 高度场相关系数可以看到(图 7.77)，通过显著性检验的区域主要位于热带地区为正相关，东亚高纬度到低纬度呈现“－ ＋ －”的经向波列，鄂霍次克海地区为负相关，日本东部为正相关，我国东部及沿海地区为负相关，说明夏季副高偏强、偏南入梅易偏晚，出梅易偏晚，梅雨期偏长，梅雨量偏多，梅雨强度偏强。

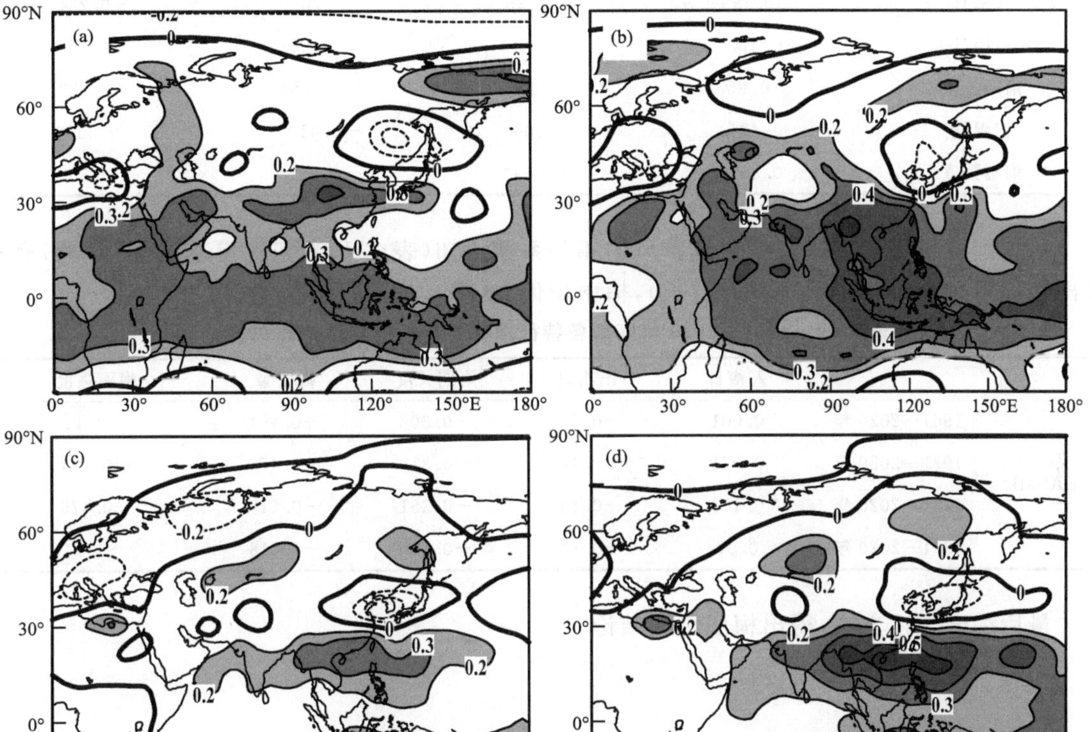

图 7.77　1961—2020 年梅雨特征量与夏季 500 hPa 高度场的相关系数
(a. 入梅时间，b. 出梅时间，c. 梅雨期长度，d. 梅雨期雨量，e. 梅雨强度)

从梅雨各特征量指标与夏季副高各指数的相关系数可知(表 7.11),夏季西太副高偏强、偏西、偏南有利于出梅偏晚,梅雨量偏多,梅雨强度偏强。

表 7.11　1961—2020 年梅雨各特征指标与西太副高各指数的相关系数(＊表示通过显著性检验)

梅雨指标	面积	强度	脊线	脊点
入梅日	0.199	0.235	−0.055	−0.234
出梅日	0.377*	0.379*	−0.268	−0.308*
雨期长度	0.25	0.217	−0.284	−0.122
梅雨量	0.434*	0.406*	−0.413*	−0.333*
梅雨强度	0.397*	0.369*	−0.392*	−0.269

从梅雨各特征量指标与东亚夏季风的相关系数可知(表 7.12),东亚夏季风偏强(弱)有利于出梅偏早(晚),梅雨期长度偏短(长),梅雨量偏少(多),梅雨强度偏弱(强)。

表 7.12　1961—2020 年梅雨各特征指标与东亚夏季风的相关系数

		入梅日	出梅日	雨期长度	梅雨量	梅雨强度
EASMI	1961—2020 年	0.001	−0.217	−0.302	−0.464	−0.42
	1971—2020 年	0.071	−0.174	−0.319	−0.472	−0.424
	1981—2020 年	0.103	−0.195	−0.351	−0.517	−0.476
	1991—2020 年	0.07	−0.196	−0.305	−0.518	−0.47

最后综合上述方法,得出梅雨预测结论。

第 8 章　气候预测业务流程

8.1　预测内容规定

8.1.1　主要业务内容

湖南省短期气候预测的业务内容主要包括延伸期预报和月、季、年不同时段及汛期(4—9月)的气候预测,还有针对关键农事活动、政府有关部门和特殊社会用户服务制作的专题气候预测,如春运、春耕春播、盛夏、寒露风气候预测等。

各种气候预测产品的内容大体相近,主要是对不同时段内气温、距平、降水量及距平百分率等的趋势的预测。不同的产品因服务对象不同,内容上有所区别。未来 11～30 d 的延伸期预报和月气候预测,重点关注降水、降温天气过程及强度,而季、年及汛期以及关键农事活动季节的气候预测,特别需要关注冷暖、干旱、连阴雨等极端气候事件和气候灾害趋势。如春耕春播期预测内容包括对适播连晴、倒春寒、春旱、连阴雨等的趋势预测;汛期预测内容包括对雨水集中期、洪涝、雨季结束时间、高温、夏旱、伏旱、初秋低温等的趋势预测;盛夏预测内容中包括高温、伏旱、初秋低温等趋势的预测;秋季预测内容包括连晴时段、连阴雨时段等趋势的预测;冬季预测内容包括冷暖、低温雨雪冰冻、极端最低气温、冬干等的趋势预测。所有气候预测产品都结合预测结果对社会、生产管理提出决策建议。

8.1.2　具体业务流程

气候预测业务工作流程包括:资料收集与处理、预测制作、内容编写、产品发布、结果评定和技术总结等几个方面。

资料收集:为保证气候预测业务正常运行,及时通过互联网和局域网收集、整理最新气象相关资料数据并将资料进行及时续加。资料内容包括:①本地气象要素资料:逐日和月降水量、气温实时资料;②逐日和月 500 hPa 高度场,月 850 hPa 风场、700 hPa 风场、500 hPa 风场环流资料和全球射出长波辐射(outgoing long-wave radiation,OLR)、海温场资料等;③国家气候中心动力月延伸预报模式和季海气耦合模式预测产品资料等;④全国统一使用的基础气候资料、气候诊断信息和基本气候监测指标等,可通过气候业务内网查看和获取。

预测制作:业务值班人员通过对预测时段的气候背景资料、各种影响气候物理信号的分析,运用 CIPAS、FODAS、MODES 系统和本地短期气候预测系统,通过各种预测手段制作出未来气候趋势预测,形成初步预测意见。

预测会商:业务值班人员在与国家气候中心、区域气候中心及其他省(市)气候预测值班人员会商后，由气候中心业务主管领导组织预测业务首席和相关预测人员进行研讨，完成对国家气候中心相关预测产品的订正，并最后形成决策服务产品。

产品发布：目前，气候预测产品的发布方式有所差别：延伸期预报产品主要在气象系统内部交流应用；月、季、年度气候趋势预测产品以电子文档形式服务于政府和相关部门；专题气候趋势预测产品以重大信息专报送省委、省政府。

8.2 预测业务会商机制

预测会商主要包含内部会商、区域（流域）会商、全国会商及其他特殊会商。

8.2.1 内部会商

内部会商由主班首先给出预报意见初稿、主要预测依据、会商重点、关键影响因子的预测及依据。清晰阐述主要预测思路，根据会商重点给出影响本省气候异常的关键因子和环流系统，需要重点分析和关注的影响因子；重点分析和阐述对本省起关键作用的因子影响本省气候异常的物理机制。提供关键大气、海洋监测和诊断信息；提供基本要素和环流的客观预报产品及检验信息；结合对物理因子的分析以及对客观预报产品检验信息的分析和应用，开展对客观预报产品的订正和分析，给出主要环流特征和影响因子的预测意见及依据；针对不同月份气候特征，提出并分析需重点关注的影响系统、需重点分析的科学问题，综合分析主要影响因子的影响机制，对客观预报产品进行分析和订正，给出综合预报意见。对国家级下发指导预报提出订正意见及主要依据。

其他预报员就主班预报意见初稿、主要预测依据、会商重点、关键影响因子的预测及依据等讨论补充。重点分析主要影响因子，研判主导意见的可能物理机制，可能的不确定性。

8.2.2 区域会商

区域（流域）会商是指每年汛期在武汉或者广州召开的区域（流域）内省份的预测会商，时间在每年的 3 月和 5 月，各省份预报员针对汛期、秋汛期预测意见及依据进行面对面的讨论及交流。

8.2.3 全国会商

全国会商以内部会商的结论为主，听取国家气候中心的指导预报后，从全国与本省气候的相互关系、本省月气候异常的主要影响系统、影响因子的特殊性等，角度深入讨论本省气候异常的机理，对国家级指导意见初稿进行补充订正。

8.2.4 其他会商

如每年的梅雨监测勘定会商等。

8.3 预测业务产品发布

每月发布湖南省延伸期过程预测 3 份、湖南省月气候趋势预测 2 份；每季度各发布季节预测 1 份，共 4 份，分别为春播期（3—4 月）气候趋势预测、汛期（4—9 月）气候趋势预测、秋季（9—11 月）气候趋势预测以及冬季（12 月至次年 2 月）气候趋势预测；年底 11 月发布下一年度（3—9 月）的气候趋势预测。另外，年初需编写上一年年度气候监测公报，每月 5 日之前发布上一个月的气候监测公报，对异常事件进行诊断（表 8.1）。

表 8.1 预测业务服务产品列表

产品名称	完成时间	格式	发布方式	发送单位
延伸期预报	每旬最后 1 天	Word 文档	邮件	气象局内部用户
月气候趋势预测	月中 15 日左右 月末前 1 天	Word 文档	邮件	
春季（春播期）气候趋势预测	每年 2 月 28 日前	Word 文档	邮件/纸质	
汛期（4—9 月）气候趋势预测	每年 3 月 30 日前	Word 文档	邮件/纸质	
夏季（6—8 月）气候趋势预测	每年 5 月 30 日前	Word 文档	邮件/纸质	内部和政府相关单位
秋季（9—11 月）气候趋势预测	每年 8 月 30 日前	Word 文档	邮件/纸质	
冬季（12 月至次年 2 月）气候趋势预测	每年 11 月 30 日前	Word 文档	邮件/纸质	
年度（3—9 月）气候趋势预测	每年 11 月 30 日前	Word 文档	邮件/纸质	
专题气候预测或重大专报	不定期	Word 文档	邮件/纸质	

第9章 预测质量评定及总结

9.1 预测质量评定

湖南省气候中心在短期气候预测业务中，对于月及以上尺度短期气候预测质量的检验和评定，目前使用中国气象局2009年下发的《短期气候预测质量分级检验办法》。该办法中对于预测和检验评定相关定义如下：

距平：指气候要素与常年值的差。根据世界气象组织规定，以历史上最近整30年的30个样本平均值作为相应气候要素常年值的参考点，并10年更新一次。2021年前常年值采用1981—2010年的平均值，2021年开始常年值采用1991—2020年的平均值。

距平百分率：指距平占常年值的百分比。

气温趋势预测：在本办法中是指相对于常年值的平均气温距平预测。

降水趋势预测：在本办法中是指相对于常年值的降水距平百分率预测。

预测检验：是指预测量与实况的接近程度。

预测技巧：是指各省(区、市)相对于国家级预报指导产品的预报技巧提高率。

在具体评定中，评定项目分为每年1—12月各月降水/气温趋势预测，以及四个季度的降水/气温趋势预测。

9.1.1 月(季节)预测分级和预测用语

(1)降水趋势预测分级和预测用语规定

预测站点月(季节)降水趋势预测按照六级评分制进行评定：降水距平百分率在0～±20%以内为正常级(正常偏多或正常偏少)，超过±20%以外为异常级(特多和偏多或特少和偏少)。降水六级评分制预测用语：特少、偏少、正常略少、正常略多、偏多、特多。各级划分标准见表9.1。

(2)气温趋势预测分级和预测用语规定

预测站点月(季节)气温趋势预测按照六级评分制进行评定。平均气温距平在0～±1 ℃内为正常(正常偏高或正常偏低)，超过±1 ℃为异常级(特高和偏高或特低和偏低)。气温六级评分制预测用语为：特低、偏低、正常偏低、正常偏高、偏高、特高。各级划分标准见表9.1。

表 9.1　月(季节)气温、降水趋势预测六级评分制用语及各等级划分标准

要素	特少(低)	偏少(低)	正常略少(低)	正常略多(高)	偏多(高)	特多(高)
ΔR	$\Delta R\leqslant -50$	$-50<\Delta R\leqslant -20$	$-20<\Delta R<0$	$0\leqslant\Delta R<20$	$20\leqslant\Delta R<50$	$\Delta R\geqslant 50$
ΔT	$\Delta T\leqslant -2.0$	$-2.0<\Delta T\leqslant -1.0$	$-1.0<\Delta T<0$	$0\leqslant\Delta T<1.0$	$1.0\leqslant\Delta T<2.0$	$\Delta T\geqslant 2.0$

注：ΔR 为降水量距平百分率(%)；ΔT 为气温距平(单位：℃)。

9.1.2　单站月预测检验评分方法

当预测与实况的距平符号和量级均一致时，评分为 100 分；当预测与实况的量级相差 1 个级别时，减 20 分；量级相差 2 个级别时，减 40 分；量级相差 3 个级别时，减 60 分；依此类推，减至 0 为止；当预测与实况的距平符号不一致时，在量级减分的基础上再减 20 分；减至 0 为止；鼓励预报异常，当预报为异常级且实况与预报相差 1 个量级时，可以在上述得分的基础上再加 10 分。六级评分制预测检验评分的各级得分见表 9.2。

表 9.2　气温、降水趋势预测六级检验评分制单站评分表

预测实况	特少(低)	偏少(低)	正常略少(低)	正常略多(高)	偏多(高)	特多(高)
特少(低)	100	80+10	60	20	0	0
偏少(低)	80+10	100	80	40	20	0
正常略少(低)	60	80+10	100	60	40	20
正常略多(高)	20	40	60	100	80+10	60
偏多(高)	0	20	40	80	100	80+10
特多(高)	0	0	20	60	80+10	100

9.1.3　多站月气候趋势预测检验总评分方法

多站气候趋势预测检验总评分计算公式为：

$$P_s=\frac{\sum_{i}^{N}P_i}{N} \tag{9.1}$$

式中，P_s 为多站气候趋势预测评分；P_i为单站的评分；N 为参加评分的总站数。

9.1.4　月(季节)预测技巧评分方法

预测技巧评分(SP_s)为各省(区、市)预报检验评分相对于国家级指导产品预报检验评分的提高率。其计算公式为：

$$SP_s=\frac{Ps_F-Ps_N}{1-Ps_N}\times 100\% \tag{9.2}$$

式中，Ps_F为全省(区、市)的测站预报检验评分。Ps_N为国家级预测产品在该省(区、市)的测站预报检验评分。评分时一律进行逐站预测，逐站评定。对外发布预测结果时，仍可使用当地习惯性服务用语，不一定发布逐站预测。

9.1.5　全年预测质量评定方法

全年预测质量为全年各月预测检验评分的平均值，预测技巧评分为全年各月预测技巧评分的平均值。

计算公式为：

$$\mathrm{MP}s = \frac{\sum_{i}^{m} Ps_i}{m} \tag{9.3}$$

$$\mathrm{MSP}s_F = \frac{\sum_{i}^{m} SPs_{Fi}}{m} \tag{9.4}$$

式中，$\mathrm{MP}s$ 为预测检验评分 m 个月的平均值，Ps_i 为第 i 个月的气候趋势预测评分；$\mathrm{MSP}s_F$ 为预测技巧评分 m 个月的平均值，SPs_{Fi} 为第 i 个月的预测技巧评分，m 为参加检验评分的总月数。

9.2　预测复盘总结

在月(季节)预测结果实况资料更新后，计算预测产品的评分，对预测月(季节)的气候异常及成因进行分析，并对预测技术进行总结分析，分析预测成败的原因，总结预测经验。

9.2.1　气候异常特征分析

可以从以下 3 个方面着手：

降水/气温异常：与同期历年值比较，给定判定标准，通过计算，查看是否达异常级；

局地气候要素异常：局地气候因子有梅雨开始日期、梅雨强度、梅雨结束日期、寒露风等，以排序或距平等方法判断是否存在异常；

月(季节)尺度内变化异常：主要是针对持续气温偏低、强降水等这些信号。

9.2.2　分析诊断气候异常的成因

针对上述气候异常特征，利用诊断方法分析其成因。

年代际气候变化：对照预报月(季节)所处年代际背景，判断预报月(季节)的实况与年代际气候背景的差异。

主要环流因子：首先需通过相关或合成方法，找出不同季节影响本地气候的主要环流因子(阻高、冷涡、副高、季风、水汽等)。查看预报月(季节)时段，这些环流因子的异常情况，并将因子匹配在一起，形成预报月(季节)气候异常的环流因子物理概念模型。

9.2.3　找出外强迫信号

找出显著的外强迫异常信号(海温、海冰、高原热源、热带对流等)，统计历史上环流对外强迫的响应情况，对照上面主要环流因子分析结果，找出影响预报月(季节)气候异常的主要外强迫信号。

9.2.4　预测与实况对比

根据质量检验评估方法，计算降水/气温预测产品评分。对比预测结论和实况的空间分布情况，找出异同。

列出制作预报时的各项预报依据(模式产品预测结论、环流因子预测、前兆信号预测)，与实况进行对比，找出成功之处和不足之处。

9.2.5　复盘总结

将上述情况整理分析，需得到以下方面的结论：

监测诊断分析：气候异常特征描述。分析气候异常主要影响因子，给出预报月(季节)气候异常的环流因子物理概念模型。

产品检验评估：预报产品质量检验评估和其他客观化产品的检验评估。

环流因子预测评估：查看制作预测时对各项环流因子的预测情况，将环流因子实况进行对比，探讨其成败。

对外强迫响应评估：与一般经验情况下气候要素对外强迫的响应情况进行对比，找出异同，结合环流分析造成异同的原因。

前兆信号预测评估：前兆信号相似年的合成图与实况对比，判断是否具有指示意义。

分析预测成功和失败原因，详细列出，以供后期预测参考。

第四篇
湖南气候服务

现代气候服务依托气候监测诊断、气候预测、气候影响评价以及气候变化工作，为经济社会发展和人民生活提供全方位的服务(翟盘茂，2011;卢韦伟 等,2023)。中国气象局在《现代气候业务发展指导意见》(中气发〔2011〕1号文)中指出，气候服务是以实现为政府决策、灾害风险管理和气候风险管理为目标。湖南省气候服务主要分为三类:一是面向政府决策的气候服务;二是面向社会公众的气候服务;三是面向行业、区域的专业专项服务。决策气候服务专业、客观、有深度，公众气候服务依托基本气候业务，根据公众关注的重点、热点问题适时展开，具有科学性、通俗性、及时性。

第 10 章　决策气候服务

决策气候服务主要面向各级党委、政府和有关部门决策层，是指气象部门为各级党政领导机构和宏观决策者指挥防灾抗灾、生产布局和大型工程建设等重大决策提供的气候服务。决策气候服务是具有全局性、战略性、前瞻性的服务，是为决策部门制定经济发展规划、指挥生产、组织防灾减灾、应对气候变化、合理开发利用气候资源、保护环境、军事与国防建设以及重大社会活动保障、重大工程建设等方面科学决策所提供的气象信息服务，目标是在第一时间让决策者获得科学、及时、有决策价值的气象信息，将气象信息融入政府决策。由于决策服务对象的特殊性，决策服务信息可能直接影响关系国计民生的重大政策的决策，特别是在气象防灾减灾和应对气候变化过程中所做的决策。因此，决策气候服务是一项涉及社会稳定、经济发展和人民生命财产安全的气候服务。

10.1　决策气候服务要点及思路

气候和气候变化服务思路综合性和政策性要求高，在具体服务中需要考虑到以下几点。

(1)把握需求，增强服务的敏感性和主动性

1)认真研究党委、政府事关发展全局的大政方针和重大战略以及政府、部门中心工作，实时跟踪政府决策部门重点和相关行业以及社会公众关注的热点，挖掘需求，提出服务重点。

2)围绕重大关键性和转折性天气过程、气候预测、重大天气气候事件，及时从中提炼出面向防御和减轻自然灾害、适应和减缓气候变化、开发利用气候资源等服务需求，提出服务思路。

3)建立与发改委、水利、农业、民政、媒体等相关部门的多渠道沟通协作机制，通过部门联动会商和座谈等形式了解需求，确定气象服务关注重点，提高服务的针对性。

(2)加强研发，提高服务的内涵

为了提升服务产品的内涵，要加强科研开发，及时将灾害评估、气候变化、应用气象、遥感应用的研究成果转化，为高质量的决策服务提供科技支撑。

(3)加强凝练，使服务内容精简通俗

加强框架凝练、内容组织，分析总结要做到归纳精简，内容和用语要通俗易懂，标题和结论要高度凝练。

(4)加强思考，提高建议的针对性和可操作性

不同类型的服务产品，其建议的针对性不同。

气候预测和评估分析类：主要根据预测和分析结果，提出防范气象灾害、气候事件对水利、农业、交通、人体健康、公众出行等造成不利影响的措施和建议。

气候变化类：调研和查阅所提出问题的现状，根据分析总结的结论，加强思考琢磨，提出需

要从哪些方面采取措施进行改进和完善，如管理政策层面（体制、机制、法律法规）、科学研究层面、科普教育层面，提高对策建议的针对性和可操作性。

（5）多途径服务，提高服务的影响力

除了气象部门常规的服务产品类型外，要熟悉掌握对外服务党政部门产品类别及属性，尽可能多途径开展服务，提高服务的影响力。

10.2　决策气候服务关注重点

气候服务可以在减少气候风险、减缓与适应气候变化、疾病预防、环境保护、农业增产、水资源管理等方面发挥独特作用。湖南省气候服务的关注重点可以归纳为以下几点：

（1）汛期、梅雨期、盛夏期、秋汛期降水趋势；

（2）极端天气气候事件（如短时强降水、强对流等灾害性天气，干旱、高温热浪、连阴雨、持续雾、霾和低温雨雪冰冻过程等）的监测、影响评估以及变化趋势分析和对策建议；

（3）重大气象灾害（干旱、洪涝、大风、低温、冻害、连阴雨、高温等）的评估及对农业、林业、交通等行业带来的影响和对策建议；

（4）关键农事季节（春耕春播期、夏收、秋收、秋播期等）农业气象条件预报、分析、评估；

（5）重大社会活动以及重点工程建设的气候背景分析和气候趋势展望；

（6）气候变化对地方经济布局、农业生产、社会建设、生态环境等的影响及应对建议；

（7）对社会经济发展产生重大影响的突发事件、热点问题分析。

10.3　决策气候服务工作流程

10.3.1　确定主题

每月月末中心召开会议讨论并确定下个月气候服务产品主题；如遇省委、省政府、中国气象局及有关厅局需要提供气候服务材料或未来有重大气候事件发生或已经出现了重大气象灾害和气候事件且社会影响很大的，临时召开会议，讨论并确定气候服务产品主题。

10.3.2　任务启动

服务主题确定后，编制服务任务单，服务首席负责签发，迅速启动服务任务。

10.3.3　任务分解

各相关科室根据任务单要求，确定专人准备服务素材，本科室首席或关键岗审核后，在规定时间内传至汇总人。

10.3.4　产品制作

对各科室提交的素材进行整理加工、提炼包装，撰写服务产品。

10.3.5　产品审核和签发

将服务产品初稿提交服务首席初审，中心领导审核把关，准备对外发布。

10.3.6　产品发送

《重大气象信息专报》由省局决策服务科报送至省委、省人大、省政府、省政协、省气象灾害应急指挥部、省应急管理厅、省卫健委等相关单位。

会议、汇报材料由专人送达给相关领导及相关会议。

约稿由服务首席发给相关领导、相关部门。

根据中国气象局决策服务任务单完成的决策服务产品以电子邮件方式报送至中国气象局决策气象服务中心气候服务室。

10.3.7　产品反馈

设置专人负责收集领导批示、决策反馈效益等信息，同时将决策服务材料正式稿、领导批示和媒体刊登情况等信息反馈给各有关业务科室，业务管理科每月制作信息反馈报表并存档。

10.4　决策气候服务产品

决策气候服务因各年天气气候变化情况，异常气候事件发生多少，各级政府、部门和国民经济各行各业对服务的需求不同而有很大差别。随着经济发展，各级政府对决策气候服务的总需求量逐年增多。据湖南省气象局业务规定，决策气候服务主要产品包含《气象信息专报》(类别：重大、专题、快报)和决策气象服务辅助产品《气候公报》等，通过政务平台、传真、湖南天气 App、纸质件、微信等形式报送党、政领导和相关决策部门。详见表 10.1。

表 10.1　决策气候服务产品清单

产品名称	制作单位	主要内容	发布频次	对外服务单位	对外发布方式
气象信息专报(类别：重大)	省气象台、气候中心、科研所	重大气象灾害监测及评估，重大灾害性天气预报，重大突发事件气象保障，重要气候事件报告等	不定期，年约 12 期	省委、省政府、省人大、省政协，省军区，省防汛抗旱指挥部、气象灾害应急指挥部和森林防灭火指挥部各成员单位等	省政府应急平台、省委办公平台、传真、湖南天气 App、纸质件、微信等
气象信息专报(类别：专题)	省气象台、气候中心、科研所	气象专题服务(灾害性、转折性、复杂天气监测和预报滚动服务等)，重大活动(重要节假日、高考等)、较大突发事件需要气象保障服务，一周天气预报	气象专题服务不定期，每年约 60 期	省委、省政府、省人大、省政协，省军区，省防汛抗旱指挥部、气象灾害应急指挥部和森林防灭火指挥部各成员单位等	省政府应急平台、省委办公平台、传真、湖南天气 App、纸质件、微信等
气象信息专报(类别：快报)	省气象台、气候中心、科研所	重要天气过程监测预报跟踪服务(滚动订正)，省委、省政府专项气象保障服务等	不定期，年 20 期	省委、省政府，省防汛抗旱指挥部、气象灾害应急指挥部等	省政府应急平台、省委办公平台、电子邮件、传真、湖南天气 App、纸质件、微信等

续表

产品名称	制作单位	主要内容	发布频次	对外服务单位	对外发布方式
气候公报	气候中心	短期气候趋势预测(延伸期、月、季、年和汛期),气象灾害监测,气候影响评价(月、季、年),气候变化监测公报	短期气候趋势预测每年54期,气象灾害监测不定期。气候影响评价每年17期。气候变化监测公报不定期	省政府,省减灾委及应急管理、自然资源、农业、林业、交通等相关部门	电子邮件、传真、湖南天气App、纸质件、微信等

10.5 决策气候服务案例

10.5.1 2016年汛期气候趋势预测

2016年受超强厄尔尼诺事件等因素的影响,湖南省极端天气气候事件明显增多,灾害性天气过程频繁出现,强降水次数频,汛期降水总量超过了1998年同期,局部灾损较重。呈现出如下特点:一是入汛时间早,湘江流域3月19日入汛,比历年同期提前18 d,发生了1998年以来的最大“春汛”。二是降雨总量偏多,达1132 mm,较历史同期均值多19.2%;强降雨过程频繁,汛期共发生较明显的降雨过程27次,其中,造成较大汛情和灾情的暴雨洪涝过程有15次,较历年同期明显偏多。三是暴雨影响范围广、强度大、极端性强,4月19日以后的12次强降雨过程中都监测到特大暴雨级别的站,6月15日株洲日降雨量257.6 mm,7月3日益阳赫山区降量达367.5 mm,均突破当地历史极值。四是暴雨间歇时间短,叠加效应明显,部分地区重复受灾,并伴有雷电、大风、冰雹等强对流天气和河湖洪水、山体滑坡、泥石流、城乡渍涝,以及因浸堤、内溃造成的淹没等次生灾害。该年汛期,湘、资、沅、澧“四水”流域及洞庭湖区来水量偏丰,“四水”干流均发生了超警戒洪水,其中,资水柘溪水库出现建库以来最大入库洪峰,下游桃江、益阳站出现超保证水位洪水;共有13条支流超警戒水位,其中,湘水一级支流潇水(6月16日04时),资水一级支流沂溪(7月4日11时)、伊溪(7月4日09时),沅水一级支流西水(6月20日13时)、溆水(7月4日15时)、深溪(7月18日17时)发生超历史最高水位洪水。洞庭湖区发生区域性大洪水。洞庭湖区7月持续超警戒水位,城陵矶站洪峰水位达34.47 m(超警戒水位1.97 m),为1998年特大洪水以来第四、建站以来第六、21世纪以来第二高水位;超警戒水位持续时间达27 d,为1998年特大洪水以来第三位。

面对异常复杂的天气气候形势和日益严峻的防汛抗灾形势,湖南省各级气象部门始终把防灾减灾气象服务工作摆在首位,早部署、早准备。全省各级气象部门密切监视天气形势变化,加强监测预警预报服务工作。2月24日在湖南省气象局召开了2016年全省气象工作座谈会,湖南省分管副省长出席会议。省气候中心做了题为《厄尔尼诺及其对湖南气候的影响》

的汇报，并给出全省汛期气候趋势预测意见，指出湘北可能出现区域性重度洪涝，湘南前汛期有短时洪涝发生，后汛期夏秋季干旱明显；3月29日省气候中心发布重大气象信息专报《2016年湖南汛期降水北部持续偏多，南部前多后少》，指出“降雨集中期内，‘四水’和洞庭湖区均有可能发生超警戒水位的洪水，其中，澧水流域、资沅水中下游和洞庭湖区有可能出现大洪水”；6月3日省气候中心发布滚动订正重大气象信息专报《南海夏季风已爆发，湖南防汛进入关键期》。事实证明该年的汛期气候预测意见是非常准确的。

及时准确的预警信息和主动及时的气象服务为各级政府指挥防汛抗灾救灾提供了决策依据，在防灾、减少人员伤亡和财产损失方面发挥了十分重要的作用。分管副省长批示：“省气象局为我省2016年防汛抗灾取得决定性胜利做出卓越贡献。”

10.5.2　2017年姊妹水预测

2017年1—9月，湖南省共出现29次灾害性天气过程，其中，入汛以后出现21次强降水过程，暴雨站次数达329县次、大暴雨77县次（为1951年以来同期第三高值，与2010年并列）、特大暴雨7县次（为1951年以来同期第四高值）。特别是6月22日至7月2日，全省大部分地区遭遇连续暴雨，降雨总量之多、范围之广、强度之大、历时之长、洪峰水位之高、超历史水位的河段之多均为历史罕见。受其影响，湘江干流全线、资水中下游、沅江干流全线及洞庭湖区出现超警戒水位洪水，部分站出现超历史水位洪水。

该年汛期湖南省气象局发布的《重大气象信息专报》在防汛抗灾中发挥了极其重要的作用，除了发布重大气象预报信息外，还根据湖南前汛期、主汛期、后汛期的不同特点及防御重点，适时提出具有针对性的防灾建议。在汛前的决策气象服务中，依据汛期气候趋势预测意见，提出了防御“姊妹水”的建议，引起省领导的高度重视和关注，要求坚持以防为主，全面准备、及早部署、提前预警；强化科学应对，全面研判、精细调度、快速处置；突出全民作战，领导靠前指挥、部门联动协作、群众奋勇向前。3月22日，第3期《2017年湖南汛期降水南部5—8月偏多，北部6—7月偏多》建议为：一是2017年汛期我国南方地区降水偏多，在雨水集中时段，全省中南部地区需严防大范围持续性强降雨导致的流域性洪涝，北部地区需防范强降雨引发的短时洪涝及次生灾害；二是湘北地区秋旱明显，需适时做好蓄水保水及人工增雨工作。

10.5.3　2019年夏秋干旱预测

2019年自7月下半月开始，湖南省长时间温高雨少导致气象干旱持续发展，干旱面积不断扩大，影响严重。9月至10月上旬末，为干旱迅猛发展时段，10月上旬达到最强，据10月11日干旱监测显示：全省97个县（市、区）全部达到气象干旱，其中，68个县市为重旱及以上，42县市达到特旱，重旱及以上面积为14.20万 km^2，特旱面积8.7万 km^2。其后受冷空气降水和人工增雨作业影响，干旱有不同程度的缓解。至11月末，气象干旱的县（市）减少到55个，重旱县（市）减少到12个，全省干旱面积减小到11.4万 km^2，其中，中度及以上干旱主要位于湘东南，面积为6.3万 km^2。12月，干旱呈逐渐缓和状态，至12月末，全省气象干旱基本解除。

湖南省气候中心提前研判，主动服务，早在8月19日就发布重大气象信息专报《我省高温干旱呈快速发展态势，建议做好抗旱和人工增雨工作》，得到另一分管副省长批示：“省防汛抗旱指挥部及办公室：要精准预测预报预警，要精心调度，既要防御局部洪水，更要防大部干旱。要精细做好保水、蓄水安排，确保抗旱用水。”准确的预测与及时服务为相关部门决策提供了科学依据，在抗旱中发挥了十分重要的作用。

10.5.4 2020 年 7 月 6 日常德石门特大山体滑坡气象服务案例

2020 年 7 月 5—7 日，石门县遭遇强降雨过程，累计面雨量 152.9 mm，过程最大降雨量出现在南北镇，达 306.9 mm。特别是 7 月 6 日石门县西北部乡镇普降大暴雨，局部特大暴雨，其中，大暴雨 18 站，特大暴雨 3 站；最大降雨量达 227.1 mm，最大小时雨量 74.5 mm。受强降雨过程影响，常德市石门、澧县、临澧、津市 4 县(市)的 40 个乡镇 14.69 万人不同程度受灾。7 月 6 日 18 时 09 分，石门县南北镇潘坪村发生历史罕见的特大山体滑坡，滑坡量约 300 万 m^3，损毁小型电站 1 座、民房 8 栋，冲毁省道约 1 km。因为提前发出预警，采取了疏散转移受影响区域村民、戒严封路等避灾措施，未造成人员伤亡。主要从如下几个方面加强了预报预警服务：一是精准预报及时服务。针对近期湘西北出现持续性较强降雨、澧水和沅水流域中下游及洞庭湖区部分河道超警戒水位、20 余座大中型水库超汛限水位，又恰逢高考的严峻形势，湖南省气象局高度重视，加强组织领导，7 月 3 日、4 日、6 日组织了重要天气研判。7 月 5 日湖南省气象局发布《重大气象信息专报》第 8 期，指出“预计 7 月 5—10 日湘西北、湘北地区仍将处于雨水集中时段，将维持连续暴雨，局地大暴雨天气”。7 月 6—7 日湖南省气象局每日发布《气象信息快报》1 期。应急响应期间，每天为省委总值班室和省防汛抗旱指挥部发送《天气公报》两期：09 时前报告前一天天气实况监测和未来 72 h 天气预报，17 时前报告当天白天天气实况监测和未来 72 h 天气预报。7 月 1—2 日，刘家清局长参加了省委、省政府组织的全省防汛会商会议，汇报了近期天气趋势分析。7 月 3 日，组织全省汛期气象服务视频调度会，传达了习近平总书记重要指示精神，并对气象服务工作进行了部署。7 月 5 日，省气象局局长参加了副省长主持的防汛会商会。7 月 7 日天气会商后，分管副局长对做好 7—9 日最强降雨时段的防汛抗灾气象服务作出安排部署。二是滚动发布预警。省气象台 5 日 22 时 19 分发布石门县黄色预警信号指导产品，23 时 27 分升级为橙色，6 日 00 时 04 分升级为红色，03 时 19 分继续发布红色指导产品。常德市和石门县气象局根据省气象台的指导，5 日 22 时 12 分发布暴雨橙色预警信号，6 日 00 时 05 分升级为红色，03 时 18 分再次发布暴雨红色预警信号。石门县气象局先后 13 次向县委县、政府领导报告天气实况和预报情况。三是强化实况警报。石门县气象局 6 日 01 时 29 分发布南北镇强降雨实况黄色警报“6 h 累计雨量已达 50.4 mm”，01 时 36 分发布实况橙色警报，09 时 09 分发布实况红色警报“南北镇潘家坪 12 h 降雨量已达 107.4 mm，且可能加强，注意防范山洪地质灾害”，同时 01 时 35 分和 04 时 05 分电话提醒南北镇防汛主要责任人加大地质灾害点巡查力度和频次。南北镇政府在隐患巡查时发现雷家山隐患点路面下沉，马上组织影响区域的村民疏散转移，将省道 S522 线的灾点区域路段全面戒严封路，通知电力部门切断高压供电，成功避免了人员伤亡。

省委书记表扬石门县在防范特大型山体滑坡地质灾害中预警及时，要求做好成功经验的总结推广。中央电视台《新闻联播》《焦点访谈》栏目以及湖南卫视、湖南经视频道等予以宣传报道。

10.5.5 2022 年湖南省台风“暹芭”过程气象服务案例

2022 年 7 月 2—5 日，第 3 号台风“暹芭”外围云系及减弱后的低压系统影响湖南省，全省多地出现严重的洪涝灾害和地质灾害。全省气象部门全力以赴做好防台风监测预报预警服务，实现了人员“零伤亡”。同时这次降雨过程也是全省汛期最后一场雨，气象部门准确预报雨季结束时间并预判后期高温干旱发展，在服务中提醒各地注意拦截台风尾水，为后期高温干旱储备水资源。湖南气象部门“防汛抗旱两手抓”的服务得到省领导的充分肯定。

台风“暹芭”于 2022 年 7 月 2 日 15 时在广东电白沿海登陆，22 时进入广西（强热带风暴），并继续向北移动；3 日 00 时在广西玉林减弱为热带风暴，17 时在广西阳朔减弱为热带低压；4 日 08 时前后低压中心进入湖南省永州地区，先后沿衡阳—湘潭—长沙—岳阳一线移动，5 日 09 时从岳阳平江移出湖南。台风“暹芭”对湖南的影响呈现三个特点：一是移动路径贯穿湖南全境。台风“暹芭”在我国南海生成后，一路北上，4 日 08 时前后台风低压中心进入湖南省永州地区，随后经过衡阳—湘潭—长沙，5 日 09 时从岳阳平江移出湖南省。二是影响范围广。全省除湘西州、怀化外的 12 市（州）112 县（市、区）出现暴雨到大暴雨。全省平均降雨量 63.4 mm，益阳、常德、永州、郴州受影响最重，有 22 县（市、区）59 站累计雨量超过 200 mm，其中，3 县 3 站超过 300 mm，最大为江永源口乡 337.8 mm，最大小时雨量为临澧太浮镇的 90.4 mm（2 日 14—15 时）。三是伴随出现台前飑线。2 日湘中、湘北受飑线过境影响，出现 42 站次 8 级以上大风，最大为安化 24.4 m/s（2 日 16—17 时）。台风“暹芭”导致全省 12.67 万人受灾；农作物受灾面积 18717.83 hm^2；发生 4 起小型地质灾害；倒塌房屋 60 户 152 间，严重损坏房屋 79 户 184 间；直接经济损失 2.89 亿元。无人员伤亡报告和重大工程险情发生。

湖南省领导高度重视台风“暹芭”的防御工作，先后作出重要指示批示，省委常委、副省长 3 日下午进行全省防台风视频调度会。省气象局认真落实省领导指示批示精神，全力做好气象监测预报预警服务工作。一是加强组织领导。省气象局 2 日部署全省气象系统台风防御工作，并于 2 日 17 时启动四级应急响应，全省气象系统进入临战状态。二是按照“631”预报预警叫应机制，做好递进式预警服务。逐 6 h 滚动发布精准到县的暴雨落区预报，提前 3 h 发布精准到乡镇的短临预警，提前 1 h 开展实时叫应。据复盘分析，短临预警提前 117 min，电话叫应党、政领导 252 次、叫应相关部门 487 次，平均提前 155 min。三是加强部门联动。参加省防指应急调度 6 次，与应急厅、自然资源厅、水利厅等省防指成员单位联合会商研判 20 次，逐 3 h 共享最新雨情、雷达回波和后期趋势。四是广泛传播预警信息。为落实省委常委、副省长指示精神，省委宣传部指导推动省气象局、省广电局、省广播电台将预警信息与应急广播“村村响”进行了对接，让全省 43.57 万只“村村响”大喇叭发出了传递预警信息的“最强音”。

针对这次过程，气象部门早在 6 月 27 日的《气象专题报告》（第 35 期）中已提及 29 日我国南海洋面将有台风生成并北上，会给湖南省带来降雨天气；7 月 1 日再次发布《气象专题报告》（第 36 期），汇报台风动向、最新路径预报及对湖南省的可能影响；2 日根据台风路径调整发布《重大气象信息专报》和《气象信息快报》，明确指出“台风‘暹芭’将北上影响湖南，致灾风险高”。3 日和 4 日滚动通报台风路径、风雨影响及最新预报。过程期间，按照“631”工作模式要求，逐 6 h 滚动发布精准到县的暴雨落区预报，提前 3 h 发布精准到乡镇的短临预警，提前 1 h 开展实时叫应。由于组织部署及时、指挥调度得当、巡查防守有力、转移避灾到位，过程期间全省未造成人员伤亡，未发生重大灾险情。气象部门的准确预报多次得到省领导及省应急厅、省自然资源厅等省防指相关成员单位的肯定。7 月 8 日至 8 月 30 湖南出现了 1961 年以来持续时间最长的高温热浪事件，7 月 21 日旱象露头，8 月 4 日达到区域性干旱后快速发展并加重，截至 10 月 13 日，干旱形势仍然持续，抗旱减灾形势严峻。台风“暹芭”过程湖南降雨范围广、强度大，各地在气象部门的提醒下，在防汛的同时增加了蓄水量，为后期抗旱减灾工作做出了贡献。

第11章 公众气候服务

公众气候服务面向社会公众，依托基本气候业务，根据公众关注的重点、热点问题适时展开，具有科学性、通俗性、及时性。

公众服务是气象事业的重要组成部分，以人民群众的需求为牵引，在群众的生产生活以及其他与群众利益有关的方面发挥了重要作用。湖南省气候中心的公众气候服务内容丰富，主要包括年度气候公报、月(季、年)气候影响评价、气候灾害监测评估、重大天气气候事件监测评估、延伸期(月、季)气候趋势预测和气候变化科普等，开展公众关心的热点问题资讯服务，为提高公众气象意识和防灾减灾知识提供宣传服务。

公众气候服务主要通过广播、电视、网络、报纸、微信、App 等多媒体向社会公众提供重大气候事件和高影响天气事件等公众关注热点的实况监测信息、成因解析、历史比较、影响评估和灾害防御措施及应对建议，为提高公众气象意识及防灾减灾知识提供科普宣传服务。

11.1 公众气候服务产品

湖南省气候中心公众气候服务产品主要从《气候公报》(表 10.1)中提炼，接受主流媒体的采访、访谈和约稿，回应社会关切，科学引导社会舆论，并且关注热点问题，普及气候、气候变化等科学知识。主要通过广播、电视、网络、报纸、微信、App 等多种渠道向社会传播。

11.2 公众气候服务案例

11.2.1 主流媒体服务情况

三湘都市报记者 2022 年 1 月 5 日从湖南省气象局了解到，1961—2020 年全省平均年积雪日数确实呈减少趋势，平均每 10 年减少 9.4%。2020 年，全省未出现积雪天气。

“总体呈现减少趋势，但是年际波动大，有些年份积雪较多，有些年份积雪少，甚至无积雪。”省气候中心气候预测首席专家谢益军博士解释，在全球变暖的气候背景下，总的来说冬季冷空气的强度变弱了。近百年来，湖南省冬、春、秋三季平均气温均呈显著上升趋势，其中，冬季升温最为明显，没有较强的冷空气，就难以形成积雪，“这种减少趋势和年代际变化跟湖南省的位置没有直接关系。”

元旦前的一场大雪，让不少小伙伴过足了“雪瘾”。没有“过瘾”的，也不用着急。湖南省气候中心预测，2022 年 1 月的下半月湖南全省有较明显的、阶段性的低温雨雪冰冻天气过程发生，气温较常年同期偏低，降水过程较频繁。

眼下来看，湖南省可能就有两场降雪。省气象台预报，未来一周省内阴雨日数较多，6—7日、10 日湘中部分地区中雨，8 日晚至 9 日白天、11 日短暂间歇。其中，5 日晚开始受南支波动和地面冷空气影响，省内有新一轮降水发生，湘西部分地区中雨，湘北高海拔地区或将有雨夹雪或雪；10 日受冷空气影响，风力加大，湘北高海拔地区还将有雨夹雪或雪。气温波动下降，5—6 日、10—11 日有两次弱冷空气过程。

1 月 5 日进入小寒节气，常年来看，此时我国大部分地区将进入一年中最冷的时段。气象部门称，2022 年小寒节气期间，冷空气虽活跃但势力不强，我国大部分地区偏暖的可能性大。但对于湖南省来说，往往是大寒比小寒更冷，当然，每年情况都有所不同，“由于近几天影响全省的冷空气强度偏弱，因而气温较常年同期还是偏高的”。

11.2.2　专家解读“为什么湖南这个冬天降雪特别多?”

2022 年春节的朋友圈，除了满满的年味外，还被一波又一波的鹅毛大雪刷屏，几场大雪想必给大多数湖南人留下了深刻印象。为何 2022 年雨雪天气频繁“开工”，降雪量与往年相比是否更强？带着诸多疑问，记者专访湖南省气候中心。

“受频繁的冷空气影响，湖南省自 1 月 23 日以来气温确实持续偏低。”据湖南省气候中心监测，1 月 23 日至 2 月 7 日，全省平均气温为 3.6 ℃，较常年同期偏低 2.5 ℃。

在 2022 年春节假期中，大家可以明显感受到“全省气温偏低，湿冷特征明显”的氛围感，期间发生了两轮低温雨雪冰冻过程，分别是 1 月 31 日凌晨至 2 月 3 日白天，2 月 6 日 20 时开始至 2 月 9 日。两次过程都出现了大范围的雨夹雪或雪，而且均有暴雪发生。

其中，第二次过程强度更强，张家界市区、桑植、保靖、花垣、石门、汉寿、桃源、南县、赫山、桃江、安化、沅江、岳阳市区、临湘、湘阴、汨罗、长沙市区、宁乡、南岳 19 个县(市、区)出现暴雪，截至 2 月 7 日 08 时，上述 12 个市(州)的 40 个县(市、区)出现积雪，其中，24 个县(市、区)超过 5 cm，桃江、临湘、汨罗积雪超过 10 cm，桃江最大雪深达 14 cm。

那么，造成这个冬天多雨雪天气的直接原因是什么？首先是由于欧亚中高纬度维持稳定的阻塞形势，这样的形势有利于冷空气缓慢向南渗透并深入。

但仅有冷空气还不够，还必须有充足的水汽才会形成降雪。因此，第二大重要因素就是青藏高原南缘的南支低压槽异常活跃，将孟加拉湾的充沛水汽不断向我国输送，从而建立起强势暖湿气流和冷空气在整个南方地区上空持续对峙的稳定降水形势。

下雪不仅仅是温度低，如果雪量过大导致路面积雪，南方尤其容易发生冰冻。值得欣慰的是，2022 年冷空气的强度还不算“顶流”，而且高空的逆温层也不明显，所以没有造成明显的灾害性冰冻天气发生。

“除了直接因素，导致降雪还有一些间接原因，以及当前拉尼娜现象的影响。”通常受拉尼娜影响的冬季，我国冷空气活动会更频繁而且强度更强，且南方水汽输送偏弱，具体到湖南应该是湘中以南地区降水偏少。“但 2022 年以来，湖南省全省平均降水量 164.1 mm，较常年同期偏多达 1 倍，全省降水均偏多，其中，江永、涟源、桃江等 16 个县(市、区)累计降水量为 1961 年以来历史同期最多，这和拉尼娜的影响是明显不同的，很明显影响冬季气候的因素十分复杂。”

11.2.3　专家解读 2022 年世界气象日主题

2022 年世界气象日的主题是“早预警，早行动：气象水文气候信息，助力防灾减灾”。湖南省气候中心气候预测首席专家表示，主题凸显气象水文预报预警在防御和减轻气象灾害、保护人类生命财产安全中的关键作用。

IPCC(Intergovernmental Panel on Climate Change)，即联合国政府间气候变化专门委员会，是一个评估与气候变化相关科学的国际机构，目前有 195 个成员国。

IPCC 在 2021 年发布了第六次气候评估第一工作组报告，这个报告有两个首次确认。第一个是将全球变暖首次确认归因于人类活动影响。地球平均气温较工业革命前(1850—1900 年平均)升高 1.09 ℃，人类活动在过去 2000 年里造成的气候变暖是前所未有的。

第二个是首次确认全球变暖加剧了极端天气气候事件的发生。首先是极端高温事件日趋增多。近 70 年来全球大多数陆地地区的极端高温变得更加频繁和强烈。数据显示，1961—2021 年，湖南省高温日数增加约 37%。2021 年湖南省平均气温 18.7 ℃，创下百年来历史新高。年高温日数 52.1 d，同样创历史新高。

此外，极端降水事件日趋频繁、涝季更涝的趋势愈发明显，旱季更旱的风险也在增大，全球变暖导致台风的数量变多、强度变强，复合型洪涝灾害将更常见。

“极端天气气候事件增多，已经成为全世界面临的最大风险之一。”防范重于救灾，灾害发生之前及早预警是筑牢防灾减灾防线的关键。加强国家气象水文部门、灾害管理部门和发展机构之间的协作，对于更好地防灾、备灾和救灾至关重要。

以湖南省为例。湖南省气象部门在全省推行省、市、县三级气象部门递进式气象预警服务和精准靶向预警发布，即省、市、县提前 2～3 d 发布灾害性天气过程的重要警示信息，重在提醒省、市、县防汛责任人提前进行工作部署。

具体来说，省级提前 1 d 发布精准到市、县的预警，提醒市、县安排防汛值班值守和隐患排查；市、县提前 3～6 h 发布精准到县、乡的预警信号，提醒县、乡村开展巡查防守；县提前 0～1 h 发布临灾警报，提醒乡镇、村组织群众避险转移。

总体上达到时间逐步推进、空间不断精准，让各级防汛责任人有针对性地采取措施，确保灾害红色预警信息精确发到灾害发生区域的每个人，赢得转移避险时间，保障人民群众生命财产安全。2021 年汛期，湖南省遭遇 20 轮暴雨、大暴雨天气过程，在 33 起灾害中，预警信息助力群众成功转移，未造成人员群死群伤，因灾伤亡人数创历史新低。

“2022 年世界气象日选择‘早预警、早行动’为主题，就是提示每一个人要关注预警信息，做好准备并能够在正确时间和地点采取行动，拯救更多生命，减少对生产生活的影响。”每个人也要为节能减排做贡献，助力国家的碳达峰、碳中和战略，最大程度减缓气候变化、极端天气气候事件的影响。

11.2.4　专家解读“40.6 ℃！时隔 5 年湖南省再发高温红色预警”

2022 年高温“霸屏”，“今年特别热”是湖南省小伙伴的共同感受。近年来湖南极少发布的“高温红色预警”，是在 7 月 25 日、7 月 26 日连续发布了两次，引发广泛关注。湖南上次发布省级高温红色预警还是 5 年前(2017 年 7 月 25 日)。高温红色预警代表着什么样的天气格局？2022 年气候是否反常？成因为何？记者就此采访了省气候中心及省气象台的首席专家。

据湖南省气候中心监测，截至 7 月 26 日（下同），全省高温日数达 17.3 d，较常年同期（11.2 d）偏多 6.1 d。尤其是 7 月以来，共出现两轮大范围高温天气（7 月 8—16 日、7 月 20—26 日仍在持续），湖南省平均高温日数达 14.4 d，较常年同期偏多 6 d，为 1961 年以来历史同期第四多。历史同期前三位分别为 2013 年 16.7 d、1971 年 16.1 d、1978 年 14.9 d。

湖南省气候中心气候预测首席专家介绍，7 月 26 日全省高温达到 2020 年最强，辰溪、安化、祁阳、永兴、衡阳市区、资兴市、桃源县 7 个国家级气象站、10 个县（市、区）日最高气温超过 40 ℃，辰溪为全省最高，达 40.6 ℃；蓝山 39.3 ℃破该站日最高气温历史纪录，永兴 40.5 ℃平日最高气温历史纪录。

近 10 年来的同期（即截至 7 月 26 日），有 8 年湖南省的日最高气温超过 40 ℃，2022 年的 40.6 ℃为第三高值（次于 2017 年 41.6 ℃、2016 年的 40.8 ℃）。

2022 年确实是热。以 7 月为例，高温属实有些"霸屏"。从 7 月 8 日开始，湖南转为副高的控制，于是大范围的晴热高温模式开启，期间在 17—19 日受降雨过程的影响，高温短暂缓解，其余时段均为高温天气。

在全球变暖的背景下，西太副高呈明显的面积扩大、强度变强的变化趋势。副高就像一个往下压的庞大的锅盖，它的强度越强，持续稳定控制的时间越长，"锅盖"效应也越明显。具体而言，一是高压区内盛行的下沉气流导致万里晴空，日照强烈，加上夏至节气以后昼长夜短，日照时间更长，所以升温迅速；二是下沉气流导致空气压缩，绝热增温效应会加剧高温；三是风力小，南面吹来的是来自海洋的潮湿空气，湿度大，热量难以散发出去，因而人的体感温度会比实际温度更高，令人闷热感十足；四是连晴高温使得地面吸收的热量不断积累，高温日复一日增强。

高温红色预警的标准如下：

高温红色预警：未来 24 h 有 30 个及以上县（市、区）出现最高气温≥39 ℃，其中，至少 1 个县（市、区）最高气温≥40 ℃。高温强度大，且覆盖面广。

高温橙色预警：未来 24 h 有 30 个及以上县（市、区）出现最高气温≥37 ℃，其中，至少 1 个县（市、区）最高气温≥39 ℃。

高温黄色预警：未来 24 h 有 30 个及以上县（市、区）出现最高气温≥35 ℃，其中，至少 1 个县（市、区）最高气温≥37 ℃。

湖南省气象台于 2022 年 6 月 25 日首次发布高温黄色预警，7 月 10 日首次发布高温橙色预警。

第12章 专业气候服务

12.1 气候资源评估

气候资源是指大气圈中光、热、水、风能和空气中的氧、氮以及负离子等可以通过开发利用为人类形成使用价值的气候要素或条件，是一种可利用的可再生资源，包括太阳辐射、热量、水分、空气、风能等。在保持环境与经济协调发展的前提下，使用合理的气候指标和充分利用气候资源，既可获得很大的经济、社会和生态效益，又可预防气候灾害。为了揭示气候资源的分布和变化规律，合理地开发和利用气候资源，需要对气候资源条件进行评估、区划。

12.1.1 太阳能资源评估

太阳辐射是地球上最基本、最重要的能源。太阳能一般以太阳总辐射量表示，包括太阳直接辐射和散射辐射，到达地面的太阳总辐射量的大小与天文因素、天气条件有关。太阳总辐射是由天文因子(太阳常数、日地距离、太阳赤纬、时角等)、地理因子(纬度、经度、海拔高度等)、几何因子(太阳高度角等)、物理因子(纯大气的消光、大气中的含水量、臭氧含量等)、气象因子(日照百分率、天空云量等)来决定的。对一个地区太阳能资源时空分布特征、总储量、稳定度等各种特性参数进行深入分析和研究，可为地方政府制定光伏发电潜力开发利用宏观决策提供可靠详实的应用气象学依据。

(1)技术内容

分为前期准备、综合评估两个阶段。

1)前期准备

①评价区域确定

根据辖区内太阳能资源分布现状、太阳能开发动态及能源企业需求，选取太阳能评价区域。

②参证站选取

根据现有气象观测网，依托评价需求，结合区域气候特征、地理条件等因素，在太阳能评价区域选取观测要素多(优先选取辐射、日照等)、观测序列长、资料完整性高、区域代表性好的气象台站。

地理位置与评估目标区域应属于同一气候区，两地之间距离不宜超过200 km；地形复杂的地区，两地地形应无明显差异；辐射观测序列在20年以上的台站可确定为参证站。

③代表站辐射推算

根据气候学推算法(翁笃鸣，1964)，利用参证站多年的辐射观测资料建立逐月太阳总辐射、直接辐射与日照百分率关系的推算方程，推算代表站逐月太阳总辐射、直接辐射、散射辐射的历史序列，作为评价区域太阳能资源分析和评价的依据。

2)综合评估

在对代表站辐射数据推算的基础上分析太阳能各项参数，主要有日照时数、日照百分率、水平面总辐射、直接辐射、散射辐射、直射比及总辐射稳定性等。综合分析上述各项参量，根据中华人民共和国气象行业标准《太阳能资源评估方法》(QX/T 89—2018)，给出评价区域太阳能资源评估结论(王炳忠，1983)。对后期光伏电站的选址与开发建设提供客观、可靠的科学依据。

(2)评估方法

主要评估方法有《太阳能资源评估方法》(GB/T 37526—2019)、《太阳能资源评估方法》(QX/T 89—2018)、《太阳能资源等级总辐射》(GB/T 31155—2014)、《太阳能资源术语》(GB/T 31163—2014)。太阳能资源综合评估业务技术流程见图 12.1。

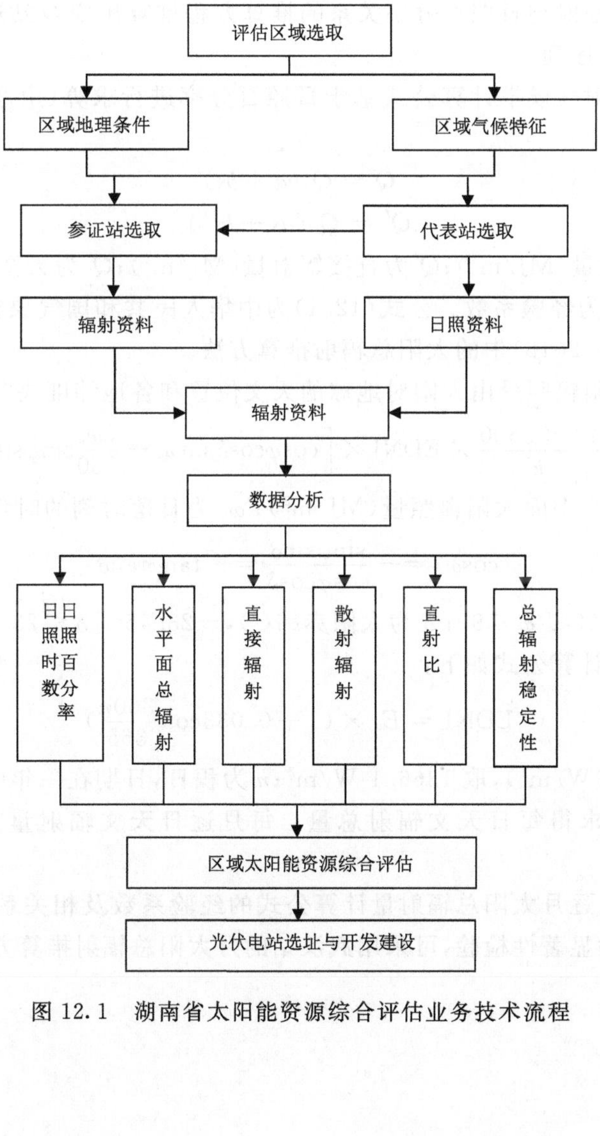

图 12.1 湖南省太阳能资源综合评估业务技术流程

(3)应用实例

以常德市李家门渔光互补 100 MW 光伏发电项目场址太阳能资源评估为例:利用代表站安乡气象站 1960—2018 年的基本气象资料,基于参证站武汉气象站的日照以及辐射观测资料推算出安乡气象站逐月太阳总辐射、直接辐射、散射辐射序列,对评估区域太阳能资源进行分析。

1)代表站与参证站选取

安乡气象站与光伏发电项目场址距离 38 km,属于同一气候区;两地均整体平坦开阔,周围无高大建筑物遮挡,地形无明显差异;安乡气象观测站建站时间为 1959 年 3 月 1 日,观测资料长达 57 年,可确定为代表站。目前气象部门在全国仅有 17 个太阳辐射观测一级站,观测要素包括总辐射、直接辐射、散射辐射等,而湖南省目前没有一级站,因此利用相对较近的一级站(武汉站)作为参证站。

2)辐射资料推算方程的建立

由于代表站安乡气象观测站仅有日照观测,而缺乏太阳辐射观测。以武汉站为参证站,基于多年辐射资料建立辐射与日照百分率关系的推算方程推算出安乡站逐月太阳总辐射、直接辐射、散射辐射的历史序列。

总辐射和直接辐射气候学计算公式基于日照百分率进行求算(申彦波 等,2014),其公式如下:

$$Q = Q_0(a + bs) \tag{12.1}$$

$$Q' = Q_0(as + bs^2) \tag{12.2}$$

式中,Q 为太阳总辐射量(MJ/m^2);Q' 为直接辐射量(MJ/m^2);Q_0 为天文辐射量(MJ/m^2);s 为日照百分率(%);a、b 为经验系数。公式(12.1)为中华人民共和国气象行业标准《太阳能资源评估方法》(QX/T 89—2018)中的太阳总辐射推算方法。

日地外水平面太阳辐照量由太阳对地球的天文位置和各地纬度决定,其计算式如下:

$$\mathrm{EHR_d} = \frac{24 \times 3600}{\pi} \times \mathrm{EDNI} \times \left[\cos\varphi\cos\delta\sin\omega_s + \frac{\pi\omega_s}{180}\sin\varphi\sin\delta\right] \times 10^{-6} \tag{12.3}$$

式中,$\mathrm{EHR_d}$为日地外水平面太阳辐照量(MJ/m^2);ω_s 为日落时刻的时角(°),计算公式如下:

$$\cos\omega_s = -\frac{\sin\varphi\sin\delta}{\cos\varphi\cos\delta} = -\tan\varphi\tan\delta \tag{12.4}$$

式中,φ 为纬度(°),$-90 \leqslant \varphi \leqslant 90$;$\delta$ 为太阳赤纬(°),$-23.45 \leqslant \delta \leqslant 23.45$;EDNI 为地外法向太阳辐照度(W/m^2),计算公式如下:

$$\mathrm{EDNI} = E_0 \times \left(1 + 0.033\cos\frac{360n}{365}\right) \tag{12.5}$$

式中,E_0 为太阳常数(W/m^2),取 1366.1 W/m^2;n 为积日,日期在一年中的序数。

由公式(12.5)可求得每日天文辐射总量。每月逐日天文辐射量累加可得到月天文辐射量。

表 12.1 为武汉站逐月太阳总辐射量计算公式的经验系数及相关系数。武汉站各月推算方程均通过了 0.01 的显著性检验,可采用武汉站的月太阳总辐射推算方程推算安乡站的水平面太阳总辐射量。

表 12.1　1958—2018 年武汉站逐月太阳总辐射量计算公式的经验系数与相关系数

	1 月	2 月	3 月	4 月	5 月	6 月	7 月	8 月	9 月	10 月	11 月	12 月
a	0.083	0.107	0.119	0.089	0.175	0.149	0.133	0.129	0.123	0.168	0.165	0.153
b	0.738	0.666	0.618	0.690	0.476	0.568	0.583	0.576	0.622	0.511	0.500	0.512
R	0.896	0.885	0.784	0.797	0.639	0.791	0.812	0.807	0.793	0.741	0.667	0.700

表 12.2 为武汉站逐月太阳直接辐射量计算公式的经验系数及相关系数。所有方程均通过了 0.01 的显著性检验，由此推算安乡站的水平面太阳直接辐射量。

表 12.2　1958—2018 年武汉站逐月太阳直接辐射量计算公式的经验系数与相关系数

	1 月	2 月	3 月	4 月	5 月	6 月	7 月	8 月	9 月	10 月	11 月	12 月
a	0.252	0.282	0.327	0.281	0.316	0.255	0.229	0.102	0.135	0.356	0.423	0.375
b	0.369	0.26	0.095	0.193	0.121	0.273	0.352	0.487	0.531	0.121	−0.025	0.082
R	0.929	0.883	0.812	0.752	0.737	0.862	0.897	0.873	0.898	0.785	0.753	0.881

3)太阳辐射要素特征分析

太阳能资源多寡以太阳总辐射辐照量来度量，它直接反映了太阳能资源的可开发程度。采用太阳总辐射年辐照量作为分级指标，将太阳能资源划分为四个等级：最丰富(A)、很丰富(B)、丰富(C)及一般(D)，具体见表 12.3。

表 12.3　年水平面总辐照量(GHR)等级

等级名称	分级阈值/(MJ/m²)	分级阈值/(kW·h/m²)	等级符号
最丰富	GHR≥6300	GHR≥1750	A
很丰富	5040≤GHR<6300	1400≤GHR<1750	B
丰富	3780≤GHR<5040	1050≤GHR<1400	C
一般	GHR <3780	GHR <1050	D

①总辐射年际变化特征

由图 12.2 可见，利用武汉站推算安乡站的年总辐射量在 3489.2(2014 年)～4777.0(1986 年)MJ/m²，平均年总辐射量为 4317.4 MJ/m²，年总辐射量气候值为 4356.1 MJ/m²，评估区域处于太阳能资源丰富区。

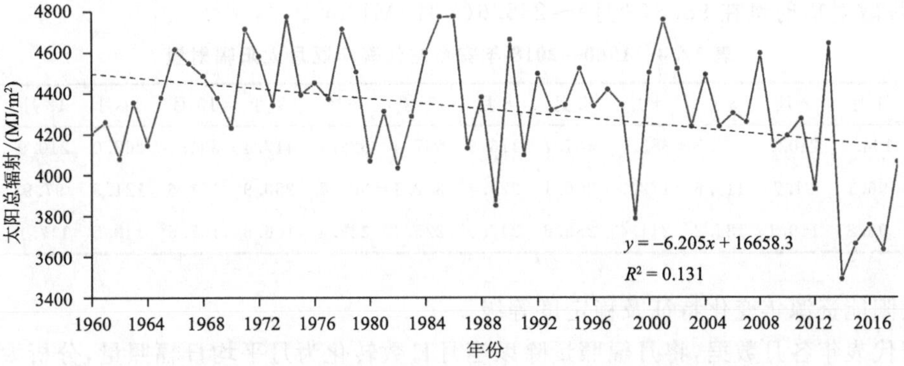

图 12.2　1960—2018 年安乡站年太阳总辐射量变化

②总辐射月变化特征

图 12.3 给出了基于武汉站计算公式推算的安乡站 1960—2018 年月平均总辐射量变化，各季总辐射量夏季大、冬季小。7 月的总辐射量最大，为 578.1 MJ/m^2；1 月总辐射量最小，为 204.5 MJ/m^2。

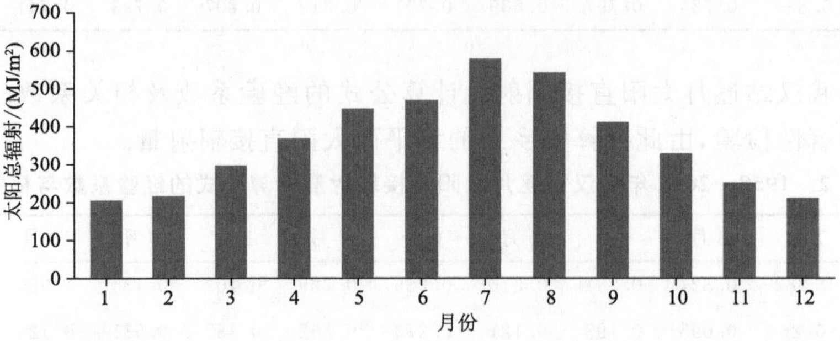

图 12.3　安乡站 1960—2018 年各月太阳总辐射量平均值

③代表年辐射量分析

通过分析 1960—2018 年长时间序列的年太阳总辐射量变化曲线，选取年际变化较小的 1990—2013 年的年太阳总辐射序列作为代表年时间序列的时段，再根据气候平均法推算出代表年时间序列。

气候平均法是对一年中每个时刻(时段)的太阳能资源各要素求平均，将平均值作为一年完整时间序列数据，或将最接近平均值的真实值挑选出来组成一年完整时间序列数据。对一年中每个时刻(月)的太阳能资源各要素序列求平均值(μ)进行组合，作为一年完整时间序列数据，μ 的计算见公式(12.6)。

$$\mu = \frac{\sum_{i=1}^{N} X_i}{N} \tag{12.6}$$

式中，X_i为第 i 个要素值；N 为要素序列的有效样本数。

表 12.4 为安乡站代表年逐月太阳辐射量，代表年的年总辐射量为 4349.6 MJ/m^2，年直接辐射量为 2196.8 MJ/m^2，年散射辐射量为 2152.8 MJ/m^2，年直接辐射量略大于散射辐射量。月总辐射量在 194.9(1 月)～567.4(7 月)MJ/m^2；月直接辐射量在 91.7(2 月)～342.1(7 月)MJ/m^2；月散射辐射量在 98.8(1 月)～255.6(5 月)MJ/m^2。

表 12.4　1960—2018 年安乡站代表年逐月太阳辐射量　　单位：MJ/m^2

	1月	2月	3月	4月	5月	6月	7月	8月	9月	10月	11月	12月	年
总辐射	194.9	210.7	304.7	383.7	461.7	476.9	567.4	528.1	417.4	331.1	262.0	210.9	4349.6
直接辐射	96.1	91.7	119.6	172.3	206.1	229.4	342.1	305.7	250.9	163.6	121.5	97.9	2196.8
散射辐射	98.8	119.1	185.2	211.4	255.6	247.5	225.4	222.4	166.5	167.5	140.5	117.1	2152.8

4)太阳能资源年变化特征及稳定度等级

采用代表年各月数据，将月辐照量除以当月日数转化为月平均日辐照量，分析太阳能资源各要素年变化特征，计算水平面总辐射稳定度，按照表 12.5 评价稳定度等级。在实际大气中其数值在(0,1)区间变化,越接近于 1 越稳定。采用稳定度作为分级指标,将太阳能资源分为四个等级:稳定(A),较稳定(B),一般(C)以及欠稳定(D)。

表 12.5　水平面总辐射稳定度(GHRS)等级

等级名称	分级阈值	等级符号
很稳定	GHRS≥0.47	A
稳定	0.36≤GHRS<0.47	B
一般	0.28≤GHRS<0.36	C
欠稳定	GHRS<0.28	D

注:GHRS 表示水平面总辐射稳定度,计算 GHRS 时,首先计算代表年各月平均日水平面总辐射量,然后求最小值与最大值之比。

推算得出安乡站稳定性等级为 0.34,表明安乡站均处于第三等级(一般(C))中,说明安乡站总辐射的年内变化一般,计算结果如下:

$$GHRS = \frac{194.9}{567.4} = 0.34 \tag{12.7}$$

根据中华人民共和国气象行业标准《太阳能资源评估方法》(QX/T 89—2018)的年水平面总辐照量(GHR)等级,该地区属于太阳能资源丰富区,太阳能资源年内稳定度等级为一般。

12.1.2　风能资源评估

风能是地球表面大量空气流动所产生的动能。风能资源决定于风能密度和可利用的风能年累计小时数。风能密度是单位迎风面积可获得的风的功率,与风速的三次方和空气密度成正比关系(李泽椿,2007)。

风能资源综合评估,即采用测风塔测风资料及台站气象资料开展风能资源评估,为能源企业提供某一区域的风能资源评价报告,以全面了解评价区域风能资源状况,同时为政府部门提供风电开发决策服务。

(1)技术内容

分为前期准备、现场观测、综合评估三个阶段。

1)前期准备

①评价区域确定

根据辖区内风能普查成果、风电开发动态及服务需求,选取风能评价区域。

②测风塔选址与观测

根据风电评价区域的地形地貌、风速风向及风能资源分布状况,选择能够代表该区域平均风能资源状况的测风点(雷杨娜 等,2013)。

③参证站选取

根据现有气象观测网,在风电评价区域选取观测序列长、资料完整性高、区域代表性好的气象站,开展区域背景风场、气候特征、主要气象灾害(雷电、覆冰、暴雨、大风)等分析。其中,距离测风塔较近、与测风塔具有相似的地形条件且观测序列在 30 年以上的台站可确定为参证站(王蕊 等,2015)。

2)现场观测

测风塔建成后开展风资料动态监控,观测时限须不少于 1 年,编制测风资料质量评价月报,跟踪评价区域风能资源状况。收集整理参证站同期观测资料,对比分析同期风况及区域风能资源变化规律。

3)综合评估

①测风塔风数据处理

检查测风塔原始观测数据,对其完整性和合理性进行判断,检测出不合理的数据和缺测的数据,经过处理,整理出至少连续1年完整的风场逐时测风数据。测风有效数据完整率应达到90%。

利用评价区域参证站观测数据或大气再分析资料,采用相关关系法,将测风塔检验后的风数据进行长序列(或观测期间)插补订正,获得测风塔各高度上代表年的逐时风速、风向数据。

②测风塔风能资源评估参数计算

在对测风数据检验和订正的基础上分析风能各项参数,主要有平均风速、最大与极大风功率密度、风速与风能频率、风向频率、风能方向频率、湍流强度、风切变指数、风频曲线及威布尔分布等。

③评价区域长年代风能资源评估

采用参证气象站近20年的平均风速观测资料,评价观测年的风资源在长年代中的资源状况。

④评价区域风能资源数值模拟

综合运用中尺度气象模式(MM5、WRF等)+小尺度诊断模式(CALMET)或风能资源评估软件相结合的风能资源评估方式,模拟评价区域的年平均风速分布状况,再结合测风塔实测资料,由“点”到“面”评价区域风资源整体状况(龚强 等,2006;游立军 等,2014;姚征,2004)。

⑤风电场风能资源评估

综合上述各项分析,根据《风电场风能资源评估方法》(GB/T 18710—2002),给出风电场风能资源评估结论。

(2)评估方法

1)中华人民共和国国家标准《风电场风能资源测量方法》(GB/T 18709—2002);

2)中华人民共和国国家标准《风电场风能资源评估方法》(GB/T 18710—2002);

3)《国家发展和改革委员会关于印发风电特许权项目前期工作管理办法及有关技术规定的通知》(发改能源〔2003〕1403号)。

风能资源综合评估业务技术流程见图12.4。

(3)应用实例

1)评估区域选取

岳阳洞庭湖大桥测风塔位于湘江入长江的咽喉地段,东起岳阳,西接君山,大桥跨越湘江河道,主河槽宽约1.3 km。岳阳国家基本气象站位于洞庭湖大桥测风塔偏西5 km处。选取大桥测风塔周边19.6 km×9.9 km区域作为风能资源评估区域,区域内地形包括山地、湖泊、开阔平坦的陆地等多种复杂地形(图12.5)。

2)评估方法

根据中华人民共和国国家标准《风电场风能资源评估方法》(GB/T 18710—2002),利用岳阳国家基本观测站和测风塔观测数据,计算代表年逐时5层高度的平均风速。利用计算

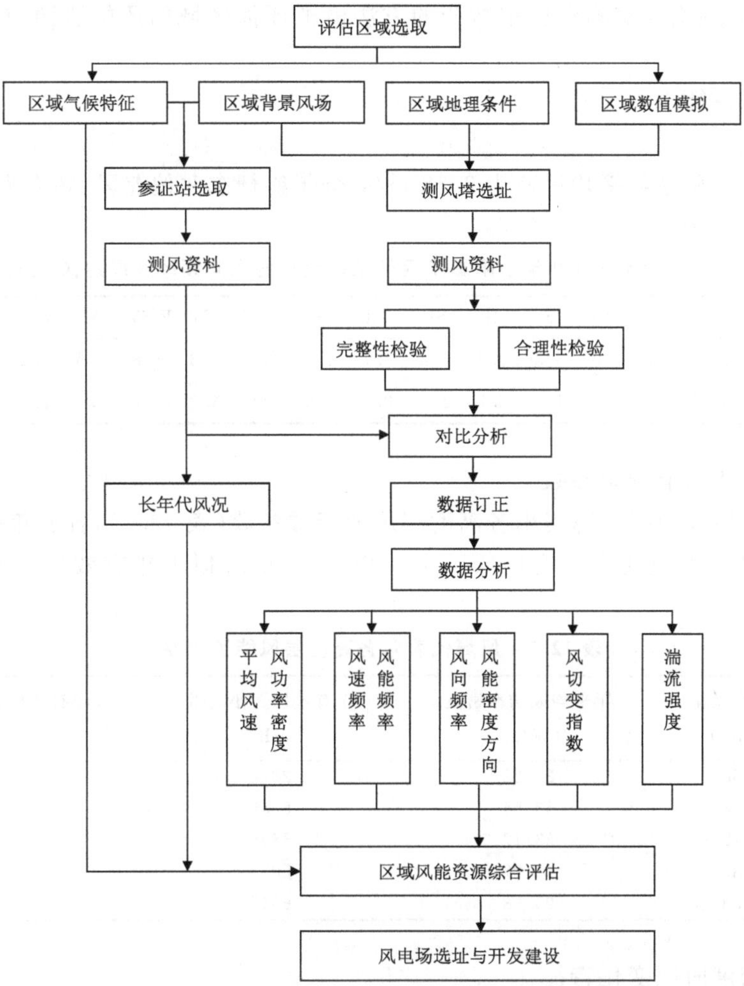

图 12.4　湖南省风能资源综合评估业务技术流程

图 12.5　风能评估区域地形地貌分布(另见彩图)

流体动力学 CFD 理论与实测数据相结合的方法模拟评估区域的风能资源(杨振斌 等,2004;高阳华 等,2008)。

3)风能资源特征

①风场特征

岳阳国家级气象站年平均风速为 2.78 m/s,全年盛行东北偏北风,频率为 16.1%,风速为 3.3 m/s,静风频率为 7.9%(表 12.6)。

表 12.6 1953—2020 年岳阳国家级气象站全年各风向频率及风速(C 为静风)

风向	N	NNE	NE	ENE	E	ESE	SE	SSE	S	SSW	SW	WSW	W	WNW	NW	NNW	C
频率/%	12.0	16.1	15.0	5.3	3.2	4.2	5.2	5.7	5.0	2.5	4.3	3.8	2.6	1.2	1.8	4.1	7.9
风速/(m/s)	3.2	3.3	3.1	2.4	1.9	2.2	2.6	3.3	3.5	3.6	3.3	2.7	2.4	2.2	2.3	2.9	0.0

②风场代表年风能资源参数

根据代表年风速数据计算得出各高度层风能资源参数(表 12.7),各层年平均风功率密度较低,5 层高度年平均风功率密度均低于 100 W/m²,30 m 以上年有效风力小时数百分率超过 50%。

表 12.7 风场代表年各高度层风能资源参数

高度 /m	年平均风速 /(m/s)	年平均风功率密度 /(W/m²)	年有效风力小时数 /h	年有效风力小时数百分率 /%
10	2.58	25.22	2874	32.8
30	3.58	58.84	5086	58.1
50	4.12	83.17	5835	66.7
60	4.33	94.27	6023	68.8
70	4.33	95.68	6045	69.1

③风功率密度时间变化特征

从 50 m 高度风速和风功率密度日变化曲线(图 12.6)来看,逐时平均风速均超过 3.0 m/s,平均风速为 4.12 m/s,最大为 4.53 m/s(17 时),最小为 3.78 m/s(08 时),午后至夜间风速较大,12—23 时平均风速均超过 4.0 m/s。逐时平均风功率密度为 83.2 W/m²,最大为 99.7 W/m²(16 时),最小为 72.3 W/m²(07 时),11—21 时平均风功率密度较大,均超过 80 W/m²。

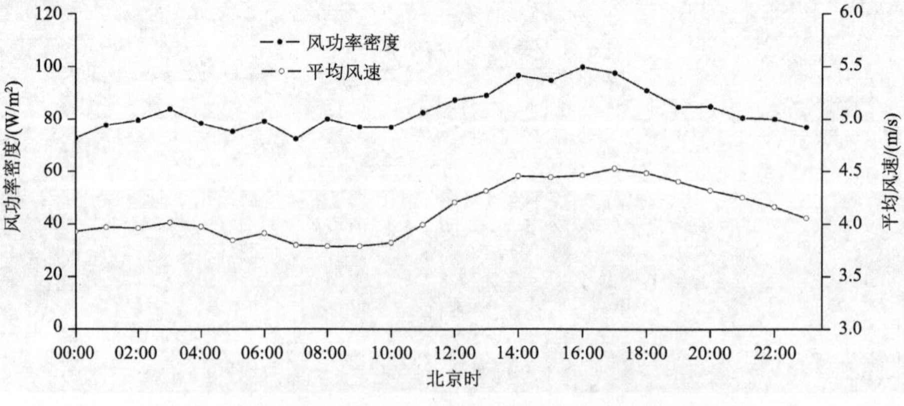

图 12.6 代表年岳阳气象站 50 m 高度风速和风功率密度日变化

从 50 m 高度风速和风功率密度年变化曲线来看(图 12.7),月平均风速为 4.12 m/s,最大为 4.53 m/s(2 月),最小为 3.64 m/s(10 月)。逐月平均风功率密度为 66.1 W/m^2,最大为 86.1 W/m^2(8 月),最小为 46.4 W/m^2(12 月)。

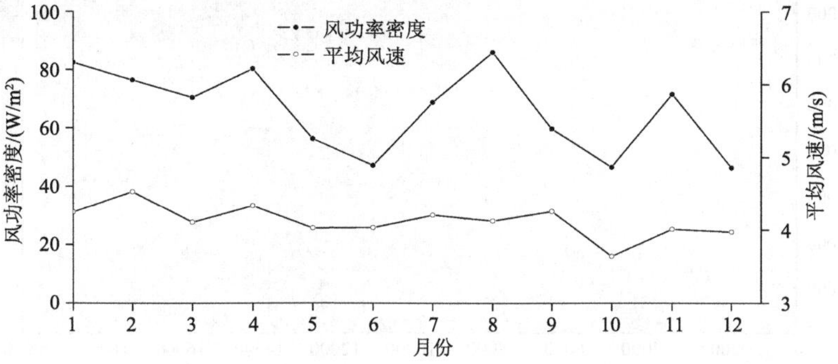

图 12.7　代表年岳阳气象站 50 m 高度风速和风功率密度年变化

④风能资源空间分布特征

基于 CFD 模拟的复杂地形下 70 m 高度层的平均风速(图 12.8)和风功率密度(图 12.9)分布来看,风速随海拔高度升高而增大,评估区域中西部处于地势开阔的平坦地面和湖区,平均风速较小;东部处于山区,海拔较高的地区风速较大。中西部低海拔地区平均风速约为 4.0 m/s;东部山区平均风速较大,大部分区域风速超过 6 m/s。山区大部分区域平均风功率密度高于 150 W/m^2,部分高海拔区域高于 200 W/m^2,具有很好的风能资源开发潜力。

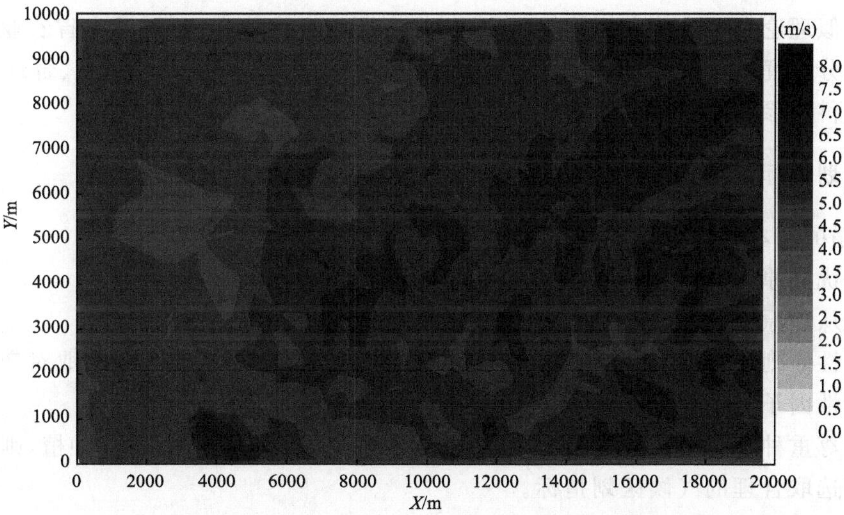

图 12.8　代表年复杂地形下 70 m 高度层平均风速分布

12.2　气候为农服务

IPCC 第六次评估报告显示,人类活动导致全球变暖的结论是明确的。全球气候变化将直接影响农业生产的平稳和持续发展,势必对我国粮食安全会造成重大威胁。据研究,我国已观

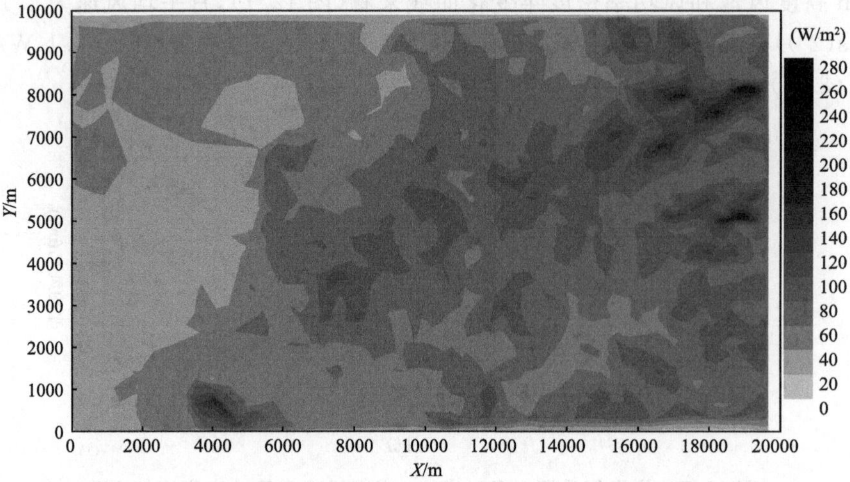

图 12.9　代表年复杂地形下 70 m 高度层风功率密度分布

测到气候变化对农业的影响，主要表现在农业生产不稳定性增大，极端天气事件导致农业损失增大，气候变暖导致作物种植制度、品种布局变化等。粮食安全问题，关系到经济全局，关系到人民群众切身利益。开展现代农业气候区划将成为合理利用农业气候资源、科学布局农作物生产的重要依据，对农业防灾减灾、提高农业生产效益、发展特色农业、保障粮食安全具有十分重要的意义(王飞 等,2007)。

利用长序列气象观测资料，在分析湖南省热量资源、水资源、光照资源状况的基础上，根据农业气候相似理论和地域分布规律，以农业气候资源指标为依据，开展湖南省农业气候适宜性区划。为充分发挥农业气候资源优势，避免和克服不利气象条件，因地制宜、合理调整农业生产布局提供科学参考依据(张先 等,2008)。

12.2.1　区划指标确定

(1)遵循的基本原则

1)产量优先原则:区划因子要尽可能地使作物获得高产。

2)因子从简原则:在众多影响作物生长发育的因子中选择关键因子。

3)差异性原则:不同作物之间抗逆性和气候适宜性存在差异，应尽量选取对产量和质量有影响的关键性因子。

4)适度尊重种植习惯的原则:在同一个气候区内如果有多种作物均可种植，则根据现有的种植习惯而选取合理的气候区划指标。

5)作物生存至上原则:作物要能生存或者生存的概率很大。

(2)指标来源

1)相关文献资料(廖玉芳 等,2010)。

2)湖南省以往的农业气候区划成果。

3)调研事实及专家论证意见。

4)试验分析结果。

12.2.2　区划方法

基于选取的作物区划指标，统计插值形成小网格格点资料，获取相应指标值并给予相应的编码值(T)，编码方法为：指标值处在最适宜指标范围的编码 1，处在适宜指标范围的编码 2，处在次适宜范围的编码 3，处在不适宜范围的编码 4。然后结合不同指标在区划中的权重 Q 计算出用于判断每个网格点属于该作物的适宜性等级的综合指标 P，其表达式为：

$$P = \sum_{i=1}^{n} T_i \times Q_i \tag{12.8}$$

式中，i 为因子序号；T 为编码值；Q 为因子权重。

最后运用 GIS 技术制作农作物种植适宜性气候区划图。

12.2.3　主要农作物种植适宜性气候区划

(1)双季稻

1)区划指标选择

根据双季稻生产期间气象环境条件，选用 10～22 ℃活动积温和 4—10 月日照时数作为区划指标，开展湖南省双季稻种植适宜性气候区划，其中，10～22 ℃活动积温的权重为 0.7，4—10 月日照时数的权重为 0.3。另外，根据早稻和晚稻不同熟性搭配方式，将湖南省分成迟熟＋迟熟、中熟＋迟熟、早熟＋迟熟(中熟＋中熟)、早熟＋中熟、早熟＋早熟和不适宜 6 个区，各区划指标见表 12.8。

表 12.8　双季稻种植适宜性气候区划指标

指标	10～22 ℃活动积温/(℃·d)	4—10 月日照时数/h	编码值	综合指标
迟熟＋迟熟	≥4400	≥1150	1	1.0～1.6
中熟＋迟熟	4200～4400	1100～1150	2	1.7～2.6
早熟＋迟熟(中熟＋中熟)	4000～4200	1050～1100	3	2.7～3.6
早熟＋中熟	3800～4000	1000～1050	4	3.7～4.6
早熟＋早熟	3600～3800	1000～950	5	4.7～5.6
不适宜区	＜3600	＜950	6	≥5.7
权重	0.7	0.3		

2)区划结果

基于双季稻种植适宜性气候区划指标，结合不同指标在区划中的权重计算每个网格点的适宜性等级，运用 GIS 技术制作湖南省双季稻种植适宜性气候区划(图 12.10)。

(2)油菜

1)区划指标选择

根据油菜生长发育特点及湖南省油菜生产气候环境，选取连续 3 d＜－5 ℃低温频率、9 月下旬至次年 5 月上旬的日照时数、3 月至 5 月上旬雨日 3 个指标作为关键性影响因子，开展湖南省油菜种植适宜性气候区划。其中，3 个指标的权重相同。各指标的分级、编码和区划综合指标见表 12.9。

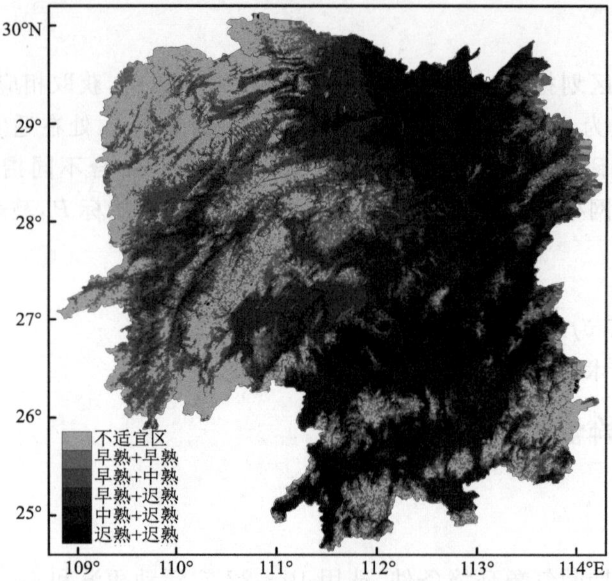

图 12.10　湖南省双季稻种植适宜性气候区划

表 12.9　油菜种植适宜性精细化气候区划指标

指标	最适宜区	适宜区	次适宜区	不适宜区
9 月下旬至次年 5 月上旬日照时数/h	≥700	600～700	500～600	<500
连续 3 d<－5 ℃低温频率/%	≤20	21～30	31～50	>50
3 月至 5 月上旬雨日/d	<40	40～49	49～50	≥50
编码值	1	2	3	4
综合指标	3～4	5～7	8～10	≥11

2)区划结果

基于油菜种植适宜性气候区划指标，结合不同指标在区划中的权重计算每个网格点的适宜性等级，运用 GIS 技术制作湖南省油菜种植适宜性气候区划(图 12.11)。

(3)棉花

1)区划指标选择

根据划分中国棉区的温度依据，参照西北内陆棉花高产区的气候特点及相关研究成果和湖南省棉花生产的气候环境条件，选取≥15 ℃积温、4 月下旬至 11 月中旬日照时数、7—8 月日最高气温≥35 ℃高温日数 3 个指标作为区划因子，开展湖南省棉花种植适宜性气候区划。其中，3 个因子的权重相同。各因子分级指标及编码和区划综合指标见表 12.10。

2)区划结果

基于棉花种植适宜性气候区划指标，结合不同指标在区划中的权重计算每个网格点的适宜性等级，运用 GIS 技术制作湖南省棉花种植适宜性气候区划(图 12.12)。

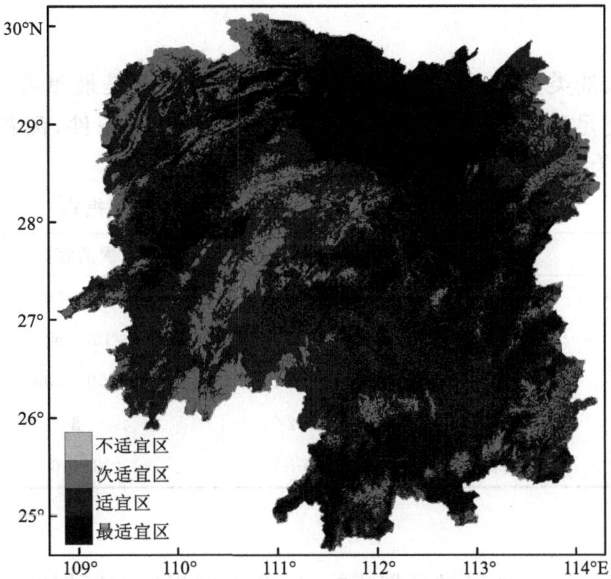

图 12.11　湖南省油菜种植适宜性气候区划

表 12.10　棉花种植适宜性气候区划指标

指标	最适宜区	适宜区	次适宜区	不适宜区
≥15 ℃积温/℃ · d	≥4000	3200～4000	2600～3200	<2600
4 月下旬至 11 月中旬日照/h	≥1200	1100～1200	1000～1100	<1000
7—8 月日最高气温≥35 ℃高温日数/d	≤15	16～25	26～35	≥36
编码值	1	2	3	4
综合指标	3～4	5～7	8～10	≥11

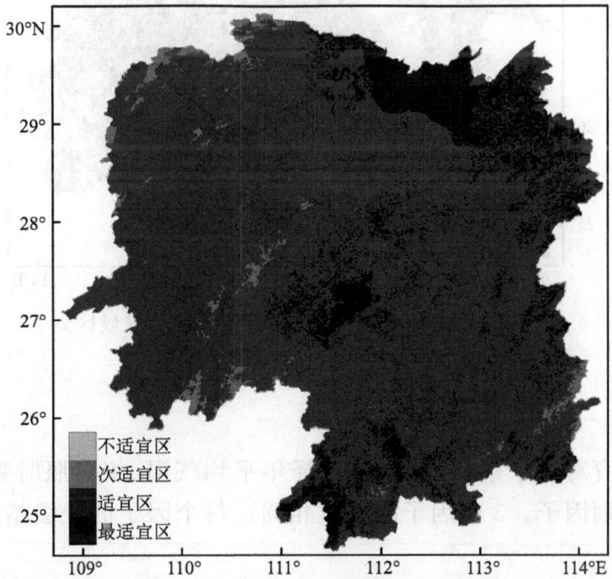

图 12.12　湖南省棉花种植适宜性气候区划

(4)甜橙、柚类

1)区划指标选择

在众多影响甜橙、柚类生长的气象因子中，极端最低气温是最重要的障碍因子，热量条件是区划常用的因素，充足的水分供应是产量形成不可缺少的条件，甜橙、柚类区划指标见表12.11，各因子权重都为1。

表 12.11　甜橙、柚类种植适宜性气候区划指标

指标	最适宜区	适宜区	次适宜区	不适宜区
连续3 d≤−7 ℃低温频率/%	≤10	10～20	20～30	>30
年平均气温/℃	16.5～21	15.5～16.5或21～22	15.0～15.5或22～23	≤15或>23
7—8月降水量/mm	≥250	200～250	150～200	≤150
编码值	1	2	3	4
综合指标	3～4	5～7	8～10	≥11

2)区划结果

基于甜橙、柚类种植适宜性气候区划指标，结合不同指标在区划中的权重计算每个网格点的适宜性等级，运用GIS技术制作湖南橙柚类种植适宜性气候区划(图12.13)。

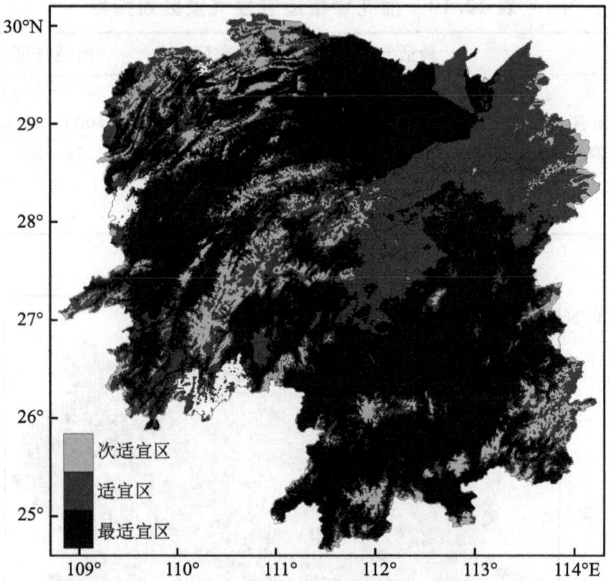

图 12.13　湖南省甜橙、柚类种植适宜性气候区划

(5)油茶

1)区划指标选择

鉴于油茶生长发育对气象条件的要求，选择年平均气温、年日照时数及盛花期(11月)降水量3个指标作为区划因子。3个因子的权重相同。每个因子的分级指标及编码和区划综合指标见表12.12。

表 12.12　油茶种植适宜性精细化气候区划指标

指标	最适宜区	适宜区	次适宜区	不适宜区
年平均气温/℃	16.0～18.0	15.5～16.0 或＞18	15.0～15.5	＜15
年日照时数/h	≥1400	1200～1400	1000～1200	＜1000
11 月降水量/mm	≤70	70～90	90～100	≥100
编码值	1	2	3	4
综合指标	3～4	5～7	8～10	≥11

2)区划结果

基于油茶种植适宜性气候区划指标，结合不同指标在区划中的权重计算每个网格点的适宜性等级，运用 GIS 技术制作湖南省油茶种植适宜性气候区划(图 12.14)。

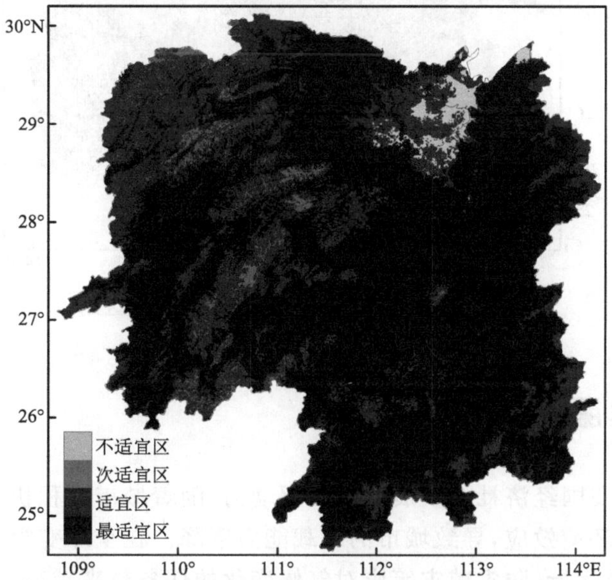

图 12.14　湖南省油茶种植适宜性气候区划

(6)烟草

1)区划指标选择

根据湖南省烟草气候生态环境因子及已有研究成果，选取大田期降水量、大田期日照时数、成熟期降水量及成熟期高温热害(连续 5 d≥35 ℃)出现频率 4 个指标作为区划因子，每个因子的权重相同，因子的分级指标及编码和区划综合指标见表 12.13。

表 12.13　烟草种植适宜性精细化气候区划指标

指标	最适宜区	适宜区	次适宜区	不适宜区
大田期降水量/mm	700～800	650～700 或 800～900	500～650 或 900～1000	＜500 或≥1000
大田期日照时数/h	≥550	500～550	450～500	＜450
成熟期降水量/mm	300～400	200～300 或 400～500	100～200 或 500～600	≤100 或≥600
高温热害频率/%	20	20～70	≥70	
编码值	1	2	3	4
综合指标	4～5	6～8	9～12	≥13

2)区划结果

基于烟草种植适宜性气候区划指标，结合不同指标在区划中的权重计算每个网格点的适宜性等级，运用 GIS 技术制作湖南省烟草种植适宜性气候区划(图 12.15)。

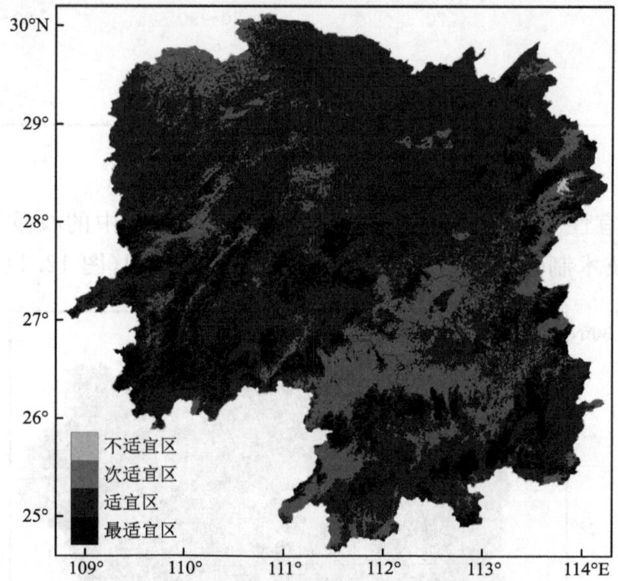

图 12.15　湖南省烟草种植适宜性气候区划

12.3　城市气候服务

大规模城市化是我国经济社会发展的主要驱动力，随着城市面积快速扩大，也带来了巨大的环境压力和不利的环境效应，导致城市的承载能力下降。在全球变暖的大背景下，极端气候事件频发，城市的安全运行、防灾减灾等应对气候变化的任务越来越艰巨。

城市系统与气象条件相互作用会造成一系列的城市气象灾害。如城市路面大面积硬化，暴雨造成的城市内涝更为严重、频率更高；城市下垫面具有吸热能力强、热容量大、导热率高等特点，这种城市与乡村下垫面的差异，导致显著的"城市热岛"效应；城市下垫面的改变影响了陆面与大气的质量、能量交换，改变了低层大气物理过程，影响到城市通量的变化。

12.3.1　城市暴雨强度公式和设计暴雨雨型

在全球变暖的大背景下，极端降水事件频发，同时由于城市化导致城市地表硬化面积迅速增加，加之排水设施不够完善，导致城市内涝频发，灾害程度增大。暴雨强度公式的修订和暴雨雨型设计，对城市市政规划部门来说是极为重要的参数，其直接关系到下水道和排水管道直径的计算，对一个城市整体排水系统的建设有至关重要的作用。某一地区的暴雨计算公式和雨型往往由该地降雨特征决定，并会随着降雨特征的改变而需要新的标准和参数(王光明 等，2017)。

(1)暴雨强度公式编制

在对暴雨强度公式进行拟合的过程中，采用“年最大值法”对暴雨基础数据进行选样，选择P-Ⅲ型分布、指数分布和耿贝尔分布三种拟合曲线进行暴雨频率理论分析，根据三种曲线得到重现期、降雨强度和历时三者的关系，并对暴雨强度公式中的未知参数进行求解，在对结果进行误差分析后，推算出暴雨强度公式(吴浩 等，2019)。

1)选样方法

根据中华人民共和国国家标准《室外排水设计标准》(GB 50014—2021)，降雨资料选样采用“年最大值法”，要求在选取的降雨资料中能够保证研究时段内每年的降雨资料均在其中且独立，不可漏选或错选，以免对研究结果造成影响。选取逐年 5 min、10 min、15 min、20 min、30 min、45 min、60 min、90 min、120 min、150 min 和 180 min 共 11 个降雨历时的最大降雨量作为样本。

2)理论频率分布拟合及精度检验

选用 P-Ⅲ分布、指数分布和耿贝尔分布曲线对样本资料进行频率调整，确定频率分布曲线，得出降水强度、降水历时、重现期三者的关系，分别计算各降水历时下曲线拟合误差，综合分析三种频率分布下单一重现期和总公式的平均绝对均方差和平均相对均方差，得出最适合的频率分布曲线。

3)暴雨强度公式拟合

暴雨强度公式的定义为：

$$i = \frac{A_1 \times (1 + C \times \lg P)}{(t + b)^n} \tag{12.9}$$

式中，i 为降水强度，单位为 mm/min；P 为重现期，单位为年(a)；t 为降雨历时，单位为 min；A_1 为雨力参数，即重现期为 1 年时的 1 min 设计降雨量(单位：mm)；C 为雨力变动参数；b 为降雨历时修正参数(单位：min)；n 为暴雨衰减指数，与重现期有关。

暴雨强度公式为已知关系式的超定非线性方程，公式中有 4 个参数，常规方法无法求解，因此参数估计方法设计和减少估算误差尤为关键，其中雨强 q(L/(s · hm^2))与雨强 i(mm/min)之间可以用 $q \approx 167i$ 进行换算。进行线性化处理：

令 $A = A_1(1 + C\lg P)$，得到

$$q = \frac{167A}{(t + b)^n} \tag{12.10}$$

公式(12.10)即为单一重现期公式，通过公式(12.10)分别把 1 年、2 年、3 年、5 年、10 年、20 年、30 年、50 年和 100 年等 9 个重现期的单一暴雨强度公式推求出来。首先推算这 9 个重现期暴雨强度公式的需求参数 A、b、n。将公式(12.10)两边取对数得：

$$\ln q = \ln 167A - n\ln(t + b) \tag{12.11}$$

令 $y = \ln q, b_0 = \ln 167A, b_1 = -n, x = \ln(t + b)$，那么公式(12.10)就变为：

$$y = b_0 + b_1 x \tag{12.12}$$

公式(12.12)应用数值逼近或最小二乘法可求出 b_0、b_1，则 A、n 可求。但在具体计算时，由于 b 也是未知数，因此还无法应用最小二乘法求解方程。可先给定一个 b 值，在此 b 值下再应用最小二乘法，可求得 A、n 值，进而计算出给定 b 值的暴雨强度(q'')，同时算出理论降水强度(q')与给定 b 值的暴雨强度(q'')的相关系数(r)。不断调整 b 值，用相关系数(r)作为判别标

准，比较 q' 和 q''，直至相关系数达到最佳为止，则这时的 A、b、n 即为所求。

4)精度检验

为确保计算结果的准确性，需对暴雨强度计算结果进行精度检验，按中华人民共和国国家标准《室外排水设计标准》(GB 50014—2021)规定，需计算重新期 2～20 年的暴雨强度的平均绝对均方根误差和平均相对均方根误差，要求平均绝对均方根误差不超过 0.05 mm/min，平均相对均方根误差不大于 5%。

平均绝对均方根误差：

$$X_{\mathrm{m}} = \sqrt{\frac{1}{n}\sum_{i=1}^{n}\left(\frac{R'_i - R_i}{t}\right)^2} \tag{12.13}$$

平均相对均方根误差：

$$U_{\mathrm{m}} = \sqrt{\frac{1}{n}\sum_{i=1}^{n}\left(\frac{R'_i - R_i}{R_i}\right)^2} \times 100\% \tag{12.14}$$

公式(12.13)和公式(12.14)中，R'_i 为理论降水量；R_i 为实际降水量；t 为降水历时；n 为样本数。

(2)设计暴雨雨型

雨型是描述降雨过程的概念，是降雨强度在时间尺度上的分配过程。设计暴雨是雨水管道设计系统的基础，形成暴雨径流过程的最主要降雨因素是暴雨的平均强度、暴雨最强时段的强度及暴雨强度的过程。暴雨强度公式是表示平均强度与最强时段的规律，但并不描绘暴雨强度的过程，而不同的强度过程，即雨型，对径流曲线与调蓄计算均有重要的影响。芝加哥雨型在设计暴雨雨型方面得到广泛利用，本节主要介绍芝加哥雨型推算方法。

1)雨峰位置系数确定

根据历年气象台站逐分钟雨量资料，选取每年各个历时(30 min、60 min、90 min、120 min、150 min 和 180min)雨量最大的一场降雨，并且保证每场降雨是独立的。最后在进行分段时，采用每隔 5 min 的方式，确定雨峰位置系数，计算公式如下：

$$r = t_1/T_1 \tag{12.15}$$

式中，r 为雨峰位置系数；t_1 为降雨峰值时刻；T_1 为降雨总历时。

计算出所有历时相同的雨量样本的雨峰位置系数后，取算术平均值，再将不同历时降雨的平均雨峰位置系数进行加权平均，计算出综合雨峰位置系数(0～1)。

2)芝加哥降雨过程线模型

芝加哥雨型以统计的暴雨强度公式为基础设计典型降雨过程。通过引入雨峰位置系数(r)来描述暴雨峰值发生的时刻，将降雨历时时间序列分为峰前和峰后两部分。

令峰前的瞬时强度为 $i(t_{\mathrm{b}})$，相应的历时为 t_{b}，峰后的瞬时强度为 $i(t_{\mathrm{a}})$，相应历时为 t_{a}。取一定重现期下暴雨强度公式形式为 $i = \frac{A}{(t+b)^n}$，雨峰前后瞬时降雨强度可由下式计算：

$$i(t_{\mathrm{b}}) = \frac{A\left[\frac{(1-n)t_{\mathrm{b}}}{r} + b\right]}{\left[\frac{t_{\mathrm{b}}}{r} + b\right]^{n+1}} \tag{12.16}$$

$$i(t_{\mathrm{a}}) = \frac{A\left[\frac{(1-n)t_{\mathrm{a}}}{1-r} + b\right]}{\left[\frac{t_{\mathrm{a}}}{1-r} + b\right]^{n+1}} \tag{12.17}$$

式中，A、b、n 为一定重现期下暴雨强度公式中的参数；r 为综合雨峰位置系数，是根据每场降雨不同历时峰值时刻与整个历时的比值而加权平均确定的，r 为 0～1。

在求出综合雨峰位置系数(r)之后，可利用公式(12.16)和公式(12.17)计算芝加哥合成暴雨过程线各时段(以 5 min 计)的累计降雨量及各时段的平均降雨量，进而得到每个时段内的平均降雨强度，最终确定出对应一定重现期及降雨历时的芝加哥雨型。

(3)应用实例

本节以安化县暴雨强度公式编制和设计暴雨雨型为例进行介绍。

1)暴雨强度公式编制

基于安化县 1980—2013 年 34 年分钟降水数据，进行年最大值选样，利用指数分布、P-Ⅲ分布以及耿贝尔分布曲线得到的 $P-i-t$ 三联表数据，再分别用最小二乘法和高斯牛顿法推算暴雨强度总公式、单一重现期公式各重现期下相应的精度误差。

①样本资料的理论频率分布拟合

选用指数分布、耿贝尔以及 P-Ⅲ分布的分布曲线对样本资料进行频率调整，各降水历时下曲线拟合误差见表 12.14，其中，P-Ⅲ分布和耿贝尔分布拟合效果较好。

表 12.14　1980—2013 年安化县各降水历时下样本与曲线拟合结果的误差

		t/min										
		5	10	15	20	30	45	60	90	120	150	180
指数分布	σ/(mm/min)	0.095	0.085	0.069	0.070	0.052	0.138	0.051	0.047	0.026	0.027	0.030
	f/%	4.725	5.410	5.047	5.657	4.958	14.397	7.099	8.407	5.421	6.543	8.212
耿贝尔分布	σ/(mm/min)	0.135	0.073	0.059	0.063	0.051	0.130	0.040	0.036	0.017	0.020	0.025
	f/%	6.762	4.642	4.309	5.149	4.894	13.534	5.592	6.462	3.585	4.951	6.706
P-Ⅲ分布	f/%	5.45	4.21	3.96	3.74	3.41	4.62	4.36	5.71	3.10	4.01	5.25

根据理论频率分布曲线确定的频率分布曲线，得出降水强度、降水历时、重现期三者的关系，即 $P-i-t$ 三联表。以耿贝尔分布曲线拟合结果为例，见表 12.15。

表 12.15　雨强、历时、重现期($P-i-t$)三联表(耿贝尔分布)　单位：mm/min

	t/min										
	5	10	15	20	30	45	60	90	120	150	180
1 a	1.422	1.169	0.998	0.876	0.698	0.552	0.454	0.366	0.321	0.287	0.253
2 a	1.911	1.514	1.316	1.177	0.991	0.805	0.679	0.533	0.448	0.393	0.350
3 a	2.187	1.709	1.495	1.347	1.157	0.948	0.806	0.627	0.519	0.453	0.405
5 a	2.495	1.925	1.695	1.536	1.341	1.107	0.947	0.732	0.599	0.519	0.466
10 a	2.881	2.198	1.946	1.774	1.573	1.308	1.125	0.864	0.699	0.603	0.543
20 a	3.252	2.459	2.187	2.003	1.795	1.500	1.296	0.990	0.796	0.683	0.616
50 a	3.732	2.797	2.499	2.298	2.083	1.748	1.517	1.154	0.920	0.787	0.712
100 a	4.092	3.050	2.733	2.519	2.298	1.934	1.682	1.276	1.013	0.865	0.783

②拟合误差分析

在指数分布、P-Ⅲ分布及耿贝尔分布曲线下，分别利用最小二乘法或高斯牛顿法求算出单一重现期公式相应的精度误差，结果见表 12.16。

表 12.16　暴雨强度单一重现期公式误差一览表

			T/a								总误差
			1	2	3	5	10	20	50	100	
指数分布	最小二乘法	σ/(mm/min)	0.018	0.016	0.027	0.045	0.071	0.099	0.133	0.158	0.087
		f/%	2.818	1.853	2.632	3.804	4.985	5.967	6.764	7.187	6.364
	高斯牛顿法	σ/(mm/min)	0.045	0.033	0.035	0.045	0.067	0.091	0.125	0.151	0.085
		f/%	7.077	3.767	3.410	3.799	4.683	5.495	6.352	6.862	6.187
耿贝尔分布	最小二乘法	σ/(mm/min)	0.014	0.022	0.030	0.047	0.068	0.093	0.116	0.134	0.078
		f/%	2.124	2.391	2.851	3.854	4.796	5.835	6.323	6.639	5.809
	高斯牛顿法	σ/(mm/min)	0.069	0.032	0.041	0.055	0.069	0.084	0.110	0.133	0.081
		f/%	10.30	3.435	3.889	4.520	4.864	5.246	5.971	6.590	6.012
P-Ⅲ分布	最小二乘法	σ/(mm/min)	0.021	0.013	0.028	0.041	0.066	0.103	0.140	0.167	0.090
		f/%	3.210	1.467	2.752	3.453	4.777	6.568	7.802	8.515	6.906
	高斯牛顿法	σ/(mm/min)	0.068	0.035	0.034	0.056	0.072	0.093	0.131	0.166	0.093
		f/%	10.27	3.853	3.323	4.697	5.232	5.937	7.311	8.457	7.074

总公式拟合误差见表 12.17。

表 12.17　暴雨强度总公式误差一览表

			T/a									总误差
			1	2	3	5	10	20	50	100	2～20	
指数分布	最小二乘法	σ/(mm/min)	0.031	0.056	0.082	0.118	0.167	0.217	0.283	0.334	0.140	0.191
		f/%	4.836	6.364	8.097	9.894	11.73	13.08	14.39	15.14	11.39	13.90
	高斯牛顿法	σ/(mm/min)	0.045	0.033	0.035	0.045	0.067	0.091	0.125	0.151	0.058	0.085
		f/%	7.077	3.768	3.411	3.800	4.684	5.496	6.353	6.863	4.743	6.188
耿贝尔分布	最小二乘法	σ/(mm/min)	0.059	0.023	0.034	0.049	0.067	0.090	0.127	0.158	0.058	0.087
		f/%	8.846	2.497	3.233	4.044	4.758	5.610	6.883	7.818	4.652	6.518
	高斯牛顿法	σ/(mm/min)	0.069	0.032	0.041	0.055	0.069	0.084	0.110	0.133	0.059	0.081
		f/%	10.30	3.435	3.896	4.530	4.871	5.249	5.968	6.583	4.767	6.011
P.Ⅲ分布	最小二乘法	σ/(mm/min)	0.055	0.023	0.024	0.040	0.065	0.101	0.163	0.216	0.108	0.059
		f/%	8.251	2.535	2.336	3.382	4.714	6.465	9.112	11.02	8.255	4.842
	高斯牛顿法	σ/(mm/min)	0.068	0.035	0.034	0.056	0.073	0.093	0.131	0.165	0.062	0.093
		f/%	10.27	3.853	3.320	4.713	5.246	5.945	7.308	8.448	5.146	7.074

因此，综合比较指数分布、耿贝尔分布及 P-Ⅲ分布曲线，并运用最小二乘法或高斯牛顿法分别对三种分布曲线进行参数估算后得到的公式误差，推荐使用基于年最大值法选样的耿贝尔分布、最小二乘法估算参数推算安化县暴雨强度公式。

③暴雨强度公式拟合

根据上述方法可推算出来安化站的单一重现期暴雨强度公式，见表 12.18。

表 12.18 安化县单一重现期暴雨强度计算公式表

(基于耿贝尔分布、年最大值法选样、最小二乘法估算)

重现期/a	公式(单位:L/(s·hm²))	公式(单位:mm/min)
1	$1252.834/(t+7.811)^{0.651}$	$7.517/(t+7.811)^{0.651}$
2	$1611.884/(t+7.966)^{0.629}$	$9.671/(t+7.966)^{0.629}$
3	$1791.743/(t+8.015)^{0.623}$	$10.750/(t+8.015)^{0.623}$
5	$2004.167/(t+8.067)^{0.615}$	$12.025/(t+8.067)^{0.615}$
10	$2255.836/(t+8.060)^{0.608}$	$13.535/(t+8.060)^{0.608}$
20	$2556.436/(t+8.088)^{0.603}$	$19.339/(t+8.088)^{0.603}$
30	$2705.567/(t+8.098)^{0.601}$	$16.233/(t+8.098)^{0.601}$
50	$2880.75/(t+8.108)^{0.599}$	$17.284/(t+8.108)^{0.599}$
100	$3106.701/(t+8.120)^{0.596}$	$18.640/(t+8.120)^{0.596}$

引入重现期区间参数公式,应用公式(12.18)。

$$y = b_1 + b_2 \ln(P + C) \tag{12.18}$$

作为区间参数公式来求算区间参数值效果很好,其中,y 为 A、b、n 参数中的任一个,P 为重现期,C 为常数。

任意重现期的暴雨强度见表 12.19。

表 12.19 安化县暴雨强度区间公式参数一览表

(耿贝尔分布、年最大值法选样、最小二乘法估算)

重现期/a	区间	参数	公式
1～10	II	n	$0.631-0.011\ln(T-0.836)$
		b	$7.954+0.079\ln(T-0.836)$
		A	$8.567+2.243\ln(T-0.378)$
10～100	III	n	$0.610-0.003\ln(T-7.842)$
		b	$8.048+0.016\ln(T-7.842)$
		A	$10.204+1.840\ln(T-3.975)$

推算安化县的暴雨强度总公式,见公式(12.19)和公式(12.20)。

$$q = \frac{1263.841 \times (1 + 0.919 \times \lg P)}{(t + 9.139)^{0.622}} \tag{12.19}$$

$$i = \frac{7.583 \times (1 + 0.919 \times \lg P)}{(t + 9.139)^{0.622}} \tag{12.20}$$

其中,q 和 i 表示雨强,单位分别为 L/(s·hm²)、mm/min;P 为重现期,单位为年;t 为降水历时,单位为 min。

④精度检验

在耿贝尔分布曲线拟合结果下,年最大值法选样,利用最小二乘法计算得到:安化县重现期 2～20 年的暴雨强度单一重现期公式和总公式的平均绝对均方差以及平均相对均方差,基本满足《室外排水设计标准》(GB 50014—2021)规定的精度要求。

2)设计暴雨雨型推算

以芝加哥短历时暴雨雨型为例，首先要确定雨峰所在位置。通常，雨峰位置系数(r)值是根据每场降雨峰值时刻与整个历时的比值统计确定的。对历时相同的暴雨过程求出雨峰位置系数(r)的平均值，将各历时的雨峰位置系数按照各历时的长度进行加权平均，得到综合雨峰位置。安化县各历时的雨峰位置系数及综合雨峰位置系数(r)值见表 12.20，安化县综合雨峰位置系数为 0.262。

表 12.20　安化县雨峰位置统计表

	降雨历时/min						综合雨峰
	30	60	90	120	150	180	
降雨次数	16	13	10	11	8	7	65
雨峰	0.384	0.243	0.238	0.203	0.149	0.283	0.262

确定安化县综合雨峰位置系数后，求出雨峰前后的瞬时强度。以 180 min 降雨过程为例，将整个暴雨过程划分为 36 个相等的时段，取综合雨峰位置系数(r)为出发点，分别求其前后相隔等额数值位置处的瞬时暴雨强度，对应重现期 2～20 年，可得瞬时强度的分布。

根据综合雨峰系数，可以计算出不同重现期下各个历时的暴雨强度过程分布以及相应的累计雨量过程线，图 12.16 和图 12.17 分别为 2 年、3 年、5 年、10 年和 20 年重现期下，180 min 历时的暴雨强度过程分布及相应的累计雨量过程线。

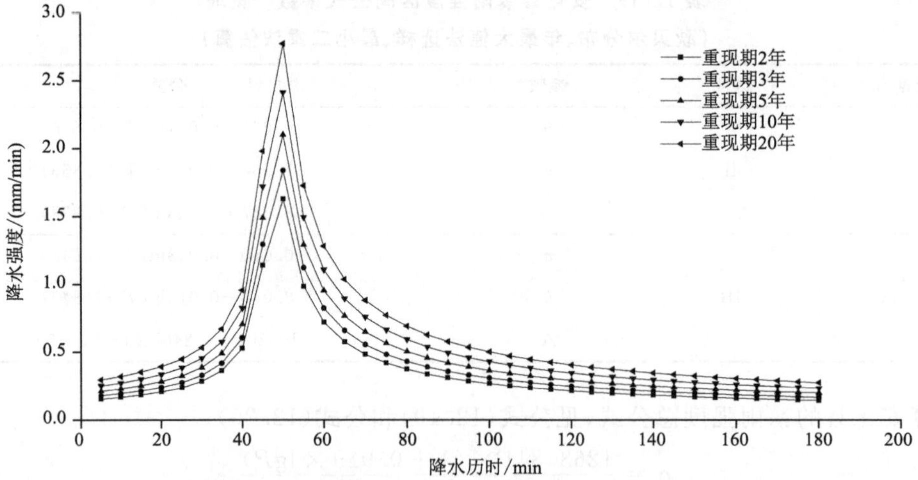

图 12.16　各重现期下(2 年、3 年、5 年、10 年和 20 年)180 min 的短历时暴雨雨型

12.3.2　城市热岛遥感监测评估

随着城市化进程的不断加速，城市热岛效应表现得尤为突出。地表温度作为城市热岛效应、地球环境分析的重要指标，而遥感技术作为现代重要的对地观测手段，使得基于遥感图像的地表温度反演研究越来越多。采用 Landsat ETM＋遥感影像，运用辐射传输方程法(大气校正法)对地表温度进行反演。该方法需要进行大气校正，消除大气层对地表辐射能量的影响，这就需要从卫星观测得到的热辐射能量中扣除大气层的辐射分量，并利用热红外波段范围

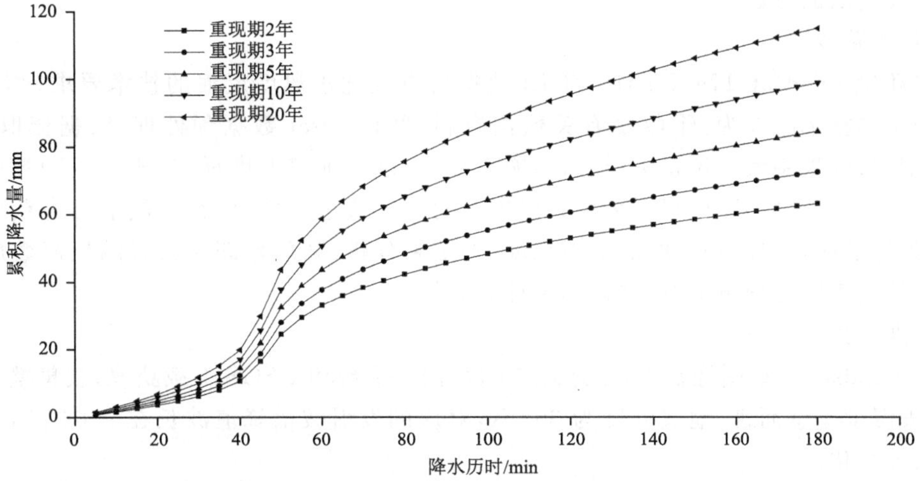

图 12.17　各重现期下(2 年、3 年、5 年、10 年和 20 年)180 min 降雨累计量过程线

内的地表发射率作为参数反演地表的真实温度。

(1)基本原理和方法

热红外遥感(Infrared Remote Sensing)是指传感器工作波段限于红外波段范围之内的遥感。即利用星载或机载传感器收集、记录地物的热红外信息,并利用这种热红外信息来识别地物和反演地表参数(如温度、湿度和热惯量等)。目前有很多的卫星携带了热红外传感器,包括ASTER、AVHRR、MODIS、TM/ETM+/OLI、CB04-IRS、HJ1B-IRS 等。目前,地表温度反演算法主要有以下三种:大气校正法、单通道算法和分裂窗算法(徐涵秋,2015;吴志刚 等,2016)。本节主要介绍大气校正法。

基本原理:首先估计大气对地表热辐射的影响,然后把这部分大气影响从卫星传感器所观测到的热辐射总量中减去,从而得到地表热辐射强度,再把这一热辐射强度转化为相应的地表温度。

具体实现为:卫星传感器接收到的热红外辐射亮度值(L_λ)由三部分组成:大气向上辐射亮度($L_\uparrow$)、地面的真实辐射亮度经过大气层之后到达卫星传感器的能量、大气向下辐射到达地面后反射的能量。卫星传感器接收到的热红外辐射亮度值(L_λ)的表达式可写为(辐射传输方程):

$$L_\lambda = [\varepsilon B(T_S) + (1-\varepsilon)L_\downarrow]\tau + L_\uparrow \tag{12.21}$$

式中,ε 为地表比辐射率,T_S为地表真实温度(K),$B(T_S)$为黑体热辐射亮度,τ 为大气在热红外波段的透过率。则温度为 T 的黑体在热红外波段的辐射亮度 $B(T_S)$为:

$$B(T_S) = [L_\lambda - L_\uparrow - \tau(1-\varepsilon)L_\downarrow]/\tau\varepsilon \tag{12.22}$$

式中,T_S可以用普朗克公式的函数获取。

$$T_S = K_2/\ln(K_1/B(T_S)+1) \tag{12.23}$$

式中,对于 TM,K_1=607.76 W/(m^2 · μm · sr),K_2=1260.56 K;对于 ETM+,K_1=666.09 W/(m^2 · μm · sr),K_2=1282.71 K。对于 TIRSBand10,K_1=774.89 W/(m^2 · μm · sr),K_2=1321.08 K。

从上述分析可知,此类算法需要两个参数:大气剖面参数和地表比辐射率,大气剖面参数可从 NASA 的网站(http://atmcorr.gsfc.nasa.gov/)中获取,输入成像时间以及中心经纬度即可获取大气剖面参数。

(2)技术路线

根据环境 Landsat TM/ETM+/OLI 数据特点及地表温度反演的技术要求(李福建 等,2009),采用的技术路线为:①收集有关数据资料;②Landsat 数据预处理:数据读取、去云处理、辐射定标;③采用大气校正法(辐射传输方程法)进行地表温度反演:相关辅助数据的确定与查找,大气上行辐射、下行辐射采用数据当天的大气透过率信息,在反演前首先获取地表比辐射率,计算黑体在热红外波段的辐射亮度;④结果分析,利用普朗克公式的反函数反演出整个研究区的地表温度分布情况,进行相关计算分析。

1)数据收集

获取 Landsat 卫星图像数据,在地理空间数据云平台和 USGS 下载获取,收集整理遥感影像(对地表温度遥感而言,地表温度为 300 K,对应的发射波谱峰值波长在 9.66 μm);研究区的确定与矢量化。

2)数据预处理

数据读取和辐射定标,数据辐射定标采用的是 ENVI 下自带的 Landsat 定标工具“Landsat Calibration”,在读取文件数据后,会根据元数据中的信息进行增益值与偏移值的自动读取,直接根据功能对话框点击“确定”即可,可见光—近红外大气校正,消除大气的影响以获取精度更高的 NDVI 及植被覆盖度,用于计算地表比辐射量。这里采用的是快速大气校正。

3)地温反演

①辅助数据的获取

采用大气校正法进行地表温度反演,其中,涉及大气上行辐射、下行辐射以及大气的透过率数据,这些数据可以在 NASA 官网(http://atmcorr.gsfc.nasa.gov/)中输入成像时间及其中心经纬度,则会提供公式(12.23)所需要的参数。

②地表比辐射率的计算

地表比辐射率的计算是地表温度反演的一个难点,主要采用先验公式法利用植被覆盖度进行地表比辐射率值的计算。

③地表真实温度的获取

反演部分采用反演公式在 ENVI 主模块下的 Band Math 进行运算实现。

4)结果分析

反演出整个研究区域地表温度分布情况,进行波段运算和叠加显示与分析,最终结果以 ENVI 数据(dat)和 ArcGIS 软件能读取的 tiff 格式及地图形式(jpg)呈现(图 12.18)。

(3)应用实例

对常德市 2008—2018 年地表温度进行遥感反演,使用 Landsat TM/ETM+/OLI 遥感图像与气象观测站的数据,采用大气校正法对地表温度进行反演。应用已完成的地表温度反演结果,对 2008—2018 年常德市区热岛效应变化进行了初步分析。

1)常德市热岛效应年际特征

依据常德市地表年均温度卫星反演图(图 12.19),分析得出:2008—2018 年,随着常德市城市化进程的推进,常德市城区热岛范围随之扩大增强,至 2013 年受夏季罕见高温影响,常德市热岛强度达到高峰,之后热岛强度有所下降,较大可能是因常德市推进海绵型城市建设降低了城区的热岛强度,而在 2018 年前期,夏季出现的持续高温使得常德市区的热岛强度达到高

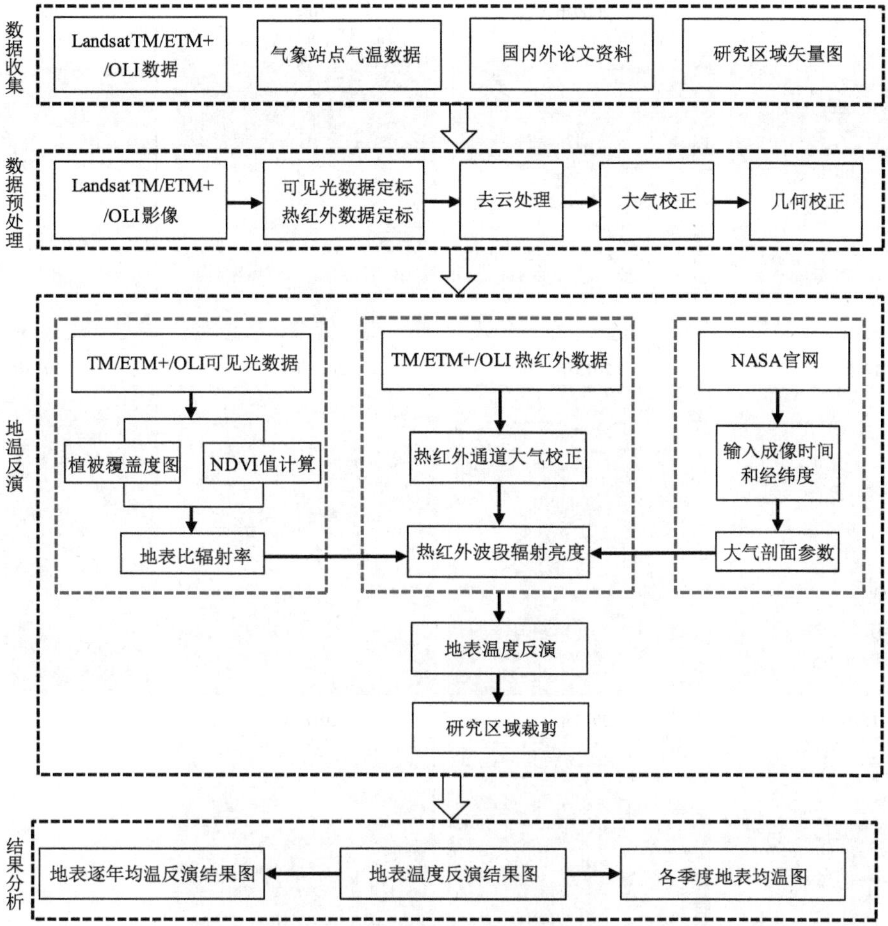

图 12.18　地表温度反演技术流程图

峰。总的来说,常德市 2008—2018 年市区热岛范围持续增大,热岛强度经历了从快速增大,到缓和的变化,热岛强度还受到气候条件变化的影响。

2)常德市热岛效应各季特征

依据常德市地表季度平均温度结果反演图(图 12.20),可以发现,常德市热岛范围的季度分布从大到小依次为春夏秋冬,而热岛强度则是夏季最强,春季次之,秋季较弱,而冬季最弱。其分布状况可能受到季节性气候变化及社会生产生活的影响,秋冬季热岛强度较高的地区多为工业、企业所在地区,而春夏季则市区整体呈现热岛强度高的特点,可能是受到居民用电高峰与企业生产活动高峰叠加的影响,常德市夏季热岛强度的影响因素有待进一步分析,从而提出针对性有效措施减轻夏季热岛强度。

12.3.3　城市气候模拟

利用城市地表能源和水平衡方案(SUEWS)对城市进行模拟,SUEWS 是复杂程度适中的城市规模的城市路面模式,可以结合灌溉和径流过程模拟城市地表能量平衡,有着无须专门的计算设施即可进行长期的城市气候模拟的特点。

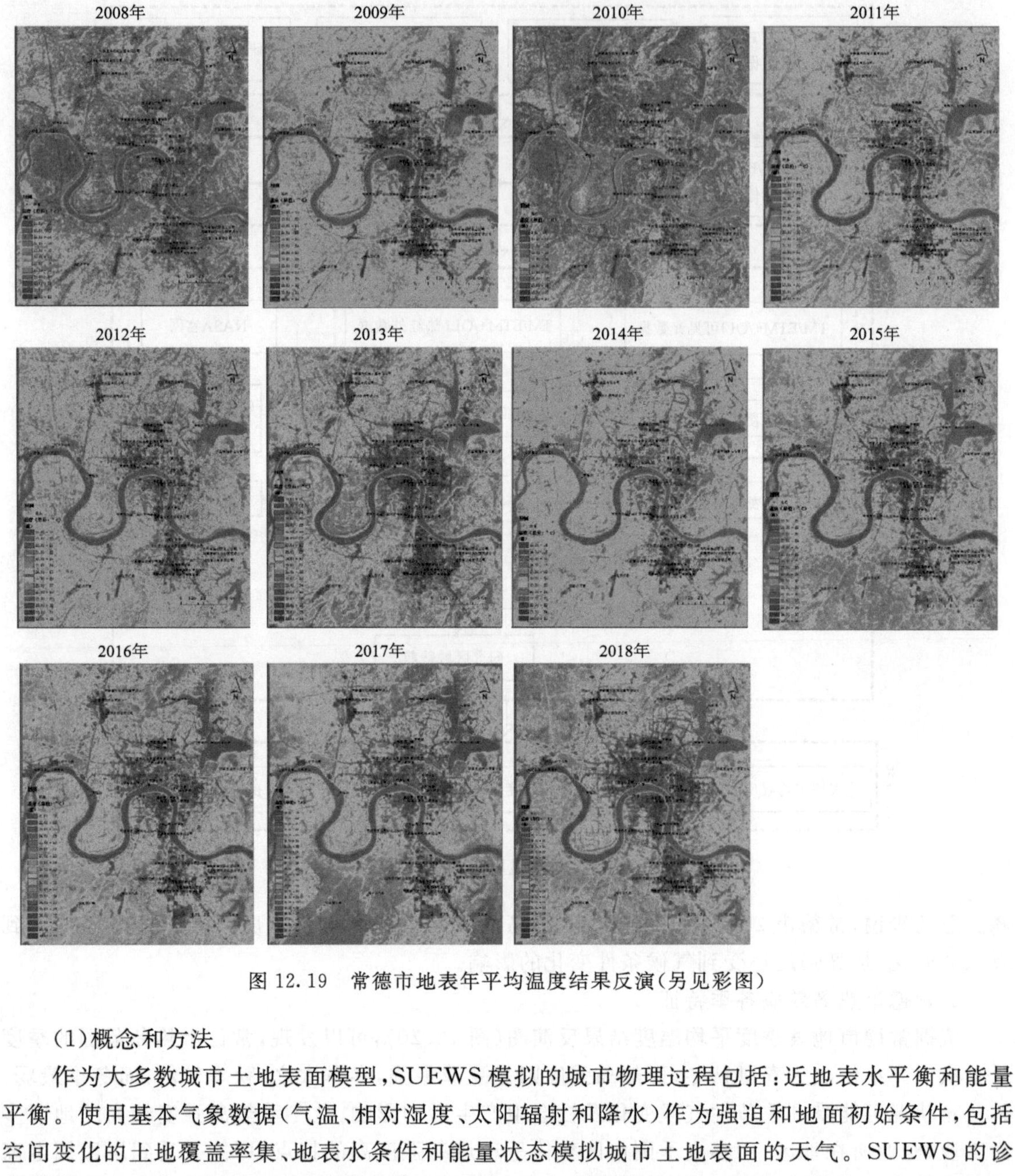

图 12.19　常德市地表年平均温度结果反演(另见彩图)

(1)概念和方法

作为大多数城市土地表面模型,SUEWS 模拟的城市物理过程包括:近地表水平衡和能量平衡。使用基本气象数据(气温、相对湿度、太阳辐射和降水)作为强迫和地面初始条件,包括空间变化的土地覆盖率集、地表水条件和能量状态模拟城市土地表面的天气。SUEWS 的诊断计算方法可分为辐射平衡、能量平衡、水平衡、大气控制和表面电阻 5 个部分。为了支持上述各部分,SUEWS 共有 9 个子模型(例如净全波辐射子模型)来计算关键参数(例如显热通量)。经过较大的计算模拟后,SUEWS 可以提供逐时的城市陆地表面天气状况数据。

(2)资料来源

1)气象资料

此模式运行需要基本的气象变量资料,推荐从全球 Coopernicus 计划和气候数据存储中获取逐时气象数据,目前模式推荐使用的资料为 ERA5 或 WATCH,这里推荐使用 ERA5 资

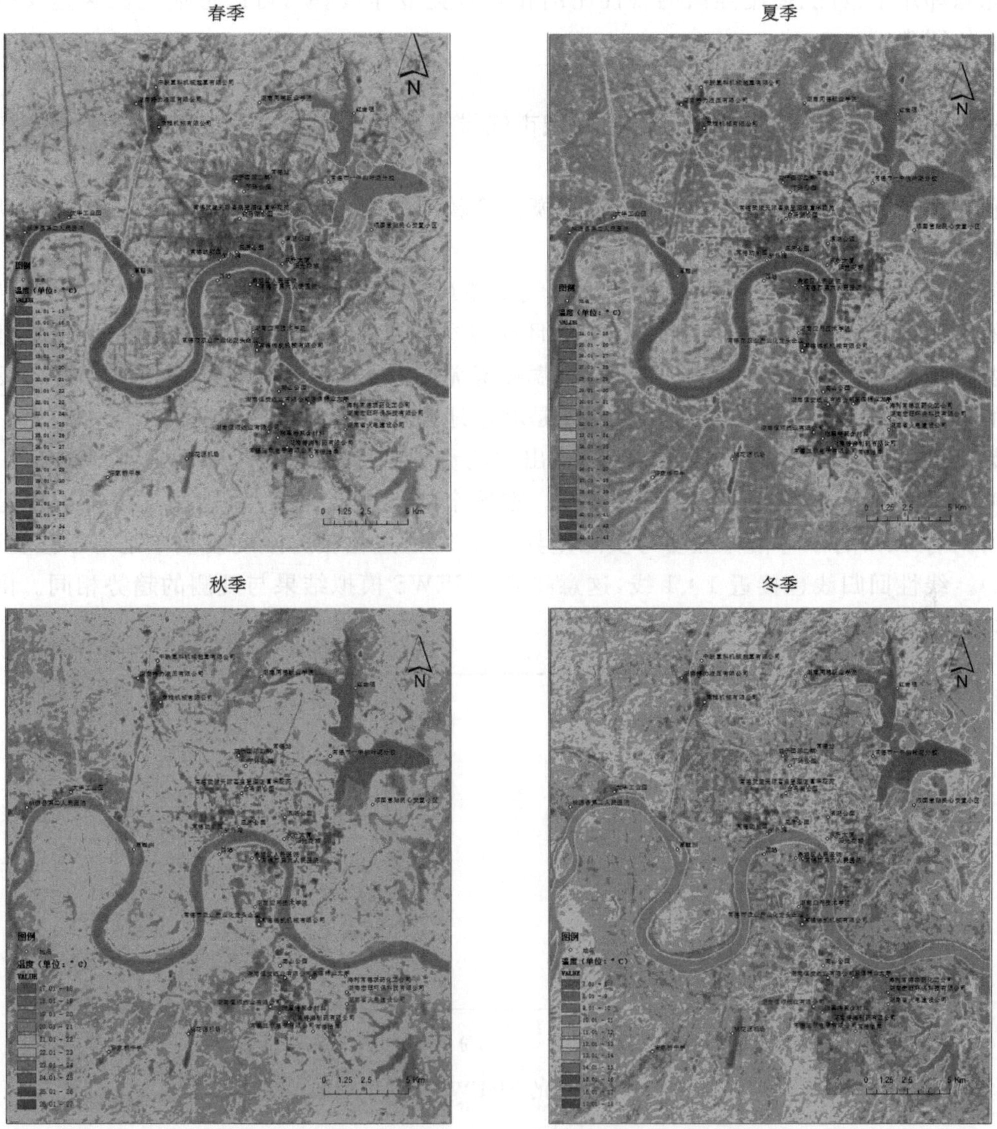

图 12.20　常德市地表季平均温度结果反演(另见彩图)

料做中国地区的模拟,ERA5 能够提供逐时大气、海洋、陆地数据的估计值,目前资料可以下载的时间段为 1979—2024 年;垂直方向分为 137 层,从地表至 80 km 高空。空间分辨率为 0.25°,可以提供 0.125°的插值数据下载。

2)土地分类资料

为了更好地反演地表特征,此模式需要提供土地覆盖分类信息,包括土地覆盖、建筑物和树木的高度、辐射特征(例如反照率、发射率)、排水特征、土壤特征、降雪特征、物候特征(例如 LAI 的季节周期)。

3)人类行为的资料

包括能源和水的使用(例如用于灌溉或街道清洁)资料。用这些参数(人口密度、逐时和逐周的能源和用水概况、使用灌溉的特性比例和灌溉类型等)建模,可以形成气象强迫文件中人为影响的因素。

(3)实例应用

根据现有的资料,本指南初步给出的城市气候模拟方法,可用于指导各地开展城市气候评估。这里给出伦敦城市气候模拟实例。

利用 WATCH 数据驱动此模式,用于模拟伦敦市的气候环境。并利用伦敦圣詹姆斯公园验证其结果。主要结果如下:

从图 12.21 中可以看出,1 月的平均月气温差最高(达到 1.25 ℃)。SUEWS 模拟结果与全年的观测值之间存在相似的温度趋势。且在夏季的日平均温差要小得多(5 月和 6 月的日平均温差小于 0.2 ℃)。此外,还可以体现温度异常点,这表明 SUEWS 模拟结果可以反映模拟中的极端温度(热波或冷波)。相对湿度是城市地表模型和 TMY 数据集生成中的另一个重要参数,可以显示城市效应。Oke(2017)指出:"测量空气中的水分含量要比温度难得多。"相对湿度易受其他气象因素(例如云)的影响。在城市陆地表面模型中,高精度模拟湿度是非常困难的。有 48%的小时相对湿度与实际差异小于 5%,这在相对湿度模拟中是可以接受的(图 12.22)。线性回归线也接近 1∶1 线,这意味着 SUEWS 模拟结果与观测的趋势相同。由此可见,本方法可以较好地模拟城市气候。

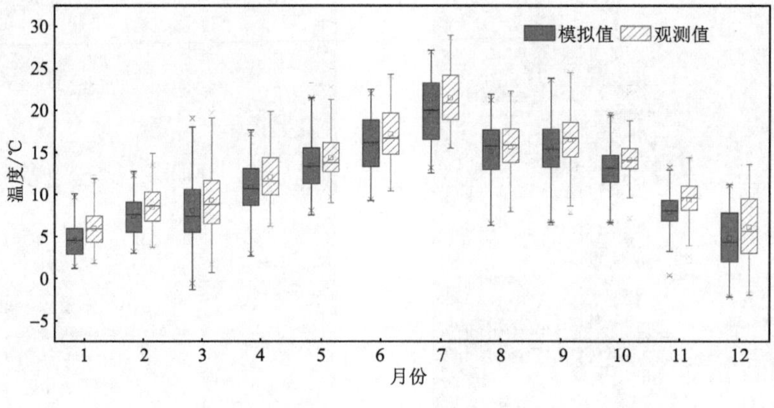

图 12.21 各月平均气温的 SUEWS 模式模拟和观测值对比

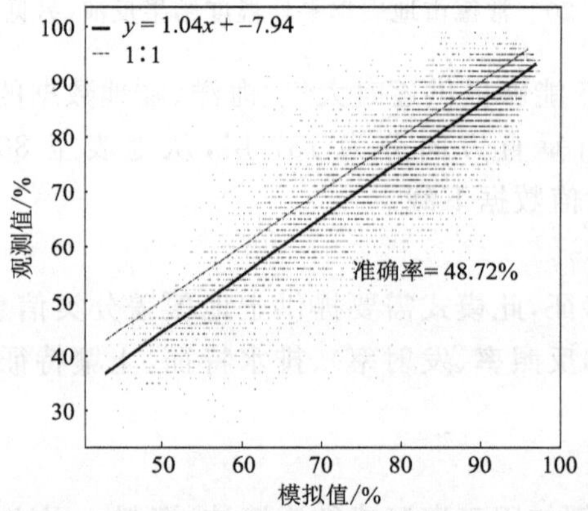

图 12.22 相对湿度的 SUEWS 模式模拟和观测值对比

12.4　重大工程气候可行性论证

气候可行性论证是指在重大工程项目实施之前，从气候学的角度出发对与气候条件密切相关的规划和建设项目进行气候适宜性、风险性以及可能对局地气候产生影响的分析、评估活动。其目的是合理开发利用气候资源，避免或者减轻项目实施后可能受气象灾害、气候变化的影响，或者可能对局地气候产生的不良影响。

对重大工程项目进行气候可行性论证，一方面是可以增强工程建设和运营过程中抵御自然灾害的能力，实现工程投资成本的经济化与效益的最大化；另一方面，可以充分适应和利用当地气候资源，规避气候变化风险，减缓重大工程对局地气候环境的不利影响，从而服务于当地经济社会建设和居民生活。因此，开展气候可行性论证工作对于合理控制建设成本、积极应对气候变化、避免和减轻气象灾害造成的损失，以及提供风险管理决策依据等都具有重要的意义和实用价值。

目前，我国重大工程气候可行性论证广泛应用于能源（包括风能、太阳能、核电、火电、水电、电网建设规划、输电工程等）、建筑（包括高耸、大跨度、复杂体型结构等）、交通设施（包括公路、铁路、桥梁、码头、机场建设和运营等）、化工、城镇规划（包括城市排水、城市环境、城市灾害）等领域。

工程气候可行性论证方法，包括通过分析各气候要素的平均值获得其平均状态；通过计算相对变率和绝对变率获得气候因素的稳定性；通过使用 P-Ⅲ型分布、极值Ⅰ分布、广义极值分布等模型推算气候极值，获得气候要素的极端情况；通过计算空气污染指数、大气混合层厚度、大气稳定度等分析重大工程的污染气象条件。

12.4.1　风速极值推算

随着经济社会的高速发展，大型工程项目建设日益增多，如核电、桥梁、机场、高耸建筑、码头、风电场、钢铁、石化、输电工程、轨道交通等，工程抗风论证是这些项目开展气候可行性论证过程中的一项重要内容，准确、可靠的抗风参数是在工程项目安全前提下进行科学合理的工程规划决策、结构设计和项目投资的关键基础依据。

(1)年最大风速序列构建

从参证气象站逐时或定时风速观测数据中选取年最大值构成全方位年最大风速初始序列，从参证气象站逐时风速观测数据中按风向方位选取年最大值构成分方位年最大风速初始序列。

1)时距订正

当年最大风速取自时距为 2 min 的定时观测资料时，应将其订正到 10 min 时距。利用定时观测的年最大 2 min 平均风速和逐时观测的年最大 10 min 平均风速的同步样本（当样本数小于 15 时，宜从月最大风速中选取样本）拟合的线性回归方程进行订正。

2)高度订正

当风速仪距观测场地面高度不等于 10 m，且观测场区域处于开阔平坦地表时（A 类或 B 类地表，表 12.21），可按照幂指数公式将年最大风速订正到 10 m 高度。

表 12.21 地表分类

地表类别	地表状况	风切变指数
A	海面、海岸、开阔水面、沙漠	0.12
B	田野、乡村、开阔平坦地及低层建筑物稀疏地区	0.15
C	树木及低层建筑物等密集地区、中高层建筑物稀疏地区、平缓的丘陵地	0.22
D	中高层建筑物密集地区、起伏较大的丘陵地	0.30

3)迁站订正

对迁站前、后两段年最大 10 min 平均风速样本数据，采用 t 检验方法进行差异显著性检验，若无显著性差异，则迁站前、后两段数据可合并使用，无须订正。若存在显著性差异，可从迁站对比观测的日最大 10 min 平均风速中选取较大值样本(宜为 10 m/s 以上)构成全方位风速订正样本，采用中华人民共和国国家标准《风电场风能资源评估方法》(GB/T 18710—2002)附录 A 的方法，构成分方位风速订正样本，以此计算比值系数，采用比值订正法进行订正。

4)测风环境变化订正

若参证气象站测风环境变化导致年最大风速序列存在明显的突变时，宜采用适当的检验技术(如 t 检验方法)，找出突变点，并对其原因进行考察分析确认，利用突变点前后两段年最大风速的平均值的比例关系进行订正。

(2)重现期风速计算

1)参证气象站重现期风速计算

利用参证气象站距地面 10 m 高度的年最大 10 min 平均风速序列，采用极值Ⅰ型、P-Ⅲ、广义极值概率分布函数计算其不同重现期的 10 min 平均风速。

2)工程场址重现期风速计算

当工程场址缺乏测风数据，但参证气象站与工程场址距离较近且地形地貌相似时，可将参证气象站重现期风速通过风速地表修正系数换算为工程场址 10 m 高度重现期风速，然后根据工程场址地表状况确定工程场址风切变指数，按照幂指数公式将工程场址 10 m 高度重现期风速推算到工程项目需求的不同高度层，得出工程场址重现期风速。

当参证气象站与工程场址距离较远或地形地貌相差较大时，应设立专用气象站，在与参证气象站同期风速观测数据相关分析的基础上，推算工程场址重现期风速。从专用气象站 10 m 高测风层与参证气象站至少 1 年同步观测的日最大 10 min 平均风速中选取较大值样本(宜为 10 m/s 以上)构成全方位风速样本，采用中华人民共和国国家标准《风电场风能资源评估方法》(GB/T 18710—2002)附录 A 的方法，构成分方位风速样本，以此计算比值系数，根据工程需求推荐合适的比值系数与参证气象站重现期风速相乘，得出专用气象站 10 m 高度的重现期风速。当专用气象站 10 m 高度测风数据受下垫面影响较大，不具备代表性时，可选取专用气象站最高测风层数据，按照上述方法计算得出专用气象站最高测风层的重现期风速。

(3)应用实例

本节以宜章某工业园风速极值推算为例，详细介绍推算方法。根据中华人民共和国气象行业标准《气候可行性论证规范抗风参数计算》(QX/T 436—2018)，计算用于工程建设项目抗风设计的主要参数——重现期风速，即不同高度各重现期风速极值推算。设计风速是指工程建设区地面以上 10 m 高处所需重现期的 10 min 平均最大风速，计算一般采用观测站至少 20 年的 10 min 平均最大风速资料，通过极值拟合，推算所需重现期最大风速。

1)参证站风速序列构建

采用宜章气象站作为园区设计风速推算的参证气象站。参证站宜章气象站自 1973 年开始有自记 10 min 平均最大风速观测，共有 1973—2019 年 47 年长年代观测数据，满足作为参证站的数据长度要求(图 12.23)。

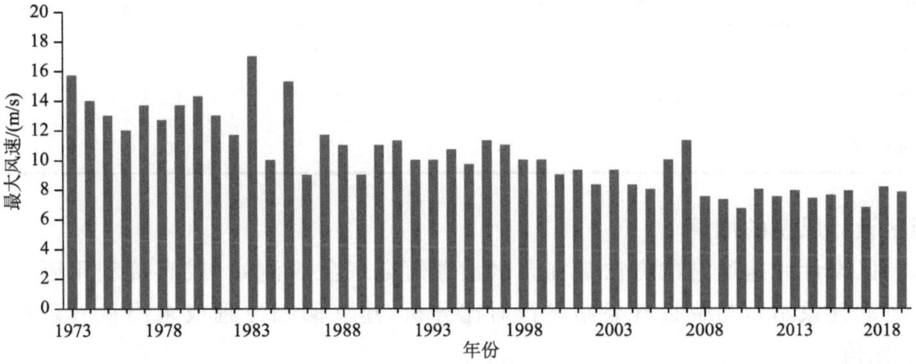

图 12.23　1973—2019 宜章气象站逐年原始最大风速变化

参证站由于观测仪器变更、迁站、观测环境变化影响，设计风速计算时需要对原始最大序列进行订正。宜章站最大风速资料从 1973 年开始，资料较为完整。风速仪高度变化 6 次，设计风速计算要求风速离地 10 m 高，因此，需要对年最大风速进行高度订正，高度订正方法如下。

假设风随高度呈幂指数变化，其计算公式为：

$$v_2 = v_1 \left(\frac{z_2}{z_1} \right)^{\alpha} \tag{12.24}$$

式中，v_2 为高度 z_2 处的风速(m/s)；v_1 为高度 z_1 处的风速(m/s)；z_2 为第二层高度(m)；z_1 为第一层高度(m)；α 为风切变指数，无量纲数。

当实测风廓线缺乏时，α 可根据不同地表类型按表 12.21 取值。气象观测站一般处于开阔平坦地表，按表 12.22 的 B 类地表取值，订正结果见图 12.24。

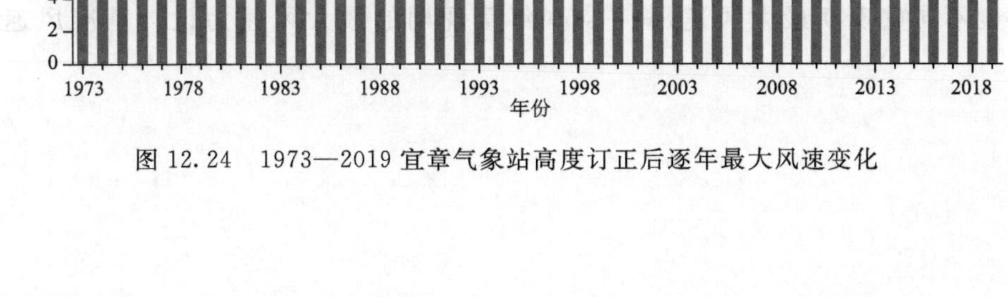

图 12.24　1973—2019 宜章气象站高度订正后逐年最大风速变化

2)最大风速的概率计算

概率计算方法主要采用了耿贝尔分布、P-Ⅲ分布和广义极值分布。

利用耿贝尔、P-Ⅲ型和广义极值分布三种分布型计算出不同重现期的基本风速，得出基本风速，见表12.22，其中，耿贝尔法计算得出的各重现期最大风速较大，因此以耿贝尔法计算的各重现期风速作为基本风速。

表12.22　三种分布计算的宜章气象站各重现期基本风速　　单位：m/s

参数估算法	100年一遇	50年一遇	30年一遇	20年一遇	10年一遇
耿贝尔法	20.5	18.8	17.6	20.6	14.8
P-Ⅲ	18.5	17.4	20.5	15.8	14.4
广义极值	19.4	18	17	20.1	14.5

3)园区设计风速的推算

估算园区设计风速通常的方法是在园区设置短期气象观测站(或直接利用园区附近气象站或区域自动气象站)，与临近气象站进行对比分析，建立回归方程或求出从气象站到园区的放大系数(比值)。

选取2016—2019年宜章参证站日最大风速不小于4 m/s的样本，以及距离园区7.2 km的五岭镇自动气象站相应时间的日最大风速建立订正序列，求取从气象站到园区的放大系数(K)(详见中华人民共和国国家标准《风电场风能资源评估方法》(GB/T 18710—2002)附录A)：

$$K=\frac{\overline{x}_1}{\overline{x}_2}=\frac{4.94}{4.70}=1.1 \tag{12.25}$$

式中，$\overline{x}_2$表示宜章参证站2016—2019年日最大风速不小于4 m/s的风速序列平均值；$\overline{x}_1$表示五岭镇区域自动气象站对应时段日最大风速序列平均值。

基于气象站到园区的放大系数K值(1.1)，选取极值Ⅰ型、P-Ⅲ型和广义极值分布推算的各重现期的最大风速，用于推算宜章园区设计风速，得出园区100年一遇最大风速的推荐值为22.6 m/s、50年一遇最大风速的推荐值20.7 m/s，见表12.23。

表12.23　园区不同重现期的设计风速

	100年一遇	50年一遇	30年一遇	20年一遇	10年一遇
设计风速/(m/s)	22.6	20.7	19.4	18.3	16.3

4)园区不同高度各重现期10 min平均最大风速的推算

查阅和参考《公路桥梁抗风设计规范》(JTG/T 3360—01—2018)关于地表粗糙度分类，开发区类似于表中农地、田园、平坦开阔地；树木及地层建筑物稀少地区的情况，因此采用B类地表粗糙度，风廓线指数为0.15。最终采用$\alpha=0.15$推算出离地20 m、30 m、50 m、70 m和100 m高度不同重现期最大风速，其中，50年重现期的最大风速为设计基准风速，结果见表12.24。

表 12.24　园区不同高度不同重现期 10 min 平均最大风速　　单位：m/s

高度/m	100 年一遇	50 年一遇	30 年一遇	20 年一遇	10 年一遇
10	22.6	20.7	19.4	18.3	16.3
20	25.0	22.9	21.5	20.3	18.1
30	26.6	24.4	22.8	21.5	19.2
50	28.7	26.3	24.6	23.2	20.7
70	30.2	27.7	25.9	24.4	21.8
100	31.9	29.2	27.3	25.8	23.0

12.4.2　气温极值推算

(1)设计高温与极端最高气温推算

按照《建筑结构荷载规范》(GB 50009—2012)，选取气象站历年最高气温月的月平均最高气温来计算基本气温(高温)；选取气象站历年来极端最高气温来计算不同重现期的极端最高气温，以宜章某园区为例进行介绍。

1)设计气温(最高)的概率计算

本节使用的资料是宜章气象站 1958—2019 年最高气温月的月平均最高气温序列，有 62 年资料，符合《园区气候可行性论证技术规范》(DB43/T 2138—2021)对资料的要求。利用极值Ⅰ型和广义极值分布计算出基本气温(高温)，为了让设计人员有一个选择的余地，也为了有一个相互比较、相互验证的结果，极值Ⅰ型分布分别给出了耿贝尔法和 P-Ⅲ参数估计法计算出的结果(表 12.25)，选取其中相应的最大值为最高气温推荐值，由表 12.25 可见，园区 50 年一遇月平均最高气温的推荐值为 36.9 ℃。

表 12.25　1958—2019 年宜章气象站不同重现期的月平均最高气温　　单位：℃

设计频率	耿贝尔分布	P-Ⅲ分布	广义极值	最大值
10 年一遇	35.5	35.4	35.4	35.5
20 年一遇	36.1	35.8	35.8	36.1
30 年一遇	36.5	36	36	36.5
50 年一遇	36.9	36.2	36.2	36.9
100 年一遇	37.4	36.5	36.4	37.4

2)年极端最高气温的概率计算

本节使用的资料是宜章气象站 1958—2019 年极端最高气温序列。使用极值Ⅰ型和广义极值分布计算出不同重现期的极端高温，结果如表 12.26 所示。选取其中相应的最大值为设计极端高温推荐值，由表 12.26 可见，园区 550 年一遇极端最高气温的推荐值为 40.6 ℃。

表 12.26　利用三种分布计算宜章气象站不同重现期的极端最高气温　　单位：℃

设计频率	耿贝尔分布	P-Ⅲ分布	广义极值	最大值
10 年一遇	39.2	39.1	39.1	39.2
20 年一遇	39.8	39.6	39.5	39.8
30 年一遇	40.2	39.8	39.7	40.2
50 年一遇	40.6	40.1	40	40.6
100 年一遇	41.2	40.4	40.3	41.2

(2)设计低温与极端最低气温推算

按照《建筑结构荷载规范》(GB 50009—2012),选取宜章气象站历年来最低温度月的月平均最低气温来计算基本气温(低温)。

1)设计气温(最低)的概率计算

使用的资料是宜章气象站1958—2019年最低温度月的月平均最低气温序列。使用极值Ⅰ型和广义极值分布计算出基本气温(低温),结果如表12.27所示,选取三种方法中重现期50年对应的最小值作为园区设计气温(低温)的推荐值,由表12.27可见,园区50年一遇月平均最低气温的推荐值为-1.8 ℃。

表12.27　利用三种分布计算宜章气象站不同重现期的月平均最低气温　单位:℃

设计频率	耿贝尔分布	P-Ⅲ分布	广义极值	最小值
10年一遇	0.3	1.9	0.8	0.3
20年一遇	-0.6	1.4	0.4	-0.6
30年一遇	-1.1	1.1	0.2	-1.1
50年一遇	-1.8	0.7	-0.1	-1.8
100年一遇	-2.6	0.3	-0.3	-2.6

2)年极端最低气温的概率计算

本节使用的资料是宜章气象站1958—2019年极端最低气温序列。使用极值Ⅰ型和广义极值分布计算出不同重现期的极端低温,结果如表12.28所示。选取三种方法中重现期50年对应的最小值作为园区设计极端低温的推荐值,由表12.28可见,园区50年一遇极端最低气温的推荐值为-8.7 ℃。

表12.28　利用三种分布计算宜章气象站不同重现期的极端最低气温　单位:℃

设计频率	耿贝尔分布	P-Ⅲ分布	广义极值	最小值
10年一遇	-6.5	-4.8	-5.7	-6.5
20年一遇	-7.4	-5.4	-6.2	-7.4
30年一遇	-8	-5.8	-6.4	-8
50年一遇	-8.7	-6.2	-6.6	-8.7
100年一遇	-9.6	-6.7	-6.9	-9.6

12.4.3　大气污染源扩散气候模拟

根据中华人民共和国国家环境标准《环境影响评价技术导则　大气环境》(HJ 2.2—2008),选用AERMOD模式系统作为大气污染物扩散的气候模型,用来模拟0～10 km内的污染物扩散分布形势。

(1)AERMOD简介

AERMOD主要适用于评价范围小于或等于50 km的一级、二级大气环境影响评价项目(赖锡柳 等,2017)。20世纪90年代中后期,美国环境保护局联合美国气象学会组建法规模型改善委员会,基于最新的大气边界层和大气扩散理论,成功开发了AERMOD扩散模型,并将其作为新一代法规模型,替代原来的法规模型ISC3。AERMOD模型系统包括气象数据预处理器(AERMET)、地形数据预处理器(AERMAP)和扩散模块(AERMIC)。AERMOD 模型是稳定状态烟羽模型,适用于农村或城市地区、简单或复杂地形。在稳定边界层(SBL)、垂直方向和水平方向上的污染物浓度分布都可看作是高斯分布;在对流边界层(CBL),水平方向的污染物浓度分布仍可看作是高斯分布,而垂直方向的污染物浓度分布则使用了双高斯概率密度函数(PDF)来表达。AERMOD 模式系统可用于包括点源、面源和体源在内的多种排放源的排放,适用于评价范围小于或等于 50 km 的乡村环境和城市环境、平坦地形和复杂地形、地面源和高架源等多种排放扩散情形的模拟和预测。污染源可包含点源和面源、地面源和高架源等多种。

(2)AERMOD 参数设置

1)地理高程资料处理

在 AERMAP 地形预处理模块中,采用的是水平分辨率约 90 m 的 SRTM 全区地形数据,其中,经 AERMAP 处理区域为评价范围 10 km×10 km,网格分辨率为 500 m×500 m,计 1681 个格点,输出的高程文件间隔 100 m×100 m 进行读数;次网格评价区域为 3 km×3 km,网格分辨率为 100 m×100 m,计 3721 个格点,输出地理高程文件按间隔 100 m×100 m 进行读数。

2)气象数据处理

AERMET 进行气象预处理分两步进行,其中,Stage1n2 用于合并地面观测资料及 5000 m 以下高空探测资料,Stage3 根据 Stage1n2 中生成的合并文件计算生成 AERMOD 所需的逐时气象参数数据文件。模拟地面气象资料输入污染源附近气象资料,包括温度、风速、风向、总云量、低云量等资料。按 AERMET 参数格式生成近地面逐时气象输入文件。高空探空资料包括各层温度、风向及平均风速等数据。最后结合逐日气象参数,按 AERMET 参数输入格式生成高空逐层气象输入文件。

3)地面参数设计

AERMOD 所需近地面参数(正午地面反照率(Albedo)、白天鲍恩比(Bewen)及地面粗糙度长度(Roughnesslength))按一年四季不同参考用户手册进行选取,其中,粗糙度数据采用相关观测实验数据。相应参数见表 12.29。

表 12.29　AERMOD 近地面参数表

	反照率	鲍恩比率	地表粗糙度
冬季	0.35	1.5	1.3
春季	0.12	0.7	1.3
夏季	0.12	0.3	1.3
秋季	0.12	0.8	1.3

4)污染源设置

根据污染源地理位置和形状,建立初始模型。污染源强设为某基准值,进行污染物扩散模拟,以填埋场的模拟浓度为无量纲值 100,将评价范围内的模拟值换算成相应的无量纲值。

(3)模拟参数分析

基于模型模拟结果,可以得出污染源周边地面臭气的年、季平均浓度分布、最大 1 h 臭气浓度分布、超标率等分析结果。

(4)应用实例

引入大气质量扩散模型——AERMOD 模式建立局地气候污染扩散模型，模拟 2010 年 8 月至 2011 年 7 月长沙市固废处理场臭气扩散，给出臭气的年、季平均浓度分布和最大小时浓度百分率分布，并依据统计分析给出臭气浓度百分比的临界值，给出臭气浓度百分率超标率分布图。设置了多个关心点，给出市固废处理场各方向随距离变化超标率的变化趋势，着重分析典型日和典型时刻沙田村的臭气浓度百分率超标情况。

1)地面臭气的年、季平均浓度分布

对于模型计算结果，假设市固废处理场所在位置的浓度为 100(为无量纲值)，模型计算结果显示，围绕市固废处理场，地面污染物浓度分布受地形影响显著。在市固废处理场东南侧和西北侧由于山体的阻挡，在近距离之内，污染源气体主要向西南和东北方向扩散。在市固废处理场的东北向 1～2 km 范围外为地势较高的山体，污染物浓度下降，而在西南方向为较开阔的平地，臭气扩散较远。在离市固废处理场 800～1000 m 的范围，臭气浓度为市固废处理场浓度的 5%～10%(图 12.25)。

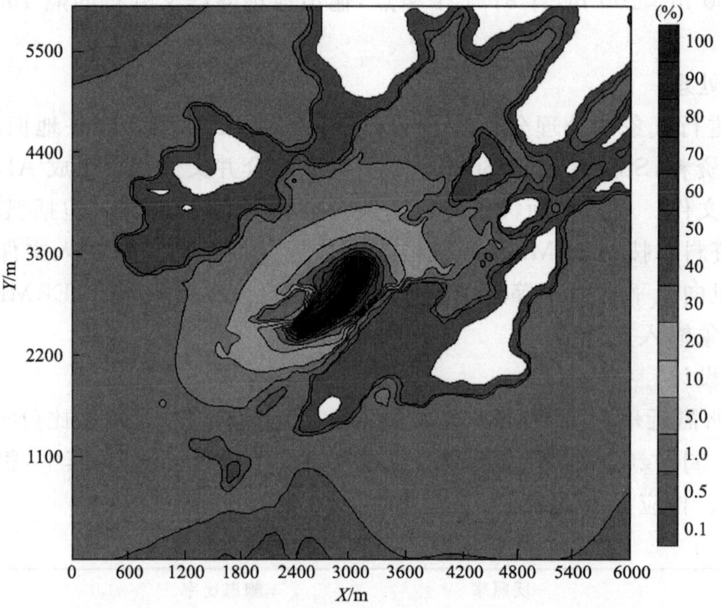

图 12.25　模拟区域年平均污染物扩散浓度(另见彩图)

2)最大 1 h 臭气浓度分布

由图 12.26 可知，对与模拟区域全年最大 1 h 臭气浓度分布，西南方向臭气浓度最大，东北方向较小；相对于年平均臭气浓度分布，最大 1 h 臭气浓度在相等距离情况下，浓度比例要大，在 1000 m 范围左右，臭气浓度达到市固废处理场最大小时浓度的 40%左右。各个季节的最大小时浓度分布态势基本一致。

3)超标率分析

根据地面臭气的年平均浓度分布，选取距市固废处理场 1 km 左右的臭气浓度平均值作为臭气超标临界值。由图 12.27 可知，除因山体阻挡外，距市固废处理场 1 km 左右的范围内，全年臭气超标率在 5%以上，500 m 范围内基本都已达到了 10%。

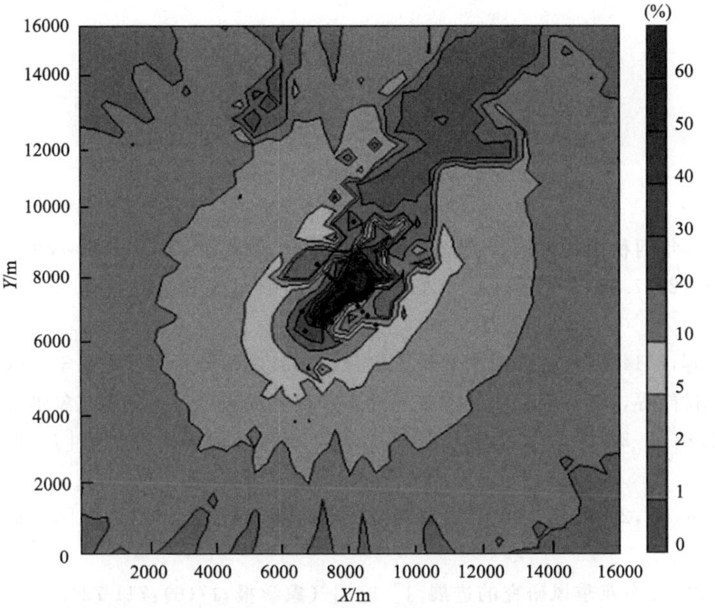

图 12.26　模拟区域全年最大 1 h 浓度分布(另见彩图)

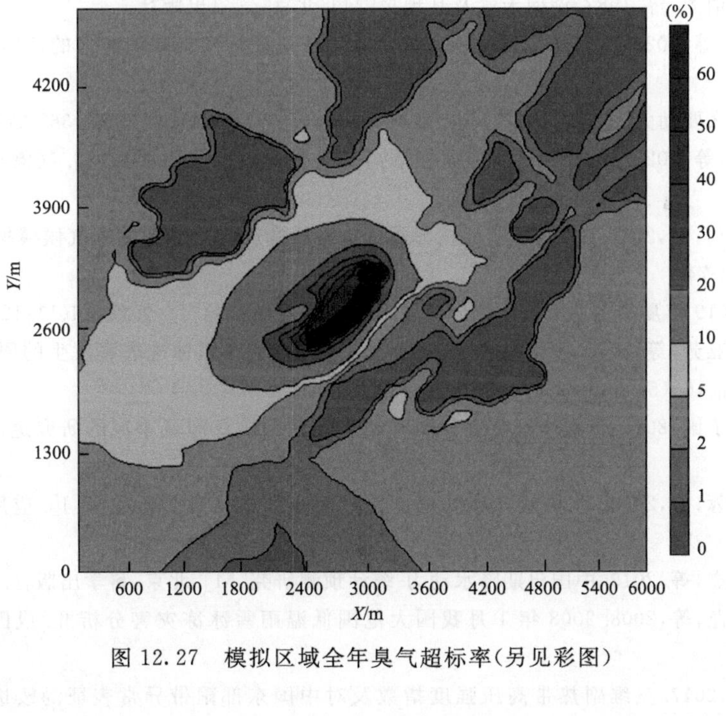

图 12.27　模拟区域全年臭气超标率(另见彩图)

参考文献

白虎志,董文杰,2004.华西秋雨的气候特征及成因分析[J].高原气象,23(6):884-889.

毕宝贵,张小玲,代刊,2017.2016 年超强厄尔尼诺背景下的强对流和极端降水天气特点[J].科学通报,62(9):928-937.

陈静静,姚蓉,文强,等,2014.湖南省降雨型地质灾害致灾雨量阈值分析[J].灾害学,29(2):42-47.

陈丽娟,李维京,张培群,等,2003.降尺度技术在月降水预报中的应用[J].应用气象学报,14(6):648-655.

陈丽娟,袁媛,杨明珠,等,2013.海温异常对东亚夏季风影响机理的研究进展[J].应用气象学报,24(5):521-532.

陈丽娟,赵俊虎,顾薇,等,2019.汛期我国主要雨季进程成因及预测应用进展[J].应用气象学报,30(4):385-400.

陈隆勋,张博,张瑛,2007.东亚季风研究的进展[J].应用气象学报,17(6):711-724.

陈文,丁硕毅,冯娟,等,2018.不同类型 ENSO 对东亚季风的影响和机理研究进展[J].大气科学,42(3):640-655.

程庚福,曾申江,张伯熙,等,1987.湖南天气及其预报[M].北京:气象出版社.

程智,高辉,朱月佳,等,2020.BCC 第二代气候系统模式对东亚夏季气候预测能力的评估[J]. 气象,46(11):1508-1519.

丑纪范,1986.为什么要动力-统计相结合?——兼论如何结合[J].高原气象,5(4):367-372.

崔童,孙林海,张驰,等,2023.2022 年夏季中国极端高温事件特点及成因初探[J].气象与环境科学,46(3):1-8.

邓汝漳,储敏,任宏利,等,2021.BCC_CSM 北极海冰模拟性能的改进对东亚冬季气候模拟的影响[J].大气科学学报,44(1):61-74.

丁婷,高辉,2020.2019 年夏季东亚大气环流异常及对我国气候的影响[J].气象,46(1):129-137.

丁一汇,王遵娅,宋亚芳,等,2008.中国南方 2008 年 1 月罕见低温雨雪冰冻灾害发生的原因及与气候变暖的关系[J].气象学报,66(5):808-825.

段安民,肖志祥,王子谦,2018.青藏高原冬春积雪和地表热源影响亚洲夏季风的研究进展[J].大气科学,42(4):755-766.

封国林,赵俊虎,支蓉,等,2013.动力-统计客观定量化汛期降水预测研究新进展[J].应用气象学报,24(6):656-665.

封国林,赵俊虎,杨杰,等,2015.中国汛期降水动力-统计预测研究[M].北京:科学出版社.

高辉,陈丽娟,贾小龙,等,2008.2008 年 1 月我国大范围低温雨雪冰冻灾害分析Ⅱ.成因分析[J].气象,34(4):101-106.

高辉,丁婷,李维京,2017.三维副热带高压强度指数及对中国东部雨带异常表征的改进[J].科学通报,62(31):3643-3654.

高阳华,王堰,邱新法,等,2008.基于 GIS 的复杂地形风能资源模拟研究[J].太阳能学报, 29(2):163-169.

龚道溢,王绍武,朱锦红,2000.近 50 年南海西沙地区的气候变化特征研究[J],地理学报,55(5):567-575.

龚强,袁国恩,张云秋,等,2006.MM5 模式在风能资源普查中的应用试验[J].资源科学,28(1):145-150.

郭凌曜,廖玉芳,李晶,等,2018.湖南历史风雹灾害序列构建及其变化特征[J].灾害学, 2018(2):122-127.

何慧根,李巧萍,吴统文,等,2014.月动力延伸预测模式业务系统 DERF2.0 对中国气温和降水的预测性能评估[J].大气科学,38(5):950-964.

贺圣平,王会军,李华,等,2021.机器学习的原理及其在气候预测中的潜在应用[J].大气科学学报,44(1):26-38.

湖南省气象局,2018.湖南省气候分析图集[M].北京:气象出版社.

湖南省水利水电厅,1989.洞庭湖水利志.湖南省洞庭湖区基本资料汇编(第四分册)[G].长沙:湖南省水利水电厅.

胡星,张志强,张强,等,2020.次季节—季节(S2S)预测数据分析与应用[J].气象科技, 48(6):779-787

黄超,李巧萍,谢益军,等,2022.机器学习方法在湖南夏季降水预测中的应用[J].大气科学学报,45(2):191-202.

黄刚,胡开明,屈侠,等,2016.热带印度洋海温海盆一致模的变化规律及其对东亚夏季气候影响的回顾[J].大气科学,40(1):121-130.

黄晚华,汪扩军,陆魁东,2009.湖南 8 月低温时空分布特征及对一季稻生产的影响[J].湖南农业大学学报(自然科学版),35(4):357-361.

黄晚华,黄仁和,袁晓华,等,2011.湖南省寒露风发生特征及气象风险区划[J].湖南农业科学(15):48-52.

贾小龙,陈丽娟,高辉,等,2013.我国短期气候预测技术进展[J].应用气象学报,24(6):641-655.

金爱浩,曾刚,余晔,等,2018.南亚高压与西太平洋副热带高压经纬向位置配置对中国东部夏季降水的影响[J].热带气象学报,34(6):806-818.

金祖辉,陶诗言,1999.ENSO 循环与中国东部地区夏季和冬季降水关系的研究[J].大气科学, 23(6):663-672.

康红文,祝从文,左志燕,等,2012.多模式集合预报及其降尺度技术在东亚夏季降水预测中的应用[J].气象学报,70(2):192-201.

赖锡柳,王颖,杨雪玲,等,2017.AERMOD 与 CALPUFF 模拟复杂地形空气质量的对比[J].兰州大学学报:自然科学版,53(6):792-798.

雷杨娜,孙娴,姜创业,2013.测风塔选址对复杂地形风电场风资源评估的影响[J].水电能源科学,31(4):236-239,243.

李福建,马安青,丁原东,等,2009.基于 Landsat 数据的城市热岛效应研究[J].遥感技术与应用,24(4):553-558.

李巧萍,吴统文,刘向文,等,2023.次季节-季节-年际尺度一体化气候模式预测业务系统[J].科技成果管理与研究,18(5):68-70.

李维京,郑志海,孙丞虎,2013.近年来我国短期气候预测中动力相似预测方法研究与应用进展[J].大气科学,37(2):341-350.

李学敏,孙弘,贾海鹰,等,2015.湖南近年大雾特征和对高速公路的影响[J].湖南交通科技,41(3):154-157.

李延,陈斌,徐祥德,2023.青藏高原冬春积雪异常对中国东部夏季降水频次和强度变化的影响[J].大气科学,47(4):1231-1246.

李易芝,罗伯良,彭莉莉,等,2020.2017 年 6 月下旬湖南持续性暴雨动力因子诊断分析[J].暴雨灾害,39(1):10-19.

李易芝,廖玉芳,郭凌曜,等,2023.湖南冬季积雪日数影响因子及其预测模型[J].气象与环境科学,46(1):100-105.

李泽椿,朱蓉,何晓凤,等,2007.风能资源评估技术方法研究[J].气象,65(5):708-717.

梁萍,陈丽娟,丁一汇,等,2018.长江梅雨的长期变率与海洋的关系及其可预报性研究[J].气象学报,76(3):379-393.

廖玉芳,汪扩军,赵福华,等,2010.湖南省现代化农业气候区划[M].长沙:湖南大学出版社.

廖玉芳,吴贤云,杜东升,等,2011.2008年湖南低温雨雪冰冻天气分析与数值模拟[J].自然灾害学报(2):169-176.

廖玉芳,张剑明.2018.湖南省雨季与中国南方地区不同雨期相关分析[J].气象与环境学报.34(1):69-81.

廖玉芳,张剑明,郭凌曜,2020.1951—2017年热带气旋对湖南降水的影响及环流异常特征分析[J].气象与环境学报,36(2):41-48.

林惠娟,张耀存,2004.影响我国热带气旋活动的气候特征及其与太平洋海温的关系[J].热带气象学报,20(2):218-224.

刘长征,杜良敏,柯宗建,等,2013.国家气候中心多模式解释应用集成预测[J].应用气象学报,24(6):677-685.

刘毅,2021.中国气象局近日首次面向公众发布气候预测信息,我国公众气象服务进一步拓展[N].人民日报,2021-6-16.

柳艳菊,闫俊岳,宋艳玲,2008.近50年南海西沙地区的气候变化特征研究[J],地理科学,28(6):804-808.

娄德君,王永光,陈晨,2022.近20年长江中下游梅汛期雨量异常的环流特征及前兆信号[J].气象,48(9):1130-1139.

陆魁东,黄晚华,王勃,等,2007.湖南气候变化对农业生产影响的评估研究[J].安徽农学通报,13(3):38-40.

陆魁东,罗伯良,黄晚华,等,2011.影响湖南早稻生产的五月低温的风险评估[J].中国农业气象,32(2):283-289.

陆魁东,帅细强,刘富来,等,2015.湖南气候与作物气象[M].长沙:湖南科学技术出版社.

卢韦伟,王新宇,石睿杰,等,2023.全球气候变暖背景下国家气候服务框架的设计构想——以长江流域为切入口[J].长江技术经济,7(5):94-101.

罗伯良,2001.湖南汛期旱涝及其预测[M].北京:气象出版社.

罗伯良,张超,2008a.登陆热带气旋影响湖南并造成强降水的气候特征[J].广东气象,30(4):12-14.

罗伯良,张超,林浩,2008b.近40年湖南省极端强降水气候变化趋势与突变特征[J].气象,34(1):80-85.

罗伯良,李易芝,2015.湖南双季晚稻寒露风初日的气候演变特征及其预测模型[J].中国农业气象,36(3):338-345.

罗菁,罗潇,朱明辉,等,2022.2020年湖南双季晚稻抽穗扬花期寒露风及大气环流异常特征[J].农业灾害研究,12(4):65-68.

罗霄,李栋梁,王慧,2013.华西秋雨演变的新特征及其对大气环流的响应[J].高原气象,32(4):1019-1031.

吕俊梅,张庆云,陶诗言,等,2007.东亚夏季风强弱年大气环流和热源异常对比分析[J].应用气象学报,18(4):442-451.

潘志祥,李耨周,黎祖贤,等,2005.湖南省防汛抗旱决策气象服务手册[M].北京:气象出版社.

潘志祥,黎祖贤,叶成志,2015.湖南省天气预报手册[M].北京:气象出版社.

彭艳玉,郜倩倩,刘煜,2023.厄尔尼诺对中国东部季风区夏季不同持续性降水的影响[J].气象学报,81(3):375-392.

齐艳军,容新尧,2014.次季节-季节预测的应用前景与展望——“次季节-季节预测(S2S)”会议评述[J].气象科技进展,4(3):74-75.

任宏利,丑纪范,2005.统计-动力相结合的相似误差订正法[J].气象学报,63(6):988-993.

申彦波,张顺谦,郭鹏,等,2014.四川省太阳能资源气候学计算[J].应用气象学报,25(4):493-498.

沈皓俊,罗勇,赵宗慈,等,2020.基于LSTAM网络的中国夏季降水预测研究[J].气候变化研究进展,16(3):263-275.

宋忠华,高文娟,刘富来,等,2022.南方地区双季晚稻寒露风危害研究综述[J].中国农业气象,43(1):37-49.

孙建奇,马洁华,陈活泼,等,2018.降尺度方法在东亚气候预测中的应用[J].大气科学,42(4):806-822.

唐海明,肖小平,汤文光,等,2016.湖南稻田现代农作制特征及发展对策[J].农业现代化研究,37(4):

627-634.

唐红玉，吴遥，董新宁，等，2020. 赤道印度洋偶极子对重庆夏季降水的影响分析[J]. 海洋气象学报，40(2)：52-61.

唐杰，杨云芸，李蔚，等，2021. 2019 年湖南一次重污染天气过程成因分析[J]. 气象科技，49(5)：762-769.

陶诗言，赵煜佳，陈晓敏，1958. 东亚的梅雨期与亚洲上空大气环流季节变化的关系[J]. 气象学报，29(2)：119-134.

王炳忠，1983. 中国太阳能资源利用区划[J]. 太阳能学报，4(3)：221-228.

王飞，邢世和，2007. 作物种植区划研究进展[J]. 中国农业资源与区划，28(5)：37-40.

王光明，廖玉芳，曾向红，等，2017. 湖南短历时暴雨雨型分析[J]. 暴雨灾害，36(1)：86-90.

王黎娟，陈爽，张海燕，2018. 南印度洋偶极子的变化特征及其与 ENSO 事件的联系[J]. 大气科学学报，41(3)：344-354.

王蕊，朱瑞兆，2015. 复杂地形风电场测风塔代表性判定方法研究[J]. 风能(7)：66-69.

王昱，杨修群，孙旭光，等，2021. 一种基于全球动力模式和 SMART 原理结合的统计降尺度区域季节气候预测方法[J]. 气象科学，41(5)：569-583.

王遵娅，丁一汇，2008. 中国雨季的气候学特征[J]. 大气科学，32(1)：1-13.

魏凤英，2007. 现代气候统计诊断与预测技术[M]. 北京：气象出版社.

温克刚，2006.《中国气象灾害大典・湖南卷》[M]. 北京：气象出版社.

翁笃鸣，1964. 试论总辐射的气候学计算方法[J]. 气象学报，34(3)：304-315.

武炳义，卞林根，张人禾，2004. 冬季北极涛动和北极海冰变化对东亚气候变化的影响[J]. 极地研究，16(3)：211-220.

武炳义，2018. 北极海冰融化影响东亚冬季天气和气候的研究进展以及学术争论焦点问题[J]. 大气科学，42(4)：786-805.

吴国雄，孟文. 1998. 赤道印度洋—太平洋地区海气系统的齿轮式耦合和 ENSO 事件 Ⅰ. 资料分析[J]. 大气科学，22(4)：470-480.

吴浩，曾向红，吴贤云，等，2019. 突变前后湖南株洲市设计暴雨参数变化特征[J]. 干旱气象，37(5)：850-856.

吴吉东，傅宇，张洁，等，2014. 1949—2013 年中国气象灾害灾情变化趋势分析[J]. 自然资源学报，29(9)：1520-1530.

吴统文，宋连春，刘向文，等，2013. 国家气候中心短期气候预测模式系统业务化进展[J]. 应用气象学报，24(5)：533-543.

吴贤云，叶成志，王琪，2016. 两湖流域雨季降水气候特征分析[J]. 暴雨灾害，35(6)：497-503.

吴志刚，江滔，樊艳磊，等. 2016. 基于 Landsat8 数据的地表温度反演及分析研究——以武汉市为例[J]. 工程地球物理学报，13(1)：135-142.

徐涵秋，2015. 新型 Landsat8 卫星影像的反射率和地表温度反演[J]. 地球物理学报，58(3)：741-747.

徐辉，金荣花，2010. 地形对 2008 年初湖南雨雪冻雨天气的影响分析[J]. 高原气象，29(4)：957-967.

许霖，2011. 湖南强对流天气特征统计分析与数值模拟研究[D]. 南京：南京信息工程大学.

许霖，姚蓉，陈红专，等，2020. 2017 湖南一次极端降雨过程特征及成因分析[J]. 沙漠与绿洲气象，14(1)：31-39.

许小峰，2012. 现代气象业务丛书——气象防灾减灾[M]. 北京：气象出版社.

杨振斌，薛桁，桑建国，2004. 复杂地形风能资源评估研究初探[J]. 太阳能学报，25(6)：744-749.

姚蓉，戴泽军，傅承浩，等，2008. 湖南大雾气候特征及成因分析[J]. 安徽农业科学，(34)：15089-15091.

姚蓉，许霖，张海，2012. 湖南 2008/2011 年两次低温雨雪冰冻灾害成因与影响对比分析[J]. 灾害学，27(4)：75-79.

姚蓉，许霖，唐佳，等，2017. 湖南省雷暴时空特征及变化趋势[J]. 气象与环境科学，40(3)：65-70.

姚征,陈康民,2004. CFD 通用软件综述[J]. 上海理工大学学报,24(2):137-144.
叶成志,李昀英,黎祖贤,2009a. 两次严重影响湖南的登陆台风水汽场特征数值模拟[J]. 高原气象,28(1):98-107.
叶成志,吴贤云,黄小玉,2009b. 湖南省历史罕见的一次低温雨雪冰冻灾害天气分析[J]. 气象学报,67(3):488-500.
游立军,张秀芝,张晓东,等,2014. CFD 在建筑物对气象台站测风影响分析中的应用[J]. 气象与环境学报,30(3):100-105.
袁媛,李崇银,杨崧,2014. 与厄尔尼诺和拉尼娜相联系的中国南方冬季降水的年代际异常特征[J]. 气象学报,72(2):237-255.
袁媛,高辉,贾小龙,等,2016. 2014—2016 年超强厄尔尼诺事件的气候影响[J]. 气象, 42(5):532-539.
曾志云,戴泽军,彭志超,等,2008. 近 40 年湖南冰雹时空分布和变化特征及机理分析[J]. 防灾科技学院学报,10(3):23-27.
翟盘茂,2011. 全球变暖背景下的气候服务[J]. 气象,37(3):257-262.
翟盘茂,刘静,2012. 气候变暖背景下的极端天气气候事件与防灾减灾[J]. 中国工程科学, 14(9):55-64.
张超,王黎娟,陆魁东,等. 2015. 湖南双季稻区 5 月低温特征及预警信号研究[J]. 中国农业气象,36(1):57-66.
张存杰,宋连春,李耀辉,2004. 东亚地区夏季阻塞过程的研究进展[J]. 气象学报,62(1):119-127.
张剑明,廖玉芳,段丽洁,等,2012. 湖南近 50 年极端连续降水的气候变化趋势[J]. 地理研究, 31(6):1004-1015.
张庆云,陶诗言,陈烈庭,2003. 东亚夏季风指数的年际变化与东亚大气环流[J],61(4):559-568.
张琼,吴国雄,2001. 长江流域大范围旱涝与南亚高压的关系[J]. 气象学报,59(5):569-577.
张顺利,陶诗言,2001. 青藏高原积雪对亚洲夏季风影响的诊断及数值研究[J]. 大气科学,25(3):372-390.
张先,杨光荣,刘留辉,2008. 作物用地适宜性和区划研究进展[J]. 河北农业科学,12(3):101-103.
赵辉,廖玉芳,曾宇星,2017. 新标准下湖南梅雨的划分及其气候特征[J]. 安徽农业科学,45(34):196-200.
赵俊虎,杨杰,龚志强,等,2015. 2013 年中国夏季降水动力-统计气候预测及检验分析探讨[J]. 气象科技进展,5(2):24-28.
赵珊珊,高歌,黄大鹏,等,2017. 2004—2013 年中国气象灾害损失特征分析[J]. 气象与环境学报,33(1):101-107.
郑志海,任宏利,黄建平,2009. 基于季节气候可预报分量的相似误差订正方法和数值实验[J]. 物理学报,58(10):7359-7367.
周明薇,万协成,唐瑶,等,2018. 近 50 年湖南省雷暴气候特征分析[J],南京信息工程大学学报(自然科学版),10(4):507-513.
祝燕德,2009. 湖南省志·气象志(1978—2002)[M]. 珠海:珠海出版社.
朱艳峰,2008. 一个适用于描述中国大陆冬季气温变化的东亚冬季风指数[J]. 气象学报, 66(5):781-788.
朱益民,杨修群,2003. 太平洋年代际振荡与中国气候变率的联系[J]. 气象学报,61(6):641-654.
朱益民,杨修群,陈晓颖,等,2007. ENSO 与中国夏季年际气候异常关系的年代际变化[J]. 热带气象学报,23(2):105-116.
IPCC,2021. Summary for Policymakers[M]//IPCC. Climate Change 2021:The Physical Science Basis. Contribution of Working Group I to the Sixth Assessment Report of the Intergovernmental Panel on Climate Change. Cambridge:Cambridge University Press.
KALNAY E,KANAMITSU M,KISTLER R, et al,1996. The NCEP/NCAR 40-year reanalysis project[J]. Bull Amer Meteor Soc,77(3):437-472.
KRISHNAMURTI T N,KISHTAWAL C M,LAROW T E, et al,1999. Improved weather and seasonal cli-

mate forecasts from multimodel superensemble[J]. Science, 285(5433):1548-1550.

OKE T R, MILLS G, CHRISTEN A, et al, 2017. Urban Climates [M]. Cambridge: Cambridge University Press.

PEARSON K,1901. On lines and planes of closest fit to systems of points in space[J]. Philosophical Magazine,2(6):559-572.

WANG B,LEE J Y,KANG I S,et al,2009. Advance and prospectus of seasonal prediction: Assessment of the APCC/CliPAS 14-model ensemble retrospective seasonal prediction (1980—2004)[J]. Climate Dyn,33(1):93-117.

WU T W,QIAN Z A,2003. The relation between the Tibetan winter snow and the Asian summer monsoon and rainfall: An observational investigation[J]. Journal of Climate,16(12):2038-2051.

YANG H,LI C Y,2003. The relation between atmospheric intraseasonal oscillation and summer severe flood and drought in the Jianghuai River Basin[J]. Adv Atoms Sci,20(4):540-553.

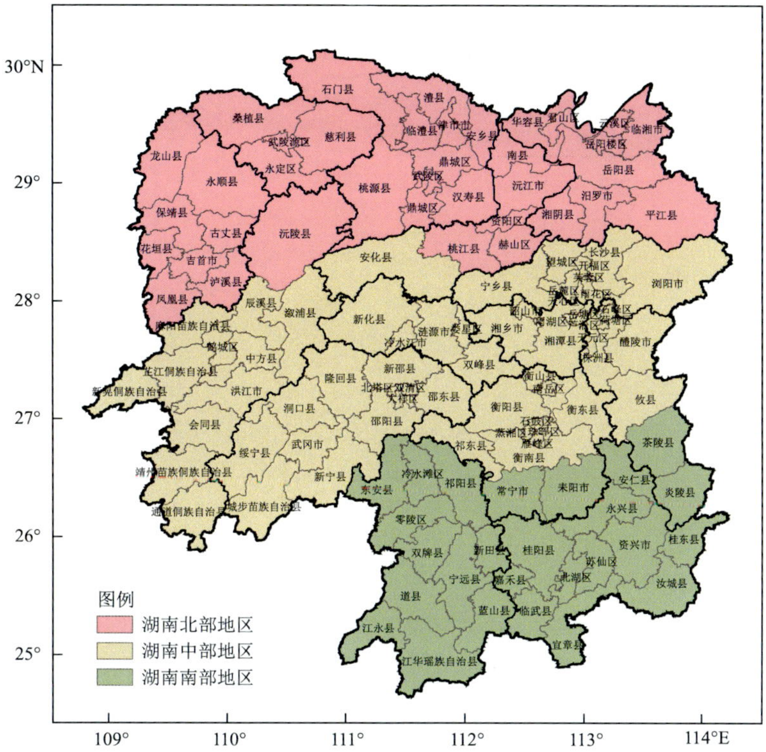

图 1.2　湖南省气象地理一级地区区划

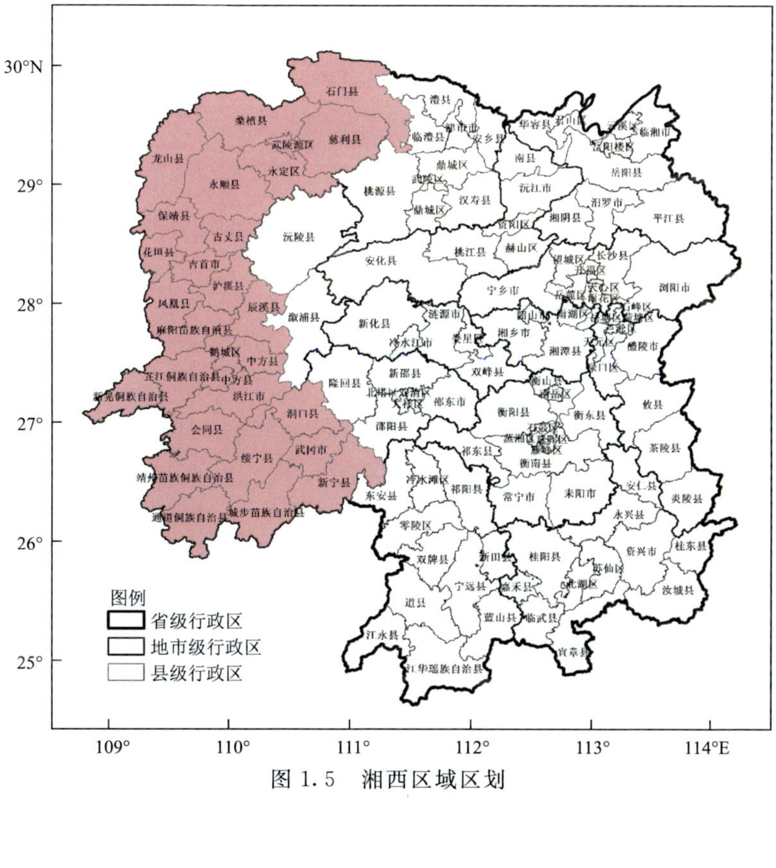

图 1.5　湘西区域区划

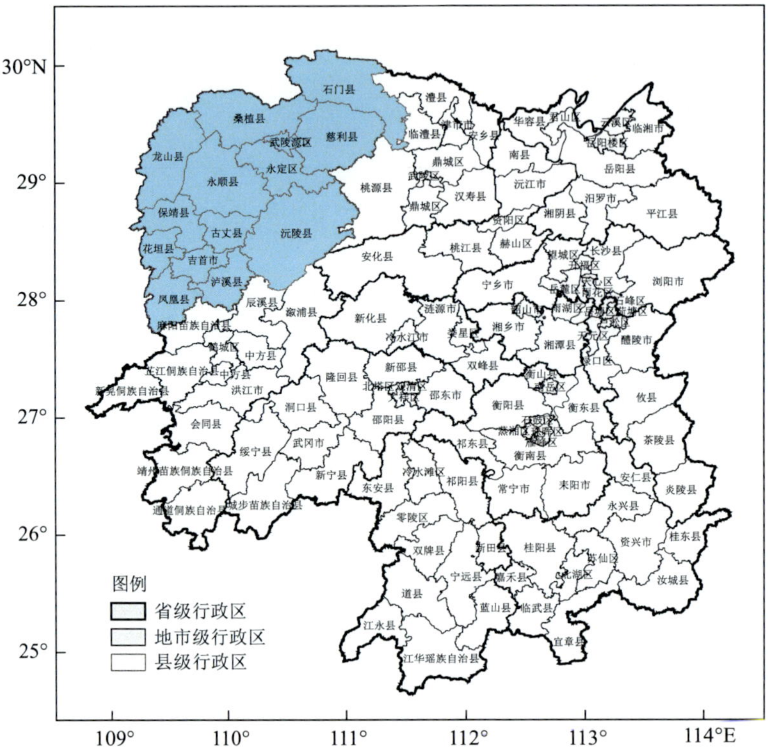

图 1.6　湘西北区域区划

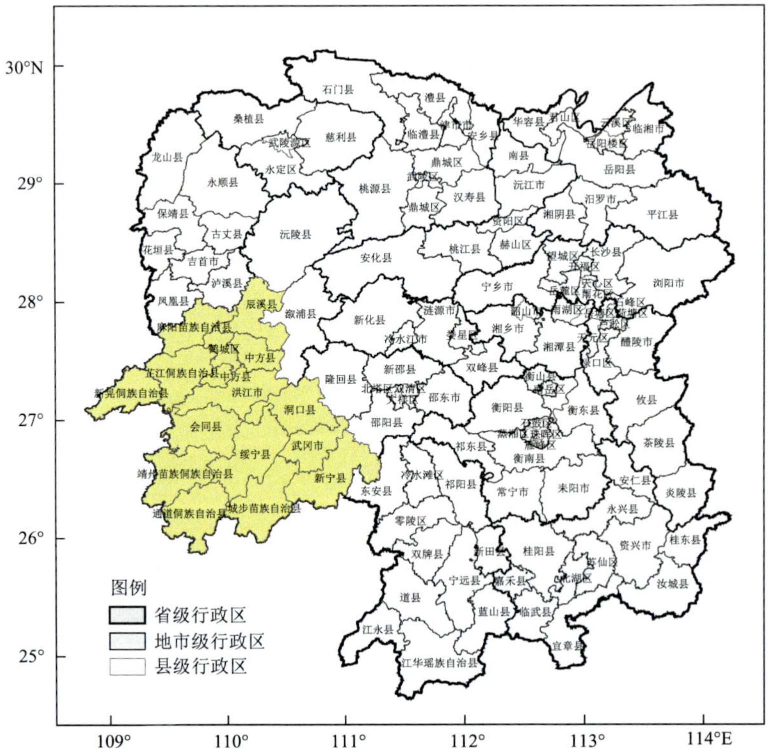

图 1.7　湘西南区域区划

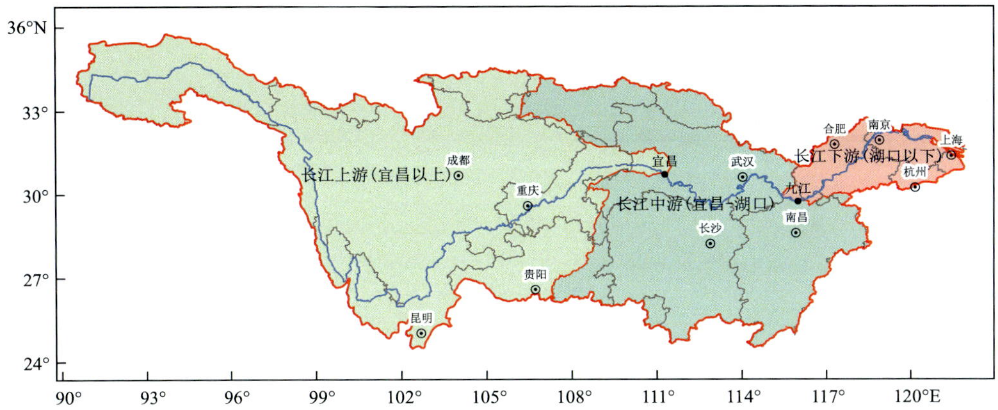

图 1.8 长江流域分布

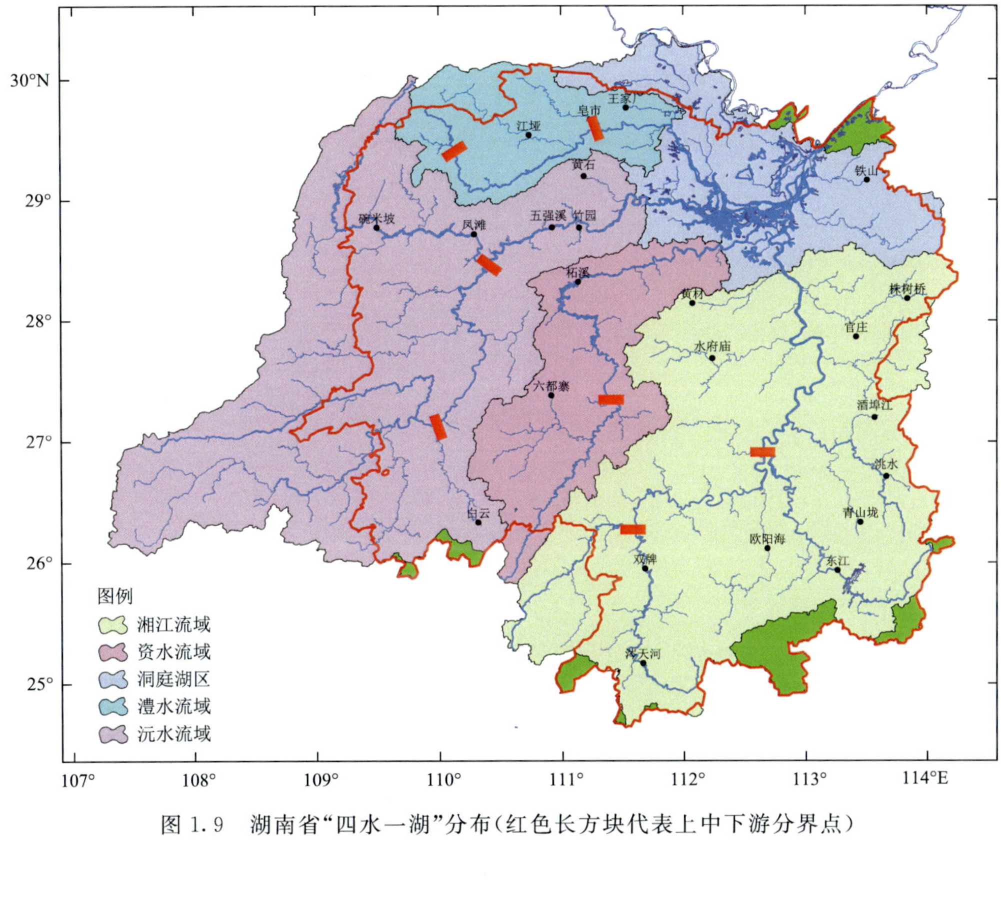

图 1.9 湖南省“四水一湖”分布(红色长方块代表上中下游分界点)

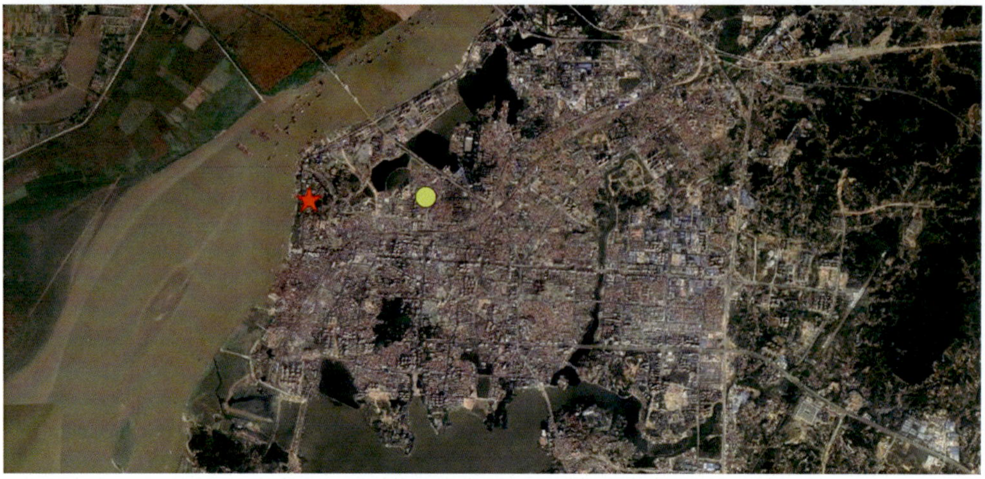

图 12.5 风能评估区域地形地貌分布

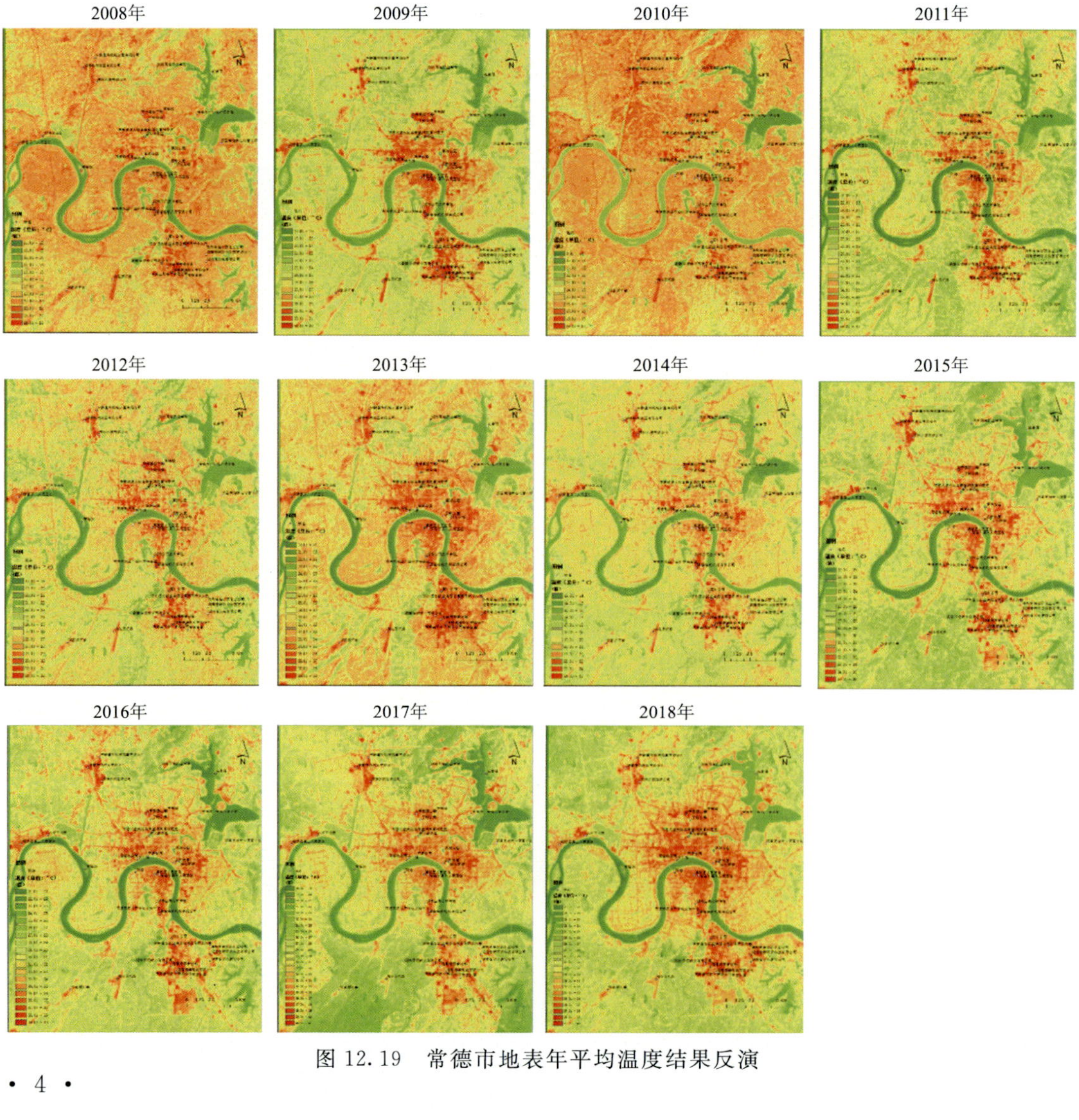

图 12.19 常德市地表年平均温度结果反演

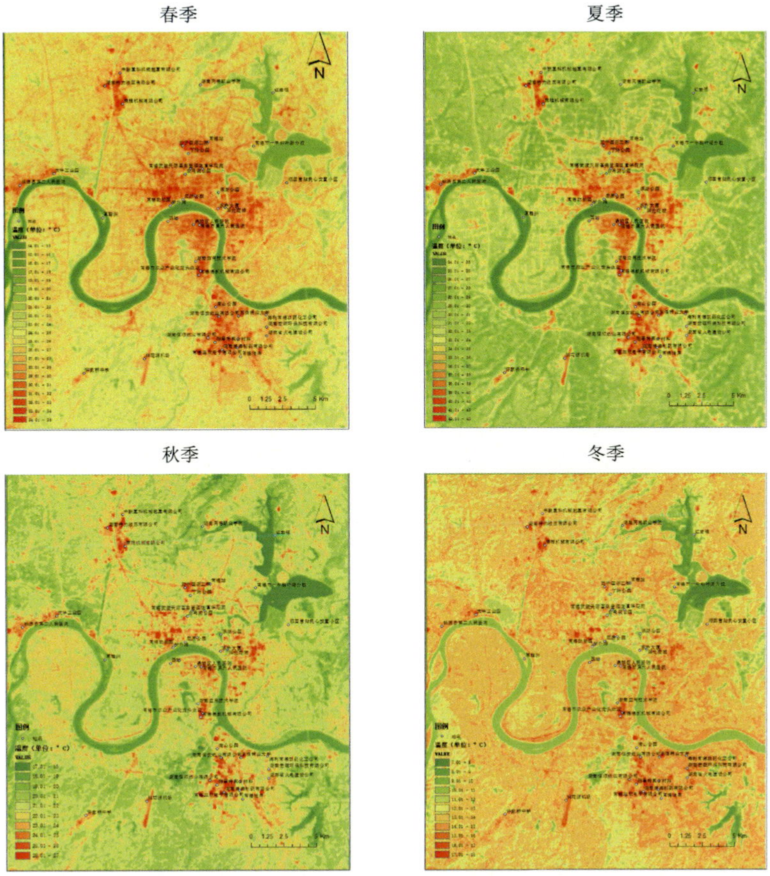

图 12.20　常德市地表季平均温度结果反演

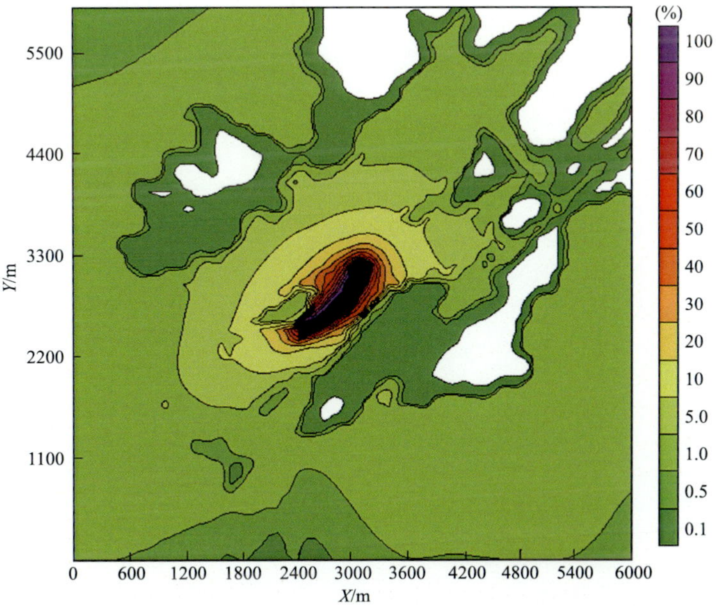

图 12.25　模拟区域年平均污染物扩散浓度

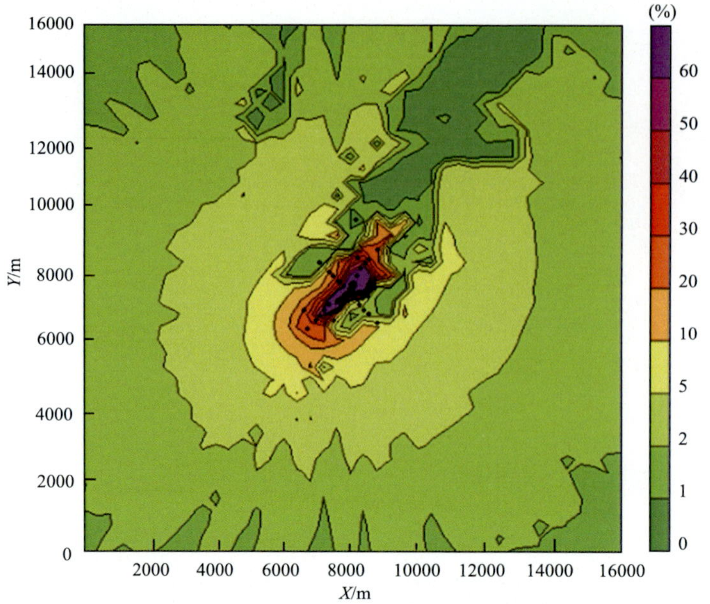

图 12.26 模拟区域全年最大 1 h 浓度分布

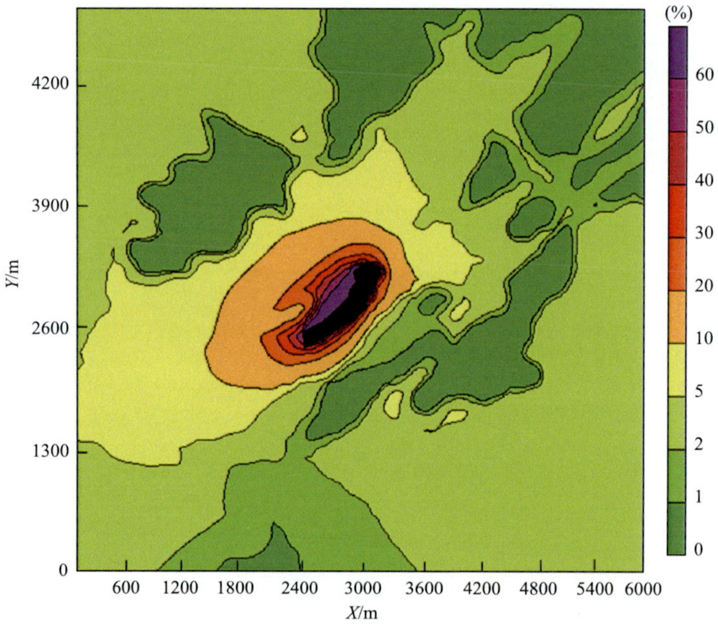

图 12.27 模拟区域全年臭气超标率